JN033353

技術士第一次試験

電気電子部門

過去問題集

技術士（総合技術監理部門・電気電子部門）
前田隆文 著

電気書院

まえがき

技術士は，科学技術分野の最高峰の資格といわれており，実務経験に裏打ちされた高度で専門的な指導の業務を行うプロフェッショナルエンジニアです．技術士には，機械，船舶・海洋，航空・宇宙，電気電子，化学，繊維，金属，資源工学，建設，上下水道，衛生工学，農業，森林，水産，経営工学，情報工学，応用理学，生物工学，環境，原子力・放射線及び総合技術監理の21技術部門があります．

技術士の称号を得るためには，技術士法に基づいて行われる国家試験（技術士第二次試験）に合格し，登録をする必要があり，それによって，国から，高い職業倫理を備え，十分な知識と経験を有し，責任を持って業務を遂行できる技術者として認定されます．

また，技術士補は，「技術士となるのに必要な技能を修習するため，登録を受け，技術士補の名称を用いて，技術士の業務について技術士を補助する者」をいい，いわゆる技術士の予備軍です．

本書が対象とする技術士第一次試験は，技術士補になる資格を得るための試験ですが，いくら実務経験を積んでも第一次試験に合格していないと第二次試験を受験することができないので，技術士になるための第一歩になります．

技術士第一次試験は，基礎科目，適性科目及び専門科目の3科目で実施され，そのすべての科目に合格した場合に，技術士第一次試験合格と判定されます．

本書は，技術士（電気電子部門）を目指す方が，第1関門の技術士第一次試験に合格できることを念頭に，専門科目（電気電子部門）の過去問題のみを集め解答・解説を行うものです．過去の出題を俯瞰（ふかん）して出題傾向を把握し，自身の実力レベルを確認できます．また，問題を理解して解くために必要な基礎知識も含めて平易に，しかもポイントを絞って詳しく解説していますので，電気電子部門を受験される方にとっては，これ一冊で専門科目対策は十分です．

読者のみなさんは，過去問題を解くことを通し，重要でよく出題されているポイントを知らず知らずのうちに把握しながら，「詳しい解説」では基礎知識から関連知識まで関連付けて効率的かつ体系的に学習してください．基本的には，すべての問題について，本書だけで理解できるように解説してありますので，勤務時間その他ちょっとした休み時間などを利用して，不得手な問題を中心に繰り返し学習し，特に，計算問題については，ペンを取り，ひとつひとつ手順を踏んで答を導けるように練習しましょう．

みなさんが，技術士第一次試験に合格して，技術士というプロフェッショナルエンジニアを目指して邁進されることを願っています．

2024年3月

前田　隆文

目 次

○ 問題

○ 解答

○ 解答一覧

技術士第一次試験

電気電子部門

【問題】

2023年度　問題

III　次の35問題のうち25問題を選択して解答せよ.（解答欄に1つだけマークすること.）

III 1

下図のように，無限に広い接地された導体表面から距離 a 離れた点に，点電荷 q が置かれている．導体表面に垂直で，導体と点電荷を結ぶ線分上の点における電界の大きさを表す式として，最も適切なものはどれか．ただし，導体表面からの距離を y $(0<y<a)$ とし，電界のできる空間の誘電率を ε とする．なお，この電界は鏡像法を用いて導出できる点に留意せよ．

① $\dfrac{q}{4\pi\varepsilon a^2}$　② $\dfrac{q}{4\pi\varepsilon ay}$

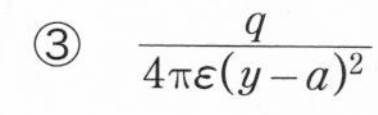

③ $\dfrac{q}{4\pi\varepsilon(y-a)^2}$

④ $\dfrac{q}{4\pi\varepsilon}\left\{\dfrac{1}{(y-a)^2}-\dfrac{1}{(y+a)^2}\right\}$

⑤ $\dfrac{q}{4\pi\varepsilon}\left\{\dfrac{1}{(y-a)^2}+\dfrac{1}{(y+a)^2}\right\}$

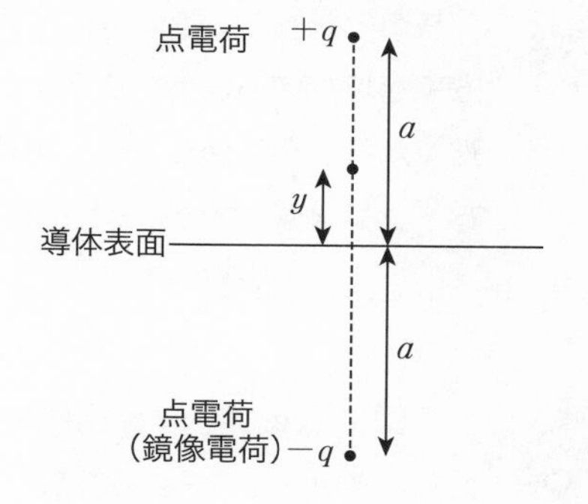

III 2

静電容量 2 [F] の 1 つのコンデンサに電圧 1 [V] の直流電圧源を接続し十分時間をかけ充電した後に，直流電圧源を取り外し，代わりに全く充電されていない静電容量 1/2 [F] のコンデンサを 2 つ並列接続し，十分時間が経ったとき，並列接続された 3 つのコンデンサに蓄えられる全静電エネルギー [J] の値として最も適切なものはどれか．

① $\dfrac{3}{2}$　② $\dfrac{4}{3}$　③ $\dfrac{2}{3}$　④ $\dfrac{3}{4}$　⑤ $\dfrac{1}{2}$

下図のように，間隔 d で配置された無限に長い平行導線に沿って $I_1 = 1$ [A] と $I_2 = 2$ [A] の定常電流がそれぞれ図の方向に流れている．導線 I_1 を原点とし，x 軸上の距離 a 離れた点において磁界の強さが零となる．次のうち，a と d の関係を表す式として最も適切なものはどれか．ただし，下図はすべて同一平面上にあるものとする．

① $a = \frac{d}{5}$　② $a = \frac{d}{3}$

③ $a = \frac{d}{2}$　④ $a = \frac{2d}{3}$

⑤ $a = d$

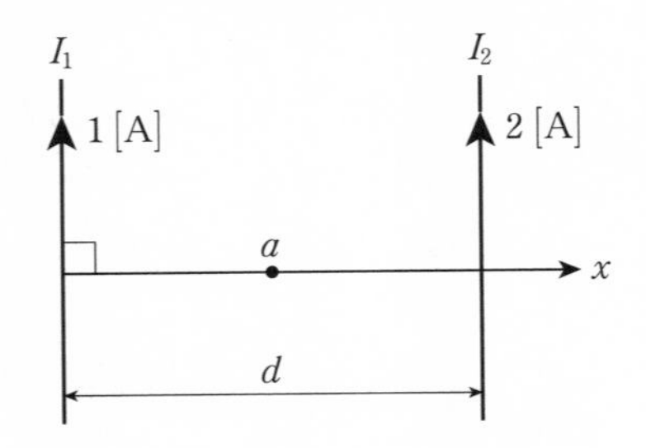

共通の鉄心に2つのコイルを接続するとき，両方のコイルが作る磁束が増加するようにすると合成インダクタンスは16 [H] となり，磁束が打ち消し合うようにすると4 [H] となった．両コイル間の相互インダクタンスの値として最も適切なものはどれか．

① 16 [H]　② 12 [H]　③ 6 [H]　④ 4 [H]　⑤ 3 [H]

下図に示すブリッジ回路において，抵抗 R_5 に流れる電流が0となる条件として最も適切なものはどれか．

① $R_1R_2 = R_3R_4$

② $R_1R_3 = R_2R_4$

③ $R_1R_4 = R_2R_3$

④ $R_1 + R_4 = R_2 + R_3$

⑤ $R_5 = R_1 + R_2 + R_3 + R_4$

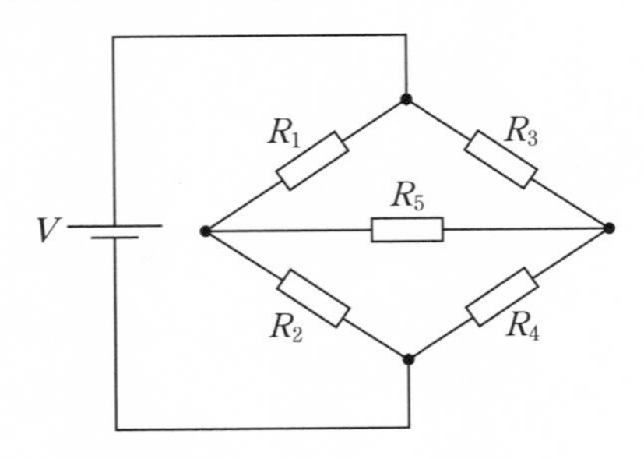

下図のような，16 [V] の理想直流電圧源，8 [A] の理想直流電流源及び抵抗を含む回路において，電流 I の値はどれか.

① 10 [A]

② 8 [A]

③ 6 [A]

④ 4 [A]

⑤ 2 [A]

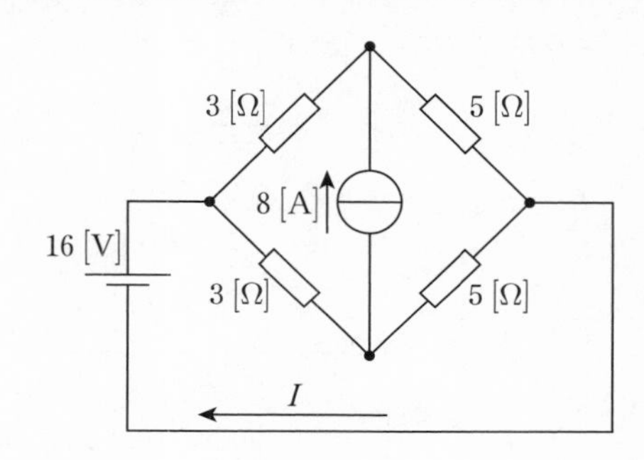

下図に示すように上部線路，中性線，下部線路からなる直流 3 線式により電力輸送を行う場合，負荷側中性線の電圧 V_n を表す正しい式として最も適切なものはどれか．ただし，電源電圧の大きさを V，正負電源の中性点の電位を 0，電源と負荷を接続する線路の抵抗を R_0，負荷の抵抗は上部を R_1，下部を R_2 とする.

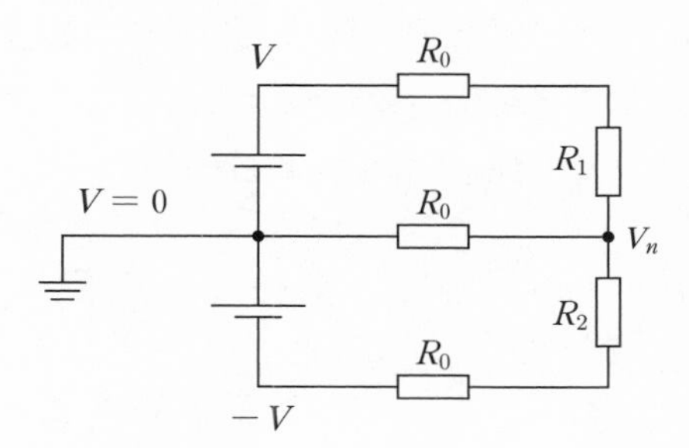

① $V_n = \dfrac{R_1 + R_2}{3R_0 + 2(R_1 + R_2)}V$

② $V_n = \dfrac{R_1 - R_2}{3R_0 + 2(R_1 + R_2)}V$

③ $V_n = \dfrac{R_0(R_2 - R_1)}{2R_0^2 + 2(R_1 + R_2)(R_2 - R_1)}V$

④ $V_n = \dfrac{R_0(R_2 - R_1)}{R_0\{3R_0 + 2(R_1 + R_2)\} + R_1R_2}V$

⑤ $V_n = \dfrac{R_1 - R_2}{3R_0 + R_1 + R_2}V$

III 8　下図に示す回路において，時間 $t = 0$ においてスイッチを入れた時，電圧 $v(t)$ を表す正しい式として最も適切なものはどれか．ただし，キャパシタの初期電圧は0とする．

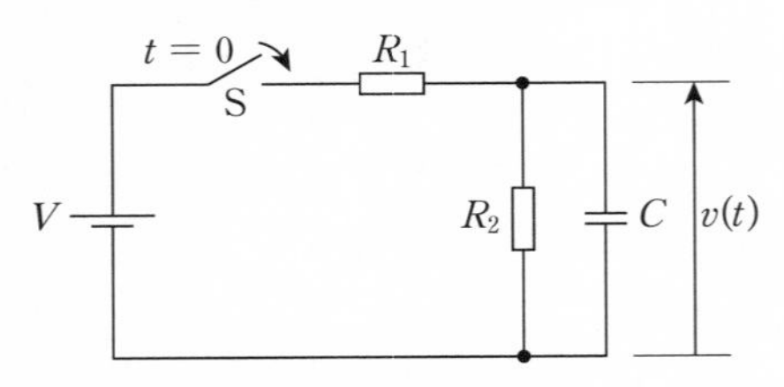

① $\dfrac{R_2V}{R_1+R_2}\left(1-\mathrm{e}^{-\frac{R_1+R_2}{R_2^2C}t}\right)$　　② $\dfrac{R_1V}{R_1+R_2}\left(1-\mathrm{e}^{-\frac{t}{(R_1+R_2)C}}\right)$

③ $\dfrac{R_2V}{R_1+R_2}\left(1-\mathrm{e}^{-\frac{t}{(R_1+R_2)C}}\right)$　　④ $\dfrac{R_2V}{R_1+R_2}\left(1-\mathrm{e}^{-\frac{R_1+R_2}{R_1R_2C}t}\right)$

⑤ $\dfrac{R_2V}{R_1+R_2}\left(1-\mathrm{e}^{-\frac{R_1+R_2}{R_1^2C}t}\right)$

III 9　下図のような RL 直列回路が定常状態にあり，$t = 0$ でスイッチSを開く．このとき流れる電流によって抵抗 R_1 で消費されるエネルギーとして，最も適切なものはどれか．

① $\dfrac{L_1E^2}{2R_1(R_1+R_2)}$　　② $\dfrac{L_1E^2}{R_1(R_1+R_2)}$

③ $\dfrac{L_1E^2}{(R_1+L_1)(R_1+R_2)}$

④ $\dfrac{L_1E^2}{2R_1R_2}$　　⑤ $\dfrac{L_1E^2}{R_1R_2}$

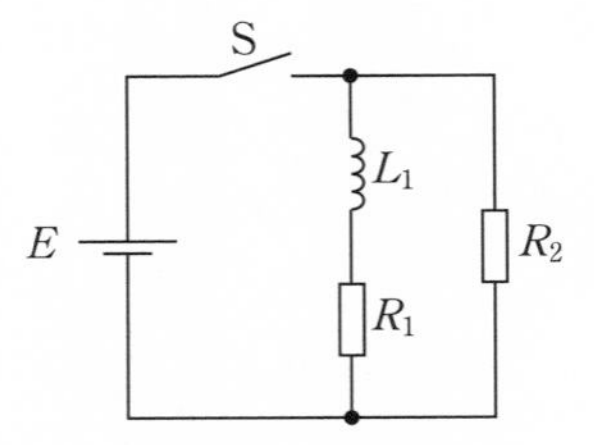

III 10　交流ブリッジ回路の平衡条件に関する次の記述の，［　　］に入る数値の組合せとして，最も適切なものはどれか．

下図のようなブリッジ回路が平衡状態にあるとき，$R_4 =$ ［ア］ kΩ，L_4

$=$ [イ] mHである．ただし，$R_1 = 2$ [kΩ]，$R_2 = 4$ [kΩ]，$R_3 = 60$ [Ω]，$L_3 = 20$ [mH] とする．

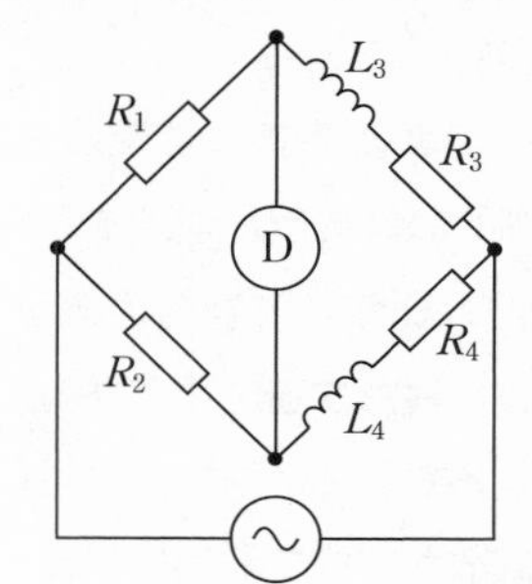

	ア	イ
①	30	10
②	120	40
③	0.008	40
④	30	40
⑤	120	10

下図において，角周波数が 400 [rad/s]，電圧が V（実効値）の交流電源から流れる電流 I は，図A，図Bのいずれも同じ大きさ，かつ電圧との位相差が同一である．

このとき，図Bにおける抵抗 R に最も近い値はどれか．

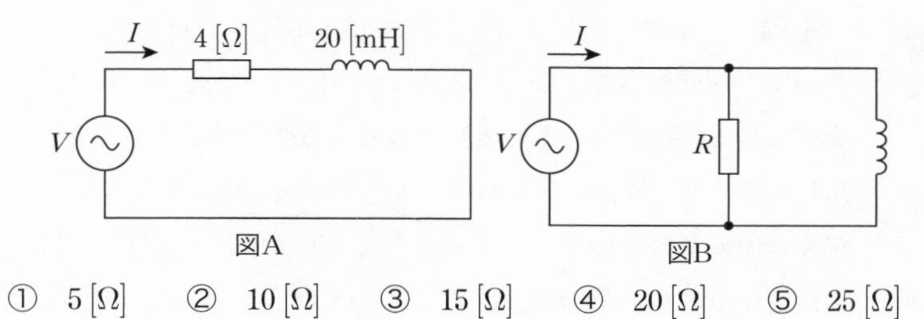

図A　　図B

① 5 [Ω]　② 10 [Ω]　③ 15 [Ω]　④ 20 [Ω]　⑤ 25 [Ω]

下図の回路で負荷インピーダンス $\dot{Z}$ を調整して $\dot{Z}$ の有効電力 P を最大にしたい．

次のうち，最大にした時の P の値として，最も近い値はどれか．

① 125 [W]
② 250 [W]
③ 444 [W]
④ 500 [W]
⑤ 559 [W]

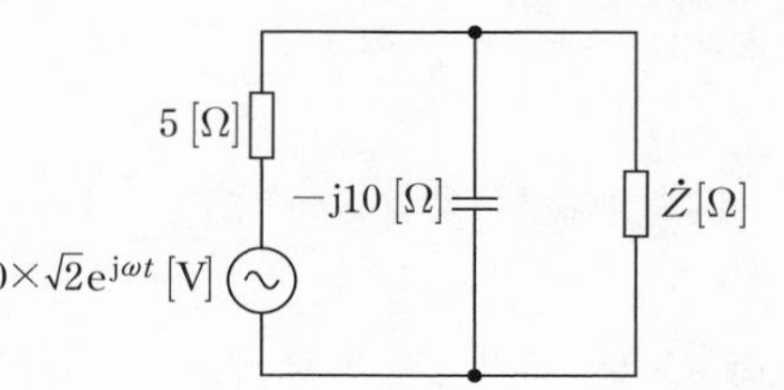

III 13

電力系統における地中送電線に関する次の記述のうち，最も不適切なものはどれか.

① 複数のケーブルが近接して配置されると，導体断面の電流密度が偏ることで等価的な抵抗値が増加する場合がある.

② 架空送電線と比較して静電容量が大きいため，充電電流が送電容量に及ぼす影響に注意する必要がある.

③ 管路式による布設では送電線の増設や撤去が容易であり，他の方式と比較して熱放散が良好で許容電流が大きい利点がある.

④ 事故点の測定方法として，マーレーループ法は短絡・地絡故障，静電容量法は断線事故に対して，それぞれ有効である.

⑤ 長距離かつ大容量の地中送電に際しては，系統安定性や充電電流への対策等の観点から，交流送電に比較して直流送電が有利となる.

III 14

系統容量 6 000 [MW]，系統定数 1.0 [%MW/0.1 Hz] の電力系統において，送電線事故により 100 [MW] の負荷が解列した場合，次の記述のうち，系統の周波数変化として最も適切なものはどれか．ただし，この電力系統の有する周波数特性は負荷の解列前後で変化はなく，他の系統との連系や負荷周波数制御の効果は無視して良い．また，単位の % は系統容量に対する値である.

① 周波数は，1.7 [Hz] 低下する.

② 周波数は，0.17 [Hz] 低下する.

③ 周波数は，変化しない.

④ 周波数は，0.17 [Hz] 上昇する.

⑤ 周波数は，1.7 [Hz] 上昇する.

同期発電機に関する次の記述のうち，最も不適切なものはどれか.

① 負荷電流が一定であっても，力率により出力端子電圧が変動する.

② 同期インピーダンスは電機子反作用によっても変動する.

③ 巻線形同期発電機の励磁巻線には，交流電源が直接接続され励磁電流を制御している.

④ タービン発電機はタービンの性質上，高速回転が要求されるため，2極又は4極が主流である.

⑤ 同期発電機の主な特性曲線には，無負荷飽和曲線，短絡曲線，負荷飽和曲線，外部特性曲線がある.

III 16 定格容量20 [MV·A]，インピーダンス5 [%] の単相変圧器を3台用いて三相変圧器1バンクを構成した．この三相変圧器のインピーダンスを10 [MV·A] 基準の%インピーダンスで表したものとして，最も近い値はどれか.

① 0.83 [%]　② 2.50 [%]　③ 7.50 [%]　④ 10.0 [%]　⑤ 30.0 [%]

III 17 鉄損が1 000 [W]，全負荷時の銅損が1 100 [W] である定格出力100 [kV·A] の単相変圧器がある．この変圧器を1日のうち，無負荷で8時間，力率100 [%] の半負荷で6時間，力率85 [%] の全負荷で10時間使用したときの全日効率として最も近いものはどれか.

① 96.7 [%]　② 96.9 [%]　③ 97.1 [%]　④ 97.3 [%]　⑤ 97.5 [%]

III 18 インバータ駆動機器は制御性や省エネ効果が高く，産業用をはじめとして家庭用機器にも多用されている．これに伴い，高調波の発生源が多くなっている．次のうち，高調波により発生する障害事例として，最も不適切なものはどれか.

① 通信線や放送波への誘導障害は対象とする周波数が異なるので問題にならない.

② 電力用コンデンサやリアクトルの振動，過熱，焼損が発生する.

③ 回転機からの異音が発生する.

④　変圧器の鉄損が増加する．

⑤　継電器の誤動作が発生する．

図 A，図 B の DC-DC コンバータにおいて，E は理想直流電圧源，L はインダクタ，C はコンデンサ，R は負荷抵抗，SW は理想スイッチ，D は理想ダイオードを表す．なお，スイッチング周波数は十分高いものとする．スイッチ SW の動作周期に対するオン時間の比率を d，負荷抵抗の両端にかかる平均電圧をそれぞれ V_1，V_2 とするとき，その組合せとして，最も適切なものはどれか．

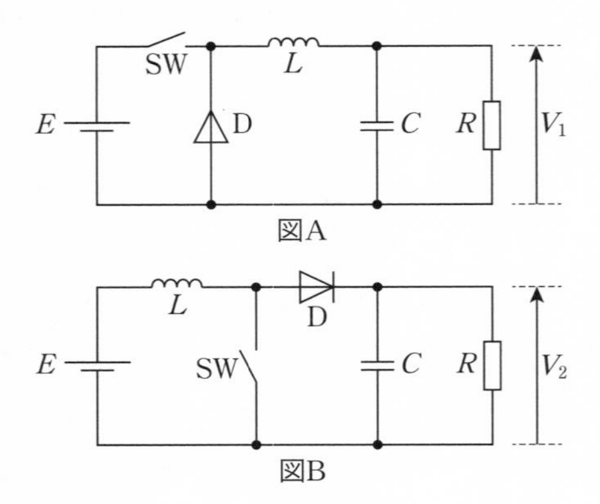

①　$V_1=(1-d)E$，$V_2=\frac{1}{1-d}E$　　②　$V_1=(1-d)E$，$V_2=\frac{1}{d}E$

③　$V_1=dE$，$V_2=\frac{1}{1-d}E$　　④　$V_1=dE$，$V_2=\frac{1}{d}E$

⑤　$V_1=\frac{1}{1-d}E$，$V_2=dE$

下図はインダクタンスの抵抗を無視した時のコンデンサ型計器用変圧器の等価回路である．入力電圧 $\dot{v}_1$ と出力電圧 $\dot{v}_2$ の比は次式で与えられる．

$$\frac{\dot{v}_1}{\dot{v}_2}=\frac{C_1+C_2}{C_1}+\frac{1-\omega^2L(C_1+C_2)}{\mathrm{j}\omega C_1\dot{Z}}$$

次の記述のうち，最も不適切なものはどれか．

① $\omega^2L(C_1 + C_2) = 1$ となる条件を満たせばインピーダンス $\dot{Z}$ に関係なく分圧比を決めることができる．

② 電圧波形にひずみがない場合の分圧比は，$\omega^2L(C_1 + C_2) = 1$ となる条件を満たせば容量分圧器の分圧比とすることができる．

③ 周波数の変動や電圧波形の歪により，分圧比の誤差が増える．

④ インダクタンスの抵抗成分は分圧比の誤差に影響しない．

⑤ 分圧回路に接続される計測器の等価回路はインピーダンス $\dot{Z}$ で表すことができる．

III
21

下図に示す RLC 回路において，$v_{\mathrm{in}}(s)$ から $v_{\mathrm{out}}(s)$ への伝達関数として最も適切なものはどれか．ただし，s はラプラス演算子であり，コンデンサの初期電荷は 0 とする．

① $\dfrac{1}{LCs^2+RCs+1}$

② $\dfrac{Ls}{RLCs^2+Ls+R}$

③ $\dfrac{Ls}{Ls+RLC+R}$

④ $\dfrac{RLCs^2+Ls+R}{Ls}$

⑤ $\dfrac{Ls}{RLCs^2+R}$

抵抗 R_0，R_1，R_2，R_3 と理想オペアンプを下図のように接続した回路において，入力電圧 v_{i1}，v_{i2}，v_{i3} を与えた場合，出力電圧 v_o を表す式として，適切なものはどれか．

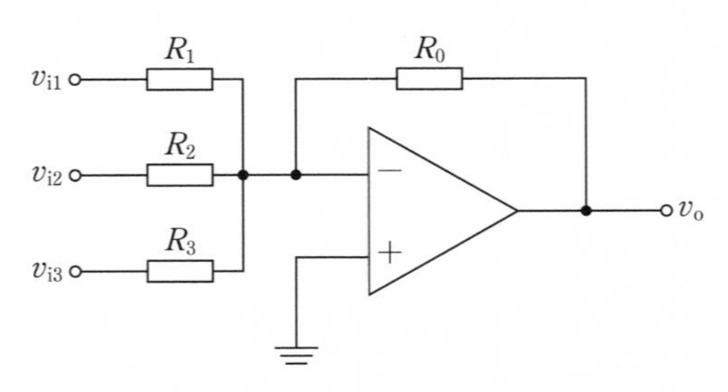

① $-\left(\dfrac{R_1}{R_2}v_{i1}+\dfrac{R_2}{R_3}v_{i2}+\dfrac{R_3}{R_1}v_{i3}\right)$　　② $-\left(\dfrac{R_0}{R_1}v_{i1}+\dfrac{R_0}{R_2}v_{i2}+\dfrac{R_0}{R_3}v_{i3}\right)$

③ $-\left(\dfrac{R_1}{R_0}v_{i1}+\dfrac{R_2}{R_0}v_{i2}+\dfrac{R_3}{R_0}v_{i3}\right)$　　④ $\dfrac{R_1}{R_2}v_{i1}+\dfrac{R_2}{R_3}v_{i2}+\dfrac{R_3}{R_1}v_{i3}$

⑤ $\dfrac{R_0}{R_1}v_{i1}+\dfrac{R_0}{R_2}v_{i2}+\dfrac{R_0}{R_3}v_{i3}$

III 23

下図に示す回路において，端子 ab 間に電圧 v_{GS} を印加したとき，電圧の比 v_i/v_{GS} を表す式として，適切なものはどれか．ただし，R_s は抵抗，g_m は相互コンダクタンスとし，理想電流源の電源電流が電圧 v_i に比例する $g_m v_i$ であるとする．

① $\dfrac{1}{1+g_m R_s}$　　② $1+g_m R_s$

③ $\dfrac{g_m R_s}{1+g_m R_s}$　　④ $g_m R_s$

⑤ $\dfrac{1+R_s}{1+g_m R_s}$

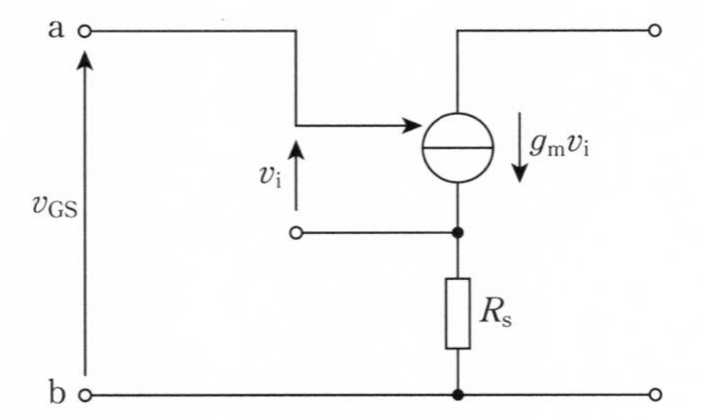

4 つの NAND を使った下記の論理回路で，出力 f の論理式として，最も適切なものはどれか．ただし，論理変数 A，B に対して，$A+B$ は論理和を表し，$A \cdot B$ は論理積を表す．また，$\overline{A}$ は A の否定を表す．

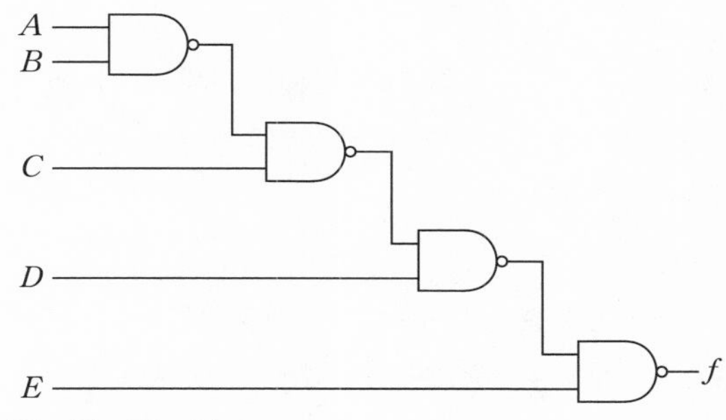

① $\overline{A}+\overline{B}+\overline{C}+\overline{D}+\overline{E}$

② $\overline{A}\cdot\overline{B}\cdot\overline{D}+C\cdot\overline{D}+E$

③ $A\cdot B\cdot D+\overline{C}\cdot D+\overline{E}$

④ $\overline{A}\cdot\overline{B}\cdot D+C\cdot D+\overline{E}$

⑤ $\overline{A}\cdot\overline{B}\cdot\overline{C}\cdot\overline{D}\cdot\overline{E}$

任意の A，B を入力とし，4 つの NOT，2 つの NAND，1 つの NOR を用いて，下図の論理回路を構成した．次のうち，出力 f の論理式として，適切なものはどれか．

① $f=A\cdot B$

② $f=A+B$

③ $f=A\cdot\overline{B}+\overline{A}\cdot B$

④ $f=A\cdot B+\overline{A}\cdot\overline{B}$

⑤ $f=\overline{A}+\overline{B}+\overline{A}\cdot\overline{B}$

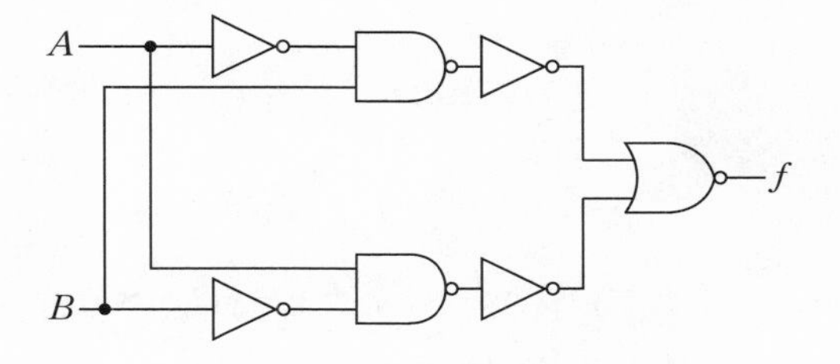

パリティ検査行列 H が以下の行列で表される (7, 4) ハミング符号を考える．符号化された符号語 x が，1 ビット誤りの状況で符号

語 $y=[1,1,1,0,0,0,1]$ と受信された．送信された符号語 x として，最も適切なものはどれか．

$$H=\begin{bmatrix} 1 & 1 & 0 & 1 & 1 & 0 & 0 \\ 1 & 1 & 1 & 0 & 0 & 1 & 0 \\ 1 & 0 & 1 & 1 & 0 & 0 & 1 \end{bmatrix}$$

① $x=[1,0,1,0,0,0,1]$　② $x=[1,1,0,0,0,0,1]$

③ $x=[1,1,1,1,0,0,1]$　④ $x=[0,1,1,0,0,0,1]$

⑤ $x=[1,1,1,0,0,0,0]$

III 27

エルゴード性を持つ二元単純マルコフ情報源が，状態 A，状態 B からなり，下図に示す遷移確率を持つ．このマルコフ情報源が状態 A への遷移では 0 を，状態 B への遷移では 1 を出力するとき，この情報源のエントロピーとして最も適切なものはどれか．ただし，図中 $P(\mathrm{A}|\mathrm{B})$ は状態 B から A の遷移確率を表し，$\log_2 5=2.32$ とする．

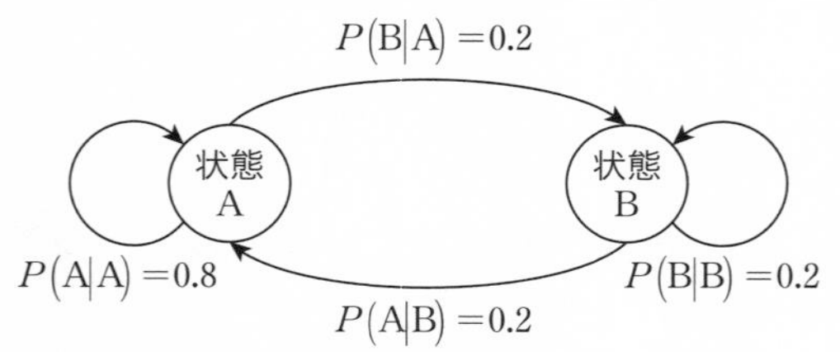

① 0.72　② 0.22　③ 0.80　④ 0.58　⑤ 0.11

III 28

連続信号 $f(t)$（$-\infty<t<\infty$）のフーリエ変換は，

$$F(\omega)=\int_{t=-\infty}^{t=\infty} f(t)\mathrm{e}^{-\mathrm{j}\omega t}\,\mathrm{d}t$$

で定義される．ただし，j は虚数単位である．いま正の実数 T に対して，信号 $f(t)$ が

$$f(t)=\begin{cases} 1/T & (-2T \leqq t \leqq 2T) \\ 0 & (t<-2T,\ t>2T) \end{cases}$$

であるとき，信号 $f(t)$ のフーリエ変換 $F(\omega)$ として，最も適切なものはどれか.

① $\dfrac{\sin 2\omega T}{2\omega T}$　② $\dfrac{\cos 2\omega T}{\omega T}$　③ $\dfrac{2\cos 2\omega T}{\omega T}$

④ $\dfrac{\sin 2\omega T}{\omega T}$　⑤ $\dfrac{2\sin 2\omega T}{\omega T}$

フーリエ変換に関する次の記述の，[　　]に入る式及び語句の組合せとして，最も適切なものはどれか.

ただし，フーリエ変換は以下の式で定義されるものとする.

$$F(\omega)=\int_{-\infty}^{\infty} f(t)\mathrm{e}^{-\mathrm{j}\omega t}\,\mathrm{d}t$$

$u(t)$ は単位ステップ関数を表し，これは $t<0$ において 0，$t \geqq 0$ において 1 となる関数である．また，$\alpha>0$ とする.

時間領域の信号 $f(t)=\mathrm{e}^{-\alpha t}u(t)$ のフーリエ変換対は，[ア]で与えられる．得られた周波数応答より，$f(t)$ を任意の時間領域の信号に畳み込んだ場合，[イ]となることが分かる.

	ア	イ
①	$F(\omega)=\dfrac{1}{\omega^2+1}$	ローパスフィルタ
②	$F(\omega)=\dfrac{1}{\alpha-\mathrm{j}\omega}$	ハイパスフィルタ
③	$F(\omega)=\dfrac{1}{\omega}$	ローパスフィルタ
④	$F(\omega)=\dfrac{1}{\alpha+\mathrm{j}\omega}$	ハイパスフィルタ
⑤	$F(\omega)=\dfrac{1}{\alpha+\mathrm{j}\omega}$	ローパスフィルタ

人工衛星を利用した衛星通信の特徴に関する次の記述のうち，最も不適切なものはどれか.

① 台風や地震などの地上の災害の影響を受けにくい特徴がある.

② 同じ情報を多数の受信地点にほぼ同時に送ることが出来る.

③ 通常 1 つの衛星を介して情報が伝送されるため，地球局間の距離にはほとんど無関係で，ほぼ同じ品質の情報を伝送できる.

④ 地球上の一般的な無線システムと比較しても大きな伝搬遅延なく情報を伝送できる.

⑤ 衛星通信に利用される周波数は，数百 MHz から数十 GHz で，これより高い周波数では降雨や大気の影響による吸収損失が大きくなるので一般的に利用されない.

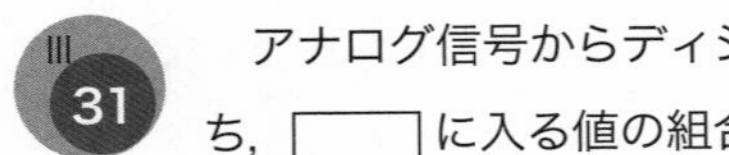

アナログ信号からディジタル信号への変換に関する次の記述のうち，□に入る値の組合せとして，最も適切なものはどれか.

直流から 8 [kHz] の周波数成分を持つアナログ信号をディジタル信号に変換する場合，標本化のナイキスト周波数は，[ア] kHz である．ナイキスト周波数で標本化された信号を，256 ステップで直線量子化した場合，各標本値は [イ] ビットのディジタル符号になり，ディジタル信号速度は 128 [kbits/s] になる.

また，これを [ウ] ステップで直線量子化すると 144 [kbits/s] になり，この場合の量子化雑音は，256 ステップの場合に比較して，約 [エ] dB 小さい.

	ア	イ	ウ	エ
①	16	6	512	6
②	14	6	256	8
③	16	8	512	8
④	14	8	256	8
⑤	16	8	512	6

ディジタル変調方式を使って，BPSK（Binary Phase Shift Keying）で4シンボル，QPSK（Quadrature Phase Shift Keying）で4シンボル，16値QAM（Quadrature Amplitude Modulation）で4シンボルのデータを伝送した．伝送した合計12シンボルで最大伝送できるビット数として，最も近い値はどれか．

① 12ビット　② 20ビット　③ 24ビット
④ 28ビット　⑤ 36ビット

半導体に関する次の記述のうち，不適切なものはどれか．

① n型半導体の少数キャリヤは正孔である．
② シリコンに不純物であるリンやヒ素を導入すると，p型の不純物半導体となる．
③ 真性半導体の電子と正孔の密度は等しく，温度を下げると電子と正孔の密度は低減する．
④ p型半導体とn型半導体を接合したpn接合では，接合部分に空乏層ができる．
⑤ pn接合のn型半導体を接地し，p型半導体側に負の電圧をかけると，正の電圧をかけた場合よりも低い電流が流れる．

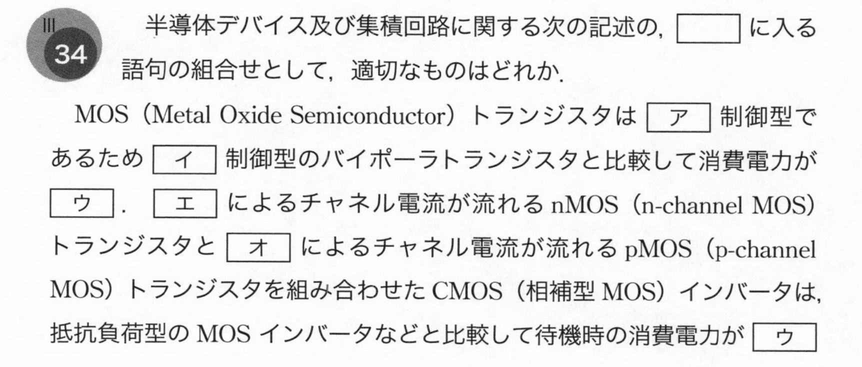

III 34

半導体デバイス及び集積回路に関する次の記述の，［　　］に入る語句の組合せとして，適切なものはどれか．

MOS（Metal Oxide Semiconductor）トランジスタは［ア］制御型であるため［イ］制御型のバイポーラトランジスタと比較して消費電力が［ウ］．［エ］によるチャネル電流が流れるnMOS（n-channel MOS）トランジスタと［オ］によるチャネル電流が流れるpMOS（p-channel MOS）トランジスタを組み合わせたCMOS（相補型MOS）インバータは，抵抗負荷型のMOSインバータなどと比較して待機時の消費電力が［ウ］

ため，現在の集積回路に用いられている．

	ア	イ	ウ	エ	オ
①	電流	電圧	高い	電子	正孔
②	電圧	電流	低い	正孔	電子
③	電流	電圧	低い	電子	正孔
④	電圧	電流	低い	電子	正孔
⑤	電流	電圧	高い	正孔	電子

スポットネットワーク方式による受電設備に関する次の記述のうち，最も不適切なものはどれか．

① 20 kV 級の電源変電所から標準的には 3 回線で受電し，一次側の母線を併用して受電する．

② 変圧器 1 台が事故等により停止した場合でも，他の回線の設備容量に裕度があれば無停電で供給できる．

③ 電圧降下や電力損失が小さくなる一方で，保護装置が複雑であり建設費が高くなる問題もある．

④ 都心部の高層ビルや大規模な工場など，需要密度の高い大容量の負荷群に対して適用される．

⑤ 受電用遮断器を省略する代わりに，自動再閉路等の機能を有するネットワークプロテクタが用いられる．

2022年度　問題

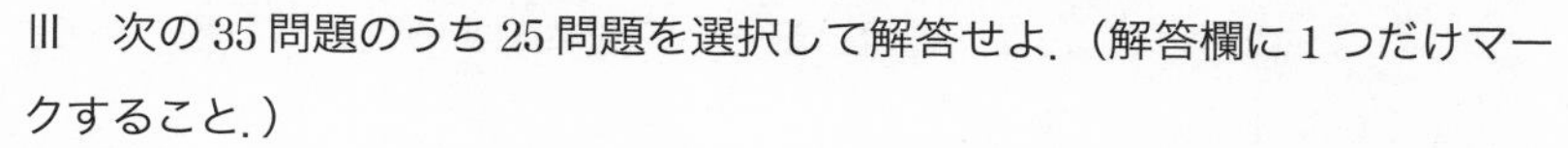

III　次の35問題のうち25問題を選択して解答せよ.（解答欄に1つだけマークすること.）

III 1

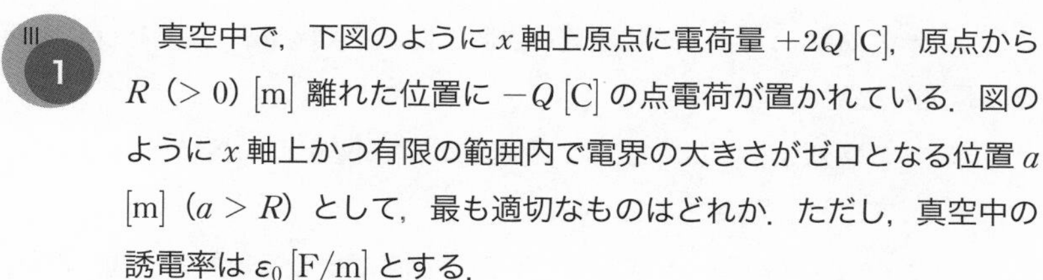

真空中で，下図のように x 軸上原点に電荷量 $+2Q$ [C]，原点から R（>0）[m] 離れた位置に $-Q$ [C] の点電荷が置かれている．図のように x 軸上かつ有限の範囲内で電界の大きさがゼロとなる位置 a [m]（$a>R$）として，最も適切なものはどれか．ただし，真空中の誘電率は ε_0 [F/m] とする．

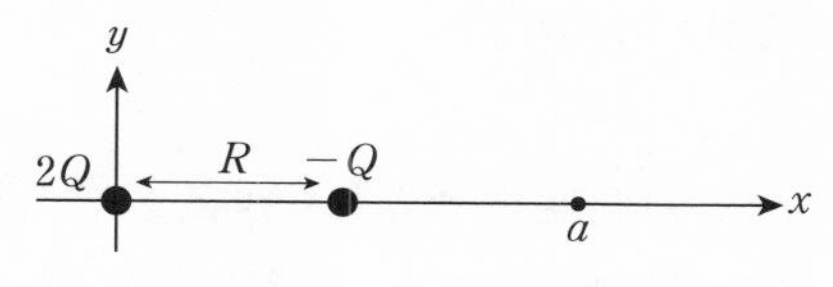

① $2R$　② $\sqrt{2}R$　③ $1+\dfrac{1}{2}R$

④ $(\sqrt{2}-1)R$　⑤ $(2+\sqrt{2})R$

III 2

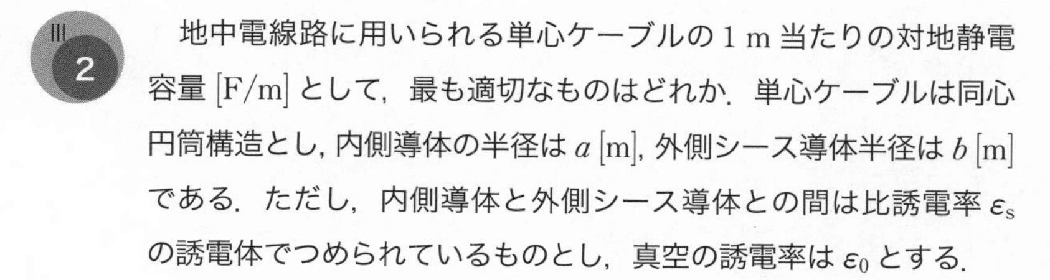

地中電線路に用いられる単心ケーブルの1 m当たりの対地静電容量 [F/m] として，最も適切なものはどれか．単心ケーブルは同心円筒構造とし，内側導体の半径は a [m]，外側シース導体半径は b [m] である．ただし，内側導体と外側シース導体との間は比誘電率 ε_s の誘電体でつめられているものとし，真空の誘電率は ε_0 とする．

① $\dfrac{2\pi\varepsilon_s\varepsilon_0}{\log_e \dfrac{a}{b}}$　② $\dfrac{\log_e \dfrac{a}{b}}{2\pi\varepsilon_s\varepsilon_0}$　③ $\dfrac{\log_e \dfrac{b}{a}}{2\pi\varepsilon_s\varepsilon_0}$

④ $\dfrac{2\pi\varepsilon_s\varepsilon_0}{\log_e \dfrac{b}{a}}$　⑤ $2\pi\varepsilon_s\varepsilon_0 \log_e ab$

III 3　物理現象における効果に関する次の記述のうち，最も不適切なものはどれか．

① 「ペルチエ効果」とは，熱と電気との間に関する効果の一種であり，電子冷房に応用されている．

② 「トンネル効果」とは，電流と磁界との間に関する効果の一種であり，磁束計に応用されている．

③ 「光電効果」とは，光と電気との間に関する効果の一種であり，太陽電池に応用されている．

④ 「ピエゾ効果」とは，圧力と電圧との間に関する効果の一種であり，マイクロホンに応用されている．

⑤ 「ゼーベック効果」とは，熱と電気との間に関する効果の一種であり，熱電対温度計に応用されている．

III 4　下図のように，真空中に置かれた半径 a の半円とその中心Oに向かう2つの半直線とからできた回路に電流 I が流れている．半円の中心Oにおける磁界の大きさを表した式として，最も適切なものはどれか．ただし，真空の透磁率を μ_0 とする．

① $\dfrac{I}{4\pi\mu_0 a}$　② $\dfrac{I}{2\pi\mu_0 a}$　③ $\dfrac{I}{4\pi a}$

④ $\dfrac{I}{2\pi a}$　⑤ $\dfrac{I}{4a}$

III 5　下図の抵抗 R_1，R_2，R_3 と理想直流電圧源 E_1，E_2 で構成される回路において，抵抗 R_3 を流れる電流 I を表す式として，最も適切なものはどれか．

① $\dfrac{R_1E_2+R_2E_1}{R_1(R_2+R_3)-R_2R_3}$

② $\dfrac{R_1E_2+R_2E_1}{R_2(R_1+R_3)-R_1R_3}$

③ $\dfrac{R_1E_2+R_2E_1}{R_1(R_2+R_3)+R_2R_3}$

④ $\dfrac{R_1E_2-R_2E_1}{R_2(R_1+R_3)-R_1R_3}$

⑤ $\dfrac{R_1E_2-R_2E_1}{R_1(R_2+R_3)+R_2R_3}$

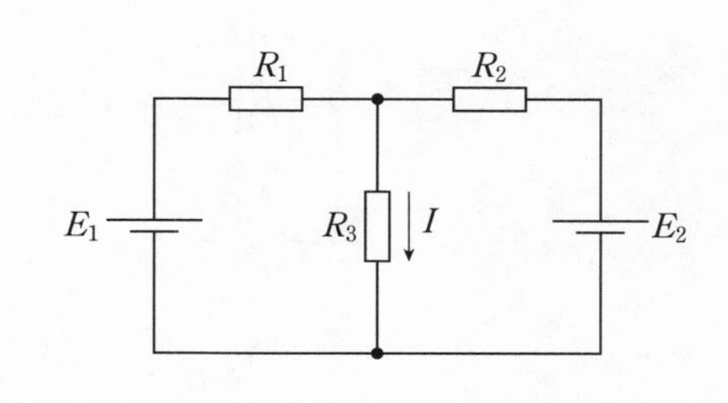

III 6

下図の回路において，端子 ab からみた合成抵抗として，最も適切なものはどれか.

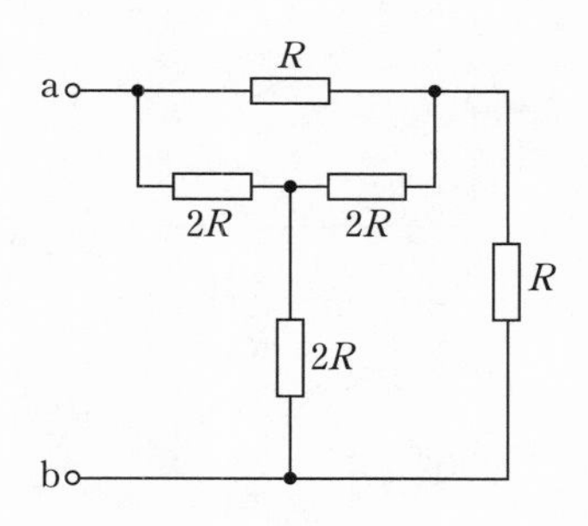

① $2R$　② R　③ $\dfrac{2R}{3}$　④ $\dfrac{5R}{3}$　⑤ $\dfrac{4R}{3}$

III 7

下図の回路において，電流 I[A] の値はどれか.

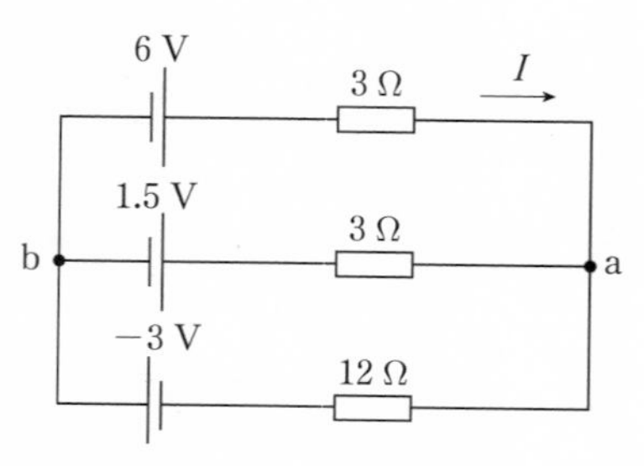

① 1 [A]　② 0.5 [A]　③ 2 [A]　④ 1.5 [A]　⑤ 10 [A]

III 8

下図の回路において，E は定電圧電源，R と L は理想的な素子とする．時刻 $t<0$ でスイッチ S は開いている．時刻 $t \geqq 0$ でスイッチ S を閉じるものとする．$t \geqq 0$ における電流 I_L を表す式として，最も適切なものはどれか．

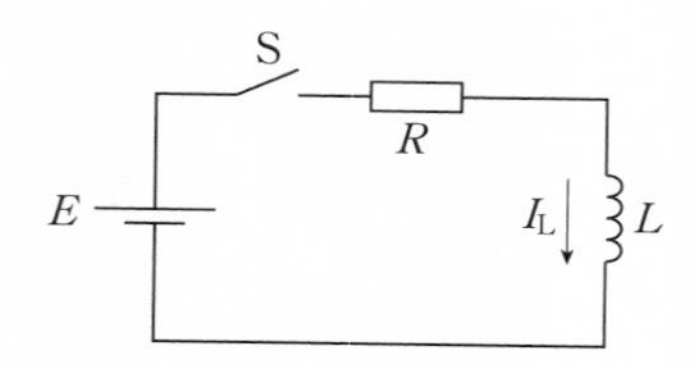

① $I_L=\dfrac{E}{R}\left(1-e^{-\frac{R}{L}t}\right)$　② $I_L=\dfrac{E}{R}\left(1-e^{-\frac{L}{R}t}\right)$　③ $I_L=\dfrac{E}{R}e^{-\frac{R}{L}t}$

④ $I_L=0$　⑤ $I_L=\dfrac{E}{R}e^{-\frac{L}{R}t}$

過渡現象に関する次の記述の，[　　] に入る数式の組合せとして，最も適切なものはどれか．

抵抗値 R の抵抗と静電容量 C のコンデンサを直列に接続した回路に時間 $t=0$ において直流電圧 E を印加する．ただし，$t=0$ のときコンデンサの電荷はゼロとする．このとき回路には，過渡電流 $i(t)=$ [ア] が流れる．この回路において，$t=0$ から ∞ までの間に抵抗で消費されるエネルギーを W_R，$t=\infty$ において，コンデンサに蓄積されるエネルギーを W_C とす

ると $W_R/W_C =$ [イ] である．

	ア	イ
①	$\frac{E}{R}e^{-\frac{R}{C}t}$	1
②	$\frac{E}{R}e^{-\frac{t}{CR}}$	$\frac{R}{C}$
③	$\frac{E}{R}e^{-\frac{t}{CR}}$	1
④	$\frac{E}{R}e^{-\frac{R}{C}t}$	$\frac{R}{C}$
⑤	$\frac{E}{R}e^{-\frac{t}{CR}}$	$\frac{R^2}{C^2}$

III 10

下図の回路で，スイッチ S を閉じたまま十分な時間が経過した後，時刻 $t=0$ [s] にて，S を開いた．その直後にコイルにかかる電圧を a [V] とすると，$t>0$ における電圧 $v(t)$ [V] は，図中の矢印の向きを正として，次式のように表される．

$$v(t) = a\exp(-\alpha t) + b$$

a，b，α の値の組合せとして，最も適切なものは次のうちどれか．

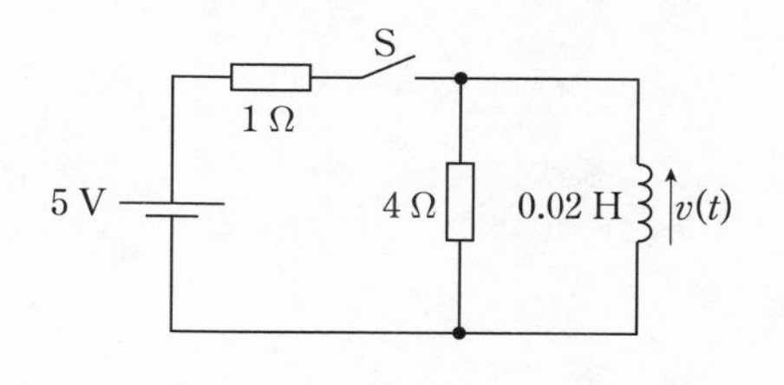

	a	b	α
①	20	0	0.005
②	20	4	200
③	4	0	0.005
④	−20	0	200
⑤	−20	4	200

III 11

下図のように抵抗 R [Ω]，コイル L [H]，コンデンサ C [F]，からなる並列回路がある．回路に流れる電流 I [A] の大きさが最小となる交流正弦波電源の周波数 f [Hz] として，最も適切なものはどれか．

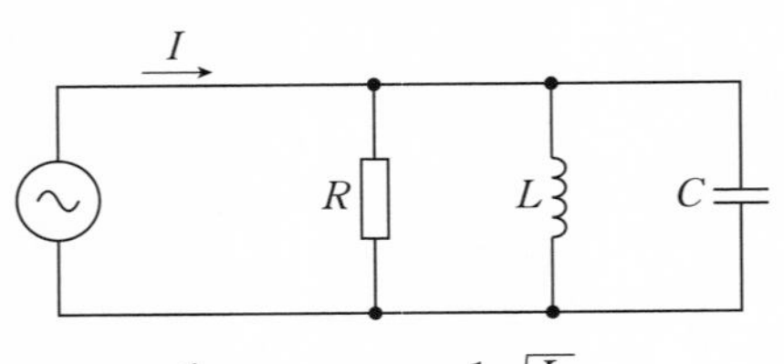

① $\dfrac{1}{\sqrt{LC}}$　　② $\dfrac{1}{2\pi\sqrt{LC}}$　　③ $\dfrac{1}{R}\sqrt{\dfrac{L}{C}}$

④ $\dfrac{1}{2\pi R}\sqrt{\dfrac{L}{C}}$　　⑤ $\sqrt{\dfrac{L}{C}}$

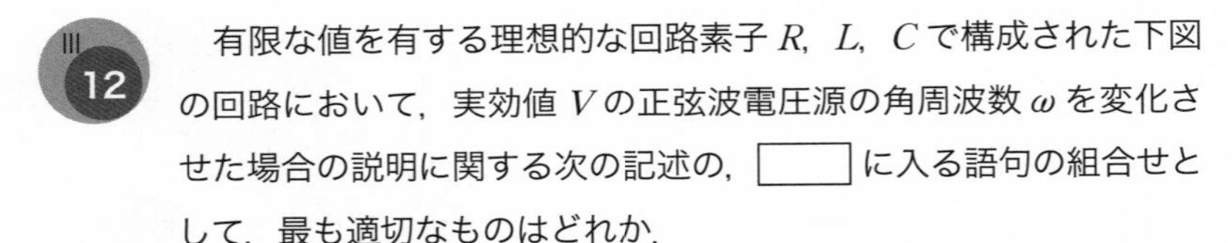

III 12 有限な値を有する理想的な回路素子 R，L，C で構成された下図の回路において，実効値 V の正弦波電圧源の角周波数 ω を変化させた場合の説明に関する次の記述の， に入る語句の組合せとして，最も適切なものはどれか．

回路を流れる電流は，ある角周波数で ア となり，その極値における電流の実効値は イ である．

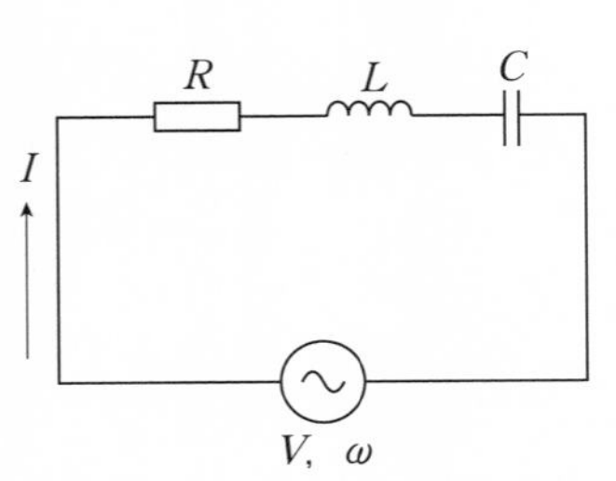

	ア	イ
①	極小	0
②	極小	$\dfrac{V}{R}$
③	極小	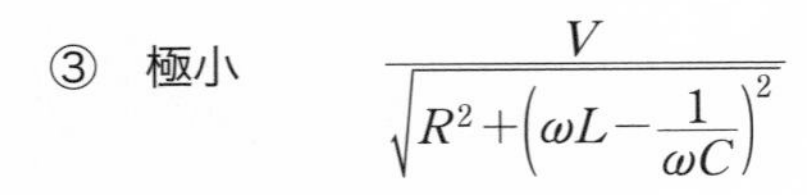 $\dfrac{V}{\sqrt{R^2+\left(\omega L-\dfrac{1}{\omega C}\right)^2}}$
④	極大	$\dfrac{V}{R}$
⑤	極大	∞

交流回路に関する次の記述の，□に入る数値の組合せとして，最も適切なものはどれか．

下図Aに示す回路の端子ab間の力率を改善するために，下図Bのようにコンデンサを接続した．図Aの回路で，周波数50 Hzの交流電圧を印加すると，力率は ア である．

力率を1に改善するためには，静電容量が イ [μF] のコンデンサを接続すればよい．ただし，$\tan^{-1} 0.577 \approx 30°$ である．

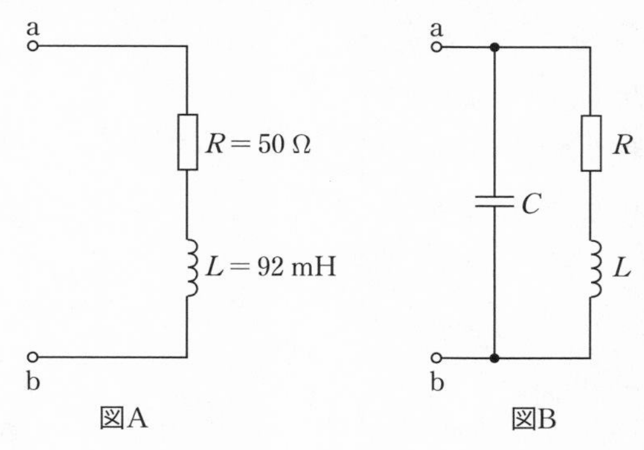

図A　　　図B

	ア	イ
①	0.5	350
②	0.71	350
③	0.71	27.6
④	0.87	350
⑤	0.87	27.6

水力発電は，発電の際に地球温暖化の原因となる二酸化炭素を排出しないことや，安定した電力が供給できる長所を持つ．今，水力発電において有効落差75 mで，流量が毎分600 tの水車を用いて発電を行った結果，6 MWの電力が得られた．発電機の効率が0.95の場合，水車の効率として，最も近い値はどれか．ただし，水の密度は1 000 kg/m^3，重力加速度9.8 m/s^{2}とする．

① 82％　② 86％　③ 90％　④ 94％　⑤ 98％

III 15　ある負荷送電線の電圧が 64 [kV]，有効電力，遅れ無効電力がそれぞれ $1.0 \times \sqrt{3}$ [MW]，1.0 [Mvar] であった．66 [kV]，10 [MV·A] を基準にこの送電線の複素電力 $P+\mathrm{j}Q$，電流 $\dot{I}$ を単位法表記した式の組合せとして，最も適切なものはどれか．ただし，j は虚数単位であり，無効電力は遅れを正とする．

	$P+\mathrm{j}Q$ [p.u.]	$\dot{I}$ [p.u.]
①	$0.17+\mathrm{j}0.10$	$0.206\angle 30°$
②	$0.17+\mathrm{j}0.10$	$0.206\angle -30°$
③	$0.17+\mathrm{j}0.10$	$0.178\angle -30°$
④	$0.17-\mathrm{j}0.10$	$0.178\angle 30°$
⑤	$0.17-\mathrm{j}0.10$	$0.206\angle 30°$

III 16　変圧器に関する次の記述の，[　　] に入る語句の組合せとして，最も適切なものはどれか．

変圧器を運転すると，その内部では損失を発生する．この損失を二次出力に加えたものが，一次入力として電源から入ってくるのである．ここで，損失は無負荷損と負荷損に分けられる．無負荷損は，変圧器を無負荷にして，定格周波数，定格電圧を一次側に加えたときの入力で，そのほとんどが [ア] である．[ア] のうち，[イ] は，磁束の変化によって鉄心内に起電力を生じ，電流が流れる結果，抵抗損失を生ずるもので，鋼板の厚さ，周波数及び磁束密度のそれぞれ 2 乗に比例する．負荷損は，変圧器に負荷をつなげたとき，流れる負荷電流によって生ずる損失で，巻線の [ウ] と，漂遊（ひょうゆう）負荷損の和からなる．

	ア	イ	ウ
①	鉄損	うず電流損	銅損

② 銅損　うず電流損　鉄損
③ 銅損　ヒステリシス損　鉄損
④ 銅損　誘電体損　鉄損
⑤ 鉄損　ヒステリシス損　銅損

III 17 容量 1 kV·A の単相変圧器において，定格電圧時の鉄損が 20 W，全負荷銅損が 60 W であった．定格電圧時，力率 0.8 の全負荷に対する 50 % 負荷時の効率に最も近い値はどれか．

① 88 %　② 90 %　③ 92 %　④ 94 %　⑤ 96 %

III 18 電気機器の絶縁診断法に関する次の記述のうち，最も不適切なものはどれか．

① 絶縁抵抗計（メガー）によって絶縁抵抗を算定することができ，極端な吸湿や外部絶縁の欠陥について，おおよその見当をつけるのに有用である．

② 直流高電圧を誘電体試料に印加し，内部を通過する電流を測定する際には，表面を伝わる電流が検出されないようにガード電極を取り付けて測定を行う．

③ 直流高電圧を誘電体試料に印加すると，印加直後に吸収電流，一定時間後に漏れ電流が検出される．試料の吸湿は，吸収電流に大きく影響する．

④ シェーリングブリッジ回路を用いて交流電圧を印加することで，絶縁系の誘電正接（$\tan\delta$）を測定することができる．

⑤ 誘電体にボイドなどの欠陥や吸湿，汚損があるときに交流電圧を印加すると，電流成分中に直流分が検出されるため，劣化状況の判定ができることがある．

III 19　下図に示すフィードバック制御系において $K(s)=2$, $G(s)=\dfrac{2}{s}$ とする．この閉ループ系の時定数とゲインの組合せとして，最も適切なものはどれか．

	時定数	ゲイン
①	0.25	1
②	0.25	4
③	1	4
④	4	1
⑤	4	0.25

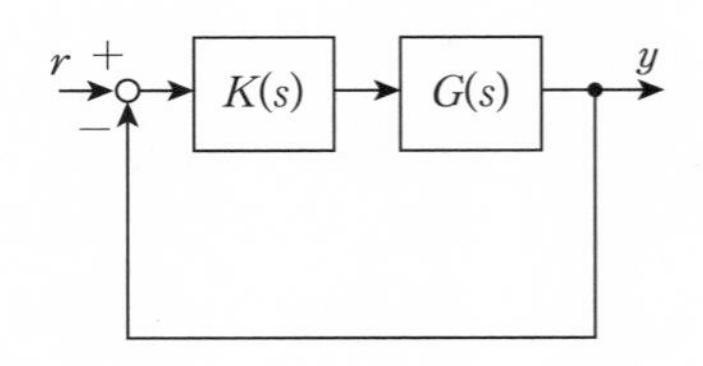

III 20　演算増幅器はオペアンプとも呼ばれ，波形操作などに用いられる汎用増幅器である．抵抗 R_1, R_2 と理想オペアンプを下図のように接続した反転増幅器の回路において，入力電圧 v_{in} を与えた場合，出力電圧 v_{out} と入力インピーダンス Z_{in} の組合せとして，最も適切なものはどれか．

	V_{out}	Z_{in}
①	$-\dfrac{R_1}{R_2}v_{in}$	R_1
②	$-\dfrac{R_2}{R_1}v_{in}$	R_1
③	$-\dfrac{R_1}{R_2}v_{in}$	R_1+R_2
④	$-\dfrac{R_1+R_2}{R_1}v_{in}$	R_1
⑤	$-\dfrac{R_1+R_2}{R_1}v_{in}$	R_1+R_2

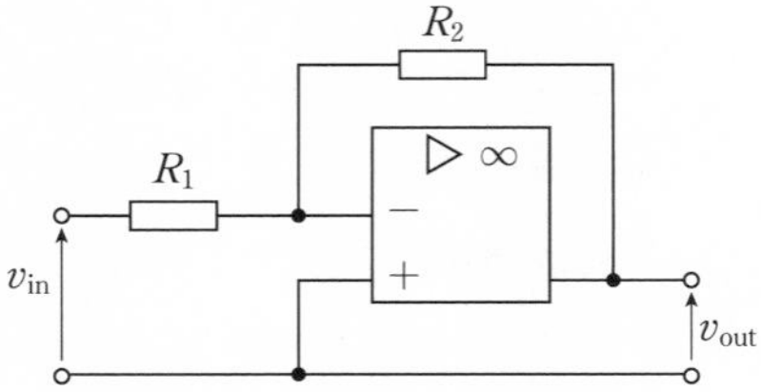

下図にMOS（Metal Oxide Semiconductor）トランジスタを用いたソース接地増幅器の小信号等価回路を示す．入力電圧 v_{in} と出力電圧 v_{out} の比 $\dfrac{v_{\mathrm{out}}}{v_{\mathrm{in}}}$ を電圧増幅率という．

電圧増幅率を表す式として，最も適切なものはどれか．ただし，r_{d} と R は抵抗とする．また，g_{m} は相互コンダクタンスとし，回路における図記号⊖の部分は理想電流源で，その電源電流が電圧 v_{in} に比例する $g_{\mathrm{m}}v_{\mathrm{in}}$ であるとする．

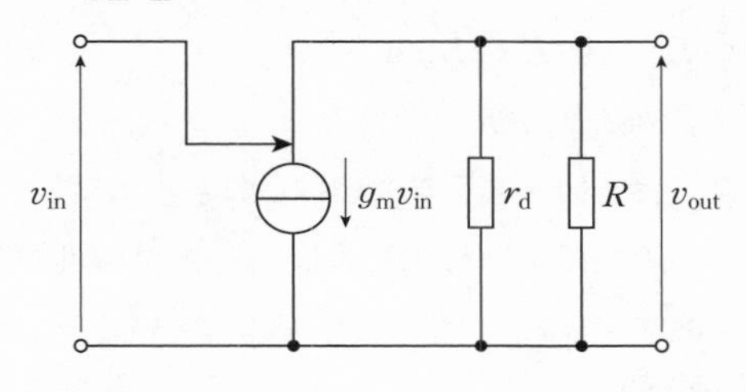

① $-\dfrac{g_{\mathrm{m}}}{r_{\mathrm{d}}R}$　② $-\dfrac{g_{\mathrm{m}}r_{\mathrm{d}}}{r_{\mathrm{d}}+R}$　③ $-\dfrac{g_{\mathrm{m}}r_{\mathrm{d}}R}{r_{\mathrm{d}}+R}$

④ $-\dfrac{g_{\mathrm{m}}(r_{\mathrm{d}}+R)}{r_{\mathrm{d}}R}$　⑤ $-\dfrac{g_{\mathrm{m}}R}{r_{\mathrm{d}}+R}$

下図に示すディジタル回路と等価な出力 f を与える論理式はどれか．ただし，論理変数 A，B に対して，$A+B$ は論理和を表し，$A\cdot B$ は論理積を表す．また，$\overline{A}$ は A の否定を表す．

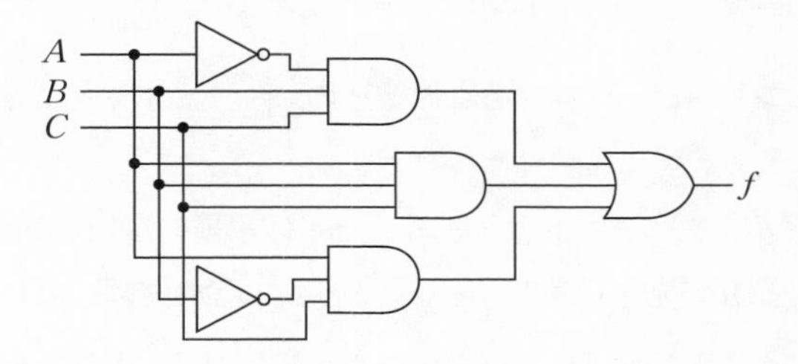

① $\overline{A} \cdot \overline{C} + B \cdot C$

② $\overline{A} \cdot C + B \cdot C$

③ $B \cdot C + A \cdot C$

④ $A + C \cdot B + C$

⑤ $\overline{A} + \overline{B} + \overline{C}$

排他的論理和（XOR）の論理式は次式で表され，入力の不一致を検出する．

$$A \oplus B = \overline{A} \cdot B + \overline{B} \cdot A$$

上記の論理式を変形し，XOR を 2 つの NOT と 3 つの NOR で実現した場合，最も適切なものはどれか．ただし，論理変数 A，B に対して，$A + B$ は論理和を表し，$A \cdot B$ は論理積を表し，$\overline{A}$ は A の否定を表す．なお，任意の A，B について，ド・モルガンの定理

$$\overline{A \cdot B} = \overline{A} + \overline{B}$$

$$\overline{A + B} = \overline{A} \cdot \overline{B}$$

が成り立つことを利用してよい．

① $\overline{(\overline{A+B}) + (\overline{\overline{A}+\overline{B}})}$

② $\overline{(\overline{A+B}) + (\overline{A+B})}$

③ $\overline{(\overline{\overline{A}+\overline{B}}) + (\overline{\overline{A}+\overline{B}})}$

④ $(\overline{A+B}) + (\overline{\overline{A}+\overline{B}})$

⑤ $\overline{(A+B) + (\overline{A}+\overline{B})}$

エントロピーに関する次の記述の，［　　］に入る式の組合せとして，最も適切なものはどれか．

情報源アルファベット $\{a_1, a_2, \cdots, a_M\}$ の記憶のない情報源を考える．a_1，a_2，$\cdots$，a_M の発生確率を p_1，p_2，$\cdots$，p_M とすれば，エントロピーは［ア］となる．エントロピーは負にはならない．エントロピーが最大となるのは，$p_1 = p_2 = \cdots = p_M = 1/M$ のときであり，このとき，エントロピー

は [イ] となる.

	ア	イ
①	$\sum_{i=1}^{M} p_i \log_2 p_i$	$-\log_2 M$
②	$-\sum_{i=1}^{M} p_i \log_2 p_i$	$\frac{1}{M}\log_2 M$
③	$-\sum_{i=1}^{M} p_i \log_2 p_i$	$\frac{-1}{M}\log_2 M$
④	$-\sum_{i=1}^{M} p_i \log_2 p_i$	$\log_2 M$
⑤	$\sum_{i=1}^{M} p_i \log_2 p_i$	$\log_2 M$

III 25 六面体のサイコロの各面に数字1から6が割り振られている．サイコロを振ったとき，それぞれの面が出る確率を p_1, p_2, …, p_6 とする．1回振るときのエントロピーが最も大きくなるようにサイコロを作製した場合，そのエントロピーの値に最も近い値はどれか．ただし $\log_2 3 = 1.58$ とする．

① 0.17　② 0.43　③ 2.58　④ 1.00　⑤ 7.78

III 26 下表に示すような4個の情報源シンボル s_1, s_2, s_3, s_4 からなる無記憶情報源がある．この情報源に対し，ハフマン符号によって二元符号化を行ったときに得られる平均符号長の値はどれか．なお，符号アルファベットは {0, 1} とする．

情報源シンボル	発生確率
s_1	0.5
s_2	0.2
s_3	0.2
s_4	0.1

① 1.8　② 2.0　③ 1.4
④ 1.6　⑤ 2.2

時間幅 τ, 振幅 $1/\tau$ の孤立矩形パルス $g(t)$ のフーリエ変換 $G(f)$ は,

$G(f)=\dfrac{\sin(\pi f\tau)}{\pi f\tau}$ と表される.

一方，フーリエ変換には伸縮性があり，$g(t)$ とそのフーリエ変換 $G(f)$ の関係を $\mathcal{F}[g(t)]=G(f)$ と表すとき，伸縮の比率を α として

$\mathcal{F}[g(\alpha t)]=\dfrac{1}{|\alpha|}G\left(\dfrac{f}{\alpha}\right)$ の関係が成立する.

そこで，孤立矩形パルス $g(t)$ に対して，時間幅を $\dfrac{1}{4}$，振幅を 4 倍とした孤立矩形パルスを $g'(t)$ とするとき，$g'(t)$ のフーリエ変換として，最も適切なものはどれか.

① $\dfrac{\sin(\pi f\tau)}{\pi f\tau}$　② $\dfrac{4\sin\left(\dfrac{\pi f\tau}{4}\right)}{\pi f\tau}$　③ $\dfrac{\sin(2\pi f\tau)}{2\pi f\tau}$

④ $\dfrac{4\sin\left(\dfrac{\pi f\tau}{2}\right)}{\pi f\tau}$　⑤ $\dfrac{\sin(2\pi f\tau)}{4\pi f\tau}$

III
28

フーリエ変換に関する次の記述の，[　　] に入る式の組合せとして，最も適切なものはどれか.

ただし，フーリエ変換は以下の式で定義されるものとする.

$$F(\omega)=\int_{-\infty}^{\infty} f(t)\mathrm{e}^{-i\omega t}\,\mathrm{d}t$$

時間領域の信号 $f_1(t)=\exp(-|t|)$ のフーリエ変換対は，[ア] で与えられる．別の時間領域の信号 $f_2(t)$ のフーリエ変換対を $F_2(\omega)$ としたとき，$f_1(t)+2f_2(t)$ のフーリエ変換対は，[イ] と与えられる.

	ア	イ
①	$F_1(\omega)=\dfrac{2}{\omega^2+1}$	$\dfrac{2}{\omega^2+1}+F_2(\omega)$
②	$F_1(\omega)=\dfrac{1}{\omega}$	$\dfrac{1}{\omega}+2F_2(\omega)$
③	$F_1(\omega)=\dfrac{4}{\omega+1}$	$\dfrac{4}{\omega+1}+F_2(\omega)$
④	$F_1(\omega)=\dfrac{2}{\omega^2+1}$	$\dfrac{2}{\omega^2+1}+2F_2(\omega)$
⑤	$F_1(\omega)=\dfrac{2}{\omega}$	$\dfrac{2}{\omega}+F_2(\omega)$

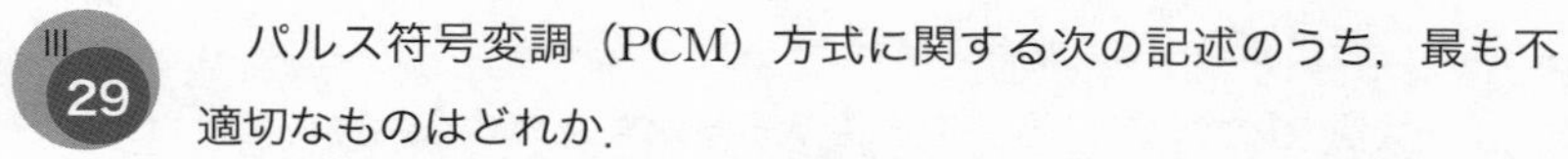

III 29 パルス符号変調（PCM）方式に関する次の記述のうち，最も不適切なものはどれか．

① 線形量子化では，信号電力対量子化雑音電力比は信号電力が小さいほど大きくなる．

② 標本化パルス列から原信号を歪みなく復元できる周波数をナイキスト周波数と呼ぶ．

③ 非線形量子化を行う際の圧縮器特性の代表的なものとして，μ–law（μ 則）がある．

④ 標本化定理によれば，アナログ信号はその最大周波数の 2 倍以上の周波数でサンプリングすれば，そのパルス列から原信号を復元できる．

⑤ 量子化された振幅値と符号の対応のさせ方の代表的なものとして，自然 2 進符号，交番 2 進符号，折返し 2 進符号がある．

III 30 30 ビットの情報をディジタル変調方式を使って伝送する．8PSK（Phase Shift Keying）を用いて 2 シンボル送信し，正しく受信された．残りの情報を，16 値 QAM（Quadrature Amplitude Modulation）

を用いて伝送するのに必要な最低送信シンボル数として，最も適切なものはどれか.

① 2 シンボル

② 3 シンボル

③ 4 シンボル

④ 5 シンボル

⑤ 6 シンボル

III 31　無線通信における送信方式に関する次の記述のうち，最も不適切なものはどれか.

① 送信データに応じて搬送波の位相を変化させる PSK（Phase Shift Keying）を遅延検波によって復調する場合，送信機において事前に差動符号化することが必要である.

② 受信機において搬送波を再生する同期検波方式を用いた場合，チャネルの時間変動がなければ，遅延検波方式よりも復調性能は改善する.

③ BPSK（Binary PSK）は 1 シンボル当たり 1 ビットのデータを送信する変調方式であり，QPSK（Quadrature PSK）は 1 シンボル当たり 2 ビットのデータを送信する変調方式である.

④ 誤り訂正符号化と変調方式を同時に設計することで，優れた復調性能を達成する技術を時空間ブロック符号（STBC：Space－Time Block Coding）と呼ぶ.

⑤ 16QAM（Quadrature Amplitude Modulation）は振幅と位相を変化させることで，1 シンボル当たりで QPSK（Quadrature PSK）よりも多くのデータを伝送できるが，同一受信電力における雑音耐性が低下する.

III 32　半導体に関する次の記述の，［　　］に入る語句及び数値の組合せとして，最も適切なものはどれか.

正孔が多数キャリアである半導体を ［ア］ 型半導体，電子が多数キャリアである半導体を［イ］型半導体という．［ア］型及び［イ］型はキャリアの電荷がそれぞれ正であるか負であるかを表している．

集積回路に用いられる主要な半導体であるシリコンは14族の元素であるため，ホウ素などの［ウ］族の元素を加えると［ア］型となり，この元素を［エ］と呼ぶ．また，リンなどの［オ］族の元素を加えると［イ］型となり，この元素を［カ］と呼ぶ．

	ア	イ	ウ	エ	オ	カ
①	p	n	13	ドナー	15	アクセプタ
②	p	n	15	アクセプタ	13	ドナー
③	n	p	13	アクセプタ	15	ドナー
④	p	n	13	アクセプタ	15	ドナー
⑤	p	n	15	ドナー	15	アクセプタ

III 33 半導体デバイス及び集積回路に関する次の記述の，［　］に入る語句及び数値の組合せとして，最も適切なものはどれか．

MOS（Metal Oxide Semiconductor）トランジスタを用いたCMOS（相補型MOS）インバータは，nMOS（n−channel MOS）トランジスタとpMOS（p−channel MOS）トランジスタを用いて，［ア］個のMOSトランジスタにより構成されている．入力が“［イ］”でnMOSトランジスタが［ウ］のとき，pMOSトランジスタは［エ］となり，入力が“［オ］”でnMOSトランジスタが［カ］のとき，pMOSトランジスタが［キ］となることで入力信号を反転する．CMOSインバータでは，定常状態において電源からアースへの直流電流が流れることが無いため，低消費電力である．

	ア	イ	ウ	エ	オ	カ	キ
①	2	0	オン	オフ	1	オフ	オン
②	4	1	オフ	オン	0	オン	オフ
③	4	0	オン	オフ	1	オフ	オン

④	2	1	オン	オフ	0	オフ	オン
⑤	2	1	オフ	オン	0	オン	オフ

III 34 電力系統に直列コンデンサを設置することに関する次の記述の，[　　]に入る語句の組合せとして，最も適切なものはどれか．

送電線路に直列コンデンサを設置することは，線路の[ア]を減少させることにより，等価的に線路の長さを短縮することになる．このため，長距離送電線に適用するとより効果的である．また，直列コンデンサを設置することにより，[イ]の低減及び安定度の向上に役立つ．しかし，同期機における[ウ]や負制動現象の原因になることがある．

	ア	イ	ウ
①	誘導リアクタンス	高調波の発生	共振
②	誘導リアクタンス	電圧変動率	軸ねじれ現象
③	並列キャパシタンス	電圧変動率	共振
④	並列キャパシタンス	高調波の発生	共振
⑤	並列キャパシタンス	電圧低下	軸ねじれ現象

III 35 中性点接地方式に関する次の記述の，[　　]に入る語句の組合せとして，最も適切なものはどれか．

中性点抵抗接地方式は，我が国の154 kV以下の電力系統に広く採用されている方式で，中性点を抵抗器を通して接地し地絡事故時の[ア]を抑制するので，地絡継電器の事故検出機能は[イ]方式より低下する．抵抗接地系では地絡電流は大きくないが，地絡瞬時には送電線の対地静電容量の影響を受けて大きな過渡突入電流が流れるので，特に[ウ]系統では地絡継電器に時間遅れを持たせるなどの配慮が必要である．

	ア	イ	ウ
①	地絡電流	非接地	ループ
②	零相電圧	直接接地	ケーブル

③	地絡電流	直接接地	ケーブル
④	地絡電流	リアクトル接地	ケーブル
⑤	零相電圧	非接地	ループ

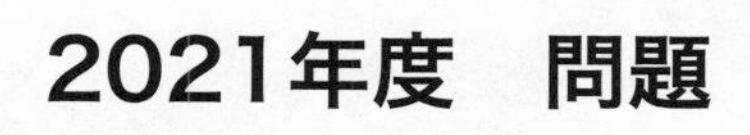

2021年度　問題

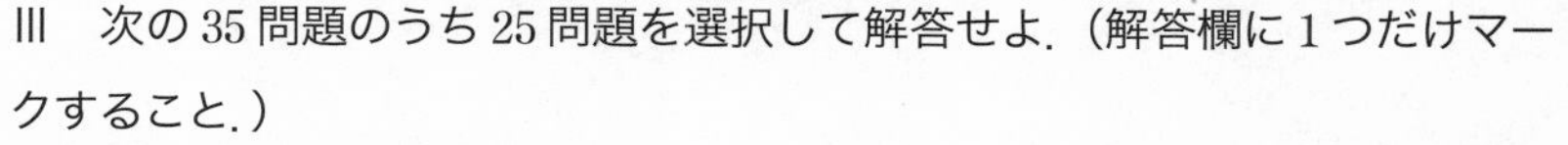

III　次の35問題のうち25問題を選択して解答せよ.（解答欄に1つだけマークすること.）

III 1　空間の電界及び磁界をそれぞれ $\boldsymbol{E}$, $\boldsymbol{B}$ とすると，点電荷 q（$q>0$）に働くローレンツ力 $\boldsymbol{F}$ はクーロン力を含む形として次式で表される.

$$\boldsymbol{F}=q\boldsymbol{E}+q\boldsymbol{v}\times\boldsymbol{B}$$

$\boldsymbol{v}$ は点電荷の速度である．ローレンツ力に関する次の記述のうち，不適切なものはどれか．なお，上式中の太字はベクトル量を表す．また，上式中に現れる“×”はベクトル同士の外積を表す.

①　空間の電界が0であり，磁界が0でないとき，ローレンツ力 F は電荷の移動方向から磁界ベクトルの方向へ右ねじを回したときに右ねじが進む方向に働く.

②　空間の磁界が0であり，電界が0でないとき，ローレンツ力 F は電界と同じ方向に働く.

③　空間の電界及び磁界が0のとき，力は働かない.

④　電流と磁界の間に働く力は表現できない.

⑤　固定されていない点電荷にローレンツ力が働くと，電荷は運動を開始する.

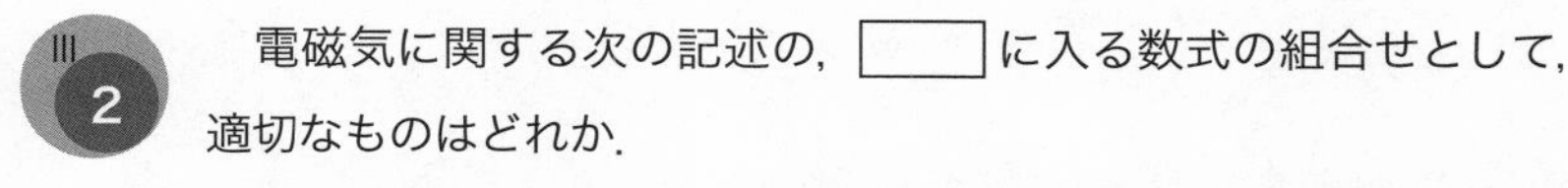

III 2　電磁気に関する次の記述の，[　　　] に入る数式の組合せとして，適切なものはどれか.

真空中で，下図に示すような，ACの長さが a [m]，BCの長さが $2a$ [m] で，AB⊥ACの三角形の頂点Cに $+Q$ [C]（$Q>0$）の点電荷をおいた．さらに頂点Bにある電荷量 Q_B [C] の点電荷をおいたところ，点Aでの電界 E_A は図中に示す矢印の向き（BCと並行の向き）となった．このとき，Q_B

は［ア］[C]，E_A の大きさは［イ］[V/m] となった．ただし，真空中の誘電率は ε_0 [F/m] とする．

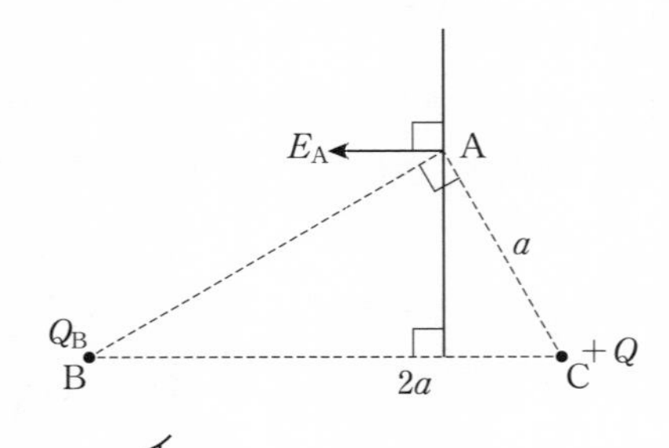

	ア	イ
①	$-3\sqrt{3}Q$	$\dfrac{\sqrt{3}Q}{6\pi\varepsilon_0 a^2}$
②	$-\dfrac{\sqrt{3}}{3}Q$	$\dfrac{Q}{2\pi\varepsilon_0 a^2}$
③	$-3\sqrt{3}Q$	$\dfrac{(2\sqrt{3}+1)Q}{8\pi\varepsilon_0 a^2}$
④	$-3\sqrt{3}Q$	$\dfrac{Q}{2\pi\varepsilon_0 a^2}$
⑤	$-\dfrac{\sqrt{3}}{3}Q$	$\dfrac{\sqrt{3}Q}{6\pi\varepsilon_0 a^2}$

下図のように真空中に 2 個の点電荷 q_1（-4×10^{-10} C），q_2（2×10^{-10} C）が 1 m 離れて置かれている．q_1，q_2 を結ぶ線上の中

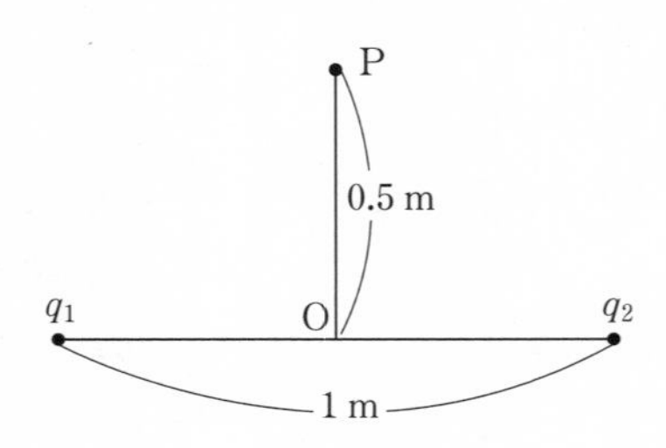

点Oから垂直方向0.5 mの点を点Pとする．無限遠点を基準とした点Pの電位として，最も近い値はどれか．ただし，真空の誘電率ε_0は，8.854×10^{-12} F/mとする．

① −2.54 V　② −5.09 V　③ 2.54 V

④ 5.09 V　⑤ 7.63 V

次図のように，真空中に置かれた半径a [m]の無限に長い円筒表面に，単位長さ当たりλ [C/m]で一様に電荷が分布している．次のうち円筒内外に生じる電界E [V/m]を表す式の組合せとして，適切なものはどれか．ただし，真空の誘電率をε_0 [F/m]とする．

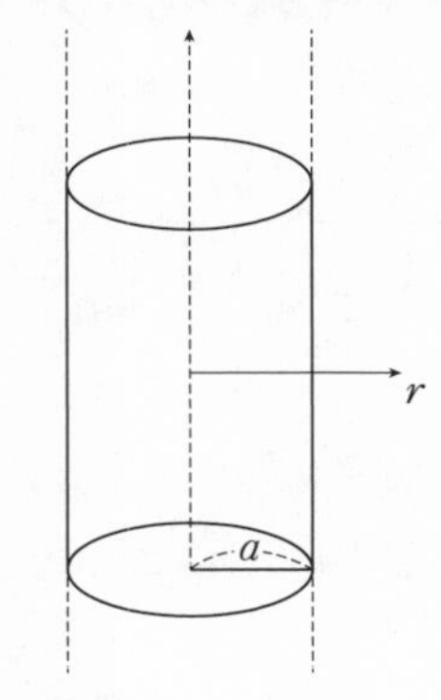

	円筒内	円筒外
①	$E=\dfrac{\lambda}{2\pi\varepsilon_0 r}$	$E=\dfrac{\lambda r}{2\pi\varepsilon_0 a^2}$
②	$E=0$	$E=\dfrac{\lambda r}{2\pi\varepsilon_0 a^2}$
③	$E=0$	$E=\dfrac{\lambda}{2\pi\varepsilon_0 r}$
④	$E=\dfrac{\lambda}{2\pi\varepsilon_0 a}$	$E=\dfrac{\lambda}{2\pi\varepsilon_0 r}$

⑤　$E=\dfrac{\lambda r}{2\pi\varepsilon_0 a^2}$　　$E=\dfrac{\lambda}{2\pi\varepsilon_0 r}$

III 5　下図のような，9 V の理想直流電圧源，9 A の理想直流電流源及び抵抗を含む回路において，電流 I に最も近い値はどれか．

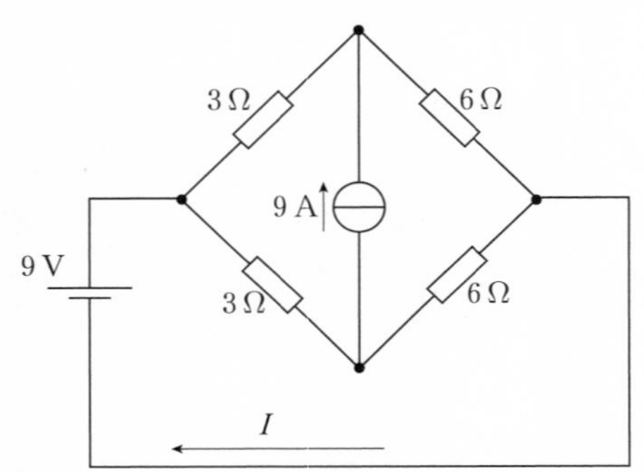

①　10 A　　②　8 A　　③　6 A　　④　4 A　　⑤　2 A

III 6　下図の抵抗と理想直流電圧源で構成される回路において，電流 I [A] の値として，適切なものはどれか．

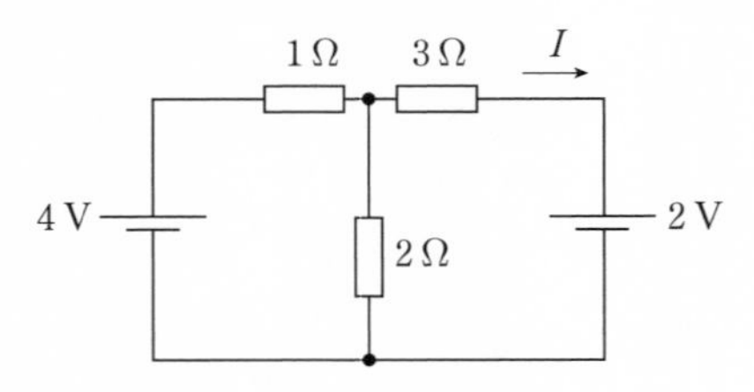

①　$\dfrac{2}{11}$ A　　②　$\dfrac{14}{11}$ A　　③　$\dfrac{16}{11}$ A　　④　$\dfrac{14}{19}$ A　　⑤　$\dfrac{24}{19}$ A

III 7　理想直流電圧源及び抵抗よりなる下図の回路において，抵抗 R_3 に流れる電流 I [A] の値として，最も近い値はどれか．

ただし，$E=10$ V，$R_1=5\ \Omega$，$R_2=R_3=10\ \Omega$ とする．

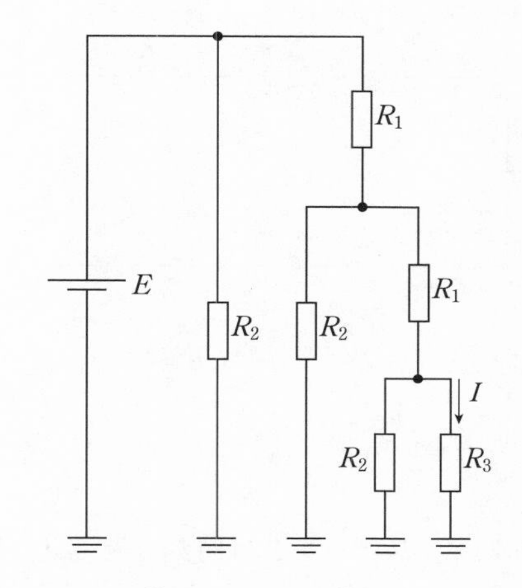

① 2 A　② 1 A　③ 0.5 A　④ 0.25 A　⑤ 0.125 A

III 8

下図の回路において，端子 ab からみた合成抵抗として，適切なものはどれか．

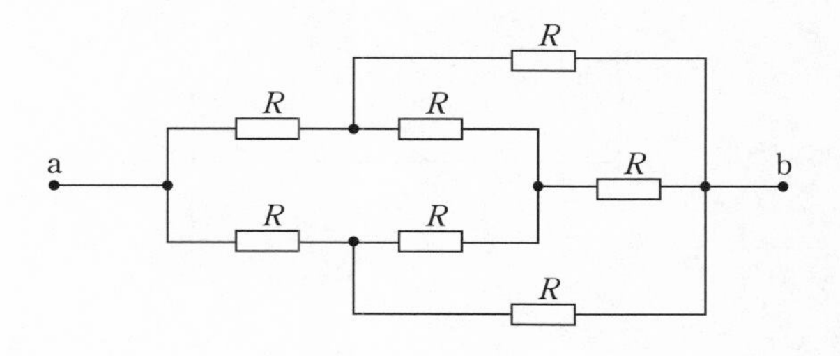

① $\frac{8}{9}R$　② $\frac{8}{7}R$　③ $\frac{7}{8}R$　④ $\frac{7}{6}R$　⑤ $\frac{6}{7}R$

III 9

下図に示される，スイッチ SW，理想直流電圧電源 E，抵抗器 R，コンデンサ C，インダクタ L からなる回路で，時刻 $t=0$ でスイッチを閉じる．このとき回路に流れる電流 i が振動しない条件として，適切なものはどれか．

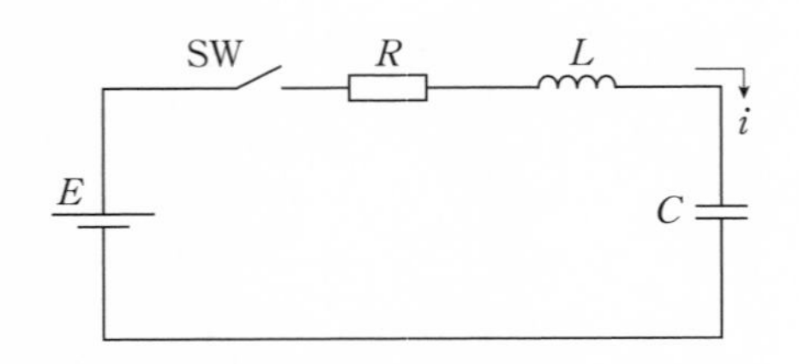

① $R \leqq \frac{C}{L}$　② $4L \leqq CR^2$　③ $CR \leqq 4L$

④ $CL \leqq R$　⑤ $C \leqq LR$

III 10

下図において，スイッチSは時刻 $t=0$ より以前は開いており，それ以降は閉じているものとする．このとき，時刻 $t \geqq 0$ における電流 I_L を表す式として，適切なものはどれか．

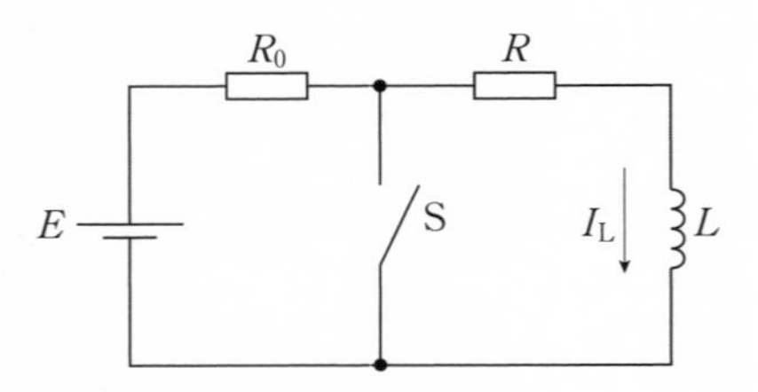

① $I_L = \frac{E}{R_0 + R} e^{-\frac{t}{RL}}$　② $I_L = \frac{E}{R_0 + R} e^{-\frac{R}{L}t}$

③ $I_L = \frac{E}{R_0 + R} e^{-\frac{L}{R}t}$　④ $I_L = \frac{E}{R} e^{-\frac{R}{L}t}$

⑤ $I_L = \frac{E}{R} e^{-\frac{L}{R}t}$

III 11

下図のような実効値 V，角周波数 ω の正弦波電圧源と理想的な回路素子であるリアクトル L と抵抗 R からなる回路がある．このとき，回路に流れる電流の実効値 I と無効電力 Q の組合せとして，適切なものはどれか．ただし，遅れの無効電力を正とする．

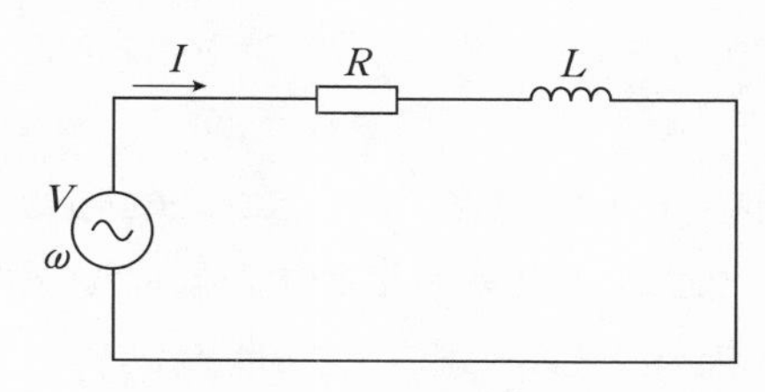

	I	Q
①	$\dfrac{V}{R^2+(\omega L)^2}$	$\dfrac{RV^2}{R^2+(\omega L)^2}$
②	$\dfrac{V}{R^2+(\omega L)^2}$	$\dfrac{R\omega LV^2}{R^2+(\omega L)^2}$
③	$\dfrac{V}{\sqrt{R^2+(\omega L)^2}}$	$\dfrac{RV^2}{R^2+(\omega L)^2}$
④	$\dfrac{V}{\sqrt{R^2+(\omega L)^2}}$	$\dfrac{\omega LV^2}{R^2+(\omega L)^2}$
⑤	$\dfrac{V}{\sqrt{R^2+(\omega L)^2}}$	$\dfrac{R\omega LV^2}{R^2+(\omega L)^2}$

下図のようなひずみ波交流電圧があり，時間を t とすると，その波形が次式で表されるとする．

$$V=100\sqrt{2}\sin(100\pi t)+50\sqrt{2}\cos(300\pi t)$$

このひずみ波交流電圧の実効値として，最も近い値はどれか．

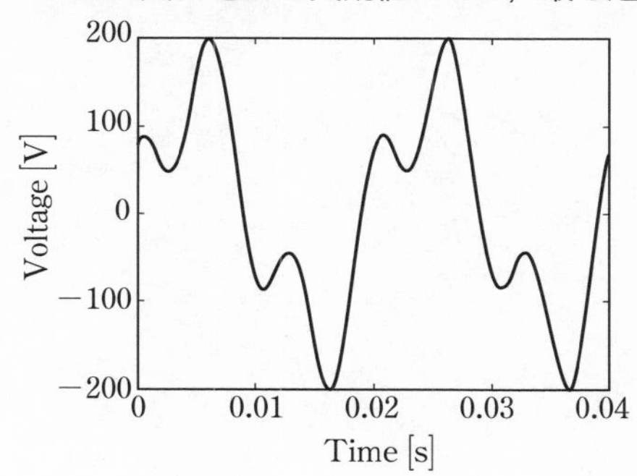

① 102 V　② 112 V　③ 122 V　④ 132 V　⑤ 142 V

III 13 下図の回路において，C_x と R_x はコンデンサのキャパシタンスと内部抵抗である．検出器Dに電流が流れない条件で，R_x と C_x を示す式の組合せとして，適切なものはどれか．

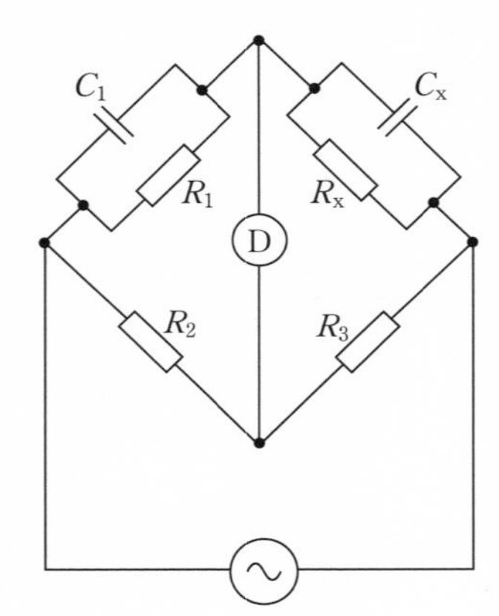

① $R_x=\dfrac{R_2}{R_3}R_1$,　$C_x=\dfrac{R_3}{R_2}C_1$

② $R_x=\dfrac{R_2}{R_3}R_1$,　$C_x=\dfrac{R_2}{R_3}C_1$

③ $R_x=\dfrac{R_3}{R_2}R_1$,　$C_x=\dfrac{R_2}{R_3}C_1$

④ $R_x=\dfrac{R_3}{R_2}R_1$,　$C_x=\dfrac{R_3}{R_2}C_1$

⑤ $R_x=\dfrac{R_2}{R_3}R_1$,　$C_x=-\dfrac{R_2}{R_3}C_1$

0.01 kg のウラン 235 が核分裂するときに 0.09 % の質量欠損が生じてエネルギーが発生する．ある原子力発電所では，このエネルギーの 30 % を電力として取り出せるものとする．この電力を用いて全揚程（有効揚程）が 300 m，揚水時のポンプ水車と電動機の総合効率が 84 % の揚水発電所で揚水ができる水量 $[\mathrm{m}^3]$ として，最も近い値はどれか．ただし，ウランの原子番号は 92，真空中の光の速度は 3.0×10^8 m/s，水の密度は 10^3 kg/m^3，重力加速度は 9.8 m/s^2 とする．

① 6.9×10^4 m^3

② 8.3×10^4 m^3

③ 9.8×10^4 m^3

④ 2.3×10^5 m^3

⑤ 7.7×10^5 m^3

再生可能エネルギー等の新しい発電に使用される装置に関する次の記述のうち，不適切なものはどれか．

① 燃料電池は，負極に酸素，正極に燃料を供給すると通常の燃焼と同じ反応で発電する．小型でも発電効率が高く，大容量化によるコスト低減のメリットが少ない．

② 二次電池は，発電に使用するためには自己放電が少ないこと，充放電を繰り返したときの電圧や容量の低下が小さいことが要求される．

③ 太陽電池の出力電圧は負荷電流によって変化するため，最大電力を得るために直流側の電圧を制御している．

④ 風力発電には，誘導発電機と同期発電機が用いられる．前者は交流で系統に直接に連系する．後者は系統に連系して安定な運転を行うためには周波数変換器を介して連系する．

⑤ 地熱発電には，地下で発生する高温の天然蒸気を直接蒸気タービンへ供給する方式と，蒸気と熱水を汽水分離器により分離して蒸気のみを蒸気タービンへ供給する方式がある．

III 16

変圧器の損失と効率に関する次の記述の，□に入る数値の組合せとして，最も適切なものはどれか．

出力 1 000 W で運転している単相変圧器において，鉄損が 50 W，銅損が 50 W 発生している．出力電圧は変えずに出力を 900 W に下げた場合，銅損は ア W で，効率は イ % となる．出力電圧が 20 % 低下した状態で出力は 1 000 W で運転したとすると鉄損は ウ W で，効率は エ % となる．ただし，変圧器の損失は鉄損と銅損のみとし，負荷の力率は一定とする．鉄損は電圧の 2 乗に比例，銅損は電流の 2 乗に比例するものとする．

	ア	イ	ウ	エ
①	50	89	39	90
②	41	89	50	88
③	50	91	39	88
④	39	91	32	88
⑤	41	91	32	90

回転機に関する次の記述のうち，不適切なものはどれか．

① 誘導機及び同期機の同期回転速度は，周波数と磁極数のみで定まる．

② 巻線形誘導機の二次励磁制御では，誘導機の二次側にすべり周波数の電圧を加えて速度制御を行う．

③ 発電機と電動機は運転状態により区別されるもので，その構造に基本的な差はない．

④ 界磁巻線を有する同期機には，回転子の磁極形状により，突極機と非突極機がある．発電機においては，前者が高速機に，後者が比較的低速機に使用される．

⑤ かご形誘導機のベクトル制御では，磁束を発生させる電流とトルクを発生させる電流を独立に制御できる．

下図のような昇圧チョッパ回路において，スイッチSを周波数100 Hzで4 ms間だけ導通するようにスイッチング動作させた場合の，負荷抵抗Rの両端にかかる平均電圧vとして，最も近い値はどれか．

なお，直流電源電圧$E=48$ V，リアクトルインダクタンス$L=100$ mH，コンデンサキャパシタンス$C=40$ μF，負荷抵抗$R=100$ kΩとする．

Eは理想直流電圧源，Sは理想スイッチ，Dは理想ダイオードを表し，線路抵抗や素子の内部抵抗は無視するものとする．

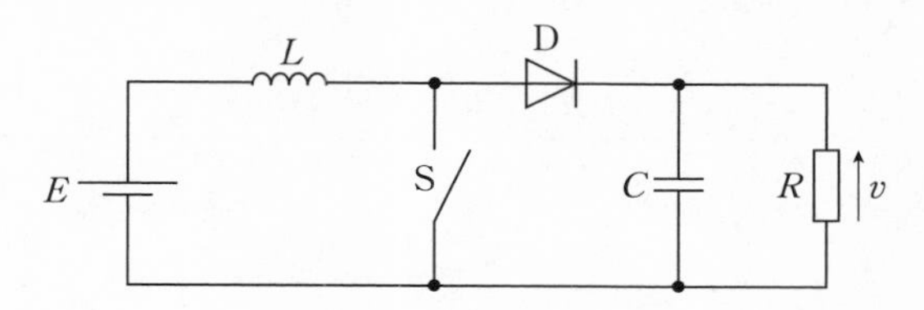

① 60 V　② 80 V　③ 100 V　④ 120 V　⑤ 140 V

PID（Proportional–Integral–Differential）制御系に関する次の記述のうち，不適切なものはどれか．

① 比例ゲインを大きくすると定常偏差は小さくなる．

② 比例ゲインを大きくすると系の応答は振動的になる．

③ 制御系にその微分値を加えて制御すると，速応性を高め，減衰性を改善できる．

④ 積分制御を行うと定常偏差は大きくなる．

⑤ PID補償をすることにより速応性を改善できる．

一次遅れ系$G(s)=\dfrac{10}{10s+1}$の単位インパルス応答$g(t)$の概形として，適切なものはどれか．ただし，sはラプラス演算子である．

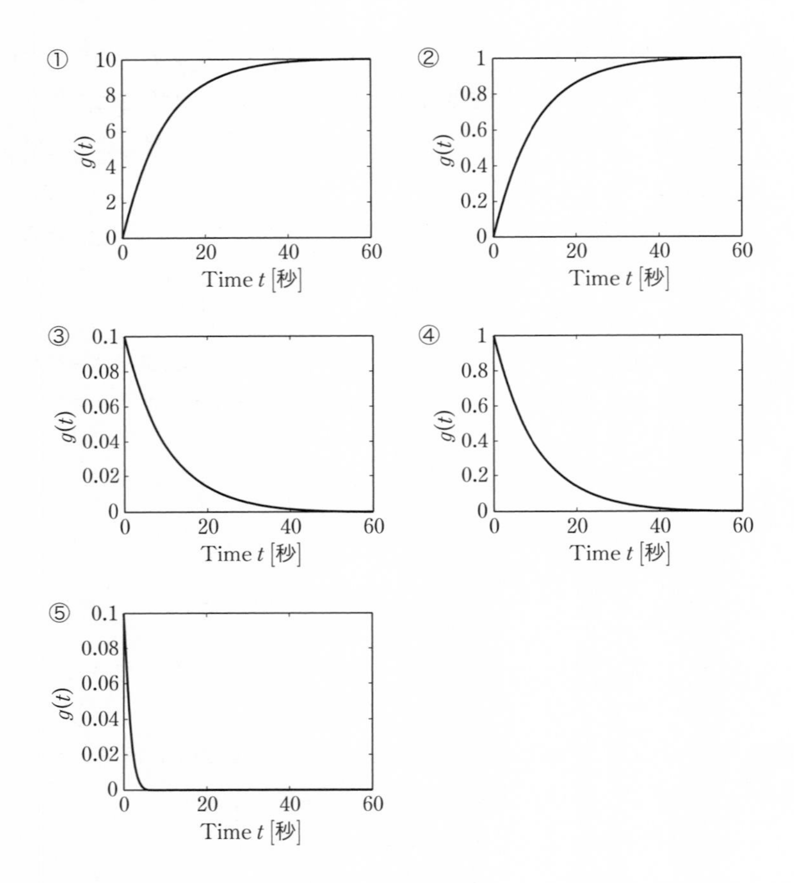

III 21

下図に示す演算増幅器はオペアンプとも呼ばれ，波形操作などに用いられる汎用増幅器である．入力端子の電圧を $V_{in(+)}$ 及び $V_{in(-)}$，出力端子の電圧を V_{out} とする．入力インピーダンスが十分高く，出力インピーダンスが十分低い場合，演算増幅器の電圧利得として，適切なものはどれか．

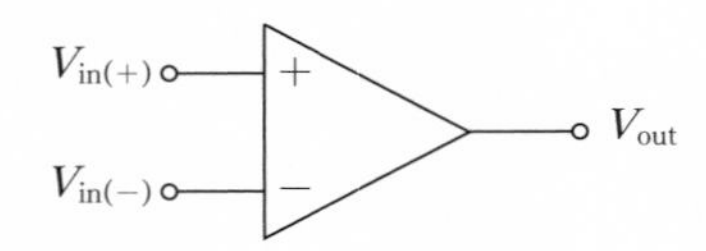

① $\dfrac{V_{\mathrm{out}}}{V_{\mathrm{in}(+)}-V_{\mathrm{in}(-)}}$　　② $\dfrac{V_{\mathrm{out}}}{V_{\mathrm{in}(+)}+V_{\mathrm{in}(-)}}$

③ $\dfrac{2V_{\mathrm{out}}}{V_{\mathrm{in}(+)}-V_{\mathrm{in}(-)}}$　　④ $\dfrac{2V_{\mathrm{out}}}{V_{\mathrm{in}(+)}+V_{\mathrm{in}(-)}}$

⑤ $\dfrac{V_{\mathrm{out}}}{2(V_{\mathrm{in}(+)}-V_{\mathrm{in}(-)})}$

下図に残留抵抗 R_{S} を考慮したMOS（Metal Oxide Semiconductor）トランジスタの簡易化した等価回路を示す．端子ab間に電圧 v_{GS} を印加した場合，$g_{\mathrm{m}}v_{\mathrm{i}}=g_{\mathrm{me}}v_{\mathrm{GS}}$ で定義される実効的な相互コンダクタンス g_{me} を表す式として，適切なものはどれか．

ただし，g_{m} は相互コンダクタンスとし，回路における図記号⦵の部分は理想電流源で，その電源電流が電圧 v_{i} に比例する $g_{\mathrm{m}}v_{\mathrm{i}}$ であるとする．

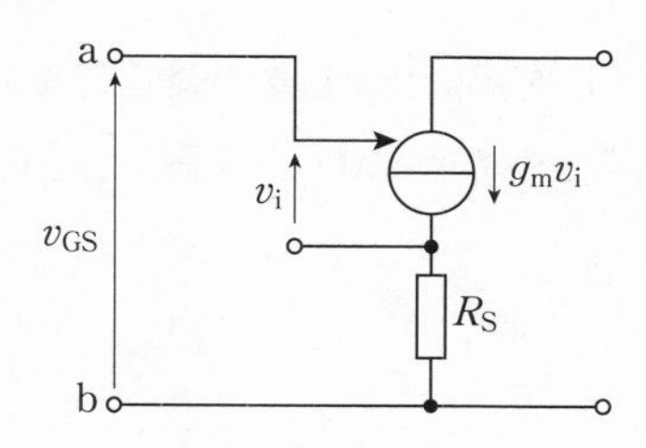

① $\dfrac{1}{1+g_{\mathrm{m}}R_{\mathrm{S}}}$　　② $\dfrac{1+g_{\mathrm{m}}}{1+g_{\mathrm{m}}R_{\mathrm{S}}}$　　③ $\dfrac{g_{\mathrm{m}}}{1+g_{\mathrm{m}}R_{\mathrm{S}}}$

④ $\dfrac{g_{\mathrm{m}}R_{\mathrm{S}}}{1+g_{\mathrm{m}}R_{\mathrm{S}}}$　　⑤ $\dfrac{1+R_{\mathrm{S}}}{1+g_{\mathrm{m}}R_{\mathrm{S}}}$

下図の論理回路の入出力の関係が，下表の真理値表で与えられる．このとき，図における［ア］に入る論理回路の論理式として，適切なものはどれか．

ただし，論理変数 A，B に対して，$A+B$ は論理和を表し，$A\cdot B$

は論理積を表す．また，$\overline{A}$ は A の否定を表す．

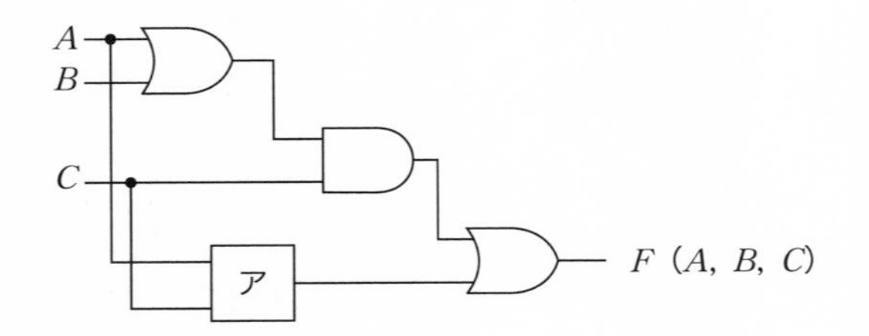

真理値表

A	B	C	F
0	0	0	1
0	0	1	1
0	1	0	1
0	1	1	1
1	0	0	1
1	0	1	1
1	1	0	1
1	1	1	1

① $\overline{A}\cdot\overline{C}$　② $\overline{A}+B$　③ $B+C$

④ $A+C$　⑤ $\overline{A}+\overline{C}$

4個のNANDを用いた下図の論理回路において，出力 f の論理式として，適切なものはどれか．なお，任意の X，Y について，ド・モルガンの定理

$$\overline{X\cdot Y}=\overline{X}+\overline{Y}$$

$$\overline{X+Y}=\overline{X}\cdot\overline{Y}$$

が成り立つことを利用してよい．

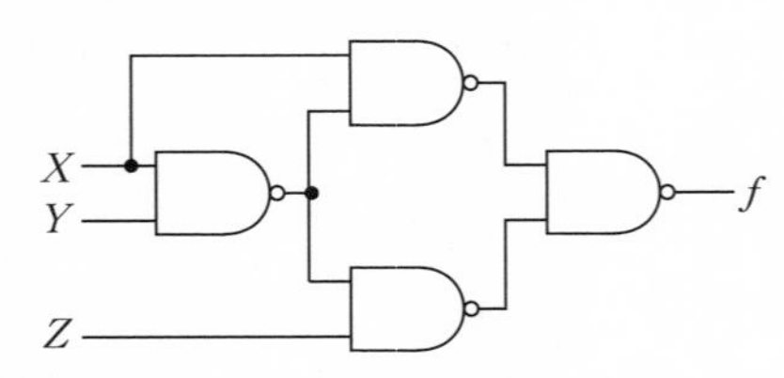

① $f=\overline{X}\cdot Y+\overline{Y}\cdot Z+Z\cdot\overline{X}$

② $f=X\cdot\overline{Y}+\overline{Y}\cdot Z+Z\cdot X$

③ $f=\overline{X}\cdot Y+Y\cdot Z+Z\cdot\overline{X}$

④　$f = X\cdot\overline{Y} + \overline{Y}\cdot Z + Z\cdot\overline{X}$

⑤　$f = X\cdot\overline{Y} + Y\cdot\overline{Z} + \overline{Z}\cdot X$

インターネットに関する次の記述のうち，不適切なものはどれか．

①　ARP（Address Resolution Protocol）は，MAC アドレスから IP アドレスを知るためのプロトコルである．

②　NAT（Network Address Translation）は，プライベート IP アドレスとグローバル IP アドレス間の変換を行う機能である．

③　TCP（Transmission Control Protocol）は，フロー制御や再送制御などの機能を持つ．

④　DNS（Domain Name System）は，IP アドレスと FQDN（Fully Qualified Domain Name）との対応関係を検索し提供するシステムである．

⑤　DHCP（Dynamic Host Configuration Protocol）は，IP アドレスやネットマスクなど，ネットワークに接続するうえで必要な情報を提供可能なプロトコルである．

下図のような 2 元対称通信路に関する説明文で，［　　］に入る数式及び語句の組合せとして，適切なものはどれか．

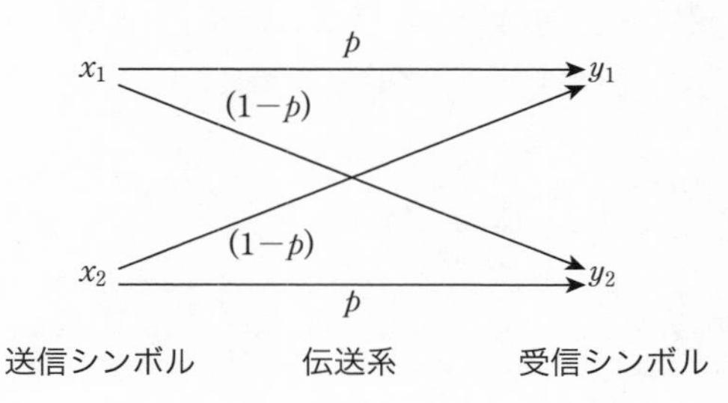

ただし，送信シンボル x_1，x_2 の発生確率をそれぞれ q，$(1-q)$ とし，p，

$(1-p)$ は条件付き確率で，

$$p=p(y_1|x_1)=p(y_2|x_2)$$

$$1-p=p(y_2|x_1)=p(y_1|x_2)$$

とする．また log はすべて 2 を底とする対数 $\log_2$ を表すものとする．

「送信シンボル x_1 の持つ情報量は［ア］で与えられ，$-q\log q-(1-q)\log(1-q)$ は，送信情報源の［イ］を表す．一方，伝送される送信シンボルの発生確率を $q=0.5$ とした場合，伝送される正味の情報量は［ウ］である．」

	ア	イ	ウ
①	$-\log q$	エントロピー	$1-p\log p$
②	$-q\log q$	エントロピー	$1+p\log p+(1-p)\log(1-p)$
③	$-\log q$	エントロピー	$1+p\log p+(1-p)\log(1-p)$
④	$-q\log q$	相互情報量	$1+p\log p+(1-p)\log(1-p)$
⑤	$-q\log q$	相互情報量	$1-p\log p$

長さ N の離散信号 $\{x(n)\}$ の離散フーリエ変換（DFT：Discrete Fourier Transform）$X(k)$ は，次式のように表される．ただし，j は虚数単位を表す．

$$X(k)=\sum_{n=0}^{N-1}x(n)\mathrm{e}^{-\mathrm{j}\frac{2\pi nk}{N}},\ k=0,\ 1,\ \cdots,\ N-1$$

$\{x(n)\}$ が次式のように与えられた場合，離散フーリエ変換 $X(k)$ を計算した結果として，適切なものはどれか．

$$x(n)=\begin{cases}1,\ n=0,\ 1,\ N-1\\ 0,\ 2\leqq n\leqq N-2\end{cases}$$

① $1-2\cos\dfrac{2\pi}{N}k$

② $1+2\cos\dfrac{2\pi}{N}k$

③　$2-2\cos\frac{2\pi}{N}k$

④　$1+2\sin\frac{2\pi}{N}k$

⑤　$2-2\sin\frac{2\pi}{N}k$

時間に対して連続的に変化する2つの信号 $x_1(t)$ と $x_2(t)$ があり，各信号に含まれる最高周波数成分がそれぞれ10 kHz，50 kHz であるとする．このとき，サンプリング周波数に関する次の記述の，［　　］に入る数値の組合せとして，適切なものはどれか．

出力信号が $x_1(t)$ と $x_2(t)$ の畳み込み積分で与えられるとき，この出力信号の情報を失うことなくディジタル信号処理を行うためには，サンプリング周波数を［ア］kHz よりも大きく設定しておく必要がある．一方，出力信号が $x_1(t)$ と $x_2(t)$ の積で与えられるとき，この出力信号の情報を失うことなくディジタル信号処理を行うためには，サンプリング周波数を［イ］kHz よりも大きく設定しておく必要がある．

ただし，畳み込み積分は以下の式で与えられるものとする．

$$\{x_2 * x_1\}(t)=\int_{-\infty}^{\infty}x_2(T)x_1(t-T)\mathrm{d}T$$

	ア	イ
①	100	120
②	100	100
③	20	100
④	20	120
⑤	20	20

M 値の直交振幅変調を M 値 QAM（Quadrature Amplitude Modulation）と呼ぶ．16 値 QAM と 256 値 QAM それぞれの 1 シンボル当たりの伝送容量の比較と信号点間隔に関する次の記述の，□に入る数値及び語句の組合せとして，適切なものはどれか．

256 値 QAM の伝送容量（1 シンボル当たり）は，16 値 QAM と比較すると，［ア］倍となる．また，256 値 QAM の信号点間隔は，16 値 QAM と比較すると［イ］倍となる．同一送信電力のとき雑音余裕度は，［ウ］の方が少ない．

	ア	イ	ウ
①	16	1/5	256 値 QAM
②	2	1/5	256 値 QAM
③	2	1/8	256 値 QAM
④	16	1/8	16 値 QAM
⑤	2	1/5	16 値 QAM

多元接続方式に関する次の記述のうち，不適切なものはどれか．

① TDMA（Time-Division Multiple Access）では，共有する伝送路を一定の時間間隔で区切り，それぞれの通信局が割り当てられた順番で使用することで同時接続を実現する．

② CDMA（Code-Division Multiple Access）では，通信局ごとに異なる搬送波周波数を用いて同一の拡散符号でスペクトル拡散を行い同時接続する．

③ FDMA（Frequency-Division Multiple Access）は，TDMA と併用されることのある多元接続方式である．

④ OFDMA（Orthogonal Frequency-Division Multiple Access）は，OFDM に基づくアクセス方式であり，通信局ごとに異なるサブキャリアを割り当てることで多元接続を実現する．

⑤　CSMA（Carrier−Sense Multiple Access）は，1つのチャネルを複数の通信局が監視し，他局が使用していないことを確認した後でそのチャネルを使う方法である．

各々が0又は1の値を取る4個の情報ビット x_1，x_2，x_3，x_4 に対し，

$$c_1 = (x_1 + x_2 + x_3) \bmod 2$$
$$c_2 = (x_2 + x_3 + x_4) \bmod 2$$
$$c_3 = (x_1 + x_2 + x_4) \bmod 2$$

により，検査ビット c_1，c_2，c_3 を作り，符号語 $\boldsymbol{w} = [x_1, x_2, x_3, x_4, c_1, c_2, c_3]$ を生成する(7, 4)ハミング符号を考える．ある符号語 $\boldsymbol{w}$ を「高々1ビットが反転する可能性のある通信路」に対して入力し，出力である受信語 $\boldsymbol{y} = [0, 1, 0, 1, 0, 1, 0]$ が得られたとき，入力された符号語 $\boldsymbol{w}$ として，適切なものはどれか．

①　$[0, 1, 0, 0, 1, 1, 1]$
②　$[0, 1, 0, 1, 1, 0, 0]$
③　$[0, 0, 1, 0, 1, 1, 0]$
④　$[0, 1, 1, 1, 0, 1, 0]$
⑤　$[0, 1, 0, 1, 0, 1, 1]$

半導体に関する次の記述のうち，不適切なものはどれか．

①　真性半導体の電子と正孔の密度は等しい．
②　n型の不純物半導体の多数キャリヤは電子である．
③　p型の不純物半導体の多数キャリヤは電子である．
④　室温の場合，ガリウムヒ素よりもシリコンの方が真性キャリヤ密度が大きい．
⑤　p型半導体とn型半導体を接合したpn接合では，接合界面において異種の多数キャリヤの密度勾配により拡散が生じる．

III 33 半導体デバイス及び集積回路に関する次の記述の，[　　]に入る語句の組合せとして，適切なものはどれか．

MOS（Metal Oxide Semiconductor）トランジスタは[ア]制御型であるため，[イ]制御型のバイポーラトランジスタと比較して消費電力が低い．

[ウ]電流が流れるnMOS（n–channel MOS）トランジスタと[エ]電流が流れるpMOS（p–channel MOS）トランジスタを組合せたCMOS（相補型MOS）インバータは，抵抗負荷型のMOSインバータなどと比較して待機時の消費電力が低いため，現在の集積回路に用いられている．また，シリコンの場合，[ウ]移動度が[エ]移動度よりも高い．

	ア	イ	ウ	エ
①	電流	電圧	電子	正孔
②	電圧	電流	正孔	電子
③	電界	磁界	電子	正孔
④	電圧	電流	電子	正孔
⑤	電流	電圧	正孔	電子

III 34 電気設備の力率改善に関する次の記述の，[　　]に入る語句及び数値の組合せとして，適切なものはどれか．

電動機などの誘導性負荷が接続された回路において，遅れ[ア]を，並列接続したコンデンサの進み[イ]により補償し，[ウ]を低減することを力率改善という．

力率を[エ]に近づけることにより，回路電流が減少し，電力損失や電圧降下を低減できる．

	ア	イ	ウ	エ
①	有効電力	有効電力	皮相電力	1
②	有効電力	有効電力	皮相電力	0
③	無効電力	有効電力	消費電力	1

④	無効電力	無効電力	皮相電力	1
⑤	無効電力	無効電力	皮相電力	0

III 35 変電所等で用いられる避雷器に関する次の記述の，[　　]に入る語句の組合せとして，適切なものはどれか．

避雷器は，変電所に高電圧サージが侵入したとき，インピーダンスを[ア]させることによって電圧を低下させ，他の機器を保護する装置である．避雷器が動作し電流が流れる際には，避雷器の端子に[イ]が発生する．この[イ]が避雷器の保護能力を示す重要な値である．避雷器に用いられる素子としては[ウ]が理想的な電圧電流特性に近く，広く使われている．

	ア	イ	ウ
①	低下	逆電圧	酸化亜鉛
②	上昇	制限電圧	架橋ポリエチレン
③	上昇	制限電圧	酸化亜鉛
④	上昇	逆電圧	架橋ポリエチレン
⑤	低下	制限電圧	酸化亜鉛

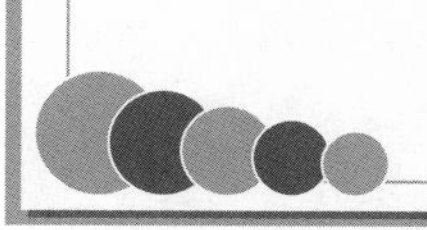
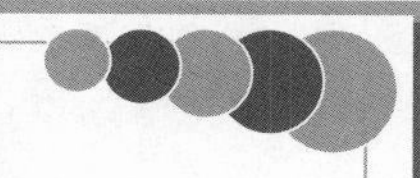

2020年度　問題

Ⅲ　次の35問題のうち25問題を選択して解答せよ．（解答欄に1つだけマークすること．）

図は2個の同心球の導体である．導体1に電荷Qが与えられ，導体2の電荷がゼロであるとき，導体1の電位として，最も適切なものはどれか．ただし，球内外の誘電率はε_0とする．

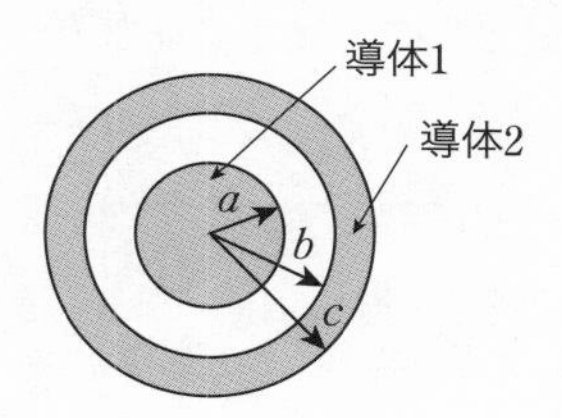

① $\dfrac{Q}{4\pi\varepsilon_0}\left(\dfrac{1}{a^2}+\dfrac{1}{b^2}+\dfrac{1}{c^2}\right)$　② $\dfrac{Q}{4\pi\varepsilon_0}\left(\dfrac{1}{a^2}-\dfrac{1}{b^2}+\dfrac{1}{c^2}\right)$

③ $\dfrac{Q}{4\pi\varepsilon_0}\left(\dfrac{1}{a}+\dfrac{1}{b}+\dfrac{1}{c}\right)$　④ $\dfrac{Q}{4\pi\varepsilon_0}\left(\dfrac{1}{a}-\dfrac{1}{b}+\dfrac{1}{c}\right)$

⑤ $\dfrac{Q}{4\pi\varepsilon_0 a}$

電気電子に関する物理現象における効果に関する次の記述のうち，最も不適切ものはどれか．

① 「ゼーベック効果」とは，熱と電気との間に関する効果の一種であり，熱電対温度計に応用されている．

② 「ペルチェ効果」とは，熱と電気との間に関する効果の一種であり，電子冷房に応用されている．

③ 「光電効果」とは，光と電気との間に関する効果の一種であり，太陽

電池に応用されている．

④ 「ピエゾ効果」とは，圧力と電圧との間に関する効果の一種であり，マイクロホンに応用されている．

⑤ 「トンネル効果」とは，電流と磁界との間に関する効果の一種であり，磁束計に応用されている．

III-3

下図のように，比誘電率 ε_1 の誘電体をつめたコンデンサ 1 を電圧 V_1 に充電し，比誘電率 ε_2 の誘電体をつめた同形・同大のコンデンサ 2 を並列に接続したところ，電圧が V_2 になった．比誘電率の比 $\varepsilon_1/\varepsilon_2$ を表す式として，最も適切なものはどれか．ただし，コンデンサ 2 の初期電荷は 0 とする．

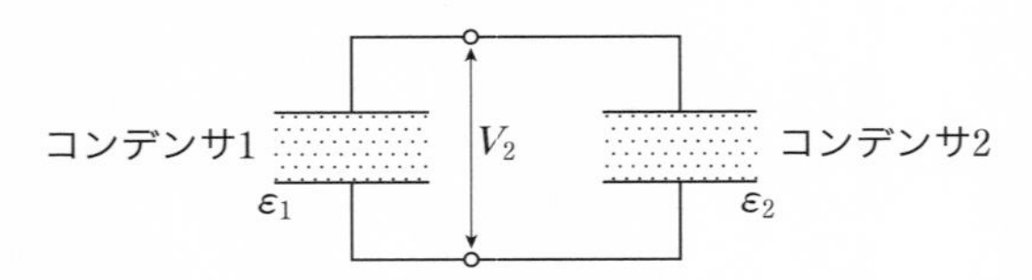

① $\dfrac{V_1}{V_2}$　② $\dfrac{V_2}{V_1}$　③ $\dfrac{V_2}{V_1-V_2}$

④ $\dfrac{V_1}{V_2-V_1}$　⑤ $\dfrac{V_2-V_1}{V_1}$

III-4

図のように，透磁率が μ の真空中において x−y 平面に原点を中心とする半径 R の円形回路があり，図中に示す方向に電流 I $(I>0)$ が流れている．円の中心 O における磁束密度の向きと磁束密度の大きさ B の組合せとして，最も適切なものはどれか．ただし，微小長さの電流 $I\mathrm{d}s$ が距離 r だけ離れた点に作る磁束密度の大きさ $\mathrm{d}B$ は，以下のビオ・サバールの法則で与えられる．

$$\mathrm{d}B=\frac{\mu}{4\pi}\frac{I\,\mathrm{d}s}{r^2}$$

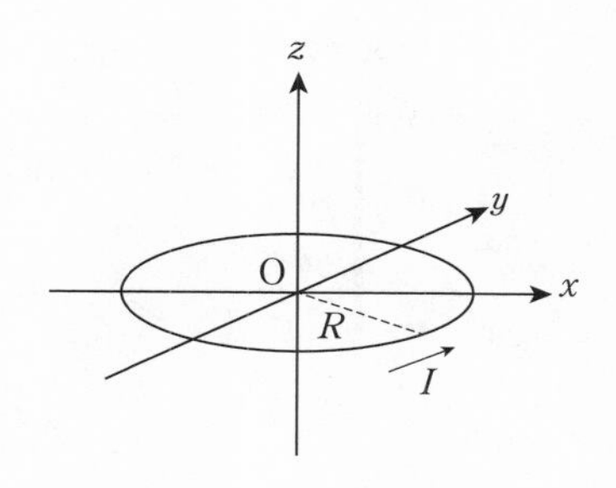

	磁束密度の向き	磁束密度の大きさ B
①	$-z$ 方向	$\dfrac{\mu I}{2R^2}$
②	$+z$ 方向	$\dfrac{\mu I}{2R^2}$
③	$+z$ 方向	$\dfrac{\mu I}{4R^{\frac{3}{2}}}$
④	$+z$ 方向	$\dfrac{\mu I}{2R}$
⑤	$-z$ 方向	$\dfrac{\mu I}{2R}$

図のように，真空中において間隔 d で平行な導線レールが水平に設置されており，その上に可動導線がレールに接触するように置かれている．レールには図に示すように抵抗 R と理想定電圧源 V がつながれている．空間には一様な磁束密度 B が図に示す方向に印加されている．可動導線を図に示す方向に一定の速度 v（$v>0$）で動かしたとき可動導線に流れる電流を表す式として，最も適切なものはどれか．レール及び可動導線の電気抵抗及び摩擦は無視できる．また，レール，可動導線，電気回路は空間の磁束を乱すことはない．

2020
年度

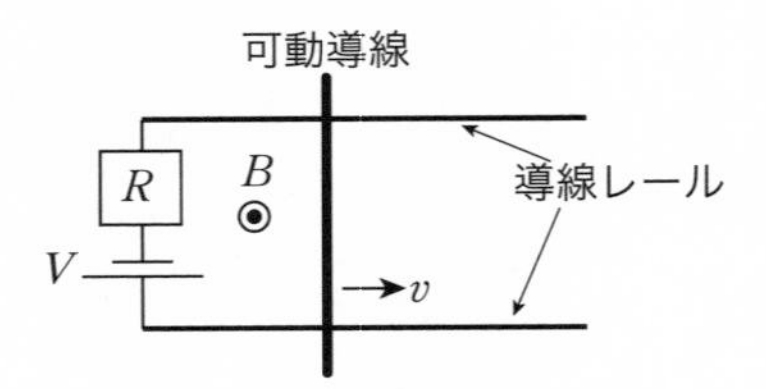

① $\dfrac{V}{R} - vBd$

② $\dfrac{V}{R} + vBd$

③ $\dfrac{V}{R} + vB^2d^2$

④ $\dfrac{V}{R} - \dfrac{vBd}{R}$

⑤ $\dfrac{V}{R} + \dfrac{vBd}{R}$

III 6　下図の回路において，10 V の電圧源に流れる電流が 2 A のとき，抵抗 R の値として，最も適切なものはどれか．

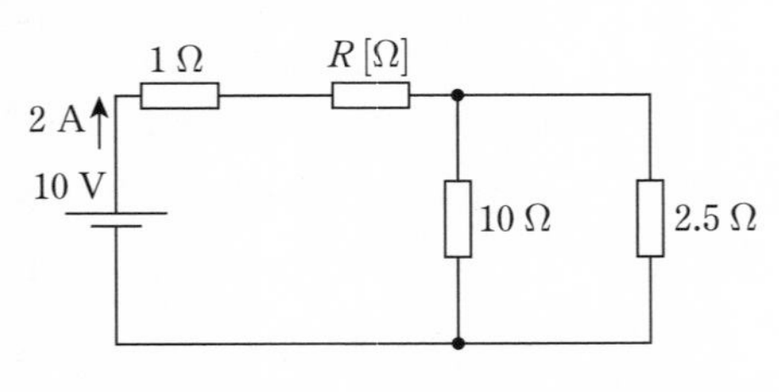

① 1 Ω　② 1.5 Ω　③ 2 Ω　④ 2.5 Ω　⑤ 3 Ω

III 7　理想定電圧源と抵抗器からなる図の回路がある．端子 1 と端子 2 の間を開放状態に保ったときの，端子 2 に対する端子 1 の電位（開放電圧）を E_0 と表し，端子 1 と端子 2 の間を短絡状態に保った時の，端子1から端子2に流れる電流（短絡電流）をI_0とするとき，E_0とI_0の組合せとして，最も適切なものはどれか．

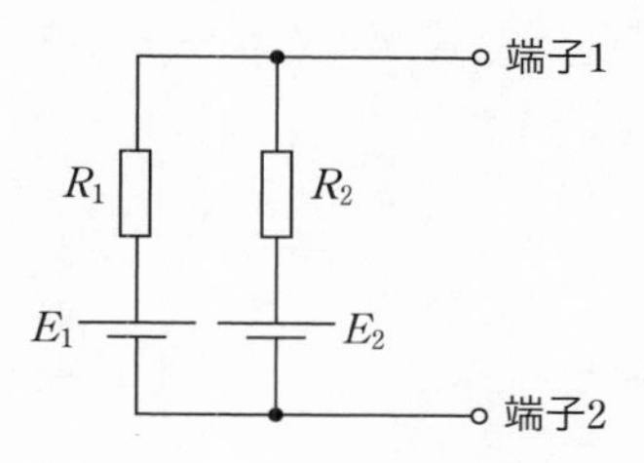

① $E_0=\dfrac{R_1E_1+R_2E_2}{R_1+R_2}$,　$I_0=\dfrac{R_1E_1+R_2E_2}{R_1R_2}$

② $E_0=\dfrac{R_1E_1+R_2E_2}{R_1+R_2}$,　$I_0=\dfrac{R_2E_1+R_1E_2}{R_1R_2}$

③ $E_0=\dfrac{R_1E_1-R_2E_2}{R_1+R_2}$,　$I_0=\dfrac{R_2E_1-R_1E_2}{R_1R_2}$

④ $E_0=\dfrac{R_2E_1+R_1E_2}{R_1+R_2}$,　$I_0=\dfrac{R_1E_1+R_2E_2}{R_1R_2}$

⑤ $E_0=\dfrac{R_2E_1+R_1E_2}{R_1+R_2}$,　$I_0=\dfrac{R_2E_1+R_1E_2}{R_1R_2}$

2020
年度

III 8　下図の回路において，端子abからみた合成抵抗として，最も適切なものはどれか．

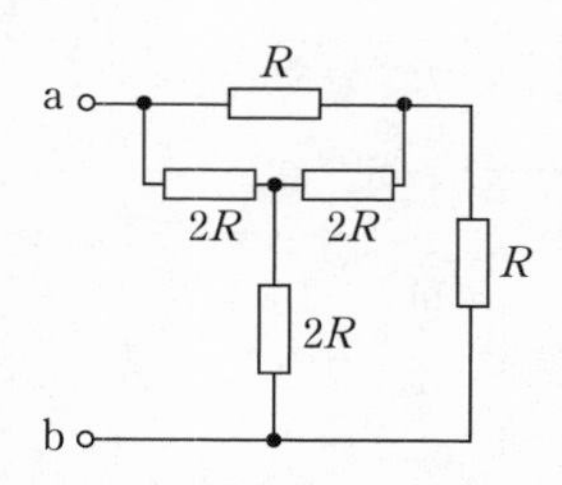

① $\dfrac{2R}{3}$　② R　③ $\dfrac{4R}{3}$　④ $\dfrac{5R}{3}$　⑤ $2R$

下図の回路において，時刻 $t=0$ で，スイッチ S を閉じる．そのとき，初期条件 $v(0)=v_0$ を満たす電圧 $v(t)$ を表す式として，最も適切なものはどれか．ただし，E は理想直流電圧源，R は抵抗，C はコンデンサ（キャパシタ）を表す．

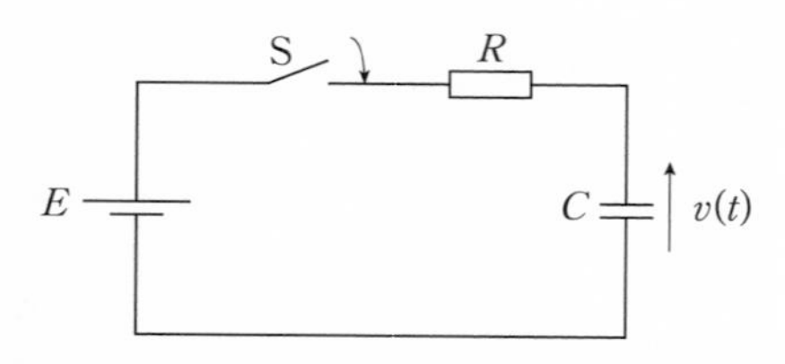

① $(v_0+E)\mathrm{e}^{-\frac{t}{RC}}-E$

② $(v_0+E)\mathrm{e}^{-\frac{t}{RC}}+E$

③ $(v_0-E)\mathrm{e}^{-\frac{t}{RC}}+E$

④ $(v_0-E)\mathrm{e}^{\frac{t}{RC}}+E$

⑤ $(v_0-E)\mathrm{e}^{\frac{t}{RC}}-E$

下図に示される，スイッチ SW，理想直流電圧源 E，抵抗器 R，コイル L からなる回路で，スイッチ SW を接点 a に接続し充分に

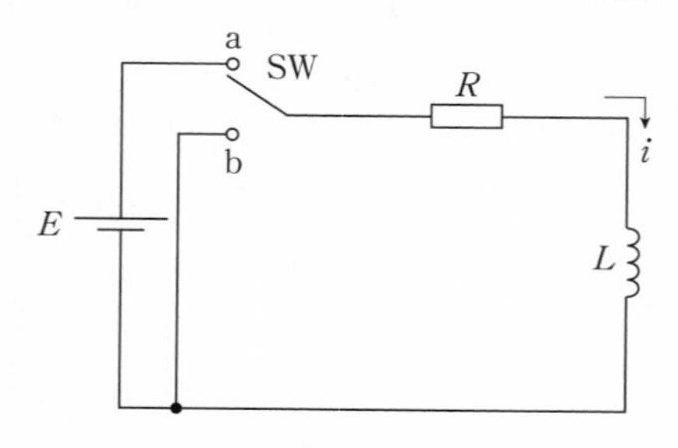

長い時間たった後，接点 b に切り替えた場合に，この後回路に流れる電流 i として，最も適切なものはどれか．なお，スイッチを切り替えた時刻を $t=0$ とする．

① $i=\dfrac{R}{E}\mathrm{e}^{-\frac{R}{L}t}$　② $i=\dfrac{E}{R}\left(1-\mathrm{e}^{-\frac{R}{L}t}\right)$　③ $i=\dfrac{E}{R}\mathrm{e}^{\frac{R}{L}t}$

④ $i=\dfrac{E}{R}\mathrm{e}^{-\frac{R}{L}t}$　⑤ $i=\dfrac{E}{R}\left(1+\mathrm{e}^{-\frac{R}{L}t}\right)$

III 11　下図に示すような，抵抗 R，コイル L，コンデンサ C，からなる直列回路がある．交流正弦波電源の共振周波数 f が 1 [MHz] であった場合の，コンデンサの静電容量 C と Q 値（共振の鋭さ：Quality Factar）として最も適切なものはどれか．ただし，$R=1$ [kΩ]，$L=25$ [mH] とする．

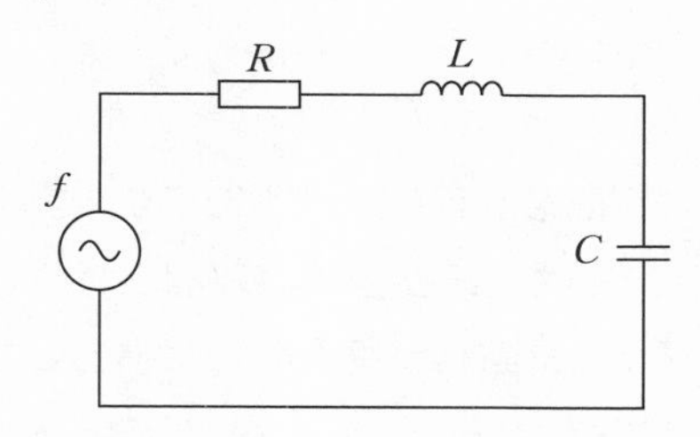

① $C=40$ [pF]，$Q=157$
② $C=40$ [pF]，$Q=25$
③ $C=1$ [pF]，$Q=157$
④ $C=1$ [pF]，$Q=79$
⑤ $C=1$ [pF]，$Q=25$

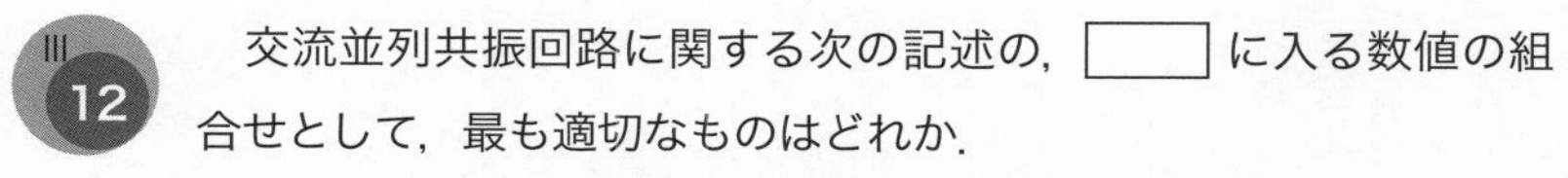

III 12　交流並列共振回路に関する次の記述の，□ に入る数値の組合せとして，最も適切なものはどれか．

下図のような並列共振回路で $L=100\ \mu\mathrm{H}$ かつ R が十分小さいとき，

535 kHzから1 605 kHzの周波数に同調させるには，キャパシタンスCの値は［ア］Fから［イ］Fの範囲で変化できるものであればよい．

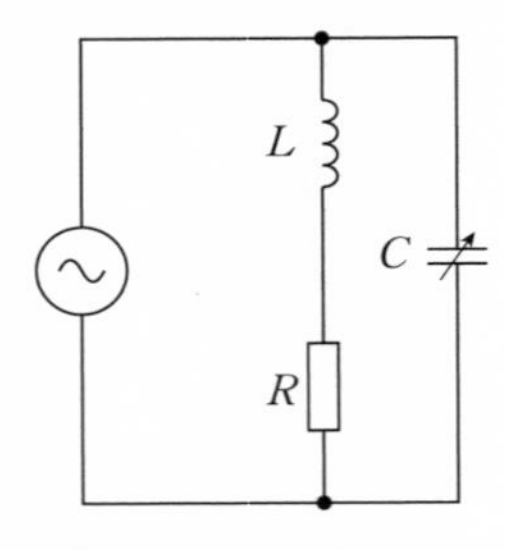

	ア	イ
①	885×10^{-12}	98.3×10^{-12}
②	1.77×10^{-9}	197×10^{-12}
③	2.78×10^{-9}	309×10^{-12}
④	5.56×10^{-9}	618×10^{-12}
⑤	885×10^{-9}	98.3×10^{-9}

III 13　交流ブリッジ回路の平衡条件に関する次の記述の，［　］に入る数値の組合せとして，最も適切なものはどれか．

下図のようなブリッジ回路が平衡状態にあるとき，$R_4=$［ア］Ω，$L_4=$［イ］mHである．ただし，$R_1=2$ kΩ，$R_2=4$ kΩ，$R_3=60$ Ω，$L_3=20$ mHとする．

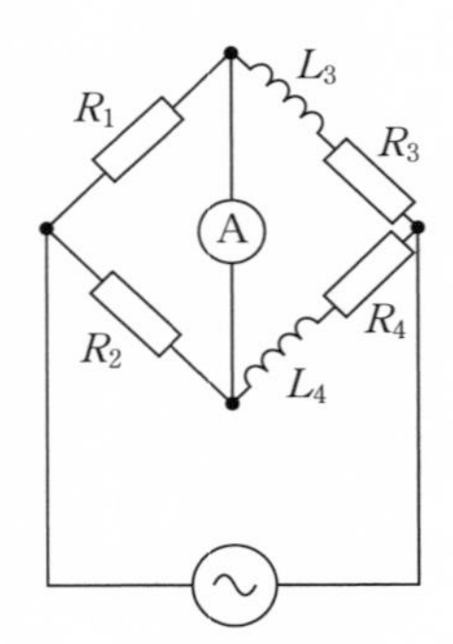

	ア	イ
①	30	10
②	120	10
③	0.008	10
④	30	40
⑤	120	40

汽力発電に関する次の記述の，[　　] に入る記号と数値の組合せとして，最も適切なものはどれか．

下図は汽力発電の $T-s$ 線図と熱サイクルを示したものである．図Aの $T-s$ 線図において断熱膨張を表す部分は [ア] である．また，図Bにおける各部の汽水の比エンタルピー[kJ/kg]が下表の値であるとき，この熱サイクルの効率の値は，[イ] [%]である．ただし，ボイラ，タービン，復水器以外での比エンタルピーの増減は無視するものとする．

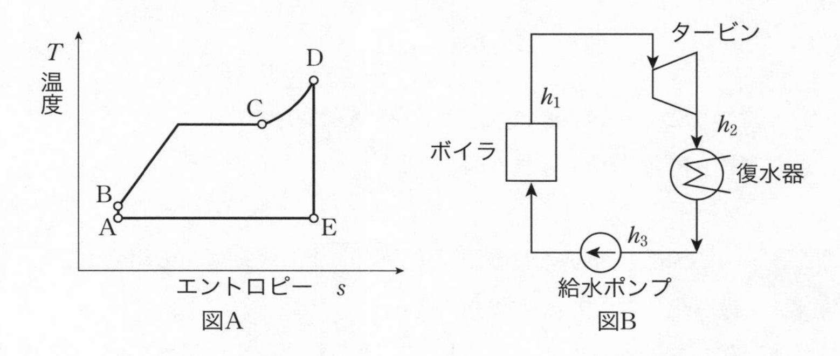

図A　　図B

表

比エンタルピー[kJ/kg]		
ボイラー出口蒸気	h_1	3 349
タービン排気	h_2	1 953
給水ポンプ入口給水	h_3	150

	ア	イ
①	B → D	43.6
②	D → E	43.6
③	B → D	53.8
④	D → E	53.8
⑤	A → B	58.3

下図のように発電機が，容量 290 kVA，力率遅れ 0.75 の負荷に電力を供給しながら，電力系統に並列して運転している．発電機の出力が 1.1 MVA，力率遅れ 0.85 のとき，発電機が電力系統に送電する電力の力率として，最も近い値はどれか．

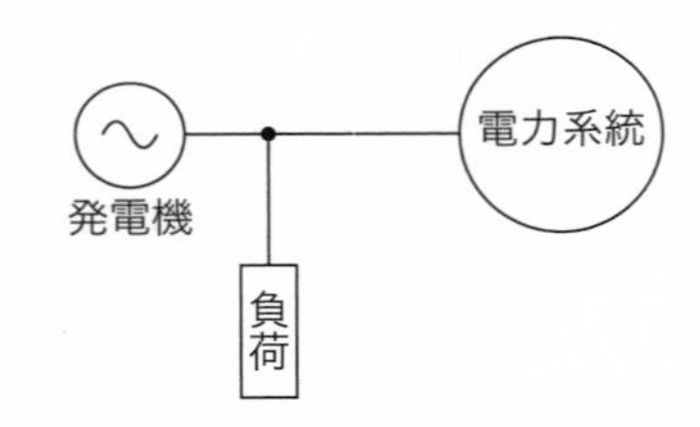

① 遅れ 0.82　② 遅れ 0.85　③ 遅れ 0.88
④ 遅れ 0.91　⑤ 遅れ 0.94

直流機に関する次の記述の，［　　］に入る語句の組合せとして，最も適切なものはどれか．

直流電動機は磁界を発生する［ア］とトルクを受け持つ［イ］で構成されている．直流発電機の発電原理は［ウ］を利用しており，直流電動機は［エ］と電流による［オ］を利用している．

	ア	イ	ウ	エ	オ
①	界磁	電機子	運動起電力	電束	起磁力
②	界磁	電機子	運動起電力	磁束	電磁力
③	電機子	界磁	電磁力	電束	運動起電力

④	電機子	界磁	運動起電力	磁束	電磁力
⑤	電機子	界磁	電磁力	磁束	起磁力

III 17

リニアモーターは高速鉄道への利用が脚光を浴びており，超電導磁気浮上式鉄道ではリニア同期モーターが使用されている．この方式の車両が対地速度 500 [km/h] 一定で走行しているときの電源供給周波数 f [Hz] として最も近い値はどれか．

ただし，車両の重量を 20 000 [kg]，極ピッチを 1.39 [m]，線路登り勾配は 4 % とする．

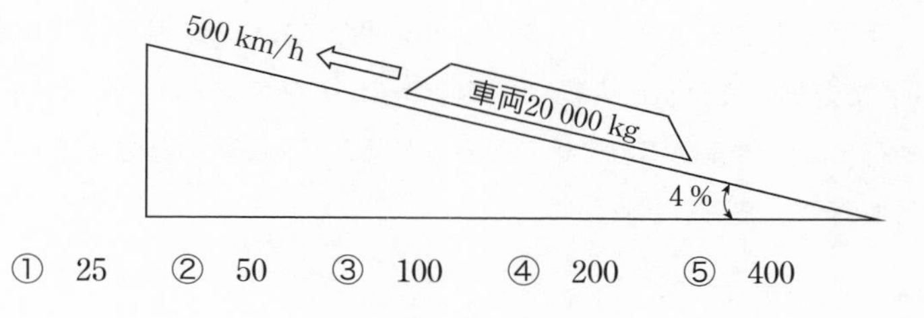

① 25　② 50　③ 100　④ 200　⑤ 400

III 18

下図のような DC−DC コンバータに関する次の記述の，□に入る語句の組合せとして，最も適切なものはどれか．E は理想直流電圧源，L はインダクタ，M は直流電動機を含む負荷，SW1，SW2 は理想スイッチ，D1，D2 は理想ダイオードを表す．なお，スイッチング周波数は十分高いものとする．

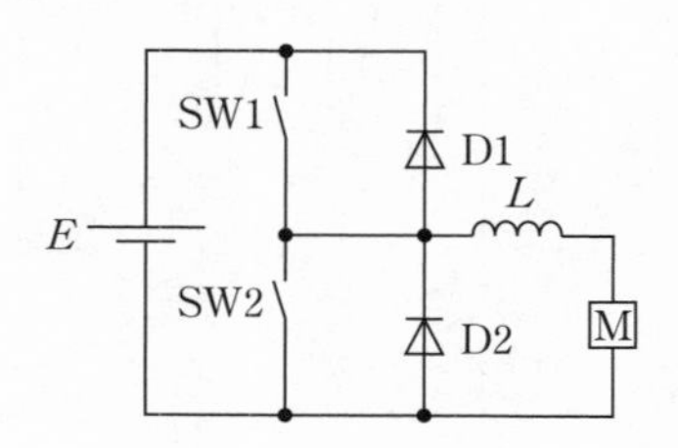

まず，SW1 のみを周期的に On−Off させ SW2 を Off 状態にすると，［ア］チョッパ回路が構成され，［イ］から［ウ］に電力が供給され

る．次に，SW2 のみを周期的に On−Off させ SW1 を Off 状態にすると，［エ］チョッパ回路が構成され，［ウ］から［イ］に電力が供給される．

	ア	イ	ウ	エ
①	降圧	電源	負荷	昇圧
②	降圧	負荷	電源	昇圧
③	昇圧	負荷	電源	降圧
④	昇圧	電源	負荷	昇圧
⑤	昇圧	電源	負荷	降圧

下図に示す三相サイリスタブリッジ回路において，制御遅れ角を 60° で運転しているとする．直流側のインダクタンスは十分大きく，負荷に一定電流が流れているとみなせるとき，点 P の電位 V として，最も適切な波形はどれか．

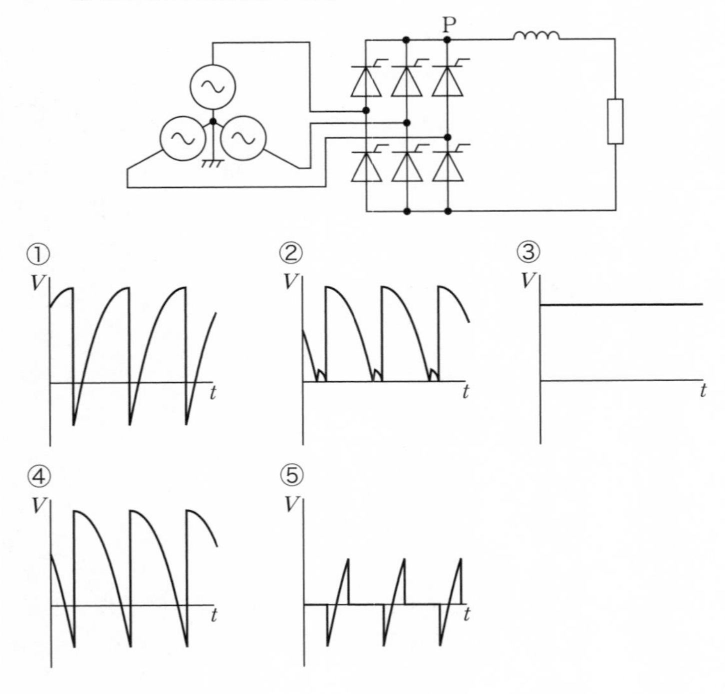

図に示すフィードバック制御系において，$K(s) = 2$，$G(s) = 2/s$ とする．この閉ループ系の時定数とゲインの組合せとして，最も適切なものはどれか．

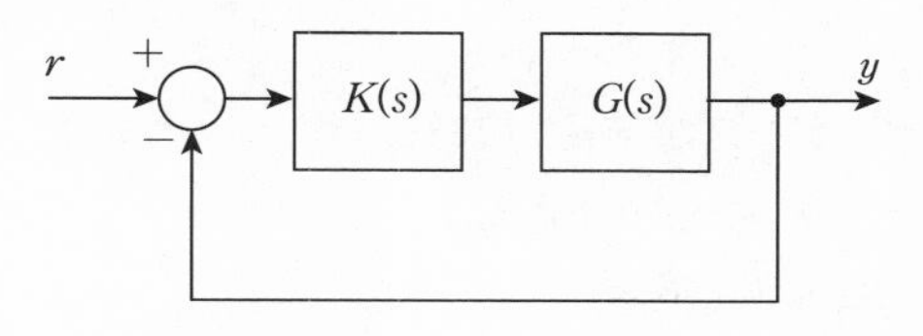

	時定数	ゲイン
①	4	0. 25
②	4	1
③	1	4
④	0.25	4
⑤	0.25	1

高電圧の計測に関する次の記述の，［　　］に入る語句と数値の組合せとして最も適切なものはどれか．

高電圧の電圧測定器として用いられる球ギャップ（平等電界）間の火花電圧は，［ア］火花電圧を基準として，気体の圧力 p とギャップ長 d の積（pd 積）を増加させた場合［イ］し，pd 積を減少させても［イ］する．球ギャップ間の［ア］火花電圧は，球ギャップが空気中にあるときは［ウ］V になる．空気を構成する酸素と比較すると，酸素単独のときの火花電圧は，空気の火花電圧と比べて［エ］．それは酸素単独の電子親和力は，空気よりも高いためである．

	ア	イ	ウ	エ
①	最小	増加	233	低い
②	最小	減少	340	高い
③	最小	増加	340	等しい
④	最小	増加	340	高い

⑤　最大　　減少　　233　　低い

理想オペアンプの特性として，最も不適切なものはどれか．

①　入力インピーダンスが無限大である．

②　出力インピーダンスが 0 である．

③　差動電圧利得が 1 である．

④　同相電圧利得が 0 である．

⑤　周波数帯域幅が無限大である．

下図のような回路において，端子 ab 間に電圧 v_{gs} を印加したとき，電圧の比 $\dfrac{v_{\mathrm{i}}}{v_{\mathrm{gs}}}$ を表す式として，最も適切なものはどれか．ただし，R_{s} は抵抗，g_{m} は相互コンダクタンスとし，回路における図記号 ⦵ の部分は理想電流源で，その電源電流が電圧 v_{i} に比例する $g_{\mathrm{m}}v_{\mathrm{i}}$ であるとする．

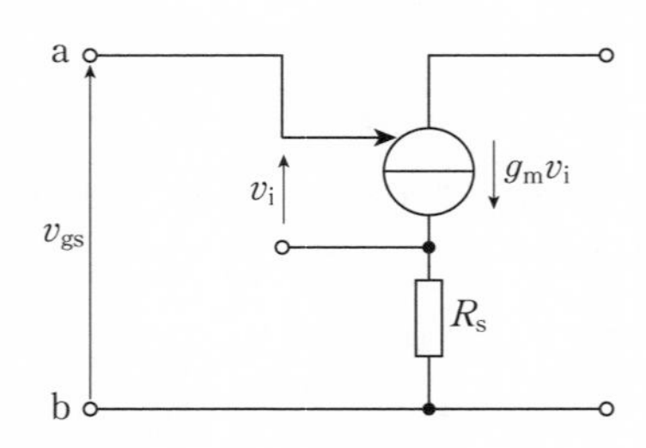

①　$g_{\mathrm{m}}R_{\mathrm{s}}$　　②　$\dfrac{1}{g_{\mathrm{m}}R_{\mathrm{s}}}$　　③　$1 + g_{\mathrm{m}}R_{\mathrm{s}}$

④　$\dfrac{1}{1 + g_{\mathrm{m}}R_{\mathrm{s}}}$　　⑤　$\dfrac{g_{\mathrm{m}}}{1 + g_{\mathrm{m}}R_{\mathrm{s}}}$

3変数A，B，Cから構成される論理式$A \cdot B + \overline{A} \cdot C + B \cdot C$を最も簡略化した論理式として，最も適切なものはどれか．ただし，論理変数X，Yに対して，$X + Y$は論理和を表し，$X \cdot Y$は論理積を表す．また，$\overline{X}$はXの否定を表すものとする．

① $A \cdot B + B \cdot C$

② $\overline{A} \cdot C + B \cdot C$

③ $A \cdot B + \overline{A} \cdot C$

④ $A \cdot B + B \cdot C + A \cdot B \cdot C$

⑤ $A \cdot B + \overline{A} \cdot C + A \cdot B \cdot C$

CMOS（相補型Metal Oxide Semiconductor）論理回路は，多数のMOSトランジスタを多層金属配線を用いて集積化することにより構成されている．CMOS論理回路を高速化する方法として，最も不適切なものはどれか．

① MOSトランジスタのゲート長を短くする．

② MOSトランジスタのゲート絶縁膜容量を大きくする．

③ 多層金属配線の抵抗率を低くする．

④ 多層金属配線間の層間絶縁膜容量を大きくする．

⑤ CMOS論理回路の電源電圧を高くする．

エルゴード性を持つマルコフ情報源が，3つの状態A，状態B，状態Cからなり，下図に示す遷移図を持つものとする．このとき，状態Aの定常確率P_A，状態Bの定常確率P_B，状態Cの定常確率P_Cの組合せとして，最も適切なものはどれか．

① $P_A = \frac{1}{5}$，$P_B = \frac{2}{5}$，$P_C = \frac{2}{5}$

② $P_A = \frac{1}{4}$，$P_B = \frac{5}{16}$，$P_C = \frac{7}{16}$

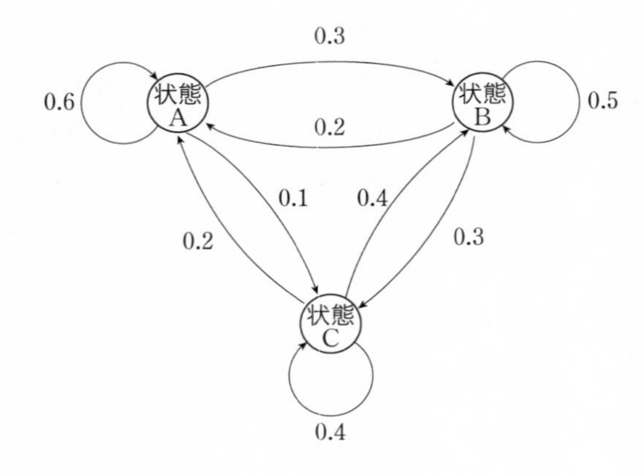

③　$P_A = \frac{1}{3}$,　$P_B = \frac{11}{27}$,　$P_C = \frac{7}{27}$

④　$P_A = \frac{1}{2}$,　$P_B = \frac{3}{8}$,　$P_C = \frac{1}{8}$

⑤　$P_A = \frac{1}{3}$,　$P_B = \frac{1}{3}$,　$P_C = \frac{1}{3}$

表に示すような 4 個の情報源シンボル s_1, s_2, s_3, s_4 からなる無記憶情報源がある．各情報源シンボルの発生確率は，表に示すとおりであるが，X, Y の値は各々正の未知定数である．この情報源に対し，ハフマン符号によって二元符号化を行ったときに得られる平均符号長として，最も近い値はどれか．

情報源シンボル	発生確率
s_1	X
s_2	0.3
s_3	Y
s_4	0.4

①　1.5　　②　1.6　　③　1.7　　④　1.8　　⑤　1.9

次式で示す方形波パルス $f(x)$ のフーリエ変換 $F(\omega)$ は図に示すように変換される．

$$f(x)=\begin{cases}1\,(|x|\leqq d)\\0\,(|x|>d)\end{cases}$$

このとき，図中の ☐ に入る $F(\omega)=0$ となる ω の組合せのうち，最も適切なものはどれか．

ただし，フーリエ変換は以下の式で定義されるものとする．

$$F(\omega)=\int_{-\infty}^{\infty}f(x)\mathrm{e}^{-\mathrm{j}\omega x}\,\mathrm{d}x$$

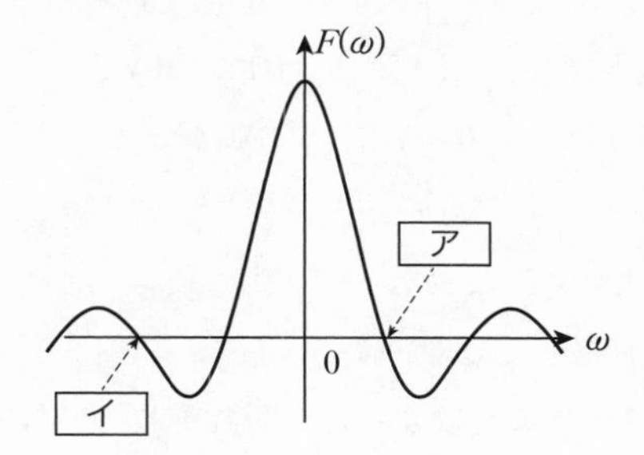

	ア	イ
①	$\frac{1}{d}$	$-\frac{2}{d}$
②	$\frac{1}{d}$	$-\frac{3}{2d}$
③	$\frac{\pi}{d}$	$-\frac{2\pi}{d}$
④	$\frac{\pi}{d}$	$-\frac{3\pi}{d}$
⑤	$\frac{\pi}{d}$	$-\frac{\pi}{d}$

2020年度

時間領域の信号 $f_1(t)$ 及び $f_2(t)$ の二つの信号の畳み込み $f(t)$ は

$$f(t)=\int_{-\infty}^{\infty} f_1(x)f_2(t-x)\mathrm{d}x$$

と定義され，記号的に $f(t)=f_1(t)*f_2(t)$ と表される．また周波数領域の信号 $F_1(\omega)$ 及び $F_2(\omega)$ の二つの信号の畳み込み $F(\omega)$ は

$$F(\omega)=\int_{-\infty}^{\infty} F_1(x)F_2(\omega-x)\mathrm{d}x$$

と定義され，記号的に $F(\omega)=F_1(\omega)*F_2(\omega)$ と表される．二つの信号の畳み込みに関する次の記述のうち，最も不適切なものはどれか．

① 時間領域の信号 $f_1(t)$，$f_2(t)$ 及び $f_3(t)$ について，

$$(f_1(t)*f_2(t))*f_3(t)=f_1(t)*(f_2(t)*f_3(t))$$

が成り立つ．

② 畳み込みは順序を入れ替えても結果は等しくなる．すなわち $f_1(t)*f_2(t)=f_2(t)*f_1(t)$ である．

③ $f_1(t)*f_2(t)$ をフーリエ変換すると，それぞれの時間領域信号をフーリエ変換した関数 $F_1(\omega)$ 及び $F_2(\omega)$ の畳み込み $F_1(\omega)*F_2(\omega)$ となる．

④ 単位インパルス関数 $\delta(t)$ と関数 $g(t)$ との畳み込みは $g(t)$ そのものとなる．

⑤ 周波数領域の畳み込み $F_1(\omega)*F_2(\omega)$ のフーリエ逆変換はそれぞれの周波数領域信号をフーリエ逆変換した関数 $f_1(t)$ 及び $f_2(t)$ の積に 2π を掛けた値 $2\pi f_1(t)f_2(t)$ となる．

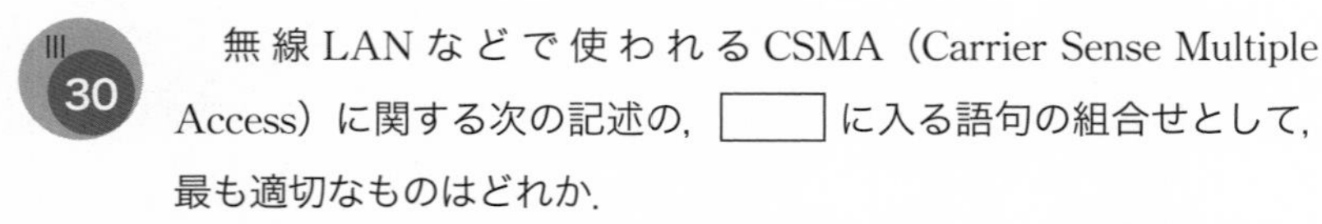

無線LANなどで使われるCSMA（Carrier Sense Multiple Access）に関する次の記述の，[　　] に入る語句の組合せとして，最も適切なものはどれか．

CSMAは各端末で [ア] すべき [イ] が発生した時，他の端末が [ア] していないかどうかを確認し，他の端末からの信号が検出されなければ，[ア] を行う．一方，他の端末からの信号を検出した場合，他端末

の［ウ］を待って，［ア］を行う．

	ア	イ	ウ
①	受信	データ	送信終了
②	送信	データ	送信終了
③	同期	時間ずれ	同期終了
④	同期	時間ずれ	タイミング変更
⑤	受信	データ	受信終了

III 31　ディジタル変調方式に関する次の記述の，［　］に入る数値の組合せとして，最も適切なものはどれか．

シンボル毎に基準位相を変化させない8PSK（Phase Shift Keying）は，信号点配置上で，［ア］度ずつ位相をずらした［イ］点の信号点を用いて，1シンボル当たり［ウ］ビットのデータを伝送する変調方式である．

	ア	イ	ウ
①	45	8	3
②	90	4	2
③	90	2	4
④	180	2	1
⑤	45	16	4

III 32　OFDM（Orthogonal Frequency Division Multiplexing：直交周波数分割多重）の特徴に関する記述のうち，最も適切なものはどれか．

① シングルキャリア変調方式の一つであり，マルチパス妨害に強い特徴がある．

② 多値変調の一種であり，同じタイムスロット内に多数の情報を送出する事が出来る．

③ 信号のスペクトルを拡散する方式であり，電力密度が極端に低くなる

ため，他の通信システムへの干渉を小さくできる．

④　マルチキャリア変調方式の一つであるが，技術的にマルチパス妨害に強くすることはできない特徴がある．

⑤　ガードインターバル期間を付加することが可能であるため，マルチパス妨害の影響が軽減される．

III 33　半導体に関する次の記述のうち，最も適切なものはどれか．

①　真性半導体の電子と正孔の密度は等しく，温度を上げると電子と正孔の密度は低減する．

②　n型半導体の少数キャリヤは電子である．

③　シリコンに不純物であるリンやヒ素を導入すると，p型の不純物半導体となる．

④　p型半導体とn型半導体を接合したpn接合では，接合部分に空乏層ができる．

⑤　pn接合のn型半導体を接地し，p型半導体側に負の電圧をかけると，正の電圧をかけた場合よりも電流が流れる．

III 34　半導体デバイス及び集積回路に関する次の記述の，[　　]に入る語句の組合せとして，最も適切なものはどれか．

MOS（Metal Oxide Semiconductor）トランジスタは[ア]制御型であるため，[イ]制御型のバイポーラトランジスタと比較して消費電力が[ウ]．

[エ]電流が流れるnMOS（n−channel MOS）トランジスタと[オ]電流が流れるpMOS（p−channel MOS）トランジスタを組合せたCMOS（相補型MOS）インバータは，抵抗負荷型のMOSインバータなどと比較して待機時の消費電力が[ウ]ため，現在の集積回路に用いられている．

	ア	イ	ウ	エ	オ
①	電流	電圧	高い	電子	正孔
②	電圧	電流	低い	電子	正孔
③	電流	電圧	低い	電子	正孔
④	電圧	電流	高い	正孔	電子
⑤	電流	電圧	高い	正孔	電子

III 35 高電圧用ケーブルに関する次の記述の, [　　] に入る語句の組合せとして, 最も適切なものはどれか.

高圧設備に使用されるケーブルには, OF ケーブルと CV ケーブルがある. OF ケーブルはクラフト紙と絶縁油で絶縁を保つケーブルである. CV ケーブルは, OF ケーブルと異なり絶縁油を使用せずに [ア] で絶縁を保つケーブルである. CV ケーブルの特徴は OF ケーブルよりも燃え難く, 軽量で [イ] が少なく, 保守や点検の省力化を図ることができる. CV ケーブルは, [ア] の内部に水分が侵入すると, 異物やボイド, 突起などの高電界との相乗効果によって, [ウ] が発生して劣化が生じる.

	ア	イ	ウ
①	架橋ポリエチレン	誘電体損	トリー
②	ポリエチレン	銅損	軟化
③	クロロプレン	銅損	硬化
④	架橋ポリエチレン	鉄損	トリー
⑤	ポリエチレン	誘電体損	硬化

2019年度(再試験)　問題

Ⅲ　次の35問題のうち25問題を選択して解答せよ.（解答欄に1つだけマークすること.）

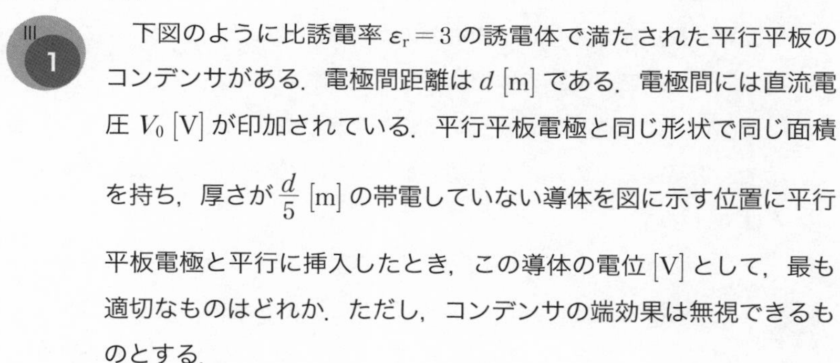

Ⅲ 1　下図のように比誘電率 $\varepsilon_r = 3$ の誘電体で満たされた平行平板のコンデンサがある．電極間距離は d [m] である．電極間には直流電圧 V_0 [V] が印加されている．平行平板電極と同じ形状で同じ面積を持ち，厚さが $\frac{d}{5}$ [m] の帯電していない導体を図に示す位置に平行平板電極と平行に挿入したとき，この導体の電位 [V] として，最も適切なものはどれか．ただし，コンデンサの端効果は無視できるものとする．

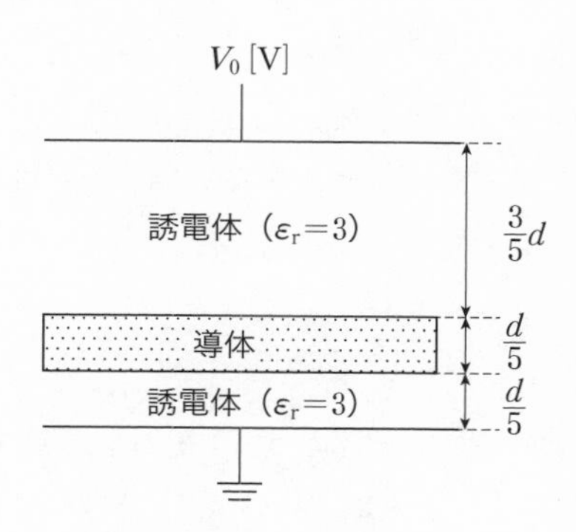

①　$\frac{1}{4}V_0$　　②　$\frac{1}{5}V_0$　　③　$\frac{2}{5}V_0$　　④　$\frac{1}{6}V_0$　　⑤　$\frac{1}{8}V_0$

Ⅲ 2　電気回路と磁気回路に関する次の記述のうち，最も不適切なものはどれか．

①　電気回路と磁気回路の類似点としては，電気回路におけるオームの法

2019年度(再)

則と磁気回路におけるオームの法則が挙げられる.

② 電気回路で抵抗に電流が流れるときにジュール損失が発生するように，磁気回路では磁気抵抗に磁束が流れるときに損失が発生する.

③ 電気回路のキャパシタンスやインダクタンスに相当する素子は磁気回路にはない.

④ 磁気回路において磁路を構成する磁性体と周囲の透磁率の差は，電気回路を構成する導体とその周囲の導電率の差に比べると非常に小さいので，空隙がある磁路では相当な磁束の漏れが生じる.

⑤ 磁気回路では起磁力と磁束の間にヒステリシスなどの非線形性があるので，電気回路でのオーム法則や重ね合わせの理は厳密には適用することはできない.

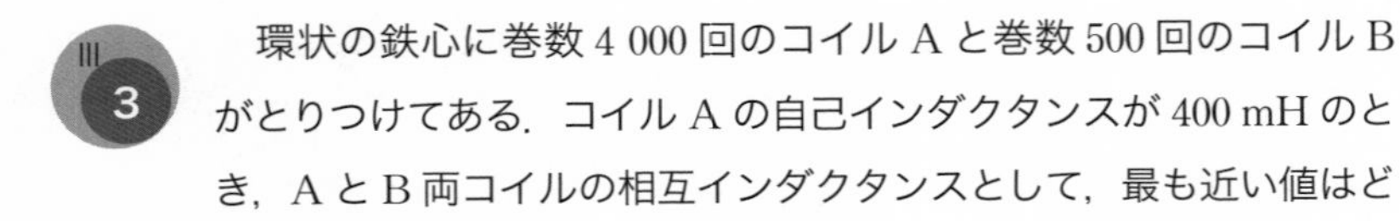

III 3

環状の鉄心に巻数 4 000 回のコイル A と巻数 500 回のコイル B がとりつけてある．コイル A の自己インダクタンスが 400 mH のとき，A と B 両コイルの相互インダクタンスとして，最も近い値はどれか.

ただし，コイル A とコイル B 間の結合係数は 0.96 とする.

① 44 mH　② 46 mH　③ 48 mH

④ 50 mH　⑤ 52 mH

III 4

電磁波に関する次の記述のうち，最も不適切なものはどれか.

① 同じ媒質中では周波数が高くなると，電磁波の波長は短くなる.

② 真空中における電磁波の速さは光速に等しい.

③ 電磁波の周波数が一定の場合，媒質の誘電率が小さくなると，電磁波の波長は短くなる.

④ 電磁波の周波数が一定の場合，媒質の透磁率が大きくなると，電磁波の速さは小さくなる.

⑤　電磁波の周波数が一定の場合，媒質の誘電率が大きくなると，電磁波の速さは小さくなる.

III 5

下図に示すように，真空中に 2 個の点電荷 q_1（2×10^{-12} C），q_2（1×10^{-12} C）が 1 m 離れて置かれている．q_1，q_2 を結ぶ線上の中点 O から垂直方向 0.5 m の点 P における電位として，最も近い値はどれか．ただし，真空の誘電率 ε_0 は，$\varepsilon_0 = 8.854\times10^{-12}$ [F/m] とする.

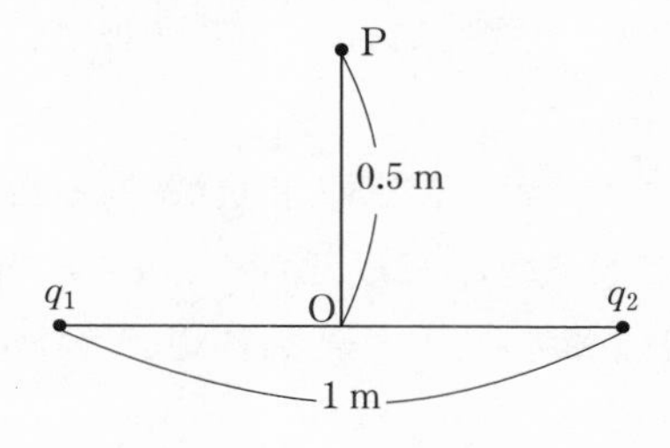

①　2.55×10^{-2} V　②　3.60×10^{-2} V　③　3.82×10^{-2} V
④　4.22×10^{-2} V　⑤　5.40×10^{-2} V

III 6

下図の回路において，端子 ab からみた合成抵抗として，最も適切なものはどれか.

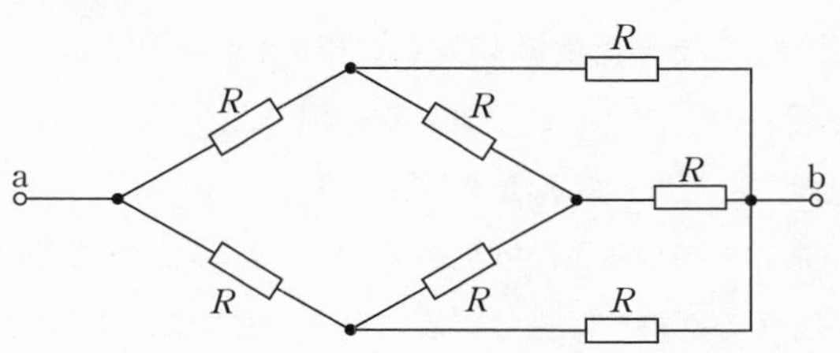

①　$\frac{8}{7}R$　②　$\frac{7}{8}R$　③　$\frac{7}{6}R$　④　$\frac{6}{7}R$　⑤　$\frac{8}{9}R$

2019年度（再）

III 7

直流電源及び抵抗よりなる下図の回路において，抵抗 R に流れる電流 I [A] の値として，最も近い値はどれか．

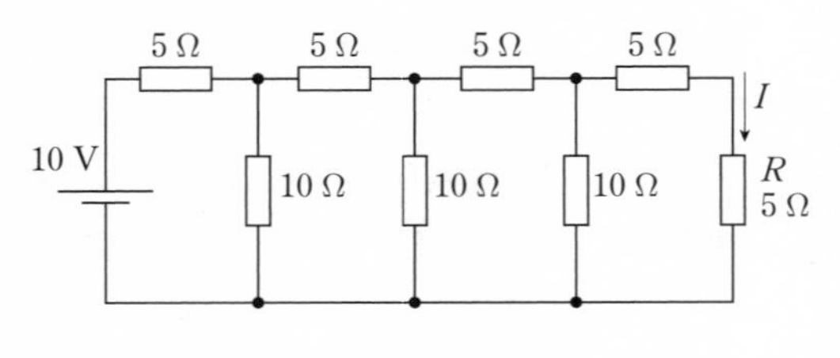

① 2 A　② 1 A　③ 0.5 A　④ 0.25 A　⑤ 0.125 A

III 8

下図に示す電圧源と電流源と抵抗からなる回路において，負荷抵抗 r で消費される電力が最大となるように r の値を定める．このとき，r を流れる電流として，最も近い値はどれか．

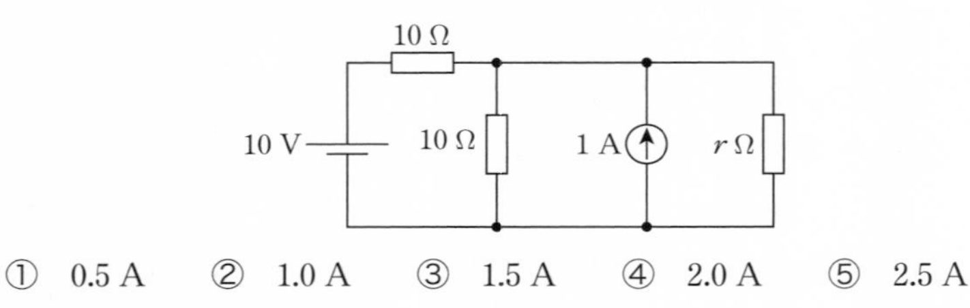

① 0.5 A　② 1.0 A　③ 1.5 A　④ 2.0 A　⑤ 2.5 A

III 9

値が R である抵抗により構成された下図の回路について考える．次の記述の，［　　］に入る語句の組合せとして，最も適切なものはどれか．ただし，抵抗値 R は正とする．

下図の回路を右端から見た抵抗値を R_{in} とすると，一番右端の横と縦になっている 2 個の抵抗を除去した後に右端から見た抵抗値は［ア］であるので，R_{in} について［イ］という関係式が成り立つ．この式から R_{in} が

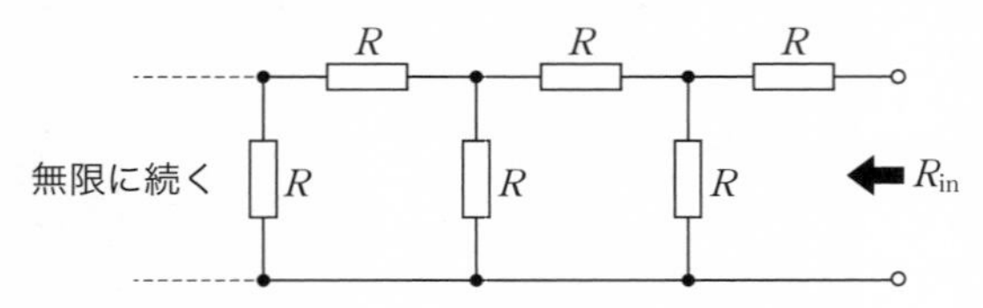

ウ であることがわかる.

	ア	イ	ウ
①	R_{in}	$R_{\mathrm{in}}=R+\dfrac{R_{\mathrm{in}}R}{R_{\mathrm{in}}+R}$	$\dfrac{1+\sqrt{5}}{2}R$
②	$2R_{\mathrm{in}}$	$R_{\mathrm{in}}=\dfrac{R_{\mathrm{in}}R}{R_{\mathrm{in}}+R}$	$\dfrac{1+\sqrt{5}}{2}R$
③	R_{in}	$R_{\mathrm{in}}=\dfrac{R_{\mathrm{in}}R}{R_{\mathrm{in}}+R}$	$\dfrac{1+\sqrt{5}}{2}R$
④	$1.5R_{\mathrm{in}}$	$R_{\mathrm{in}}=R+\dfrac{R_{\mathrm{in}}R}{R_{\mathrm{in}}+R}$	$\dfrac{1-\sqrt{5}}{2}R$
⑤	R_{in}	$R_{\mathrm{in}}=\dfrac{R_{\mathrm{in}}R}{R_{\mathrm{in}}+R}$	$\dfrac{1-\sqrt{5}}{2}R$

下図の回路で最初スイッチSWは開いており，コンデンサ（静電容量を C [F]）には電圧 V [V] が生じていたものとする．スイッチSWで抵抗（抵抗値を R [Ω]）を接続した際に生じる過渡現象について，最も不適切な記述はどれか．

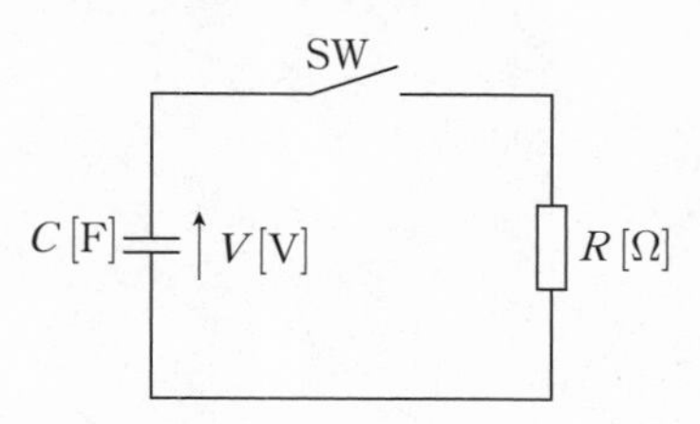

① 過渡現象の時定数は RC である．

② 電流はスイッチを投入した瞬間は0であり，その後徐々に増大する．

③ 十分に長い時間が経過するまでに抵抗 R が消費するエネルギーは $\dfrac{1}{2}CV^2$ である．

④ スイッチ投入時に流れる電流は $\dfrac{V}{R}$ である.

⑤ 徐々にコンデンサの電圧が減少していくのは抵抗にエネルギーを供給するからである.

III 11

下図の回路で，スイッチSを閉じたまま十分な時間が経過した後，時刻 $t=0$ [s] にて，Sを開いた．その直後にコイルにかかる電圧を a [V] とすると，$t>0$ における電圧 $v(t)$ [V] は，次式のように表される.

$$v(t)=a\exp(-\alpha t)+b$$

a，b，α の値の組合せとして，最も適切なものは次のうちどれか.

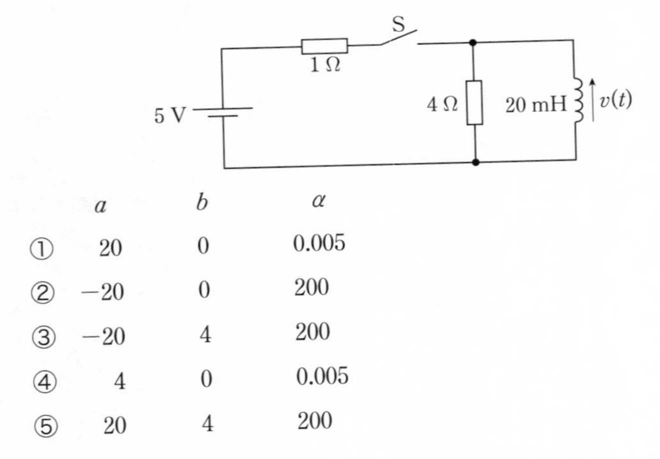

	a	b	α
①	20	0	0.005
②	−20	0	200
③	−20	4	200
④	4	0	0.005
⑤	20	4	200

III 12

図の回路で負荷インピーダンス $\dot{Z}$ を調整して $\dot{Z}$ の有効電力 P を最大にしたい．最大にしたときの P の値として，最も近い値はどれ

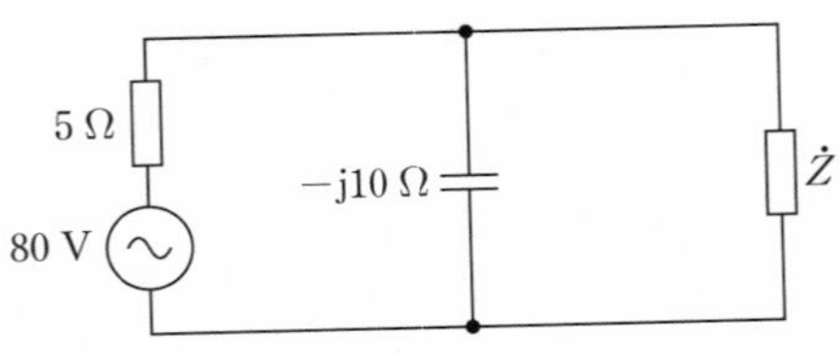

か．

① 320 W　② 330 W　③ 340 W　④ 350 W　⑤ 360 W

III 13

2つの LC 直列共振回路A，Bがある．回路Aは L [H] と C [F]，回路Bは L [H] と $2C$ [F] の直列回路であり，それぞれの共振周波数は f_A，f_B である．この2つの回路をさらに直列に接続した回路Cでは，共振周波数は f_C となった．f_A，f_B，f_C の値の大小関係として，最も適切なものはどれか．

① $f_A < f_C < f_B$　② $f_A < f_B < f_C$　③ $f_C < f_B < f_A$
④ $f_B < f_C < f_A$　⑤ $f_B < f_A < f_C$

III 14

水力発電所の水管内を水が充満して流れている．水車の中心線上と同じ高さに位置する場合の水圧が1.0 MPaで流速が6.0 m/sと計測されている．この位置の水頭として，最も近い値はどれか．ただし，位置水頭を決める基準面は水車の中心線上とし，損失水頭はないものとする．また，水の密度は 1.0×10^3 kg/m^3 とし，重力加速度は9.8 m/s^2 である．

① 92 m　② 96 m　③ 100 m　④ 104 m　⑤ 108 m

III 15

火力発電所における熱効率やその向上方策に関する次の記述のうち，最も不適切なものはどれか．

① ランキンサイクルの熱効率を向上させるのに効果的な方式の1つに再熱があり，このためにタービン高圧部から出てきた蒸気を再び過熱してタービン低圧部に送る装置を過熱器と呼んでいる．

② 理想的熱機関を表現するカルノーサイクルの熱効率は高熱源の絶対温度が高いほど高くなる．

③ ボイラ，蒸気タービン，復水器等によってランキンサイクルを構成している火力発電所の熱効率は，蒸気圧力が高いほど向上する．

④　火力発電所では，煙突から排出されるガスの保有熱をできるだけ利用して，燃料の消費率を低くすることが望ましく，節炭器や空気予熱器を設ける場合がある．

⑤　火力発電所の熱効率向上のため，蒸気タービンとガスタービンを組合せた複合サイクル発電が用いられる場合がある．

図に示すような3相同期モーターで駆動するベルトコンベアーにおいて，ベルトの進行速度が v [m/s] 一定である場合，モーターへ供給される電源周波数 f [Hz] として，最も適切なものはどれか．

ただし，ベルトの厚みは無視することとし，駆動輪とベルトの間には滑りがなく，駆動輪とモーターは直結されており駆動輪の半径を r [m] とし，同期モーターの極数を p，円周率を π とする．

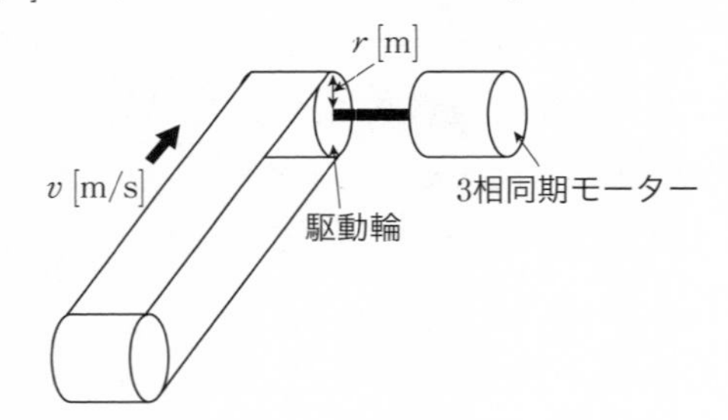

①　$f=\dfrac{p}{4\pi rv}$　　②　$f=\dfrac{vp}{4\pi r}$　　③　$f=\dfrac{2\pi r}{vp}$

④　$f=\dfrac{p}{2\pi rv}$　　⑤　$f=\dfrac{vp}{2\pi r}$

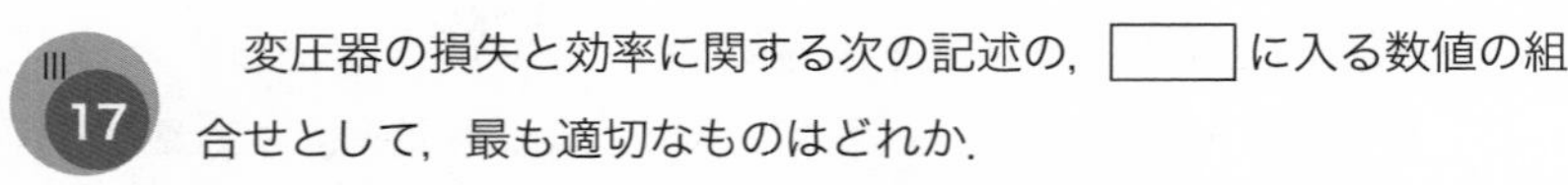

変圧器の損失と効率に関する次の記述の，[　　] に入る数値の組合せとして，最も適切なものはどれか．

出力1 000 Wで運転している単相変圧器において，鉄損が50 W，銅損が50 W発生している．出力電圧は変えずに出力を900 Wに下げた場合，銅損は [ア] Wで，効率は [イ] %となる．出力電圧が20 %低下した状態で出力は 1 000 W で運転したとすると鉄損は［ウ］W で，効率は［エ］% となる．ただし，変圧器の損失は鉄損と銅損のみとし，負荷の力率は一定とする．鉄損は電圧の 2 乗に比例，銅損は電流の 2 乗に比例するものとする．

	ア	イ	ウ	エ
①	32	91	39	89
②	41	90	50	89
③	39	91	32	90
④	41	91	32	90
⑤	50	90	39	90

III 18　電力用半導体素子に関する次の記述のうち，最も不適切なものはどれか．

① 電力用バイポーラトランジスタ（GTR）は，ゲート信号により主電流をオンすることができるが，オフすることはできない．

② ゲートターンオフサイリスタ（GTO）は，ゲート信号により，主電流をオフすることができる．

③ ダイオードは方向性を持つ素子で，交流を直流に変換するために用いることができる．

④ 光トリガサイリスタは，光によるゲート信号によりターンオンを行うことができる．

⑤ MOSFET（Metal Oxide Semiconductor Field Effect Transistor）は，ゲート信号により主電流をオン，オフすることができる．

III 19　下図に示す，IGBT（絶縁ゲートバイポーラトランジスタ）及びダイオードからなるスイッチング回路により電力変換装置を構成し下記の条件で動作しているとき，このスイッチング回路で発生する定常損失で最も近い値はどれか．なお，リード線での損失やスイッチング損失は発生しないものとする．また，各素子での電流の立ち上がりや立ち下がりの遅れはなく，IGBT のデューティ比とダイオードのデューティ比の和は 1 とする．

IGBT 電流 $i_{\mathrm{IGBT}} = 1\,000$ A，　コレクタ–エミッタ間飽和電圧 $V_{\mathrm{CE(sat)}} = 1.75$ V

ダイオード電流 $i_{\mathrm{d}} = 1\,000$ A，ダイオード順方向電圧 $V_{\mathrm{d}} = 1.9$ V

IGBT 素子のデュー ティ比 $d = 0.7$

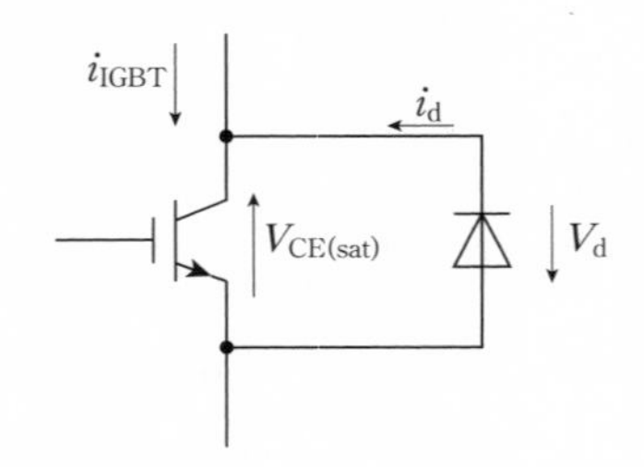

① 3 650 W　② 3 125 W　③ 1 900 W
④ 1 795 W　⑤ 1 225 W

周波数計測に用いられることがある下図のようなヘイブリッジにおいて，検出器 D に電流が流れない平衡条件で，電源の周波数 f [Hz] として，最も適切なものはどれか．ただし，ブリッジの各素子

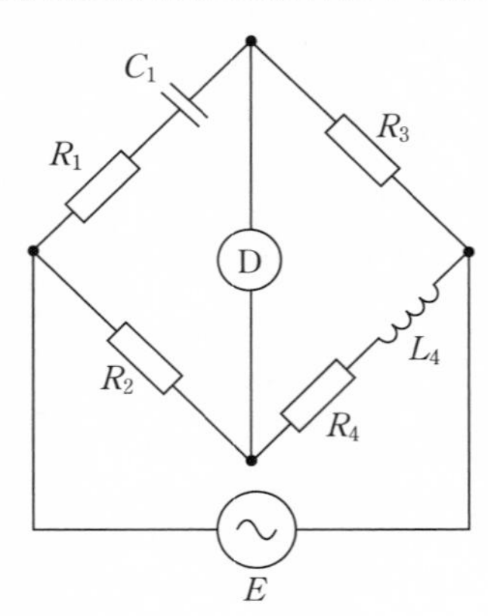

は既知とし，電源は交流電源で電圧の実効値が E [V] で周波数は f [Hz] とする．

① $\dfrac{\sqrt{R_4}}{\sqrt{C_1L_4R_1}}$　② $\dfrac{R_4}{C_1L_4R_1}$　③ $\dfrac{\sqrt{R_4}}{2\pi\sqrt{C_1L_4R_1}}$

④ $\dfrac{\sqrt{R_1}}{2\pi\sqrt{C_1L_4R_4}}$　⑤ $\dfrac{1}{2\pi\sqrt{C_1L_4}}$

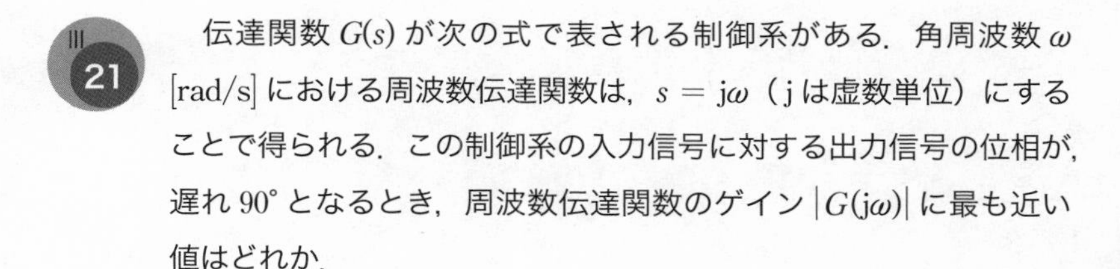

III 21

伝達関数 $G(s)$ が次の式で表される制御系がある．角周波数 ω [rad/s] における周波数伝達関数は，$s = \mathrm{j}\omega$（j は虚数単位）にすることで得られる．この制御系の入力信号に対する出力信号の位相が，遅れ 90° となるとき，周波数伝達関数のゲイン $|G(\mathrm{j}\omega)|$ に最も近い値はどれか．

$$G(s) = \frac{5}{s^2 + 1.2s + 9}$$

① 1.0　② 1.1　③ 1.2　④ 1.3　⑤ 1.4

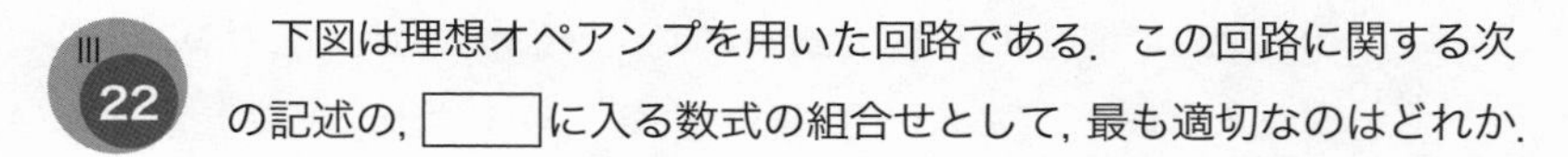

III 22

下図は理想オペアンプを用いた回路である．この回路に関する次の記述の，□に入る数式の組合せとして，最も適切なのはどれか．

この回路の伝達関数 $\dfrac{v_1}{v_0}$ は [ア] であり，その絶対値は [イ] となる．

ただし，ω は信号角周波数である．

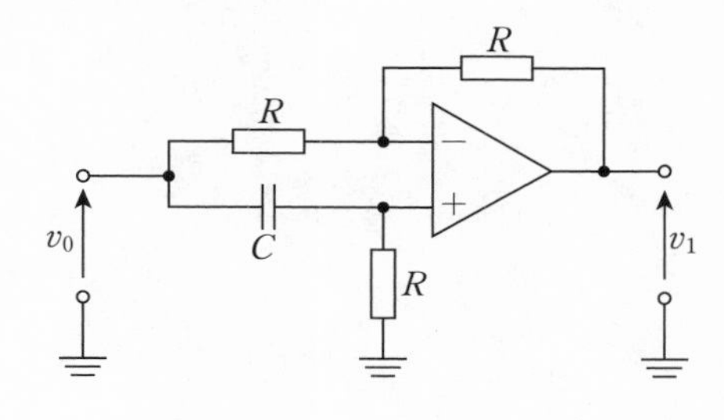

	ア	イ
①	$\dfrac{1-\mathrm{j}\omega CR}{1+\mathrm{j}\omega CR}$	1
②	$\dfrac{\mathrm{j}2\omega CR}{1+\mathrm{j}\omega CR}$	$\dfrac{2\omega CR}{\sqrt{1+(\omega CR)^2}}$
③	$\dfrac{2}{1+\mathrm{j}\omega CR}$	$\dfrac{2}{\sqrt{1+(\omega CR)^2}}$
④	$\dfrac{1-\mathrm{j}\omega CR+(\mathrm{j}\omega CR)^2}{1+\mathrm{j}\omega CR+(\mathrm{j}\omega CR)^2}$	1
⑤	$\dfrac{-1+\mathrm{j}\omega CR}{1+\mathrm{j}\omega CR}$	1

III 23　下図のように電圧 v_{in} を印加したとき，抵抗 R_{L} にかかる電圧は v_{out} となった．電圧の比 $\dfrac{v_{\mathrm{out}}}{v_{\mathrm{in}}}$ を表す式として，最も適切なものはどれか．ただし，回路における図記号 ⦶ の部分は理想電流源で，その電流源の電流は $g_{\mathrm{m}}v_{\mathrm{sg}}$ であるとする．ただし，g_{m} は相互コンダクタンスである．

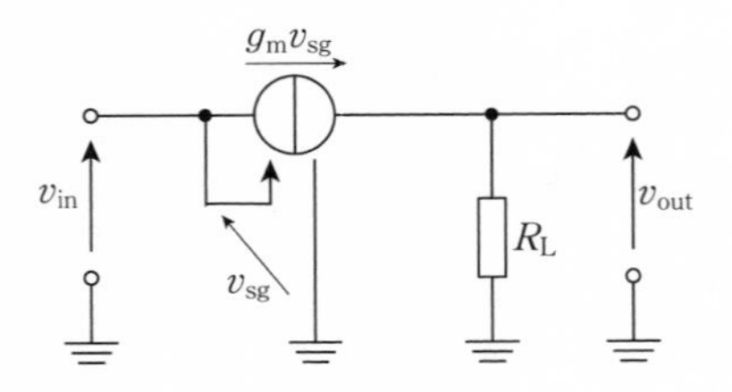

①　$R_{\mathrm{L}}+\dfrac{1}{g_{\mathrm{m}}}$　　②　$-g_{\mathrm{m}}R_{\mathrm{L}}$　　③　$g_{\mathrm{m}}R_{\mathrm{L}}$

④　$\dfrac{-1}{g_{\mathrm{m}}R_{\mathrm{L}}}$　　⑤　$\dfrac{1}{g_{\mathrm{m}}R_{\mathrm{L}}}$

下図の論理回路で，出力 f の論理式として，最も適切なものはどれか．

ただし，論理変数 A，B に対して，$A+B$ は論理和を表し，$A \cdot B$ は論理積を表す．また，$\overline{A}$ は A の否定を表す．

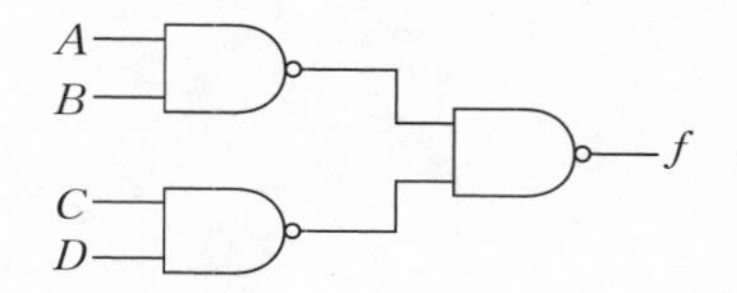

① $A+B+C+D$　② $\overline{A+B}+\overline{C+D}$　③ $A \cdot B \cdot C \cdot D$

④ $\overline{A \cdot B \cdot C \cdot D}$　⑤ $A \cdot B+C \cdot D$

III 25

任意の論理回路を実現する場合に必要なゲートの種類の組合せとして，最も不適切なものはどれか．ただし，論理回路の実現において同じ種類のゲートを複数用いてもよいものとする．

① NOT ゲート，AND ゲート

② NOT ゲート，OR ゲート

③ AND ゲート，OR ゲート

④ NAND ゲート

⑤ NOR ゲート

エルゴード性を持つ 2 元単純マルコフ情報源が，状態 A，状態 B からなり，下図に示す遷移確率を持つとき，状態 A の定常確率 P_{A}，状態 B の定常確率 P_{B} の組合せとして，最も適切なものはど

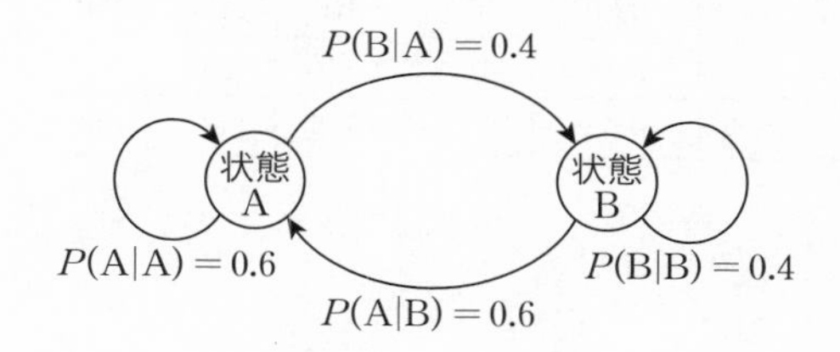

れか.

① $P_{\mathrm{A}}=\frac{1}{2}$ $P_{\mathrm{B}}=\frac{1}{2}$

② $P_{\mathrm{A}}=\frac{1}{4}$ $P_{\mathrm{B}}=\frac{3}{4}$

③ $P_{\mathrm{A}}=\frac{3}{4}$ $P_{\mathrm{B}}=\frac{1}{4}$

④ $P_{\mathrm{A}}=\frac{2}{5}$ $P_{\mathrm{B}}=\frac{3}{5}$

⑤ $P_{\mathrm{A}}=\frac{3}{5}$ $P_{\mathrm{B}}=\frac{2}{5}$

下表は，5 個の情報源シンボル s_1，s_2，s_3，s_4，s_5 からなる無記憶情報源と，それぞれのシンボルの発生確率と，A ～ E までの 5 種類の符号を示している．これらの符号のうち，「瞬時に復号可能」なすべての符号の集合を X とし，X の中で平均符号長が最小な符号の集合を Y とする．X と Y の最も適切な組合せはどれか．

ただし，瞬時に復号可能とは，符号語系列を受信した際，符号語の切れ目が次の符号語の先頭部分を受信しなくても分かり，次の符号語を受信する前にその符号語を正しく復号できることをいう．

情報源シンボル	発生確率	符号 A	符号 B	符号 C	符号 D	符号 E
s_1	0.30	000	1	0	01	000
s_2	0.30	11	10	10	1	001
s_3	0.20	10	110	110	001	010
s_4	0.15	01	1110	1110	0001	011
s_5	0.05	00	1111	1111	0000	100

① X＝{A, C, D, E}, Y＝{C, D}

② X＝{A, C, D, E}, Y＝{A}

③　X＝{C，D，E}，Y＝{C，D，E}

④　X＝{C，D，E}，Y＝{C，D}

⑤　X＝{B，C，D}，Y＝{B，C}

III 28

長さ N の離散信号 $\{x(n)\}$ の離散フーリエ変換 $X(k)$ は次式のように表される．ただし，j は虚数単位を表す．

$$X(k)=\sum_{n=0}^{N-1}x(n)\mathrm{e}^{-\mathrm{j}\frac{2\pi nk}{N}},\quad (k=0,\ 1,\ \cdots,\ N-1)$$

ここで，$N=6$ として，

$[x(0), x(1), x(2), x(3), x(4), x(5)]=[1, 0, 1, 0, -1, 0]$

の場合，離散フーリエ変換，$[X(0), X(1), X(2), X(3), X(4), X(5)]$ を計算した結果として最も適切なものはどれか．

①　$\left[1, 0, \dfrac{-1+\mathrm{j}\sqrt{3}}{2}, 0, \dfrac{1-\mathrm{j}\sqrt{3}}{2}, 0\right]$

②　$\left[1, 0, \dfrac{1-\mathrm{j}\sqrt{3}}{2}, 0, \dfrac{-1+\mathrm{j}\sqrt{3}}{2}, 0\right]$

③　$[1, 1+\mathrm{j}\sqrt{3}, 1-\mathrm{j}\sqrt{3}, 1, 1+\mathrm{j}\sqrt{3}, 1-\mathrm{j}\sqrt{3}]$

④　$[1, 1-\mathrm{j}\sqrt{3}, 1+\mathrm{j}\sqrt{3}, 1, 1-\mathrm{j}\sqrt{3}, 1+\mathrm{j}\sqrt{3}]$

⑤　$[1, 0, 1, 0, -1, 0]$

III 29

アナログ信号とディジタル信号に関する次の記述のうち，最も不適切なものはどれか．

①　時間と振幅が連続値をとるか離散値をとるかにより，信号を分類することができる．サンプル値信号は，時間が離散的で，連続的な振幅値をとる信号である．

②　アナログ素子の特性（例えばコンデンサ容量）にはばらつきがあるので，同一特性のアナログ処理回路を大量に製造することは困難であるのに対して，ディジタル処理回路では高い再現性を保証できるという利点

がある．

③ アナログ・ディジタル（AD）変換は，標本化，量子化，符号化の三つの処理からなる．このうち符号化とは，量子化された振幅値を2進数のディジタルコードに変換する処理である．

④ AD変換において，アナログ信号がサンプリング周波数の1/2より大きい周波数成分を含んでいれば，そのサンプル値から元の信号を復元できる．

⑤ AD変換において，サンプル値信号から元の信号を復元できるサンプリング周期の最大間隔をナイキスト間隔という．

III 30 無線通信の移動通信環境受信に関する次の記述の，[　　]に入る語句の組合せとして，最も適切なものはどれか．

移動通信環境では，電波は周囲の建物などにより[ア]され，移動局において電波は多くの方向から到来することになる．

このような環境で移動局が移動すると，異なる方向から到来する電波に干渉が生じ，一般に受信信号強度に[イ]が生じる．これをマルチパス[ウ]と呼ぶ．

	ア	イ	ウ
①	吸収	変動	フェージング
②	吸収	減衰	シャドウイング
③	反射	変動	フェージング
④	反射	減衰	シャドウイング
⑤	反射	変動	シャドウイング

III 31 ディジタル変調方式を使って，BPSK（Binary Phase Shift Keying）で4シンボル，QPSK（Quadrature Phase Shift Keying）で4シンボル，16値QAM（Quadrature Amplitude Modulation）で4シンボルのデータを伝送した．伝送した合計12シンボルで最

大伝送できるビット数として，最も近い値はどれか．

① 12ビット　② 24ビット　③ 28ビット
④ 36ビット　⑤ 88ビット

III 32 インターネット及びその関連技術に関する次の記述のうち，最も不適切なものはどれか．

① MPLS（Multi−protocol Label Switching）は，トランスポート層の技術で，IPヘッダの前に付与されるラベルとIPアドレスを見て転送処理を行うため，転送処理の高速化を図ることが可能である．
② TCPは信頼性を確保するためのコネクション型のプロトコルであるのに対して，UDPはコネクションレス型のプロトコルでマルチキャスト通信などに使用される．
③ 経路制御（ルーティング）の代表的なプロトコルであるRIP（Routing Information Protocol）は距離と方向を用いてルーティングを行う距離ベクトル型，OSPF（Open Shortest Path First）はネットワーク全体の接続状態に応じてルーティングを行うリンク状態型に分類される．
④ DNS（Domain Name System）は，ホスト名（ドメイン名）とIPアドレスとの対応関係を検索し提供するシステムである．
⑤ SNMP（Simple Network Management Protocol）は，TCP/IPのネットワーク管理において，必要な情報の取得などを行うために利用される．SNMPは，UDP/IP上で動作するプロトコルである．

III 33 半導体に関する次の記述の，［　　］に入る語句の組合せとして，最も適切なものはどれか．

p形半導体とn形半導体とを接合すると，n形半導体中の［ア］はp形半導体内へ拡散し，p形半導体中の［イ］はn形半導体内へ拡散する．この結果，n形半導体の接合面近傍は［ウ］に帯電し，p形半導体の接合面近傍は［エ］に帯電する．これによって，接合面にはn形半導体から

2019年度(再)

p形半導体へ向かう電界が生じ，これ以上の拡散が抑制される．このとき，接合部には［オ］が生じる．

	ア	イ	ウ	エ	オ
①	正孔	自由電子	正	負	逆電圧
②	自由電子	正孔	正	負	拡散電位
③	正孔	自由電子	負	正	拡散電位
④	自由電子	正孔	負	正	逆電圧
⑤	正孔	自由電子	正	負	拡散電位

III 34 MOS(Metal Oxide Semiconductor)トランジスタに関する次の記述の，［　］に入る語句の組合せとして，最も適切なものはどれか．

MOSトランジスタには，nチャネル形とpチャネル形があり，pチャネル形MOSトランジスタは［ア］半導体基板上にソースとドレーンが［イ］半導体で作られ，反転層が［ウ］によって形成される．p形半導体とn形半導体を入れ替えればnチャネル形MOSトランジスタを作ることができる．

また，MOSトランジスタはしきい値電圧の正負によっても分類することができる．ゲート・ソース間電圧が零のときに反転層が形成されないものを［エ］，ゲート・ソース間電圧が零のときに反転層が形成されるものを［オ］と呼んでいる．

① ア n形　イ p形　ウ 正孔
　エ エンハンスメント形　オ デプレション形

② ア n形　イ p形　ウ 自由電子
　エ エンハンスメント形　オ デプレション形

③ ア n形　イ p形　ウ 正孔
　エ デプレション形　オ エンハンスメント形

④ ア p形　イ n形　ウ 自由電子
　エ デプレション形　オ エンハンスメント形

⑤　ア　p形　　イ　n形　　ウ　正孔

エ　デプレション形　　オ　エンハンスメント形

III
35

あるビルの蓄電池設備計画では，次の2条件を満たすことが求められるという．第一に停電発生からその復旧までの所要時間を1時間とし，この間の平均使用電力が5 kWであること，また，第二に停電復旧後に復電に必要な開閉器駆動に50 kWの電力が必要で，これにかかる時間が36秒であることである．この蓄電池に最低限必要な電流容量に最も近い値はどれか．ただし，蓄電池の定格電圧は100 Vであり，蓄電池の放電損失はないものとする．

①　40 Ah　②　45 Ah　③　50 Ah　④　55 Ah　⑤　60 Ah

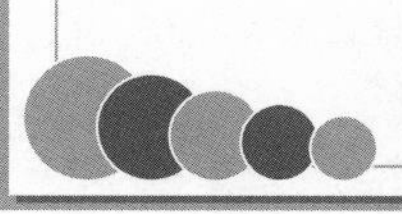

2019年度　問題

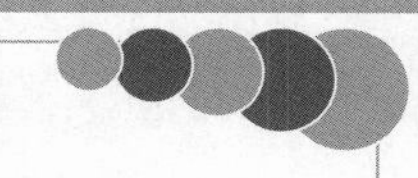

Ⅲ　次の35問題のうち25問題を選択して解答せよ.（解答欄に1つだけマークすること.）

Ⅲ 1

真空中に静電容量（キャパシタンス）がCのコンデンサ（キャパシタ）が2つある．極板は十分広く，端効果は無視できるものとする．コンデンサは下図（左側）のように並列に接続されて予め充電されており，その電圧はVである．この状態で，下図（右側）のように片側のコンデンサの極板間に，比誘電率が3の誘電体をゆっくりと挿入し，極板間を誘電体で完全に満たした．誘電体挿入後に2つのコンデンサに蓄えられているエネルギーの合計を表す式として，最も適切なものはどれか．

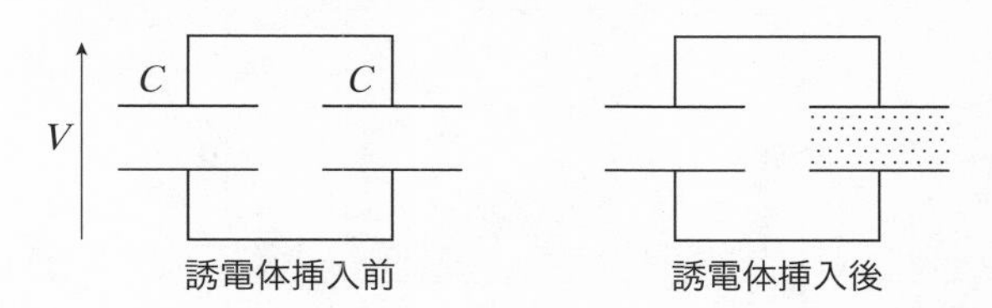

① $\frac{2}{3}CV^2$　② $\frac{1}{3}CV$　③ CV^2　④ $2CV$　⑤ $\frac{1}{2}CV^2$

Ⅲ 2

電磁気現象に関する次の記述のうち，最も不適切なものはどれか．

① 真空中における電磁波の速度は光速に等しい．

② 電磁波の周波数が高くなるとその波長は短くなる．

③ 直流電流が流れている平行導線間に働く力は，電流が同方向に流れている場合は斥力，反対方向に流れている場合は引力となる．

④　電磁波は電界と磁界とが相伴って進行する進行波で横波である.

⑤　磁界に直交する導体に電流が流れるとき，その導体に働く電磁力の方向はフレミングの左手の法則による.

真空中で，図に示すような辺 AB の長さが a [m]，∠ACB の角度が 30° の直角三角形があり，各頂点 A，B，C にそれぞれ $+Q$ [C]，$-Q$ [C]，$+3Q$ [C] の点電荷をおき，さらに，辺 BC に垂直で，点 C から a [m] 離れた点 D に，電荷量 Q_D の点電荷を置いたところ，ABCD からなる長方形の重心位置 G の電位が 0 V となった．次の記述の，[　　] に入る数式の組合せとして，最も適切なものはどれか．ただし，$Q>0$ であり，真空中の誘電率は ε_0 [F/m] とする.

Q_D は [ア] [C] であり，点 G における電界 E_G の大きさは [イ] [V/m] となり，E_G の向きは，[ウ] と同じ向きとなる.

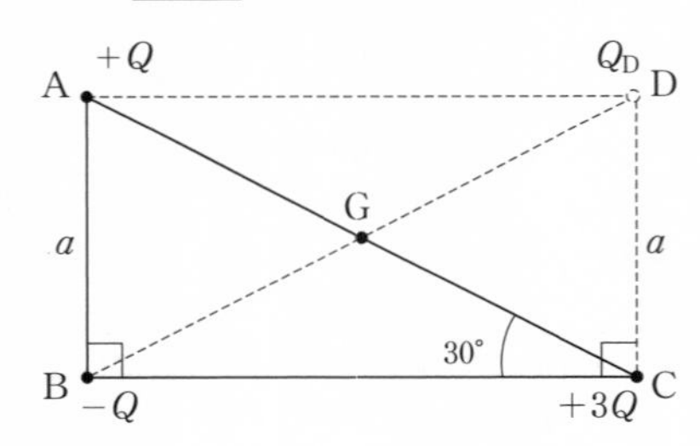

	ア	イ	ウ
①	Q	$\dfrac{Q}{3\pi\varepsilon_0 a^2}$	$\overrightarrow{AB}$
②	$-3Q$	$\dfrac{3Q}{4\pi\varepsilon_0 a^2}$	$\overrightarrow{AB}$
③	$+3Q$	$\dfrac{3Q}{4\pi\varepsilon_0 a^2}$	$\overrightarrow{BC}$
④	$-3Q$	$\dfrac{Q}{2\pi\varepsilon_0 a^2}$	$\overrightarrow{BA}$

⑤　$+3Q$　$\dfrac{Q}{2\pi\varepsilon_0 a^2}$　$\overrightarrow{\mathrm{BA}}$

下図のように，正電荷 q をもつ点電荷 3 個を同一平面上で一辺が a の正三角形をなすように置き，正三角形の重心に負電荷 $-Q$ をもつ点電荷を設置する．正三角形の頂点に置かれた点電荷に力が働かないようにするための Q として，最も適切なものはどれか．

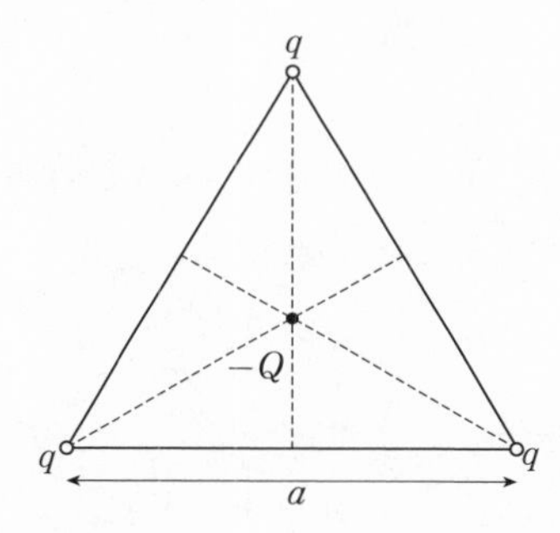

①　$\dfrac{\sqrt{3}}{3a}q$　②　$\dfrac{\sqrt{3}}{3}q$　③　$\dfrac{\sqrt{3}}{3}a$　④　$\sqrt{3}q$　⑤　$\sqrt{3}a$

III 5

電磁力に関する次の記述の，［　　］に入る語句として，最も適切なものはどれか．

フレミングの［ア］の法則は，電流と磁界の間に働く力に関する法則である．親指が力の向きを，人差し指が［イ］を，中指が［ウ］を示す．［イ］と［ウ］が平行ならば働く力の大きさは［エ］となる．

	ア	イ	ウ	エ
①	左手	磁界	電流	ゼロ
②	左手	電流	磁界	ゼロ
③	左手	磁界	電流	最大
④	右手	電流	磁界	ゼロ
⑤	右手	磁界	電流	最大

III 6 下図の回路において，端子 a，b からみた合成抵抗として，最も適切なものはどれか．

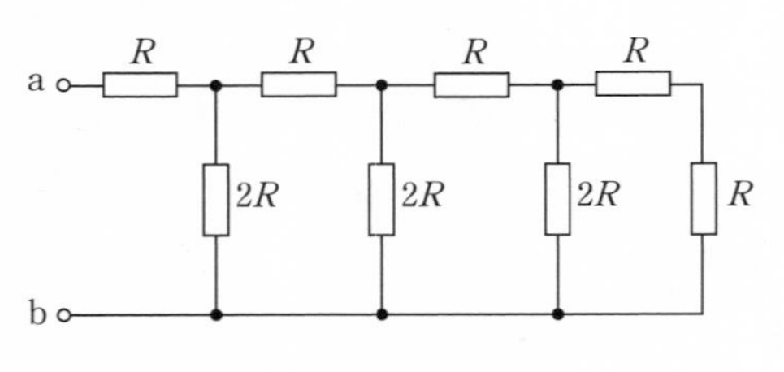

① $R/2$　② R　③ $2R$　④ $3R$　⑤ $6R$

III 7 下図のような，16 V の電圧源，8 A の電流源及び抵抗を含む回路において，電流 I に最も近い値はどれか．

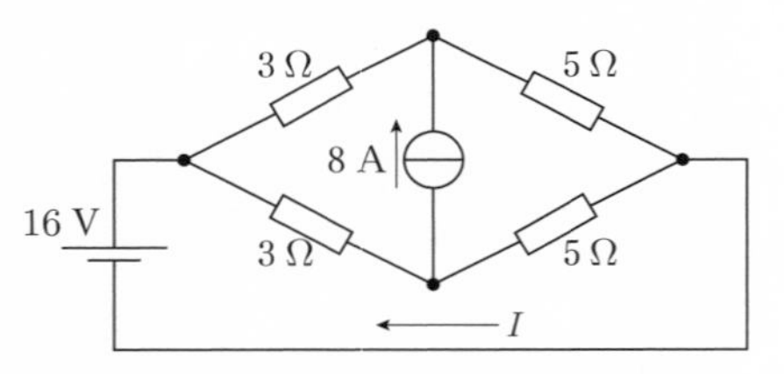

① 2 A　② 4 A　③ 8 A　④ 16 A　⑤ 32 A

III 8 下図のような直流回路において，抵抗 5 Ω の端子間の電圧が 2.1 V であった．このとき，電源電圧 E [V] として，最も近い値はどれか．

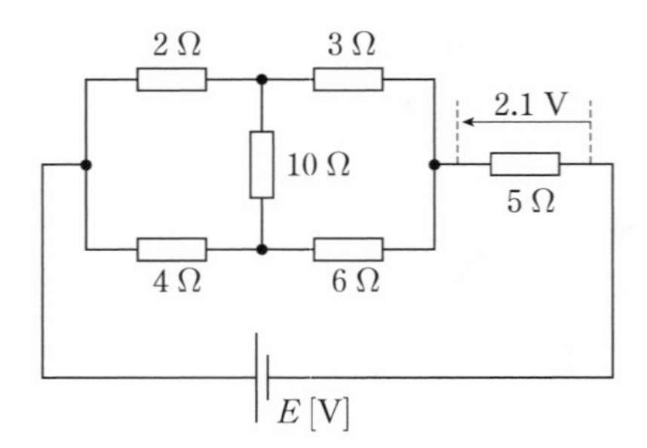

① 2.5 V　② 3.0 V　③ 3.5 V　④ 4.0 V　⑤ 4.5 V

下図は直流電圧源と抵抗からなる回路である．この回路に関する次の記述の，[　　]に入る数式の組合せとして，最も適切なものはどれか．

抵抗 R_{L} で消費される電力は直流電圧源の値 E と抵抗値 R_{L} と R_{S} を用いて [ア] と表されるので，R_{L} の値を変えた場合，R_{L} の値が [イ] であるとき抵抗 R_{L} で消費される電力が最大となる．また，このときの抵抗 R_{L} で消費される電力は [ウ] である．

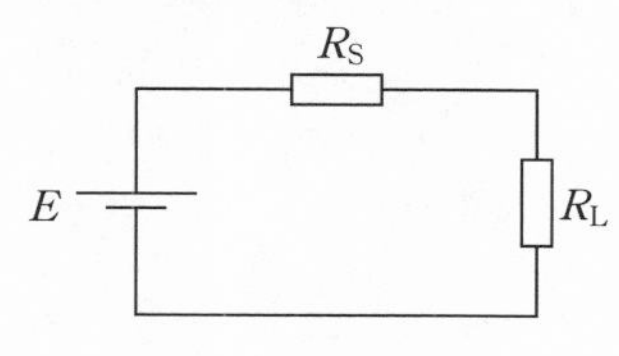

	ア	イ	ウ
①	$\dfrac{R_{\mathrm{L}}E^2}{(R_{\mathrm{S}}+R_{\mathrm{L}})^2}$	R_{S}	$\dfrac{E^2}{2R_{\mathrm{L}}}$
②	$\dfrac{E^2}{R_{\mathrm{S}}+R_{\mathrm{L}}}$	R_{S}	$\dfrac{E^2}{2R_{\mathrm{L}}}$
③	$\dfrac{E^2}{R_{\mathrm{S}}+R_{\mathrm{L}}}$	$\dfrac{R_{\mathrm{S}}}{2}$	$\dfrac{E^2}{2R_{\mathrm{L}}}$
④	$\dfrac{R_{\mathrm{L}}E^2}{(R_{\mathrm{S}}+R_{\mathrm{L}})^2}$	R_{S}	$\dfrac{E^2}{4R_{\mathrm{L}}}$
⑤	$\dfrac{R_{\mathrm{L}}E^2}{(R_{\mathrm{S}}+R_{\mathrm{L}})^2}$	$\dfrac{R_{\mathrm{S}}}{2}$	$\dfrac{E^2}{4R_{\mathrm{L}}}$

下図のような，交流電圧源，コイル（L [H]），コンデンサ（C [F]）及び抵抗（R_{out} [Ω]，R_{load} [Ω]）を含む回路において，交流電圧源からみた力率が 1 になる L の条件として最も適切なものはどれか．ただし，交流電圧源の角周波数は ω [rad/s] とする．

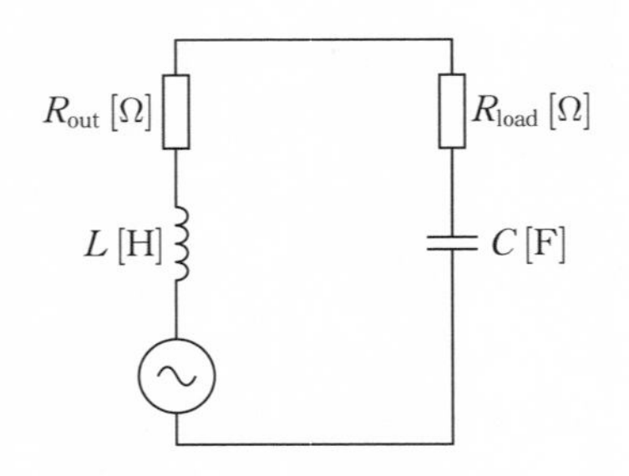

① $L = \omega^2 C$　　② $L = \dfrac{1}{C}$　　③ $L = -C$

④ $L = \dfrac{C}{\omega^2}$　　⑤ $L = \dfrac{1}{\omega^2 C}$

III 11

下図Aに示す回路で，交流電源の電圧 v_o と抵抗 R の電圧 v_R をオシロスコープで測定したところ，下図Bのようになった．この場合，接続されているインピーダンス Z について，次の記述の，[　　] の中に入る語句と数値の組合せとして，最も適切なものはどれか．ただし，$R = 25$ kΩ であったとする．

図B中に破線で示した正弦波交流電源電圧 v_o を，オシロスコープ上で，時刻 t が 0 秒のとき $v_o = 0$ V となるようにした．

この状態で，点 a の電圧（v_o の振幅）は 70.7 V であり，周期は 10 ms であった．一方，実線で示した v_R の波形で，最初に最大になる点 b の時刻と s 点 a の時刻の差は 0.83 ms であった．図Aの回路に接続されている Z がひとつの受動素子からなるとすると，Z は [ア] であり，その [イ] は [ウ] である．

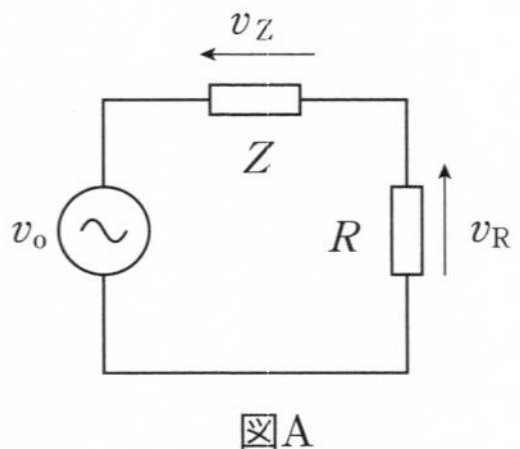

図A

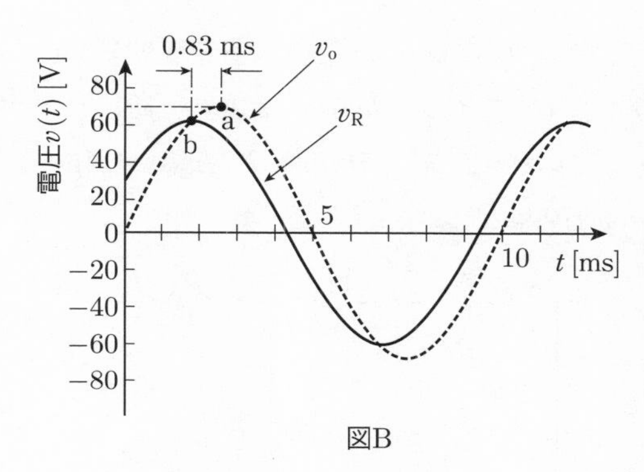

図B

	ア	イ	ウ
①	コイル	インダクタンス	23 mH
②	コイル	インダクタンス	68.9 mH
③	コンデンサ	静電容量	0.11 μF
④	コンデンサ	静電容量	0.37 μF
⑤	抵抗	抵抗値	25 Ω

2019
年度

下図において，スイッチSは時刻 $t = 0$ より以前は開いており，それ以降は閉じているものとする．このとき，時刻 $t \geqq 0$ における電流 I_L を表す式として，最も適切なものはどれか．

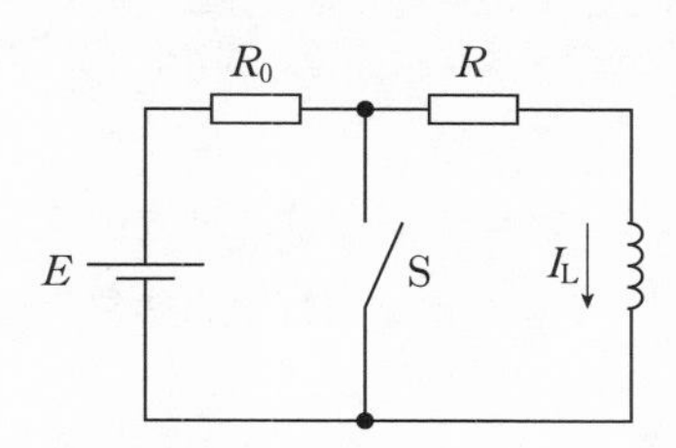

① $I_L = \dfrac{E}{R} e^{-\frac{R}{L}t}$　② $I_L = \dfrac{E}{R} e^{-\frac{L}{R}t}$　③ $I_L = \dfrac{E}{R_0 + R} e^{-\frac{L}{R}t}$

④ $I_L = \dfrac{E}{R_0 + R} e^{-\frac{t}{RL}}$　⑤ $I_L = \dfrac{E}{R_0 + R} e^{-\frac{R}{L}t}$

下図に示される，スイッチ SW，直流理想電圧電源 E，抵抗器 R，コンデンサ C，コイル L からなる回路で，時刻 $t = 0$ でスイッチを閉じる．このとき回路に流れる電流 i が振動しない条件として，最も適切なものはどれか．

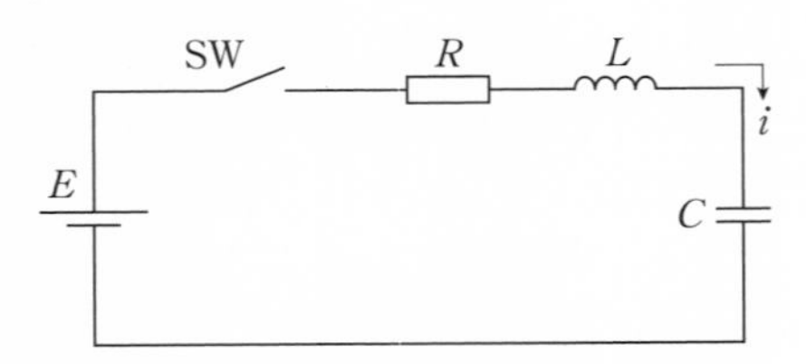

① $R \leqq \dfrac{C}{L}$　　② $CR \leqq 4L$　　③ $CL \leqq R$

④ $4L \leqq CR^2$　　⑤ $C \leqq LR$

直流送電の利点や課題に関する次の記述のうち，最も不適切なものはどれか．

① 直流の絶縁は交流に比べて$\dfrac{1}{\sqrt{2}}$に低くできるので，鉄塔が小型になり送電線路の建設費が安くなる．

② 交流系統の中で使用することはできるが，周波数の異なる交流系統間の連系はできない．

③ 直流は交流のように零点を通過しないため，大容量高電圧の直流遮断器の開発が困難で，変換装置の制御で通過電流を制御してその役割を兼ねる必要がある．

④ 直流による系統連系は短絡容量が増大しないので，交流系統の短絡容量低減対策の必要がなくなる．

⑤ 直流には交流のリアクタンスに相当する定数がないので，交流の安定度による制約がなく，電線の熱的許容電流の限度まで送電できる．

原子力エネルギーに関する次の記述のうち，最も不適切なものはどれか．

① 核反応には核分裂と核融合の 2 つのタイプがある．どちらもその反応の前後の結合エネルギーの差が外部に放出されるエネルギーとなる．

② 加圧水型軽水炉では，構造上，一次冷却材を沸騰させない．また，原子炉が反応速度を調整するために，ホウ酸を冷却材に溶かして利用する．

③ 加圧水型軽水炉では，熱ループを一次冷却水系と二次冷却水系に分けているので，タービンに放射能を帯びた蒸気が流れない．

④ 沸騰水型軽水炉では，原子炉内部で発生した蒸気と蒸気発生器で発生した蒸気を混合して，タービンに送る．

⑤ 沸騰水型軽水炉では，冷却材の蒸気がタービンに入るので，タービンの放射線防護が必要である．

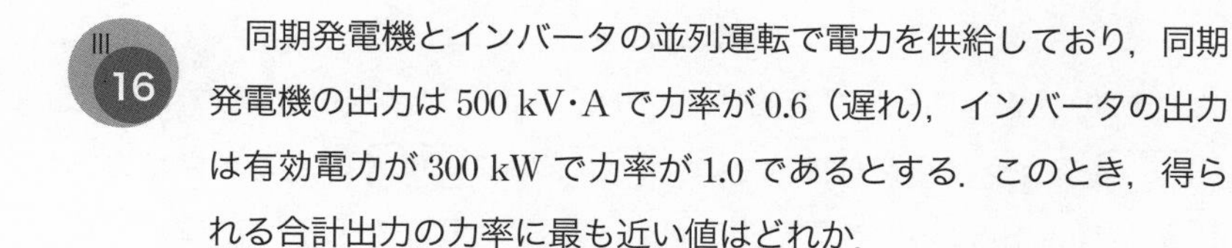

同期発電機とインバータの並列運転で電力を供給しており，同期発電機の出力は 500 kV·A で力率が 0.6（遅れ），インバータの出力は有効電力が 300 kW で力率が 1.0 であるとする．このとき，得られる合計出力の力率に最も近い値はどれか．

① 0.80（遅れ） ② 0.83（遅れ） ③ 0.86（遅れ）
④ 0.89（遅れ） ⑤ 0.92（遅れ）

下図に示される，交流電源 V_0，サイリスタ Q，抵抗 R からなる回路がある．サイリスタ Q を制御角 $\alpha = 30°$ で点弧した場合，抵抗 R の平均電圧 V_R に最も近い値はどれか．

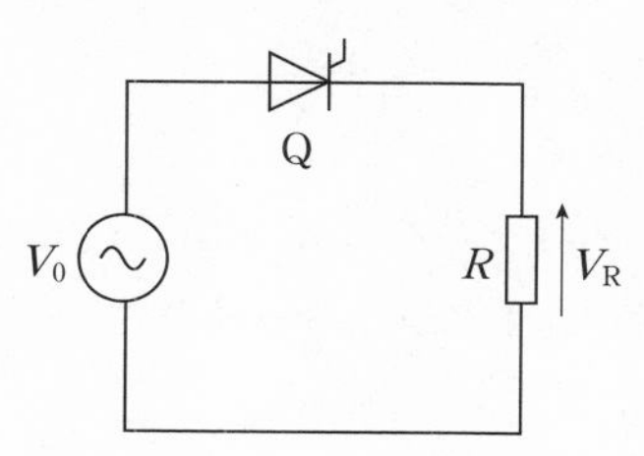

ただし，V_0 の実効値を 100 V とする．

① 34 V　② 38 V　③ 42 V　④ 64 V　⑤ 98 V

III 18

下図のような DC−DC コンバータに関する次の記述の，[　　] に入る語句の組合せとして，最も適切なものはどれか．E は理想直流電圧源，L はコイル，M は直流電動機を含む負荷，SW1，SW2 は理想スイッチ，D1，D2 は理想ダイオードを表す．なお，スイッチング周波数は十分高いものとする．

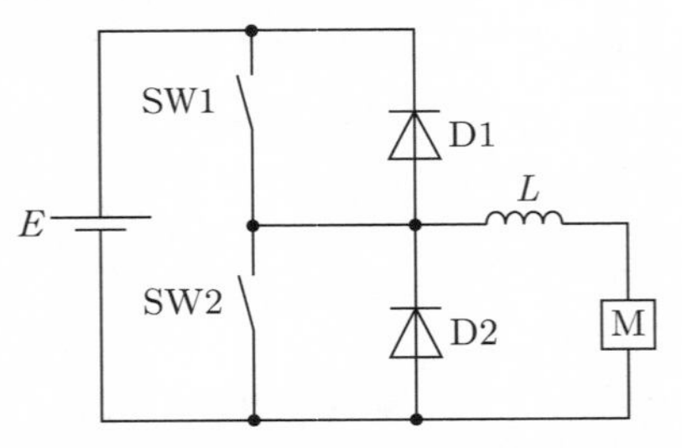

まず，SW1 のみを周期的に On−Off させ SW2 を Off 状態にすると，[ア] チョッパ回路が構成され，[イ] から [ウ] に電力が供給される．次に，SW2 のみを周期的に On−Off させ SW1 を Off 状態にすると，[エ] チョッパ回路が構成され，[ウ] から [イ] に電力が供給される．

	ア	イ	ウ	エ
①	昇圧	電源	負荷	昇圧
②	昇圧	電源	負荷	降圧
③	昇圧	負荷	電源	降圧
④	降圧	電源	負荷	昇圧
⑤	降圧	負荷	電源	昇圧

III 19

下記の条件で動作している IGBT 素子で発生する損失に最も近い値はどれか．なお，ダイオード D やリード線では損失は発生しないものとする．

IGBT 電流 i_{ICBT} ＝1 000 A

コレクターエミッタ間飽和電圧 $V_{\mathrm{CE(sat)}}$＝1.75 V

スイッチング周波数 f＝2 kHz

IGBT デューティ比 d ＝ 0.7

スイッチング損失（on 動作）E_{on} ＝ 0.07 J/Pulse

スイッチング損失（off 動作）E_{off} ＝ 0.1 J/Pulse

① 1 225 W　② 1 305 W　③ 1 505 W

④ 1 565 W　⑤ 1 625 W

下図のブロック線図で示す制御系において，$R(s)$ と $C(s)$ 間の合成伝達関数を示す式として，最も適切なものはどれか．

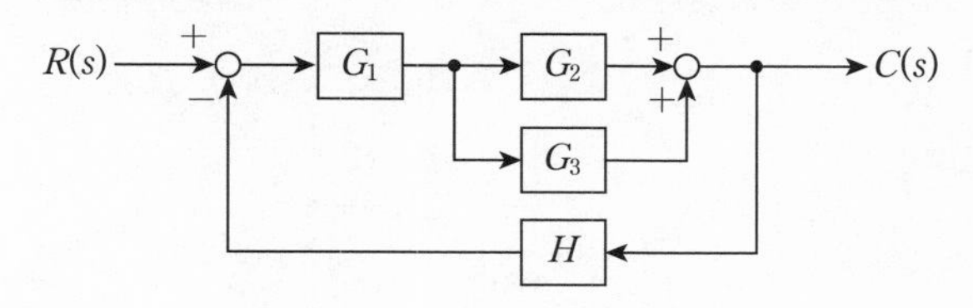

① $\dfrac{G_1(G_2+G_3)}{1+HG_1(G_2+G_3)}$　② $\dfrac{G_1+G_2G_3}{1+H(G_1+G_2G_3)}$

③ $\dfrac{H(G_2+G_3)}{1+HG_1(G_2+G_3)}$　④ $\dfrac{G_1G_2G_3}{1+HG_1G_2G_3}$　⑤ $\dfrac{G_1(G_2+G_3)}{1+H(G_2+G_3)}$

下図の回路において，C_{x} と R_{x} はコンデンサのキャパシタンスと内部抵抗である．検出器：D に電流が流れない条件で，C_{x} と R_{x} を

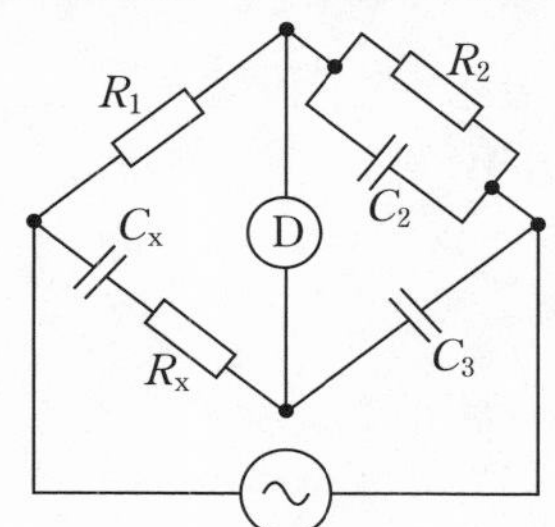

示す式の組合せとして，最も適切なものはどれか.

① $R_x = \dfrac{C_2}{C_3} R_1$， $C_x = \dfrac{R_1}{R_2} C_3$　　② $R_x = \dfrac{C_2}{C_3} R_1$， $C_x = -\dfrac{R_2}{R_1} C_3$

③ $R_x = \dfrac{C_3}{C_2} R_1$， $C_x = \dfrac{R_2}{R_1} C_3$　　④ $R_x = \dfrac{C_2}{C_3} R_1$， $C_x = \dfrac{R_2}{R_1} C_3$

⑤ $R_x = \dfrac{C_3}{C_2} R_1$， $C_x = \dfrac{R_1}{R_2} C_3$

下図は理想オペアンプを用いた一次ローパスフィルタ回路である. この回路に関する次の記述の，[　　] に入る数式の組合せとして，最も適切なものはどれか.

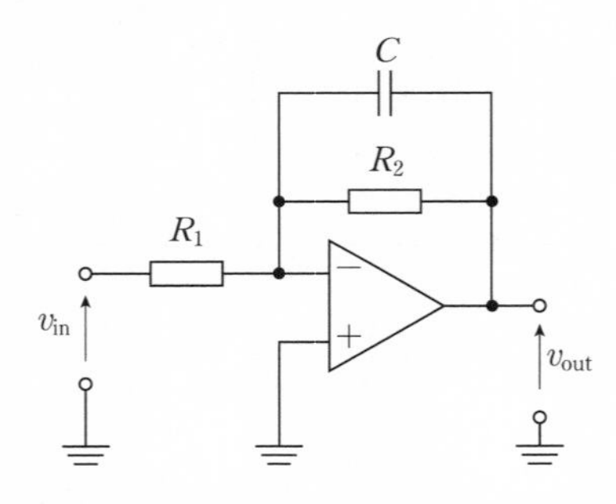

この回路のカットオフ周波数 f_c は [ア] であり，入力信号の周波数が f_c より十分低い場合の利得 $\dfrac{v_{out}}{v_{in}}$ が [イ] となる回路である.

	ア	イ
①	$\dfrac{1}{2\pi C(R_1+R_2)}$	$\dfrac{-R_2}{R_1}$
②	$\dfrac{1}{2\pi CR_2}$	$1+\dfrac{R_2}{R_1}$
③	$\dfrac{1}{2\pi CR_2}$	$\dfrac{-R_2}{R_1}$

④ $\dfrac{1}{2\pi C(R_1+R_2)}$　　$1+\dfrac{R_2}{R_1}$

⑤ $\dfrac{1}{2\pi CR_1}$　　$\dfrac{-R_1}{R_2}$

III 23

下図で表される回路において，コレクタ電流 I_C が流れ，ベース・エミッタ間の電圧 V_{BE} が 0.7 V となった．このときコレクタ電流 I_C の値として，最も近い値はどれか．なお，各電池の内部抵抗は無視できるものとし，トランジスタのエミッタ接地電流増幅率（コレクタ電流とベース電流の比）は十分大きいものとする．

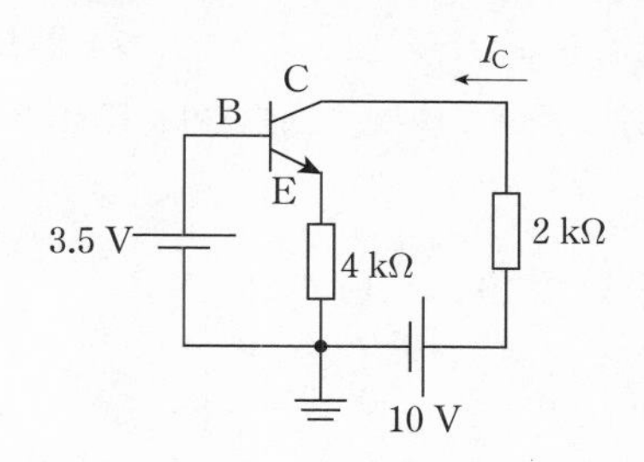

① 1.3 mA　② 1.1 mA　③ 0.9 mA
④ 0.7 mA　⑤ 0.5 mA

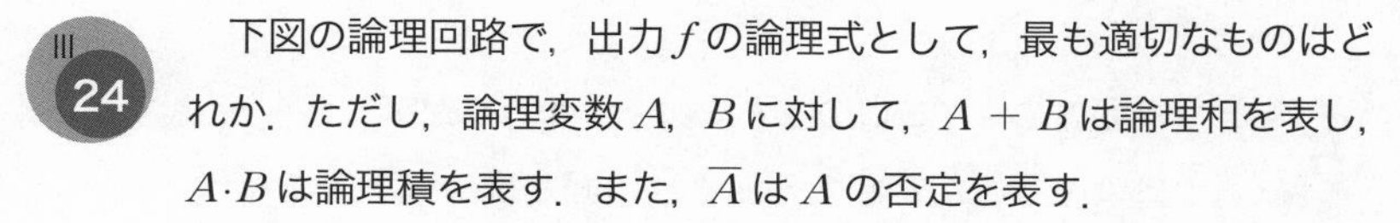

III 24

下図の論理回路で，出力 f の論理式として，最も適切なものはどれか．ただし，論理変数 A，B に対して，$A+B$ は論理和を表し，$A\cdot B$ は論理積を表す．また，$\overline{A}$ は A の否定を表す．

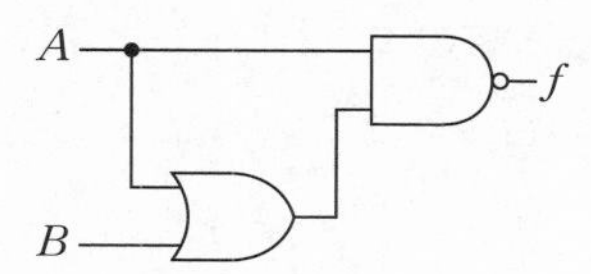

① $\overline{A}\cdot\overline{B}$　② $\overline{A\cdot B}$　③ $\overline{A+B}$　④ $\overline{A}$　⑤ $\overline{B}$

CMOS 論理回路の消費電力を小さくする方法として，最も不適切なものはどれか．

① 電源電圧を小さくする．

② 負荷容量を大きくする．

③ クロック周波数を小さくする．

④ 信号遷移 1 回当たりの貫通電流を小さくする．

⑤ リーク電流を小さくする．

パリティ検査行列 $\boldsymbol{H}$ が以下の行列で表される (7，4) ハミング符号を考える．

符号化され，送信された符号語 $\boldsymbol{x}$ が，1 ビット誤りの状況で受信語 $\boldsymbol{y} = \{1, 1, 1, 0, 0, 0, 1\}$ と受信された．送信された符号語 $\boldsymbol{x}$ として，最も適切なものはどれか．

$$\boldsymbol{H} = \begin{Bmatrix} 1 & 1 & 0 & 1 & 1 & 0 & 0 \\ 1 & 1 & 1 & 0 & 0 & 1 & 0 \\ 1 & 0 & 1 & 1 & 0 & 0 & 1 \end{Bmatrix}$$

① $\boldsymbol{x} = \{0, 1, 1, 0, 0, 0, 1\}$　　② $\boldsymbol{x} = \{1, 0, 1, 0, 0, 0, 1\}$

③ $\boldsymbol{x} = \{1, 1, 0, 0, 0, 0, 1\}$　　④ $\boldsymbol{x} = \{1, 1, 1, 1, 0, 0, 1\}$

⑤ $\boldsymbol{x} = \{1, 1, 1, 0, 0, 0, 0\}$

六面体のサイコロの各面に数字 1 から 6 が割り振られている．サイコロを振ったとき，それぞれの面が出る確率を P_1，P_2，…，P_6 とする．1 回振るときのエントロピーが最も大きくなるようにサイコロを作製した場合，そのエントロピーの値に最も近い値はどれか．

① $\log_2 6$　　② $\dfrac{\log_2 6}{6}$　　③ $\dfrac{1}{6}$

④ $\log_{10} 6$　　⑤ $10 \log_{10} 6$

離散的な数値列として離散時間信号 $\{x(n)\}$，$-\infty < n < \infty$，が与えられているとする．このとき，信号 $x(n)$ に対する両側 z 変換 $X(z)$ が，複素数 z を用いて，

$$X(z) = \sum_{n=-\infty}^{\infty} x(n) z^{-n}$$

と定義されるものとする．信号 $ax(n-k)$ の z 変換として最も適切なものはどれか．ただし，k は整数，a は実数とする．

① $aX(z-k)$　② $aX(z+k)$　③ $a^{-k}X(z)$

④ $az^{-k}X(z)$　⑤ $az^{k}X(z)$

連続信号 $f(t)(-\infty < t < \infty)$ のフーリエ変換は，

$$F(\omega) = \int_{t=-\infty}^{t=\infty} f(t) \mathrm{e}^{-\mathrm{j}\omega t} \, \mathrm{d}t$$

で定義される．ただし，j は虚数単位である．いま正なる値 T に対して，信号 $f(t)$ が

$$f(t) = \begin{cases} 1/T & -T \leqq t \leqq T \\ 0 & t < -T, \ t > T \end{cases}$$

であるとき，信号 $f(t)$ のフーリエ変換 $F(\omega)$ として，最も適切なものはどれか．

① $\dfrac{\sin \omega T}{2\omega T}$　② $\dfrac{\cos \omega T}{\omega T}$　③ $\dfrac{2\cos \omega T}{\omega T}$

④ $\dfrac{2\sin \omega T}{\omega T}$　⑤ $\dfrac{\sin \omega T}{\omega T}$

次の IP アドレス（IPv4 アドレス）のブロードキャストアドレスとして，最も適切なものはどれか．

170.15.16.8/16

2019年度

① 170.15.16.0　② 170.15.0.0　③ 170.15.16.255
④ 170.15.255.255　⑤ 255.255.0.0

III
31
無線通信方式に関する次の記述のうち，最も不適切なものはどれか．

① 16QAM（Quadrature Amplitude Modulation）は，1 シンボル当たり 4 ビットの送信データに応じて位相と振幅を両方変化させる変調方式である．
② ASK（Amplitude Shift Keying）方式は，送信データに応じて搬送波の振幅を変化させる変調方式であり，PSK（Phase Shift Keying）は，送信データに応じて搬送波の位相を変化させる変調方式である．
③ BPSK（Binary PSK）は，1 シンボル当たり 1 ビットのデータを送信する変調方式であり，QPSK（Quadrature PSK）は，1 シンボル当たり 2 ビットのデータを送信する変調方式である．
④ BPSK，QPSK，16QAM を，同一の送信電力で送信した時，シンボル誤り率が最も大きいものは BPSK であり，最も小さいものは 16QAM である．
⑤ PSK でも 1 シンボル当たり 3 ビット以上のデータを変調することは可能である．

III
32
無線通信における復調方法に関する次の記述の，［　　］に入る語句の組合せとして，最も適切なものはどれか．

変調された信号を復調する方法としては［ア］と［イ］がある．［ア］は受信側で［ウ］を再生する必要があることから，［イ］より回路構成は複雑になり，チャネルの時間変動がない場合に誤り率特性は［エ］する．

	ア	イ	ウ	エ
①	同期検波	非同期検波	送信信号	改善
②	非同期検波	同期検波	送信信号	劣化

③　同期検波　　非同期検波　　搬送波　　劣化
④　非同期検波　　同期検波　　送信信号　　改善
⑤　同期検波　　非同期検波　　搬送波　　改善

III 33　半導体に関する次の記述の，［　　］に入る語句の組合せとして，最も適切なものはどれか．

電子と正孔それぞれの単位体積当たりの数が等しい半導体を［ア］と呼ぶ．この半導体に各種不純物を混入させることで電子と正孔の単位体積当たりの数を大幅に変化させることができる．

［イ］と呼ばれる電子の供給源となる不純物を混入させると単位体積当たりの電子の数が増大し，［ウ］と呼ばれる正孔の供給源となる不純物を混入させると単位体積当たりの正孔の数が増大する．前者を［エ］と呼び，後者を［オ］と呼ぶ．

①　ア　真性半導体　　イ　ドナー　　ウ　アクセプタ
　　エ　n 形半導体　　オ　p 形半導体
②　ア　不純物半導体　　イ　ドナー　　ウ　アクセプタ
　　エ　p 形半導体　　オ　n 形半導体
③　ア　不純物半導体　　イ　アクセプタ　　ウ　ドナー
　　エ　p 形半導体　　オ　n 形半導体
④　ア　真性半導体　　イ　アクセプタ　　ウ　ドナー
　　エ　n 形半導体　　オ　p 形半導体
⑤　ア　真性半導体　　イ　アクセプタ　　ウ　ドナー
　　エ　p 形半導体　　オ　n 形半導体

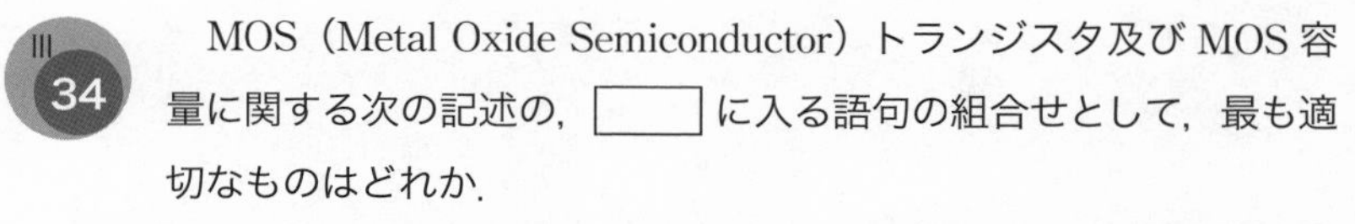
III 34　MOS（Metal Oxide Semiconductor）トランジスタ及び MOS 容量に関する次の記述の，［　　］に入る語句の組合せとして，最も適切なものはどれか．

MOS トランジスタのゲート電極とシリコン基板の間にシリコン酸化膜

2019年度

を挟んだ構造によって作られるMOS容量の値は，その［ア］に［イ］する．また，MOSトランジスタのスイッチング遅延時間は，その［ウ］に［エ］する．

	ア	イ	ウ	エ
①	ゲート面積	比例	ゲート幅	比例
②	ゲート面積	反比例	ゲート幅	反比例
③	ゲート面積	比例	ゲート長	比例
④	ゲート幅	反比例	ゲート幅	反比例
⑤	ゲート幅	比例	ゲート長	反比例

III 35　交流遮断器の性能に関する次の記述の，［　］に入る語句の組合せとして，最も適切なものはどれか．

遮断器は，電力系統や機器などの［ア］を連続通電し，また開閉することができ，この連続して通じうる電流の限度を［イ］という．また，短絡などの事故発生時には，［ウ］を一定時間流すことができ，また遮断することもでき，この遮断できる電流の限度を［エ］という．

	ア	イ	ウ	エ
①	負荷電流	定格遮断電流	定格電流	定格投入電流
②	負荷電流	定格電流	事故電流	定格遮断電流
③	負荷電流	定格遮断電流	事故電流	定格投入電流
④	事故電流	定格電流	負荷電流	定格投入電流
⑤	事故電流	定格電流	負荷電流	定格遮断電流

2018年度　問題

III　次の35問題のうち25問題を選択して解答せよ．（解答欄に1つだけマークすること．）

III 1　磁気に関する次の記述のうち，最も不適切なものはどれか．

①　フレミングの右手の法則とは，右手の人差し指を磁界の向きへ，親指を導体が移動する向きへ指を広げると，中指の方向が誘導起電力の向きとなることである．

②　鉄損は，周波数に比例して発生する渦電流損と，周波数の2乗に比例するヒステリシス損に分けることができる．

③　磁気遮蔽とは，磁界中に中空の強磁性体を置くと，磁束が強磁性体の磁路を進み，中空の部分を通過しない現象を利用したものである．

④　比透磁率が大きいとは，磁気抵抗が小さいことであり，磁束が通りやすいことである．

⑤　電磁誘導によって生じる誘導起電力の向きは，その誘導電流が作る磁束が，もとの磁束の増減を妨げる向きに生じる．

III 2　半径 a [m]，巻数 N の円形コイルに直流電流 I [A] が流れている．電線の太さは無視できる．このとき，円形の中心点における磁界 H [A/m] を表す式として，最も適切なものはどれか．

ただし，微小長さの電流 $I\mathrm{d}l$ が距離 r だけ離れた点に作る磁界 $\mathrm{d}H$ は，電流の方向とその点の方向とのなす角を θ とすると，次のビオ・サバールの法則で与えられる．

$$\mathrm{d}H = \frac{1}{4\pi}\frac{I\mathrm{d}l}{r^2}\sin\theta$$

① NI　② $\dfrac{NI}{2a}$　③ $\dfrac{NI}{2\pi a}$　④ $\dfrac{aNI}{2}$　⑤ $\dfrac{I}{2\pi Na}$

III 3

電磁気に関する次の記述の，[　　　] に入る数式の組合せとして，最も適切なものはどれか．

真空中で，下図に示すような，AC の長さが a [m]，BC の長さが $2a$ [m] で，AB ⊥ AC の三角形の頂点 C に $+Q$ [C]（$Q > 0$）の点電荷をおいた．さらに頂点 B にある電荷量 Q_B [C] の点電荷をおいたところ，点 A での電界 E_A は図中に示す矢印の向き（BC に垂直の向き）となった．このとき，Q_B は [ア] [C]，E_A の大きさは [イ] [V/m] となり，無限遠点を基準とした点 A の電位 ϕ_A は [ウ] [V] となる．ただし，真空中の誘電率は ε_0 [F/m] とする．

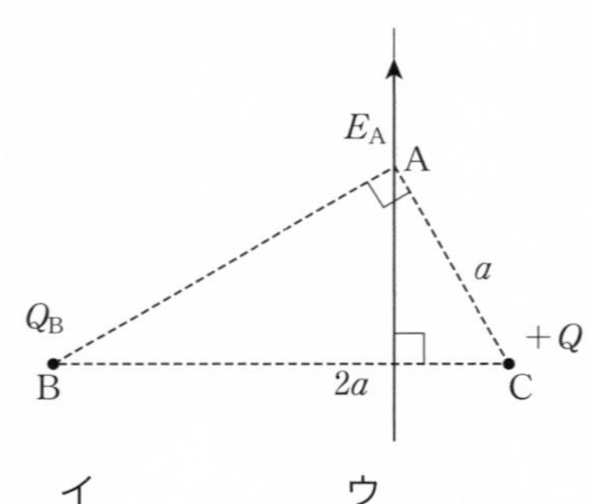

	ア	イ	ウ
①	$\sqrt{3}\,Q$	$\dfrac{\sqrt{3}\,Q}{6\pi\varepsilon_0 a^2}$	$\dfrac{Q}{2\pi\varepsilon_0 a}$
②	$\dfrac{\sqrt{3}}{3}Q$	$\dfrac{10\sqrt{3}\,Q}{72\pi\varepsilon_0 a^2}$	$\dfrac{Q}{3\pi\varepsilon_0 a}$
③	$3\sqrt{3}\,Q$	$\dfrac{(2\sqrt{3}+1)Q}{8\pi\varepsilon_0 a^2}$	$\dfrac{Q}{\pi\varepsilon_0 a}$
④	$\sqrt{3}\,Q$	$\dfrac{(\sqrt{3}+12)Q}{48\pi\varepsilon_0 a^2}$	$\dfrac{(\sqrt{6}+6)Q}{24\pi\varepsilon_0 a}$

⑤ $\dfrac{\sqrt{3}}{3}Q$　　$\dfrac{\sqrt{3}Q}{6\pi\varepsilon_0 a^2}$　　$\dfrac{Q}{\pi\varepsilon_0 a}$

電磁波に関する次の記述のうち，最も不適切なものはどれか．

① 周波数が高くなると，電磁波の波長は短くなる．

② 真空中における電磁波の速度は光速に等しい．

③ 媒質の誘電率が小さくなると，電磁波の波長は長くなる．

④ 媒質の透磁率が大きくなると，電磁波の速さは大きくなる．

⑤ 媒質の誘電率が大きくなると，電磁波の速さは小さくなる．

III 5

下図のように真空中に設置されたコンデンサの平行板 A，B 間に電圧 V を加える．スイッチ S を開放したとき，板 A に加わる単位面積当たりの引力について，最も適切なものはどれか．ただし，真空中の誘電率は ε_0 であるとする．

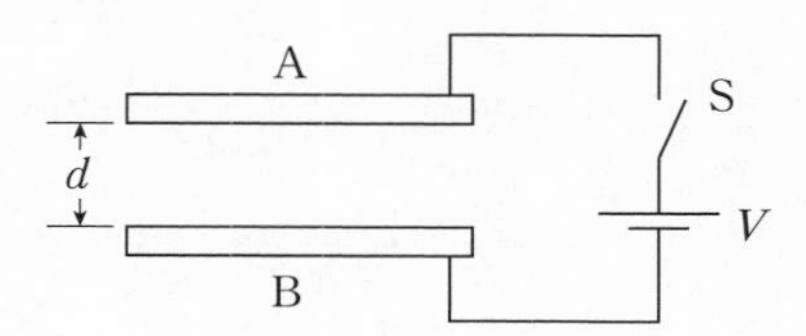

① $\dfrac{V^2}{2\varepsilon_0 d^2}$　② $\dfrac{\varepsilon_0 V^2}{2d^2}$　③ $\dfrac{\varepsilon_0 d^2}{2V^2}$

④ $\dfrac{\varepsilon_0 V^2}{d^2}$　⑤ $\dfrac{\varepsilon_0 d^2}{V^2}$

III 6

電気回路に関する次の記述の，［　］に入る語句の組合せとして，最も適切なものはどれか．

キルヒホフの法則によると，複数の［ア］と抵抗からなる回路網を流れる［イ］は，それぞれの［ア］が単独で存在するときに回路を流れる

[イ]の和で表すことができる．これを[ウ]と呼ぶ．回路網の任意の分岐点において流れ込む[イ]と流れ出る[イ]の和は等しくなる．回路網の任意の閉回路を一方向にたどるとき，回路中の[ア]の総和と抵抗による電圧降下の総和が等しくなる．

	ア	イ	ウ
①	電源	電流	重ね合わせの理
②	電圧	電流	重ね合わせの理
③	電源	電流	鳳–テブナンの定理
④	電圧	電界	鳳–テブナンの定理
⑤	電源	電界	重ね合わせの理

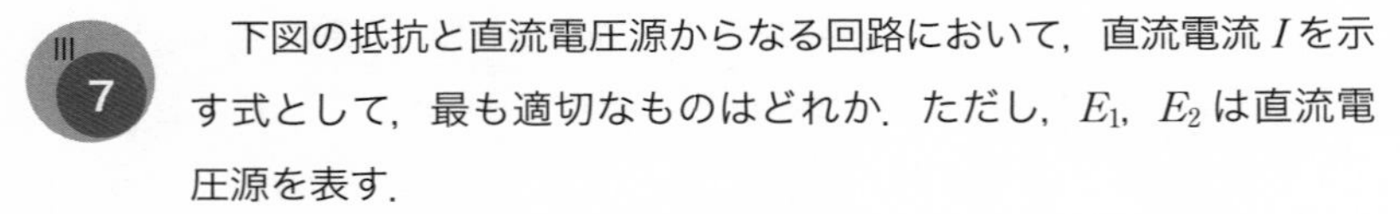

III 7　下図の抵抗と直流電圧源からなる回路において，直流電流 I を示す式として，最も適切なものはどれか．ただし，E_1，E_2 は直流電圧源を表す．

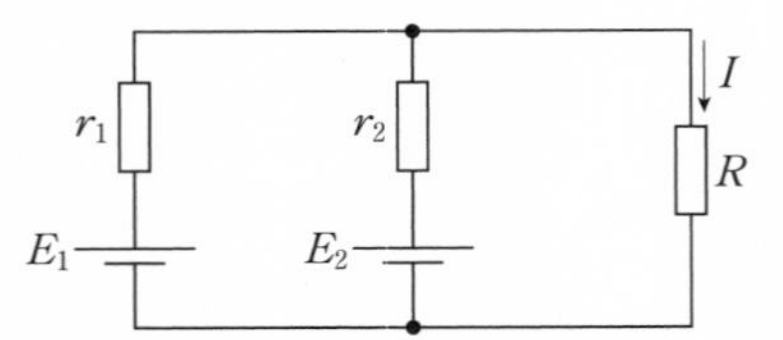

① $\dfrac{E_1r_2+E_2r_1}{r_1+Rr_2+r_1r_2}$　② $\dfrac{E_1r_2+E_2r_1}{Rr_1+r_2+r_1r_2}$　③ $\dfrac{E_1r_2+E_2r_1}{r_1+r_2+Rr_1r_2}$

④ $\dfrac{E_1r_1+E_2r_2}{R(r_1+r_2)+r_1r_2}$　⑤ $\dfrac{E_1r_2+E_2r_1}{R(r_1+r_2)+r_1r_2}$

III 8　下図において 2 つの回路が等価になるような，抵抗 r の抵抗値 [Ω] と電圧源 v の電圧 [V] として，最も適切なものはどれか．

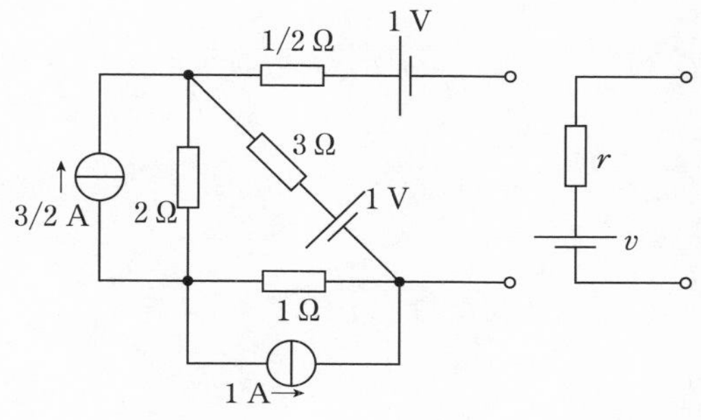

	r	v
①	1	1/2
②	2	1/2
③	3	1/2
④	1	2
⑤	2	2

下図に示される, 角周波数が ω, 実効値が E の交流電圧源とスイッチ SW, 抵抗器 R, コンデンサ C, インダクタ L からなる回路を考える. 次の記述の, ［　　］に入る数式の組合せとして最も適切なものはどれか.

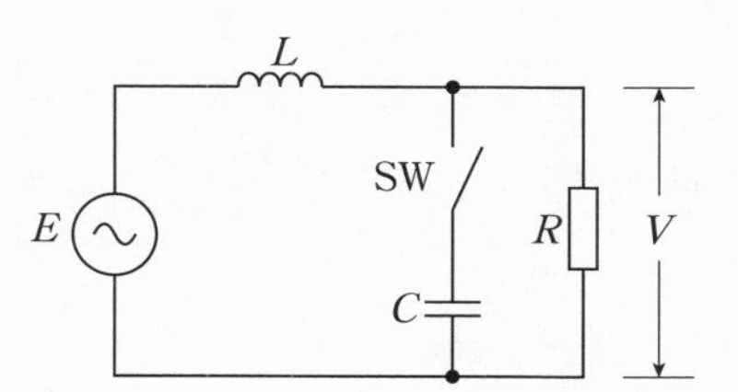

SW が開いている場合に抵抗の両端にかかる電圧は［ア］, SW が閉じている場合に抵抗の両端にかかる電圧は［イ］となる.

	ア	イ
①	$\dfrac{R}{\sqrt{R^2+(\omega L)^2}}E$	$\dfrac{R}{\sqrt{R^2(1-\omega^2 CL)^2+(\omega L)^2}}E$

2018
年度

② $\dfrac{\omega L}{\sqrt{R^2+(\omega L)^2}}E$　　$\dfrac{\sqrt{1+(\omega CL)^2}}{\sqrt{(1-\omega^2 CL)^2+(\omega CR)^2}}E$

③ $\dfrac{R}{\sqrt{R^2+(\omega L)^2}}E$　　$\dfrac{\sqrt{1+(\omega CL)^2}}{\sqrt{(1-\omega^2 CL)^2+(\omega CR)^2}}E$

④ $\dfrac{\omega L}{\sqrt{R^2+(\omega L)^2}}E$　　$\dfrac{\omega L}{\sqrt{R^2(1-\omega^2 CL)^2+(\omega L)^2}}E$

⑤ $\dfrac{R}{\sqrt{R^2+(\omega L)^2}}E$　　$\dfrac{\omega L}{\sqrt{R^2(1-\omega^2 CL)^2+(\omega L)^2}}E$

III 10　交流回路に関する次の記述の，[　　] に入る数値の組合せとして，最も適切なものはどれか．

下図 A に示す回路の端子 ab 間の力率を改善するために，下図 B のようにコンデンサを接続した．図 A の回路で，周波数 50 Hz の交流電圧を印加すると，力率は [ア] である．力率を 1 に改善するためには，静電容量が [イ] [μF] のコンデンサを接続すればよい．

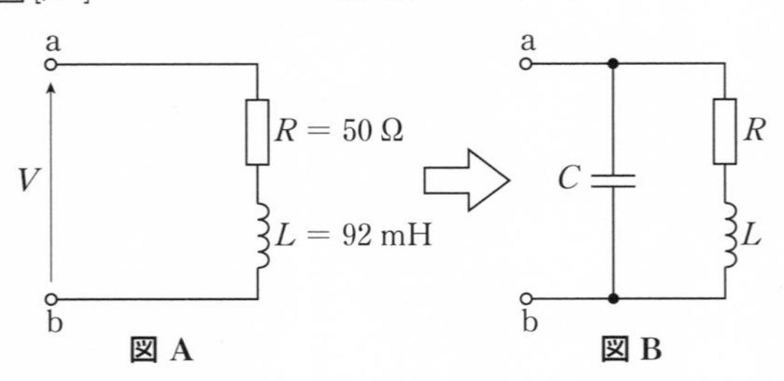

	ア	イ
①	0.5	350
②	0.71	350
③	0.87	27.6
④	0.71	27.6
⑤	0.87	350

下図のように，時間 $t < 0$ ではスイッチは a 側にあり，$t = 0$ でスイッチを a から b に切り替えることのできる直流電流源 I の回路がある．$t > 0$ のときの i_2，v_L と，$t = \infty$ のときの v_{R1} の組合せとして，最も適切なものはどれか．ただし，R_1，R_2 は抵抗であり，L はインダクタンスを表す．

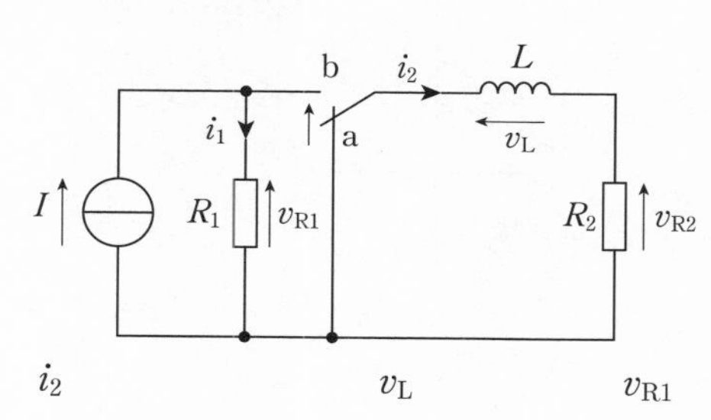

	i_2	v_L	v_{R1}
①	$\dfrac{R_1}{R_1+R_2}I\left(1-\mathrm{e}^{-\frac{L}{R_1+R_2}t}\right)$	$R_1I\mathrm{e}^{-\frac{L}{R_1+R_2}t}$	$\dfrac{R_1+R_2}{R_1R_2}I$
②	$\dfrac{R_1}{R_1+R_2}I\left(1-\mathrm{e}^{-\frac{R_1+R_2}{L}t}\right)$	$R_1I\mathrm{e}^{-\frac{R_1+R_2}{L}t}$	$\dfrac{R_1R_2}{R_1+R_2}I$
③	$\dfrac{R_2}{R_1+R_2}I\left(1-\mathrm{e}^{-\frac{R_1+R_2}{L}t}\right)$	$R_2I\mathrm{e}^{-\frac{R_1+R_2}{L}t}$	$\dfrac{R_1+R_2}{R_1R_2}I$
④	$\dfrac{R_1}{R_1+R_2}I\left(1-\mathrm{e}^{-\frac{R_1+R_2}{L}t}\right)$	$R_1I\mathrm{e}^{-\frac{R_1+R_2}{L}t}$	$\dfrac{R_1+R_2}{R_1R_2}I$
⑤	$\dfrac{R_1}{R_1+R_2}I\left(1-\mathrm{e}^{-\frac{L}{R_1+R_2}t}\right)$	$R_1I\mathrm{e}^{-\frac{L}{R_1+R_2}t}$	$\dfrac{R_1R_2}{R_1+R_2}I$

過渡現象に関する次の記述の，[　　] に入る適当な式の組合せとして，最も適切なものはどれか．

下図に示す回路で，予めスイッチは a 側に接続されており，十分時間が経過しているものとする．時刻 $t = 0$ でスイッチを b 側に接続した直後，抵抗値 $R\,[\Omega]$ の抵抗には，大きさ [ア] [A] の電流が流れ，静電容量 C [F] のコンデンサの電圧 $V_C(t)$ は，傾きは [イ] である．また，時定数 $\tau =$

2018
年度

[ウ] [s] の時刻になると，$V_C(t)$ は [エ] [V] となる．ただし，e は自然対数の底である．

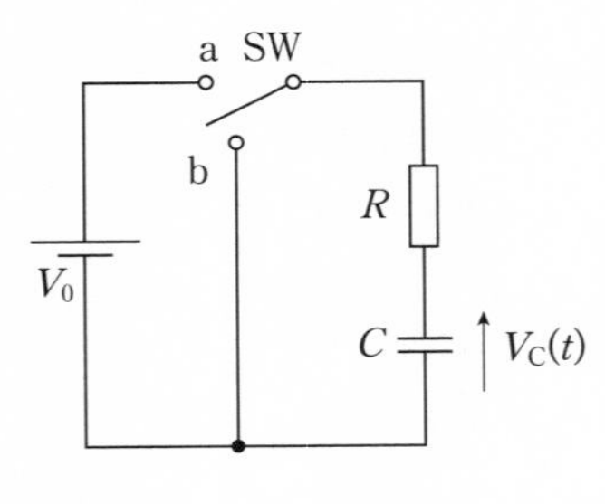

	ア	イ	ウ	エ
①	$\frac{V_0}{R}$	$\frac{V_0}{RC}$	RC	$\frac{V_0}{\mathrm{e}}$
②	RV_0	RCV_0	$\frac{R}{C}$	$(1-\mathrm{e}^{-1})V_0$
③	$\frac{V_0}{R}$	$\frac{CV_0}{R}$	$\frac{R}{C}$	$\frac{V_0}{\sqrt{2}}$
④	RV_0	$\frac{V_0}{RC}$	$\frac{1}{RC}$	$\frac{V_0}{\mathrm{e}}$
⑤	$\frac{V_0}{CR}$	$\frac{V_0}{RC}$	RC	$(1-\mathrm{e}^{-1})V_0$

III 13　電力システムの電気特性を解析するために用いられるパーセントインピーダンスに関する次の記述の，[　　] に入る語句の組合せとして，最も適切なものはどれか．

電力系統を構成する設備のインピーダンスからパーセントインピーダンスの値を求める式は，[ア] に比例し，[イ] に反比例する形になる．パーセントインピーダンスは，変圧器の 2 次側につながる線路の短絡事故が起きたときの短絡電流を求める場合に用いられることがある．

	ア	イ
①	基準電圧	基準容量の 2 乗
②	基準容量	基準電圧の 2 乗
③	基準電圧	基準容量
④	基準容量	基準電圧
⑤	基準電圧の 2 乗	基準容量

ガスタービン発電と蒸気タービン発電を組合せた排熱回収方式コンバインドサイクル発電がある．ガスタービンの熱効率は 30 % であり，ガスタービンを駆動した後，その排熱で排熱回収ボイラを駆動する蒸気タービンの熱効率は 40 % である．このとき，総合熱効率に最も近い値はどれか．ただし，ガスタービン出口のすべての排熱は排熱回収ボイラで回収されるものとする．

① 58 %　② 61 %　③ 64 %　④ 67 %　⑤ 70 %

容量 1 kV·A の単相変圧器において，定格電圧時の鉄損が 20 W，全負荷銅損が 60 W で，定格電圧時に力率 0.8 である．このとき，全負荷に対する 50 % 負荷時の効率に最も近い値はどれか．

① 88 %　② 89 %　③ 90 %　④ 91 %　⑤ 92 %

下図に示す分巻式の直流電動機において，端子電圧 V が 200 V，無負荷時の電動機入力電流 I が 10 A のとき，回転速度が 1 200 min^{-1} であった．同じ端子電圧で，電動機入力電流が 110 A に対する回転速度に最も近い値はどれか．ただし，この直流電動機の界磁巻線の抵抗 R_f は 25 Ω，電機子巻線とブラシの接触抵抗の和 R_a は 0.1 Ω とし，電

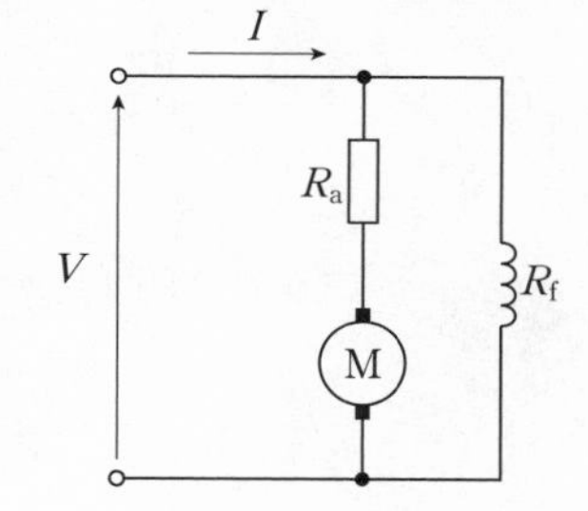

機子反作用による磁束の減少もなく，電機子巻線に鎖交する磁束数は一定であるとする．

① $1\,104\,\mathrm{min}^{-1}$　② $1\,152\,\mathrm{min}^{-1}$　③ $1\,200\,\mathrm{min}^{-1}$

④ $1\,263\,\mathrm{min}^{-1}$　⑤ $1\,140\,\mathrm{min}^{-1}$

下図に示される，電圧源 V_{S}，サイリスタ Q，コイル L_{S}，ダイオード $\mathrm{D_F}$，コンデンサ C_{S}，抵抗 R_{L} からなるチョッパ回路において，Q は周期的にオン状態とオフ状態を繰り返している．Q がオンである時間及びオフである時間をそれぞれ T_{ON}，及び T_{OFF} とするとき，$\dfrac{V_{\mathrm{L}}}{V_{\mathrm{S}}}$ を表す式として，最も適切なものはどれか．ただし，$0 < V_{\mathrm{S}} < V_{\mathrm{L}}$ とし，C_{S} によって電圧のリプルは十分抑制されており無視できるものとする．

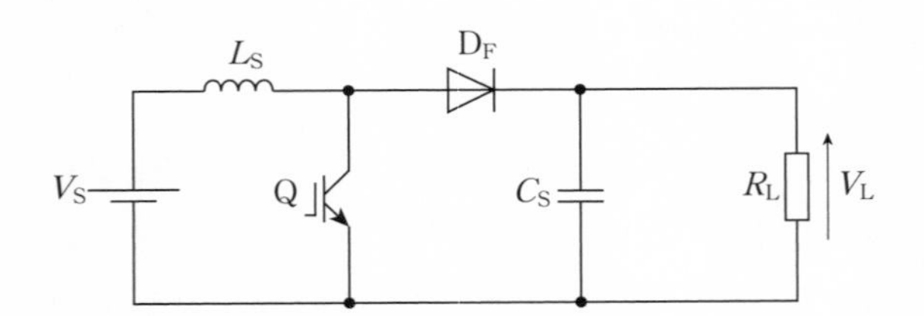

① $\dfrac{V_{\mathrm{L}}}{V_{\mathrm{S}}} = \dfrac{T_{\mathrm{OFF}}}{T_{\mathrm{ON}}}$　② $\dfrac{V_{\mathrm{L}}}{V_{\mathrm{S}}} = \dfrac{T_{\mathrm{ON}} + T_{\mathrm{OFF}}}{T_{\mathrm{ON}}}$

③ $\dfrac{V_{\mathrm{L}}}{V_{\mathrm{S}}} = \dfrac{T_{\mathrm{ON}}}{T_{\mathrm{ON}} + T_{\mathrm{OFF}}}$　④ $\dfrac{V_{\mathrm{L}}}{V_{\mathrm{S}}} = \dfrac{T_{\mathrm{ON}}}{T_{\mathrm{OFF}}}$

⑤ $\dfrac{V_{\mathrm{L}}}{V_{\mathrm{S}}} = \dfrac{T_{\mathrm{ON}} + T_{\mathrm{OFF}}}{T_{\mathrm{OFF}}}$

スナバに関する次の記述のうち，最も不適切なものはどれか．

① スイッチングに起因するデバイスへのストレスを低減するため，補助

的にデバイスの周辺に付加される回路要素である.

② デバイスの過渡的な電圧，電流を抑制し，スイッチング軌跡をSOA（Safe Operating Area，安全動作領域）内に納める.

③ 過大 dv（電圧)/dt（時間）によるサイリスタなどの誤点弧，並びに過大 di（電流)/dt（時間）のために生じる電流集中によるデバイス破壊を防止する.

④ スイッチング期間での電圧・電流の重なりを抑制しないで，デバイス内部で生じるスイッチング損失を低減する.

⑤ 複数デバイスが直列接続された高電圧回路において電圧分担の均等化を図る.

高電圧の計測に関する次の記述のうち，最も不適切なものはどれか.

① 平等電界において，球ギャップ間で火花放電が発生する平均の電界は約 30 kV/cm になる.

② 静電電圧計の電極間に電圧 V を印加すると，マクスウェルの応力により V^2 に比例した引力が電極間に働く.

③ 球ギャップの火花電圧は，球電極の直径，ギャップ長，相対空気密度を一定にすると，±3 % の変動範囲でほぼ一定になる.

④ 球ギャップの火花電圧は，静電気力が原因で電極表面に空気中のちりや繊維が付着し，低下することがある.

⑤ 100 kV を超える直流電圧の測定には，静電電圧計よりも抵抗分圧器の方が適している.

PID（Proportional-Integral-Derivative）制御系に関する次の記述のうち，最も不適切なものはどれか.

① 制御系にその微分値を加えて制御すると，速応性を高め，減衰性を改善できる.

② 積分制御を行うと定常偏差は大きくなる.

③ 比例ゲインを大きくすると定常偏差は小さくなる.

④ 比例ゲインを大きくすると系の応答は振動的になる.

⑤ PID 補償をすることにより速応性を改善できる.

下図は理想オペアンプを用いた回路である. この回路に関する次の記述の, [　] に入る組合せとして, 最も適切なものはどれか.

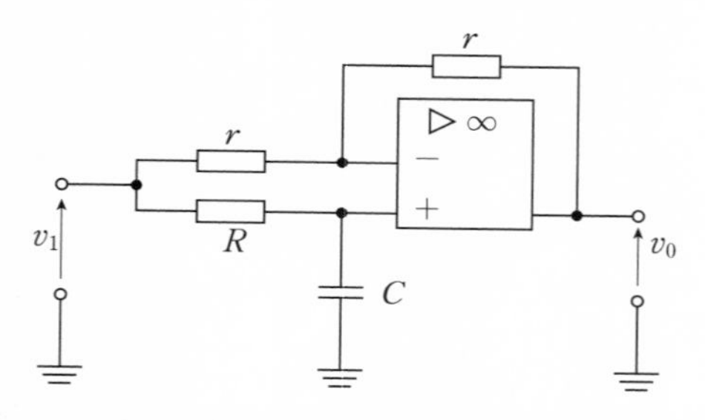

この回路は一次 [ア] と呼ばれ, その伝達関数 $\frac{v_0}{v_1}$ が [イ] となる回路である.

	ア	イ
①	ハイパス回路	$\frac{1}{1+\mathrm{j}\omega CR}$
②	オールパス回路	$\frac{1-\mathrm{j}\omega CR}{1+\mathrm{j}\omega CR}$
③	ハイパス回路	$\frac{\mathrm{j}\omega CR}{1+\mathrm{j}\omega CR}$
④	ローパス回路	$\frac{1}{1+\mathrm{j}\omega CR}$
⑤	オールパス回路	$\frac{-1+\mathrm{j}\omega CR}{1+\mathrm{j}\omega CR}$

下図のように電圧 v_{in} を印加したとき，抵抗 R_{L} にかかる電圧は v_{out} となった．電圧の比 $\dfrac{v_{\mathrm{out}}}{v_{\mathrm{in}}}$ を表す式として最も適切なものはどれか．ただし，回路における図記号 の部分は理想電流源で，その電流源が電圧 v_{gs} に比例する電流 $g_{\mathrm{m}}v_{\mathrm{gs}}$ であるとする．

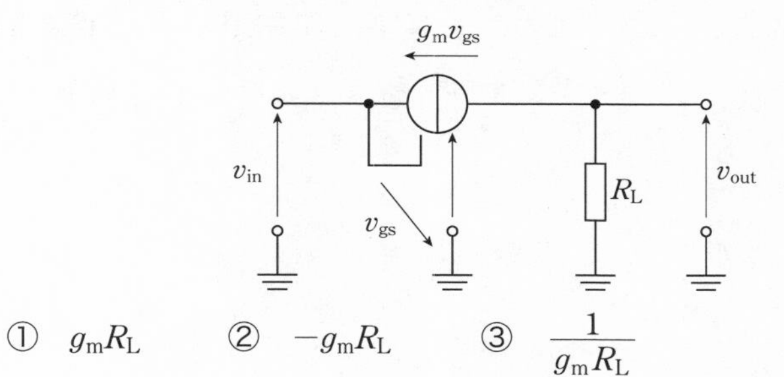

① $g_{\mathrm{m}}R_{\mathrm{L}}$　② $-g_{\mathrm{m}}R_{\mathrm{L}}$　③ $\dfrac{1}{g_{\mathrm{m}}R_{\mathrm{L}}}$

④ $\dfrac{-1}{g_{\mathrm{m}}R_{\mathrm{L}}}$　⑤ $R_{\mathrm{L}}+\dfrac{1}{g_{\mathrm{m}}}$

4 つの NAND を使った下記の論理回路で，出力 f の論理式として，最も適切なものはどれか．ただし，論理変数 A，B に対して，$A+B$ は論理和を表し，$A \cdot B$ は論理積を表す．また，$\overline{A}$ は A の否定を表す．

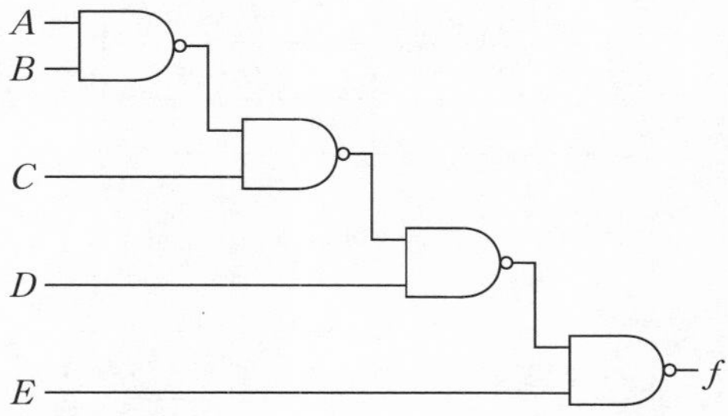

① $\overline{A} \cdot \overline{B} \cdot \overline{C} \cdot \overline{D} \cdot \overline{E}$

② $\overline{A} \cdot \overline{B} \cdot \overline{D} + C \cdot \overline{D} + \overline{E}$

③　$\overline{A}\cdot\overline{B}\cdot D + C\cdot D + \overline{E}$

④　$A\cdot B\cdot D + \overline{C}\cdot D + \overline{E}$

⑤　$\overline{A} + \overline{B} + \overline{C} + \overline{D} + \overline{E}$

III 24

3 変数 A，B，C から構成される論理式 $A\cdot B + \overline{A}\cdot C + B\cdot C$ を最も簡略化した論理式として，最も適切なものはどれか．ただし，論理変数 X，Y に対して，$X + Y$ は論理和を表し，$X\cdot Y$ は論理積を表す．また，$\overline{X}$ は X の否定を表す．

①　$A\cdot B + \overline{A}\cdot C + A\cdot B\cdot C + \overline{A}\cdot B\cdot C$

②　$A\cdot B + \overline{A}\cdot C$

③　$A\cdot B\cdot C + \overline{A}\cdot C$

④　$A\cdot B + \overline{A}\cdot C + A\cdot B\cdot C$

⑤　$A\cdot B + \overline{A}\cdot B\cdot C$

下表に示すような 4 個の情報源シンボル s_1，s_2，s_3，s_4 からなる無記憶情報源がある．この情報源に対し，ハフマン符号によって二元符号化を行ったときに得られる平均符号長として，最も適切なものはどれか．なお，符号アルファベットは {0，1} とする．

情報源シンボル	発生確率
s_1	0.4
s_2	0.3
s_3	0.2
s_4	0.1

①　1.5　　②　2.2　　③　2.0　　④　1.9　　⑤　1.7

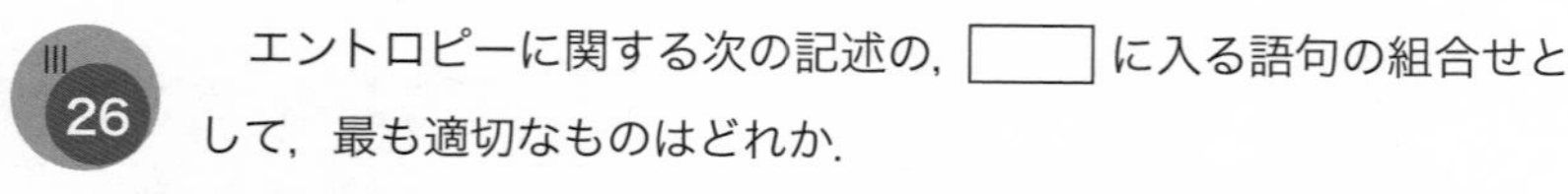

III 26

エントロピーに関する次の記述の，[　　] に入る語句の組合せとして，最も適切なものはどれか．

情報源アルファベット $\{a_1, a_2, \cdots, a_M\}$ の記憶のない情報源を考える．

a_1, a_2, $\cdots$, a_Mの発生確率をp_1, p_2, $\cdots$, p_Mとすれば，エントロピーは［ア］となる．エントロピーは負にはならない．エントロピーが最大となるのは，$p_1 = p_2 = \cdots = p_M = 1/M$のときであり，このとき，エントロピーは［イ］となる．

	ア	イ
①	$\sum_{i=1}^{M} p_i \log_2 p_i$	$-\log_2 M$
②	$-\sum_{i=1}^{M} p_i \log_2 p_i$	$\frac{1}{M} \log_2 M$
③	$-\sum_{i=1}^{M} p_i \log_2 p_i$	$\frac{-1}{M} \log_2 M$
④	$\sum_{i=1}^{M} p_i \log_2 p_i$	$\log_2 M$
⑤	$-\sum_{i=1}^{M} p_i \log_2 p_i$	$\log_2 M$

2018
年度

信号$f(t)$（$-\infty < t < \infty$）のフーリエ変換$F(\omega)$は，

$$F(\omega) = \int_{-\infty}^{\infty} f(t) \mathrm{e}^{-\mathrm{j}\omega t}\, \mathrm{d}t$$

で定義される．ただし，jは虚数単位である．次の記述の，［　］に入る数式の組合せとして，最も適切なものはどれか．

いま，正なる値aによって時間軸をa倍した信号$f(at)$のフーリエ変換は，［ア］のように表される．一方，$f(t)$を時間Tだけずらして得られる信号$f(t-T)$のフーリエ変換は，［イ］のように表される．

	ア	イ
①	$\frac{1}{a} F\left(\frac{\omega}{a}\right)$	$F(\omega)\mathrm{e}^{\mathrm{j}\omega T}$

② $\dfrac{1}{a}F\left(\dfrac{\omega}{a}\right)$　　$F(\omega)\mathrm{e}^{-\mathrm{j}\omega T}$

③ $F\left(\dfrac{a}{\omega}\right)$　　$F(\omega)\mathrm{e}^{-\mathrm{j}\omega T}$

④ $F\left(\dfrac{\omega}{a}\right)$　　$F(\omega)\mathrm{e}^{\mathrm{j}\omega T}$

⑤ $aF(\omega)$　　$F(\omega)\mathrm{e}^{-\mathrm{j}\omega T}$

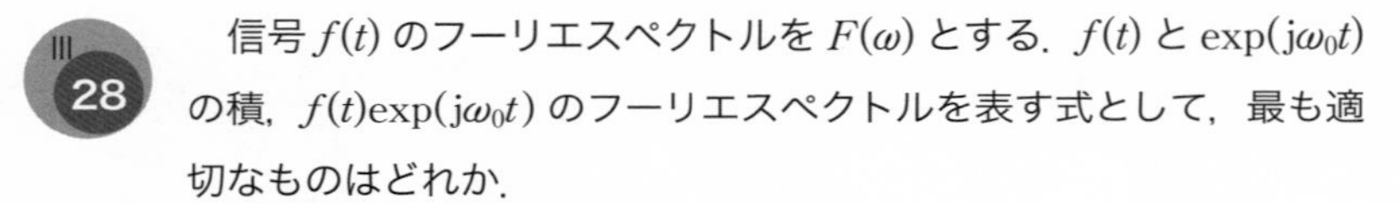

III 28　信号 $f(t)$ のフーリエスペクトルを $F(\omega)$ とする．$f(t)$ と $\exp(\mathrm{j}\omega_0 t)$ の積，$f(t)\exp(\mathrm{j}\omega_0 t)$ のフーリエスペクトルを表す式として，最も適切なものはどれか．

① $F(\omega)\cos(\omega-\omega_0)$　　② $F(\omega)\sin(\omega-\omega_0)$

③ $F(\omega)\exp\{\mathrm{j}(\omega-\omega_0)\}$　　④ $F(\omega-\omega_0)$

⑤ $\dfrac{F(\omega-\omega_0)-F(\omega+\omega_0)}{2}$

III 29　時間 t に関するデルタ関数は次のように定義される．

$$\int_{-\infty}^{\infty} f(t)\delta(t)\mathrm{d}t = f(0)$$

ただし，$f(t)$ は連続関数で，$t\to\pm\infty$ では $|f(t)|\to 0$ となるような任意の関数とする．このときデルタ関数に関する式として，最も不適切なものはどれか．ただし，$F[f(t)]$ は関数 $f(t)$ に対するフーリエ変換とする．

① $\displaystyle\int_{-\infty}^{\infty}\delta(t)\mathrm{d}t = 1$　　② $\displaystyle\int_{-\infty}^{\infty}\delta(t-t_0)\mathrm{d}t = 1$

③ $F[\delta(t)] = 1$　　④ $\displaystyle\int_{-\infty}^{\infty} f(t)\delta(t-t_0)\mathrm{d}t = f(t_0)$

⑤ $\displaystyle\int_{-\infty}^{\infty} f(t)\delta(at)\mathrm{d}t = |a|f(t_0)$

無線変調方式に関する次の記述のうち，最も不適切なものはどれか．

① BPSK（Binary Phase Shift Keying）方式は，2 値の変調方式である．

② QPSK（Quadrature Phase Shift Keying）方式の周波数利用効率は，BPSK 方式の 2 倍である．

③ QPSK 方式は，BPSK 方式よりも雑音の影響を受けやすい．

④ QPSK 方式と π/4 シフト QPSK 方式は，周波数利用効率が同一である．

⑤ QAM（Quadrature Amplitude Modulation）方式は，位相と振幅を同時に変調する 4 値の変調方式である．

III 31

4 kbps（kilo bit per second） の 信 号 を QPSK（Quadrature Phase Shift Keying）変調し，拡散率 64 で直接拡散したスペクトル拡散信号のチップレートとして，最も適切なものはどれか．

① 4 kcps（kilo chip per second）

② 64 kcps（kilo chip per second）

③ 256 kcps（kilo chip per second）

④ 128 kcps（kilo chip per second）

⑤ 16 kcps（kilo chip per second）

2018
年度

III 32

多元接続方式に関する次の記述のうち，最も不適切なものはどれか．

① TDMA（Time-Division Multiple Access）では，共有する伝送路を一定の時間間隔で区切り，それぞれの通信局が割り当てられた順番で使用することで同時接続を実現する．

② FDMA（Frequency-Division Multiple Access）は，TDMA と併用されることのある多元接続方式である．

③ CDMA（Code-Division Multiple Access）では，通信局ごとに異なる搬送波周波数を用いて同一の拡散符号でスペクトル拡散を行い同時

接続する.

④　OFDMA（Orthogonal Frequency Division Multiple Access）は，OFDMに基づくアクセス方式であり，通信局ごとに異なるサブキャリヤを割り当てることで多元接続を実現する.

⑤　CSMA（Carrier Sense Multiple Access）は，1つのチャネルを複数の通信局が監視し，他局が使用していないことを確認した後でそのチャネルを使う方法である.

半導体に関する記述のうち，最も不適切なものはどれか.

①　真性半導体，p形半導体，n形半導体は，すべて電気的中性である.

②　pn接合のp形半導体側にn形半導体より正の高い電圧をかけると，電流はほとんど流れない.

③　シリコン単結晶にほう素やガリウムなどの3価の元素を注入すると，p形半導体となる.

④　p形半導体とn形半導体を接合したpn接合では，接合部分近くに空乏層ができる.

⑤　真性半導体では，正孔と電子の密度は等しい.

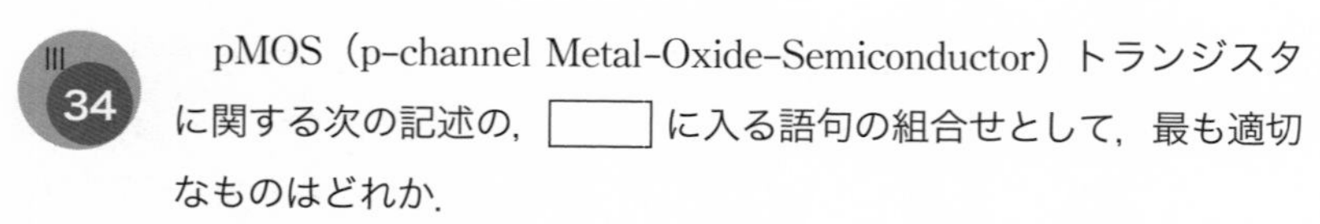

pMOS（p-channel Metal-Oxide-Semiconductor）トランジスタに関する次の記述の，［　　］に入る語句の組合せとして，最も適切なものはどれか.

pMOSトランジスタは，ソース，ドレーン，ゲート，基板の4つの端子を持ち，ソースとドレーンは［ア］形半導体で作られ，ゲートは金属又はポリシリコンで作られ，基板は［イ］形半導体で作られている．ゲート・ソース間電圧V_{GS}とpMOSトランジスタのしきい電圧V_Tが$V_{GS} > V_T$の場合，ドレーン・ソース間電圧には電流が流れないが，$V_{GS} \leqq V_T$の場合，ゲート直下のチャネルに［ウ］が誘起されて，［エ］のドレーン・ソース

間電圧 V_{DS} によって［ウ］が［オ］に向かって動くことにより電流が流れる.

	ア	イ	ウ	エ	オ
①	n	p	電子	負	ドレーンからソース
②	n	p	電子	正	ソースからドレーン
③	p	n	正孔	負	ソースからドレーン
④	p	n	電子	正	ソースからドレーン
⑤	p	n	正孔	正	ドレーンからソース

III 35 電気設備の高電圧用ケーブルに関する次の記述の,［　］に入る語句の組合せとして,最も適切なものはどれか.

高圧設備に使用されるケーブルには,OF ケーブルと CV ケーブルがある.OF ケーブルは,クラフト紙と絶縁油で絶縁を保つケーブルである.CV ケーブルは,OF ケーブルと異なり絶縁油を使用せずに［ア］で絶縁を保つケーブルである.CV ケーブルの特徴は OF ケーブルよりも燃え難く,軽量で,［イ］が少なく,保守や点検の省力化を図ることができる.CV ケーブルは,［ア］の内部に水分が侵入すると,異物やボイド,突起などの高電界との相乗効果によって［ウ］が発生して劣化が生じる.

2018年度

	ア	イ	ウ
①	クロロプレン	銅損	硬化
②	架橋ポリエチレン	誘電体損	トリー
③	ポリエチレン	銅損	軟化
④	架橋ポリエチレン	鉄損	トリー
⑤	ポリエチレン	誘電体損	硬化

2017年度　問題

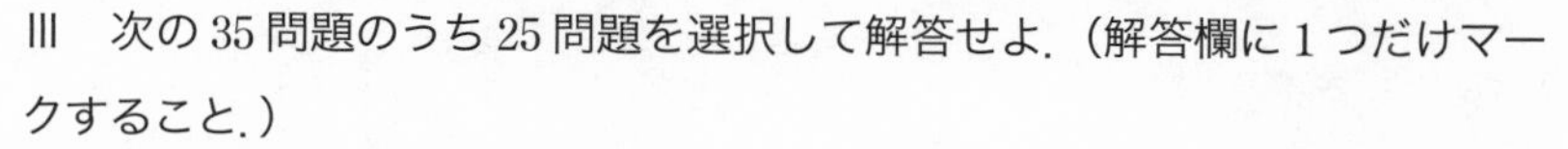

Ⅲ　次の35問題のうち25問題を選択して解答せよ.（解答欄に1つだけマークすること.）

Ⅲ 1　電磁気現象に関する次の記述のうち，最も不適切なものはどれか.

① 電流による磁束は連続であり，磁束に始点や終点はない.

② 磁界に直交する導体に電流が流れるとき，その導体に働く電磁力の方向はフレミングの左手の法則による.

③ 電磁誘導によって生じる誘導起電力の向きは，その誘導電流が作る磁束が，もとの磁束の増減を妨げる向きに生じる.

④ 電磁波は，電界と磁界とが相伴って進行する進行波で横波である.

⑤ 媒質の誘電率が大きくなると，電磁波の速度は大きくなる.

Ⅲ 2　次の記述の，[　　] に入る語句の組合せとして，最も適切なものはどれか.

ある閉曲線に [ア] する電流の [イ] は，その閉曲線上の [ウ] の強さの [エ] に比例する.

	ア	イ	ウ	エ
①	鎖交	差	電界	微分
②	鎖交	差	磁界	微分
③	直交	総和	磁界	微分
④	直交	総和	電界	線積分
⑤	鎖交	総和	磁界	線積分

下図の直線状の無限長導線上に異なる点 O と点 Q があり，導線 l 上を流れる電流を I [A] とする．OQ の長さを z [m] とし，OP の長さを a [m] としたとき，点 P に生ずる磁界の強さ H [A/m] を表す式として，最も適切なものはどれか．

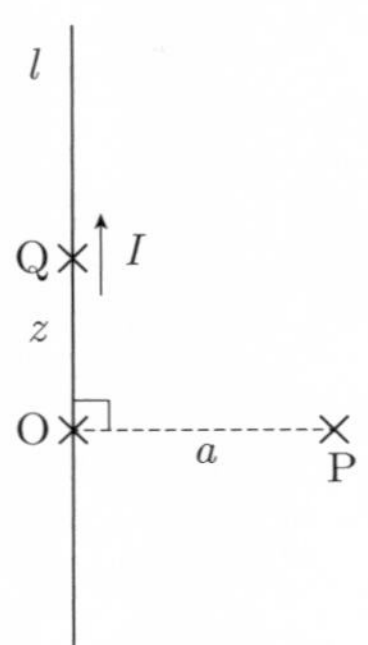

① $H=\dfrac{I}{2\pi a}$

② $H=\dfrac{I}{2a}$

③ $H=\dfrac{I}{2\pi\sqrt{a^2+z^2}}$

④ $H=\dfrac{a^2 I}{(a^2+z^2)^{3/2}}$

⑤ $H=\dfrac{a^2 I}{2(a^2+z^2)^{3/2}}$

無限に長い軸を持つ半径 a の円柱において，円柱内には一様に電荷が分布し，円柱の単位長あたりの電荷を Q としたときの電界を考える．次の記述の，□ に入る数式の組合せとして最も適切なものはどれか．ただし，円柱内外の誘電率は ε_0 であるとする．

円柱の中心軸からの距離を r としたとき，$r<a$ における電界は [ア] で，$r>a$ における電界は [イ] である．

	ア	イ
①	$\dfrac{rQ}{2\pi\varepsilon_0 a^2}$	$\dfrac{1}{4\pi\varepsilon_0}\cdot\dfrac{Q}{r^2}$
②	0	$\dfrac{Q}{2\pi r\varepsilon_0}$
③	0	$\dfrac{1}{4\pi\varepsilon_0}\cdot\dfrac{Q}{r^2}$

④ $\dfrac{rQ}{2\pi\varepsilon_0 a^2}$ $\dfrac{Q}{2\pi r\varepsilon_0}$

⑤ $\dfrac{1}{4\pi\varepsilon_0}\cdot\dfrac{Qr}{a^3}$ $\dfrac{1}{4\pi\varepsilon_0}\cdot\dfrac{Q}{r^2}$

III 5

環状の鉄心に巻数 5 000 回のコイル A と巻数 400 回のコイル B が取り付けてある．コイル A の自己インダクタンスが 500 [mH] のとき，A と B 両コイルの相互インダクタンスとして，最も近い値はどれか．

ただし，コイル A とコイル B 間の結合係数は 1.0 とする．

① 10 [mH] ② 40 [mH] ③ 70 [mH]
④ 100 [mH] ⑤ 130 [mH]

III 6

静電容量 2 [F] の 1 つのコンデンサに電圧 1 [V] を充電した後，全く充電されていない静電容量 1/2 [F] のコンデンサを 2 つ並列接続し，十分時間が経ったとき，並列接続された 3 つのコンデンサに蓄えられる全静電エネルギー [J] の値はどれか．

① $\dfrac{3}{2}$ ② $\dfrac{4}{3}$ ③ $\dfrac{3}{4}$ ④ $\dfrac{2}{3}$ ⑤ $\dfrac{1}{2}$

2017
年度

III 7

下図の回路において，端子 ab からみた合成抵抗として，最も適切なものはどれか．

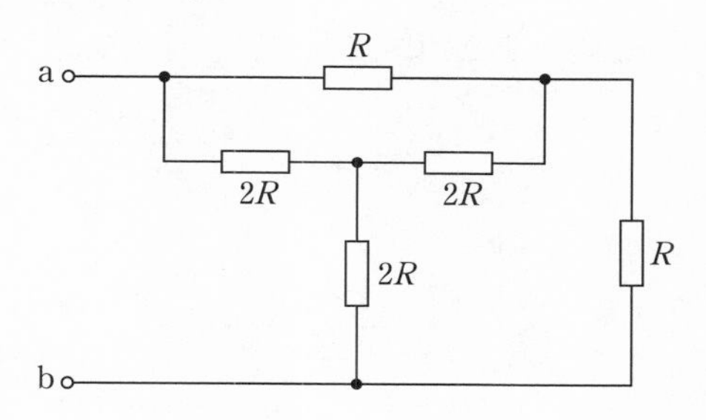

① $\dfrac{R}{3}$　② $\dfrac{R}{2}$　③ R　④ $\dfrac{4R}{3}$　⑤ $2R$

III 8

電圧値 E の直流電圧源，電流値 I の直流電流源，抵抗値 R，R_x の抵抗から構成される下図の回路において，抵抗値 R_x の抵抗に流れる直流電流 i_x を示す式として，最も適切なものはどれか．

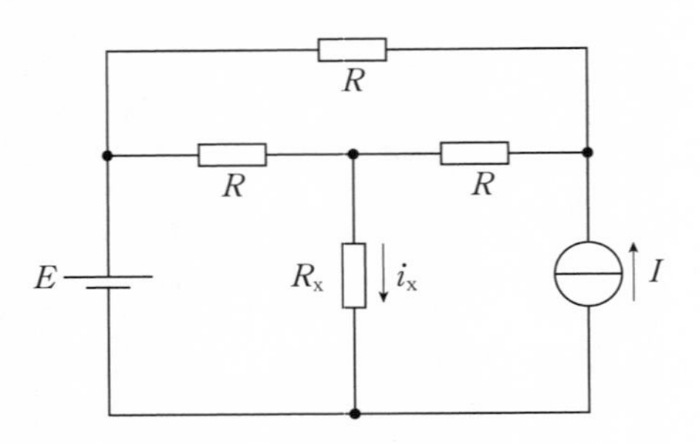

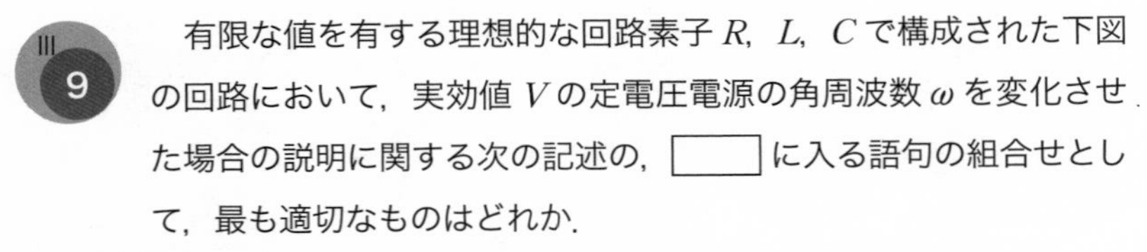

① $\dfrac{3E+RI}{2R+3R_x}$　② $\dfrac{3E}{2R+3R_x}$　③ $\dfrac{RI}{2R+3R_x}$

④ $\dfrac{3E+RI}{3R_x}$　⑤ $\dfrac{3E+RI}{R+3R_x}$

III 9

有限な値を有する理想的な回路素子 R，L，C で構成された下図の回路において，実効値 V の定電圧電源の角周波数 ω を変化させた場合の説明に関する次の記述の，[　　] に入る語句の組合せとして，最も適切なものはどれか．

回路を流れる電流は，ある角周波数で [ア] となり，その極値におけ

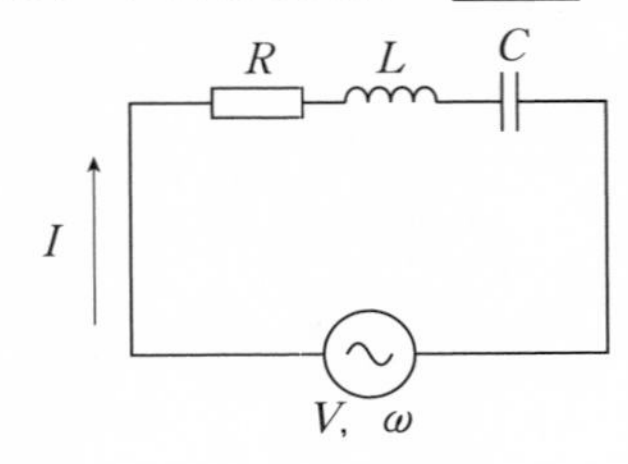

る電流の実効値は イ である.

	ア	イ
①	極大	$\dfrac{V}{R}$
②	極大	∞
③	極小	0
④	極小	$\dfrac{V}{R}$
⑤	極小	$\dfrac{V}{\sqrt{R^2+\left(\omega L-\dfrac{1}{\omega C}\right)^2}}$

III 10

下図のような実効値 V, 角周波数 ω の正弦波電圧源と理想的な回路素子であるリアクトル L と抵抗 R からなる回路がある. このとき, 回路に流れる電流の実効値 I と無効電力 Q の組合せとして, 最も適切なものはどれか. ただし, 遅れの無効電力を正とする.

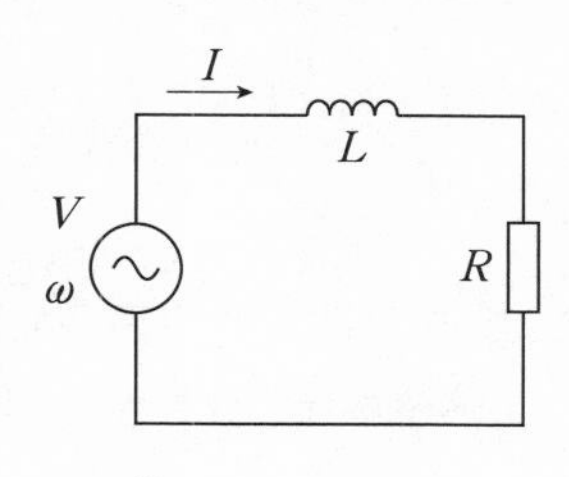

	I	Q
①	$\dfrac{V}{\sqrt{R^2+(\omega L)^2}}$	$\dfrac{RV^2}{R^2+(\omega L)^2}$
②	$\dfrac{V}{\sqrt{R^2+(\omega L)^2}}$	$\dfrac{\omega LV^2}{R^2+(\omega L)^2}$
③	$\dfrac{V}{\sqrt{R^2+(\omega L)^2}}$	$\dfrac{R\omega LV^2}{R^2+(\omega L)^2}$

2017 年度

④ $\dfrac{V}{R^2+(\omega L)^2}$　　$\dfrac{RV^2}{R^2+(\omega L)^2}$

⑤ $\dfrac{V}{R^2+(\omega L)^2}$　　$\dfrac{\omega LV^2}{R^2+(\omega L)^2}$

III 11

下図の回路において，Eは定電圧電源，RとLは理想的な素子とする．時刻$t<0$でスイッチSは開いている．時刻$t \geqq 0$でスイッチSを閉じるものとする．$t \geqq 0$における電流I_Lを表す式として，最も適切なものはどれか．

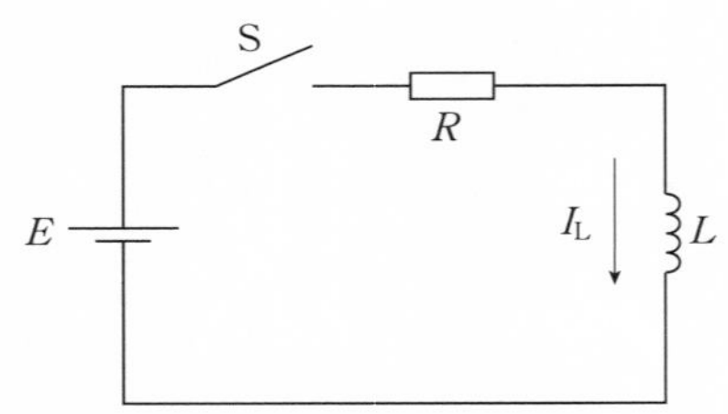

① $I_L=\dfrac{E}{R}e^{-\frac{L}{R}t}$　② $I_L=\dfrac{E}{R}\left(1-e^{-\frac{L}{R}t}\right)$　③ $I_L=\dfrac{E}{R}e^{-\frac{R}{L}t}$

④ $I_L=\dfrac{E}{R}\left(1-e^{-\frac{R}{L}t}\right)$　⑤ $I_L=0$

III 12

下図の回路において，スイッチSWは予め閉じており，そのスイッチには電流I [A]が流れているものとする．時刻$t=0$ [s]でそのスイッチを開いたとき，$t \geqq 0$ [s]におけるインダクタンスL [H]のコイルを流れる電流I_L [A]として，最も適切なものはどれか．ただし，G [S]はコンダクタンスを表す．

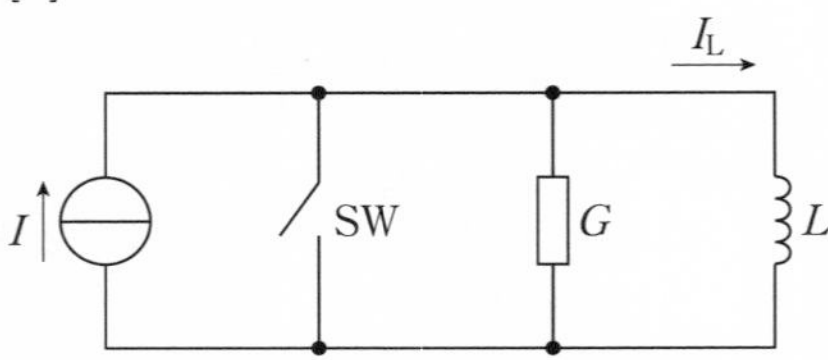

① $I_L = I\mathrm{e}^{-\frac{t}{GL}}$　② $I_L = I\mathrm{e}^{-\frac{G}{L}t}$　③ $I_L = I\left(1-\mathrm{e}^{-\frac{G}{L}t}\right)$

④ $I_L = I\left(1+\mathrm{e}^{-\frac{t}{GL}}\right)$　⑤ $I_L = I\left(1-\mathrm{e}^{-\frac{t}{GL}}\right)$

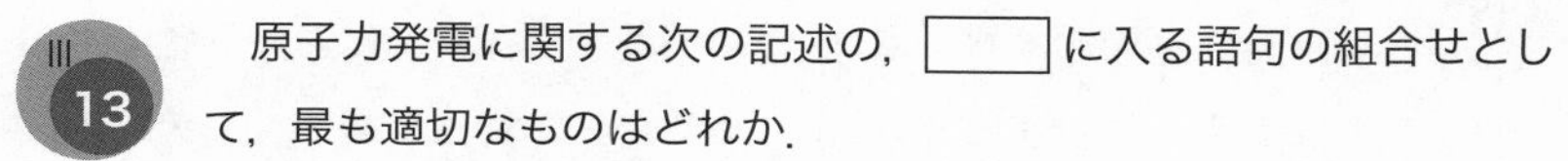

III 13　原子力発電に関する次の記述の，[　　]に入る語句の組合せとして，最も適切なものはどれか．

軽水炉型原子力発電所では，軽水は，核[ア]を[イ]するための中性子の減速材としての役割を果たし，連鎖反応を維持することで運転している．沸騰水型や[ウ]水型と呼ばれるものは，軽水炉の一種である．

	ア	イ	ウ
①	融合	促進	加圧
②	融合	抑制	減圧
③	分裂	促進	加圧
④	分裂	促進	減圧
⑤	分裂	抑制	加圧

III 14　直流送電の利点や課題に関する次の記述のうち，最も不適切なものはどれか．

① 直流には交流のリアクタンスに相当する定数がないので，交流の安定度による制約がなく，電線の熱的許容電流の限度まで送電できる．

② 直流による系統連系は短絡容量が増大しないので，交流系統の短絡容量低減対策の必要がなくなる．

③ 直流の絶縁は交流に比べて，$\frac{1}{\sqrt{2}}$に低くできるので鉄塔が小型になり送電線路の建設費が安くなる．

④ 直流は交流のように零点を通過しないため，大容量高電圧の直流遮断器の開発が困難で，変換装置の制御で通過電流を制御してその役割を

兼ねる必要がある.

⑤　交流系統の中で使用することはできるが，周波数の異なる交流系統間の連系はできない.

III 15

極数は 6 で定格周波数は，50 [Hz] の三相巻線型誘導電動機がある．全負荷時のすべりは 2 [%] である．全負荷時における軸出力のトルクを，回転速度 970 [min^{-1}] で発生させるために，二次巻線回路に抵抗を挿入する．このとき，1 相当たりに挿入する抵抗に最も近い値はどれか．ただし，二次巻線の各相の抵抗値は 0.2 [Ω] とする.

①　0.1 [Ω]　②　0.2 [Ω]　③　0.3 [Ω]　④　0.4 [Ω]　⑤　0.5 [Ω]

III 16

一次電圧 6 600 [V]，二次電圧 200 [V]，50 [Hz]，容量 400 [kV・A] の三相変圧器がある．その短絡インピーダンスが単位法で表示して 0.05 [p.u.] のとき，一次側に換算した一次，二次合計の漏れインダクタンスとして，最も近い値はどれか．ただし，短絡インピーダンスの抵抗分はないものとする.

①　11 [mH]　②　14 [mH]　③　17 [mH]

④　20 [mH]　⑤　23 [mH]

III 17

直流機に関する次の記述の，[　　] に入る語句の組合せとして，最も適切なものはどれか.

直流機は磁界を発生する [ア] とトルクを受け持つ [イ] で構成されている．直流発電機の発電原理は [ウ] を利用しており，直流電動機は [エ] と電流による [オ] を利用している.

	ア	イ	ウ	エ	オ
①	電機子	界磁	電磁力	電束	運動起電力
②	界磁	電機子	運動起電力	電束	起磁力
③	電機子	界磁	電磁力	磁束	起磁力

④	界磁	電機子	運動起電力	磁束	電磁力
⑤	電機子	界磁	運動起電力	磁束	電磁力

III 18 パワーMOSFET（Metal Oxide Semiconductor Field Effect Transistor，MOS 形電界効果トランジスタ）に関する次の記述のうち，最も不適切なものはどれか．

① 電流を制御するゲート電極部が，金属（Metal）－酸化物（Oxide）－半導体（Semiconductor）になっている．

② パワートランジスタと比較して，少数キャリヤの蓄積効果がないため，高速スイッチングが可能である．

③ 多数キャリヤの移動度の負温度特性が電流集中を抑制するので，パワートランジスタと比較して，二次降伏が起こりやすい．

④ 電圧駆動デバイスであるため，パワートランジスタと比較して，駆動電力が小さい．

⑤ 動作に関与するキャリヤが 1 種類のユニポーラデバイスである．

III 19 高電圧の計測に関する次の記述の，[　　] に入る語句の組合せとして，最も適切なものはどれか．

高電圧の電圧測定器として用いられる球ギャップ（平等電界）間の火花電圧は，[ア] 火花電圧を基準として，気体の圧力 p とギャップ長 d の積（pd 積）を増加させると [イ] し，pd 積を減少させても [イ] する．球ギャップ間の [ア] 火花電圧は，球ギャップが空気中にあるときは [ウ] V になる．空気を構成する酸素と比較すると，酸素単独のときの火花電圧は，空気の火花電圧と比べて [エ]．それは酸素単独の電子親和力は，空気よりも高いためである．

	ア	イ	ウ	エ
①	最小	増加	233	低い
②	最小	減少	340	高い

2017年度

③　最小　　増加　　340　　高い

④　最小　　増加　　340　　等しい

⑤　最大　　減少　　233　　低い

III 20

下図の回路において，C_x と R_x はコンデンサのキャパシタンスと内部抵抗である．検出器 D に電流が流れない条件で，R_x と C_x を示す式の組合せとして，最も適切なものはどれか．

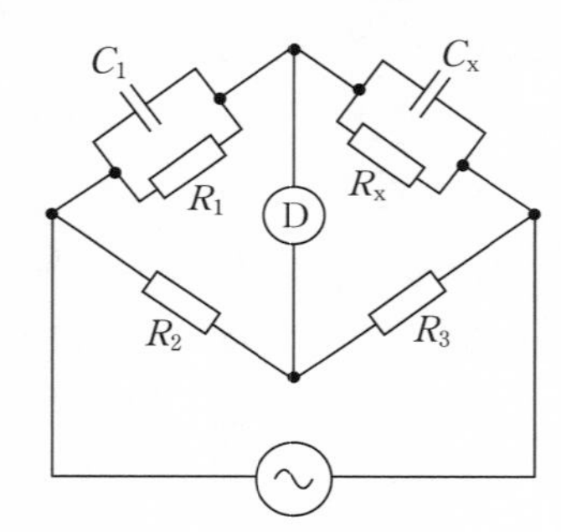

①　$R_x = \dfrac{R_2}{R_3} R_1$，　$C_x = \dfrac{R_3}{R_2} C_1$

②　$R_x = \dfrac{R_2}{R_3} R_1$，　$C_x = \dfrac{R_2}{R_3} C_1$

③　$R_x = \dfrac{R_3}{R_2} R_1$，　$C_x = \dfrac{R_3}{R_2} C_1$

④　$R_x = \dfrac{R_3}{R_2} R_1$，　$C_x = \dfrac{R_2}{R_3} C_1$

⑤　$R_x = \dfrac{R_2}{R_3} R_1$，　$C_x = -\dfrac{R_2}{R_3} C_1$

III 21

下図のようなブロック線図で表される制御系で，制御器 G_c として $G_c = 2 + \dfrac{3}{s}$ で表される伝達関数の PI 制御器を用い，入力 X に正弦波交流信号を与える．正弦波の周波数が十分に低いときの利得として，最も近い値はどれか．

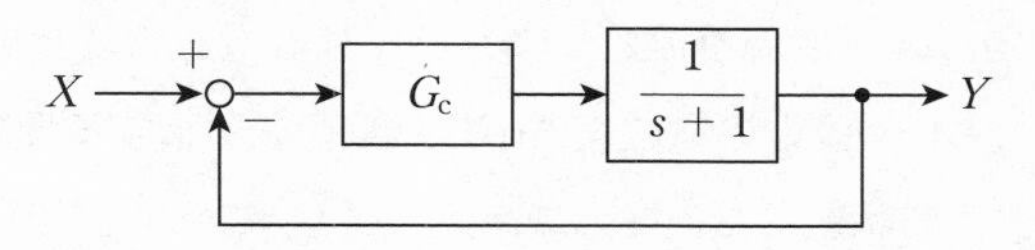

① 20 [dB]　② 3 [dB]　③ 0 [dB]
④ −20 [dB]　⑤ −40 [dB]

下図は，理想オペアンプを用いた回路である．図のように電圧 V_{in} [V] を与えたとき，オペアンプの出力電圧 V_{out} [V] と入力インピーダンス Z_{in} [Ω] の組合せとして，最も適切なものはどれか．

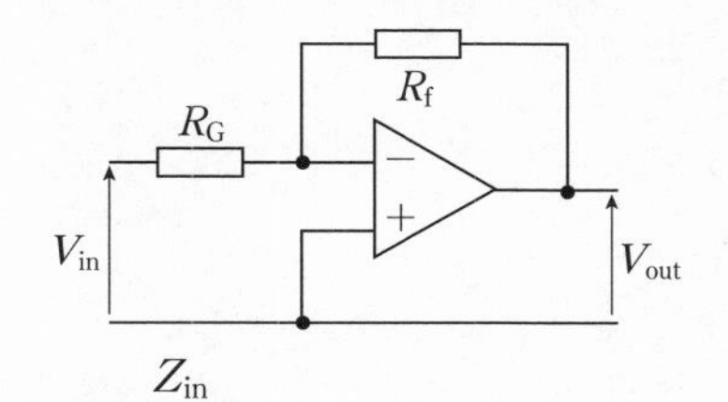

	V_{out}	Z_{in}
①	$-\frac{R_f}{R_G}V_{in}$	R_G
②	$-\frac{R_G}{R_f}V_{in}$	R_G
③	$-\frac{R_f}{R_G}V_{in}$	$R_G + R_f$
④	$-\frac{R_G}{R_f}V_{in}$	$R_G + R_f$
⑤	$-\frac{R_G + R_f}{R_G}V_{in}$	R_G

2017年度

下図のように実効値 V の正弦波電圧源にダイオードとコンデンサからなる回路が構成されている．ダイオードは極性に応じて特定の方向にのみ電流が流れ，コンデンサは電圧の変化分が伝達されるとともに，両端の電位差に応じた電荷を蓄積する理想的な素子である．定常状態において，コンデンサ C_1 にかかる電圧 V_1 とコンデンサ C_2 にかかる電圧 V_2 の組合せとして，最も適切なものはどれか．

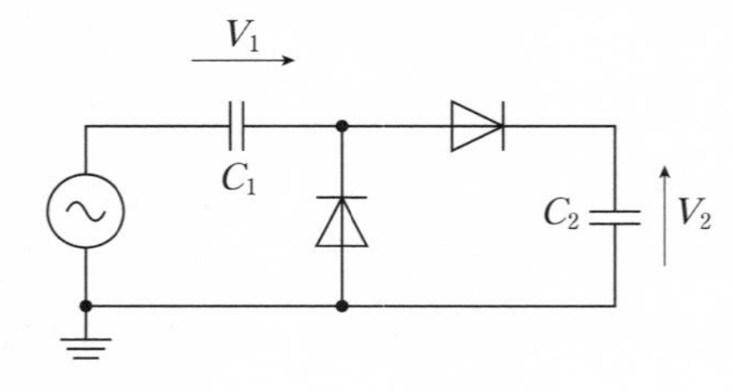

	V_1	V_2
①	$-\sqrt{2}\,V$	$\sqrt{2}\,\dfrac{C_1}{C_2}V$
②	$\sqrt{2}\,V$	$\sqrt{2}\,\dfrac{C_1}{C_2}V$
③	$-\sqrt{2}\,V$	$2\sqrt{2}\,V$
④	$\sqrt{2}\,V$	$\sqrt{2}\,\dfrac{C_2}{C_1}V$
⑤	$\sqrt{2}\,V$	$2\sqrt{2}\,V$

3 変数 X，Y，Z から構成される論理式

$$F(X,Y,Z)=\overline{X\cdot Y\cdot Z+X\cdot Y\cdot\overline{Z}+\overline{X}\cdot Y\cdot Z}\overline{+\overline{X}\cdot Y\cdot\overline{Z}+\overline{X}\cdot\overline{Y}\cdot Z}$$

を簡単化した論理式として，最も適切なものはどれか．ただし，論理変数 A, B に対して，$A+B$ は論理和を表し，$A\cdot B$ は論理積を表す．また，$\overline{A}$ は A の否定を表す．

① $\overline{X}\cdot(Y+\overline{Z})$

② $\overline{X}\cdot(Y+Z)$

③　$\overline{Y} \cdot (\overline{X} + \overline{Z})$

④　$\overline{Y} \cdot (X + Z)$

⑤　$\overline{Y} \cdot (X + \overline{Z})$

III 25

下図の論理回路の入出力の関係が下表の真理値表で与えられるとき，論理回路の入力 X と入力 Y の論理式の組合せとして，最も不適切なものはどれか．

ただし，論理変数 A, B に対して，$A + B$ は論理和を表し，$A \cdot B$ は論理積を表す．また，$\overline{A}$ は A の否定を表す．

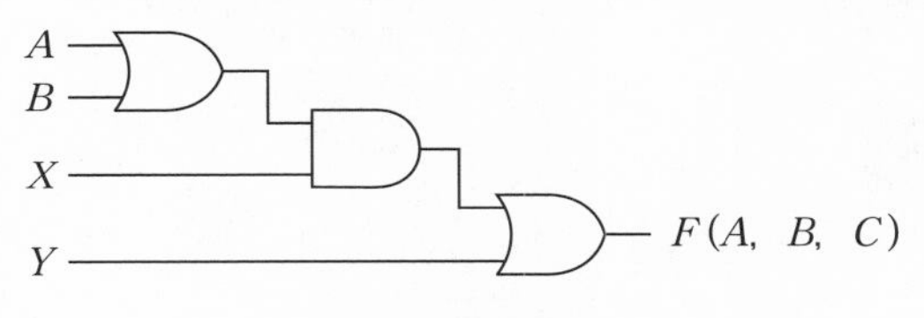

図　論理回路

表　真理値表

A	B	C	F
0	0	0	1
0	0	1	0
0	1	0	1
0	1	1	1
1	0	0	0
1	0	1	1
1	1	0	1
1	1	1	1

	X	Y
①	$A + C$	$\overline{A} \cdot \overline{C}$
②	$B + C$	$\overline{A} \cdot \overline{C}$
③	$\overline{A} + B + C$	$\overline{A} \cdot \overline{B} \cdot \overline{C}$
④	$\overline{A} + B + C$	$\overline{A} \cdot \overline{C}$
⑤	$A \cdot C + B$	$\overline{A} \cdot \overline{B} \cdot \overline{C}$

エルゴード性を持つ2元単純マルコフ情報源が，状態A，状態Bからなり，下図に示す遷移確率を持つとき，状態Aの定常確率

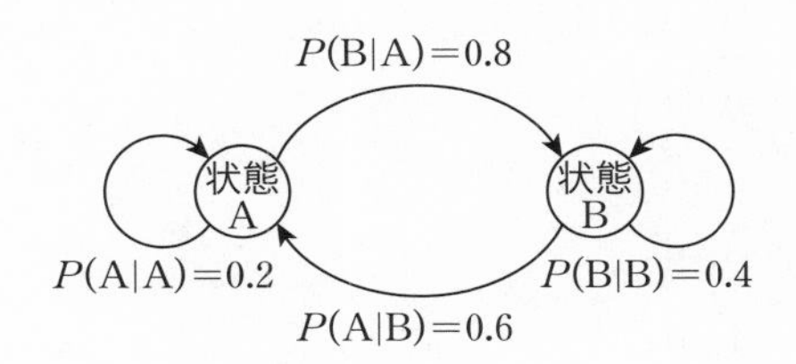

P_{A}，状態Bの定常確率 P_{B} の組合せとして，最も適切なものはどれか．

① $P_{\mathrm{A}}=\frac{1}{2}$　　$P_{\mathrm{B}}=\frac{1}{2}$

② $P_{\mathrm{A}}=\frac{1}{4}$　　$P_{\mathrm{B}}=\frac{3}{4}$

③ $P_{\mathrm{A}}=\frac{3}{4}$　　$P_{\mathrm{B}}=\frac{1}{4}$

④ $P_{\mathrm{A}}=\frac{3}{7}$　　$P_{\mathrm{B}}=\frac{4}{7}$

⑤ $P_{\mathrm{A}}=\frac{4}{7}$　　$P_{\mathrm{B}}=\frac{3}{7}$

各々が0又は1の値を取る4個の情報ビット x_1，x_2，x_3，x_4 に対し，

$$c_1=(x_1+x_2+x_3)\bmod 2$$
$$c_2=(x_2+x_3+x_4)\bmod 2$$
$$c_3=(x_1+x_2+x_4)\bmod 2$$

により，検査ビット c_1，c_2，c_3 を作り，符号語 $\mathbf{w}=[x_1, x_2, x_3, x_4, c_1, c_2, c_3]$ を生成する(7，4)ハミング符号を考える．ある符号語 $\mathbf{w}$ を「高々1ビットが反転する可能性のある通信路」に対して入力し，出力である受信語 $\mathbf{y}=[1, 0, 0, 1, 0, 0, 1]$ が得られたとき，入力された符号語 $\mathbf{w}$ として，最も適切なものはどれか．

① [0, 0, 0, 1, 0, 0, 1]
② [1, 1, 0, 1, 0, 0, 1]
③ [1, 0, 1, 1, 0, 0, 1]
④ [1, 0, 0, 0, 0, 0, 1]
⑤ [1, 0, 0, 1, 1, 0, 1]

離散時間線形時不変システムの入力信号 $x(n)$ と出力信号 $y(n)$ が，

$$4y(n)+2y(n-1)=x(n)$$

を満足するとき，システムの伝達関数の極と安定性の組合せとして，最も適切なものはどれか．ただし，n を整数とし，入力信号が有界なとき，出力信号が有界であるならばシステムは安定とする．

	極	安定性
①	$\frac{1}{2}$	安定
②	$\frac{1}{2}$	不安定
③	2	安定
④	-2	不安定
⑤	$-\frac{1}{2}$	安定

長さ N の離散信号 $\{x(n)\}$ の離散フーリエ変換 $X(k)$ は次式のように表される．ただし，j は虚数単位を表す．

$$X(k)=\sum_{n=0}^{N-1}x(n)\mathrm{e}^{-\mathrm{j}\frac{2\pi nk}{N}},\ (k=0,\ 1\cdots,\ N-1)$$

ここで, $N=6$ として, $[x(0), x(1), x(2), x(3), x(4), x(5)]=[1,\ 0,\ -1,\ 0,\ 1,\ 0]$ で与えられた場合，離散フーリエ変換 $[X(0),\ X(1),\ X(2),\ X(3),\ X(4),\ X(5)]$ を計算した結果として，最も適切なものはどれか．

① $\left[1,\ 0,\ \frac{1+\mathrm{j}\sqrt{3}}{2},\ 0,\ \frac{-1+\mathrm{j}\sqrt{3}}{2},\ 0\right]$

② $\left[1,\ 0,\ -\frac{1+\mathrm{j}\sqrt{3}}{2},\ 0,\ \frac{1-\mathrm{j}\sqrt{3}}{2},\ 0\right]$

③ $[1,\ 1+\mathrm{j}\sqrt{3},\ 1-\mathrm{j}\sqrt{3},\ 1,\ 1+\mathrm{j}\sqrt{3},\ 1-\mathrm{j}\sqrt{3}]$

2017
年度

④　$[1,\ 1-j\sqrt{3},\ 1+j\sqrt{3},\ 1,\ 1-j\sqrt{3},\ 1+j\sqrt{3}]$

⑤　$[1,\ 0,\ -1,\ 0,\ 1,\ 0]$

III 30　インターネットに関する次の記述のうち，最も不適切なものはどれか．

①　IPv4（Internet Protocol version 4）では，IP アドレスの長さは 32 ビットである．

②　IPv6（Internet Protocol version 6）では，IP アドレスの長さは 128 ビットである．

③　RIP(Routing Information Protocol)は, ディスタンスベクタ型ルーティングプロトコルである．

④　OSPF（Open Shortest Path First）は，リンクステート型ルーティングプロトコルである．

⑤　RIPv1（Routing Information Protocol version 1）は，クラスレスアドレスに対応している．

III 31　ディジタル変調方式に関する次の記述の，[　　] に入る語句の組合せとして，最も適切なものはどれか．

シンボル毎に基準位相を変化させない QPSK（Quadrature Phase Shift Keying）は，信号点配置上で，[ア] 度ずつ位相をずらした [イ] 点の信号点を用いて，1 シンボル当たり [ウ] ビットのデータを伝送する変調方式である．

	ア	イ	ウ
①	45	8	3
②	90	4	2
③	90	2	4
④	180	2	1
⑤	45	16	4

III 32 アナログ・ディジタル（AD）変換に関する記述の，[　　]に入る語句の組合せとして，最も適切なものはどれか．

AD 変換では，まずアナログ信号を[ア]し離散信号に変換した後，[イ]することで，ディジタル信号を生成する．[ア]周波数がアナログ信号の最高周波数の[ウ]倍よりも，[エ]場合は，[ア]信号から元のアナログ信号を復元できる．

	ア	イ	ウ	エ
①	標本化	量子化	2	大きい
②	標本化	量子化	2	小さい
③	標本化	量子化	0.5	小さい
④	量子化	標本化	0.5	小さい
⑤	量子化	標本化	2	大きい

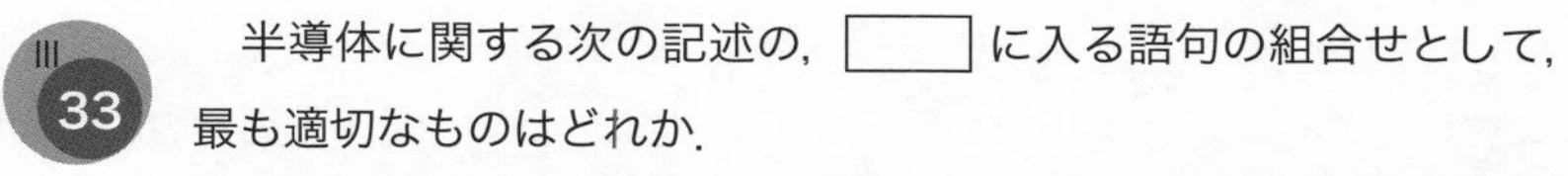

III 33 半導体に関する次の記述の，[　　]に入る語句の組合せとして，最も適切なものはどれか．

p 形半導体と n 形半導体とを接合すると，n 形半導体中の自由電子は p 形半導体内へ拡散し，p 形半導体中の正孔は n 形半導体内へ拡散する．この結果，n 形半導体の接合面近傍は[ア]に帯電し，p 形半導体の接合面近傍は[イ]に帯電する．これによって，接合面には[ウ]形半導体から[エ]形半導体に向かう電界が生じ，これ以上の拡散が抑制される．このとき接合部には[オ]が生じる．

	ア	イ	ウ	エ	オ
①	正	負	p	n	逆電圧
②	正	負	n	p	拡散電位
③	負	正	p	n	逆電圧
④	負	正	n	p	拡散電位
⑤	負	正	p	n	拡散電位

集積回路及び半導体に関する次の記述のうち，最も不適切なものはどれか.

① 半導体は一般に，金属に比べ電気抵抗率の温度変化率は大きく，温度を上げると電気抵抗率は減少する.

② n形半導体の多数キャリヤは電子である.

③ pn接合に光を照射すると起電力が発生する現象は，太陽電池に応用されている.

④ MOS（Metal Oxide Semiconductor）トランジスタのポリシリコン電極とシリコン基板の間にシリコン酸化膜を誘電体として挟んだ構造によって作られるMOS容量の単位面積当たりの容量値は，シリコン酸化膜の厚さに比例する.

⑤ 1段のスタティックCMOS（相補型Metal Oxide Semiconductor）論理ゲートでは，入力がすべて1の場合に出力は0となる.

III 35

電気設備の接地に関する次の記述の，［　　］に入る語句の組合せとして最も適切なものはどれか.

電路の保護装置の確実な動作の確保や［ア］の低下を図って，［イ］を抑制するため電路の［ウ］に接地を施す場合がある.

	ア	イ	ウ
①	異常高温	過電流	線路導体
②	一線地絡電流	異常電圧	中性点
③	回転数	過電流	線路導体
④	通信雑音	過電流	末端
⑤	対地電圧	異常電圧	中性点

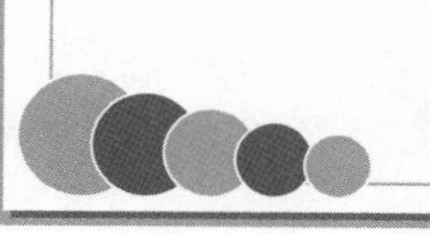

2016年度　問題

III　次の35問題のうち25問題を選択して解答せよ.（解答欄に1つだけマークすること.）

III 1　電磁気現象に関する次の記述のうち，最も不適切なものはどれか.

① 直流電流が流れている平行導線間に働く力は，電流が同方向に流れている場合は斥力，反対方向に流れている場合は引力となる.

② 磁界に直交する導体に電流が流れるとき，その導体に働く電磁力の方向はフレミングの左手の法則による.

③ 電磁波は電界と磁界とが相伴って進行する進行波で横波である.

④ 電磁波の周波数が高くなるとその波長は短くなる.

⑤ 真空中における電磁波の速度は光速に等しい.

III 2　半径 a [m]，巻数 N の円形コイルに直流電流 I [A] が流れている. 電線の太さは無視できる. このとき，円形の中心点における磁界 H [A/m] を表す式として，最も適切なものはどれか.

ただし，微小長さの電流 $I\mathrm{d}l$ が距離 r だけ離れた点に作る磁界 $\mathrm{d}H$ は，電流の方向とその点の方向とのなす角を θ とすると，以下のビオ・サバールの法則で与えられる.

$$\mathrm{d}H = \frac{1}{4\pi}\frac{I\mathrm{d}l}{r^2}\sin\theta$$

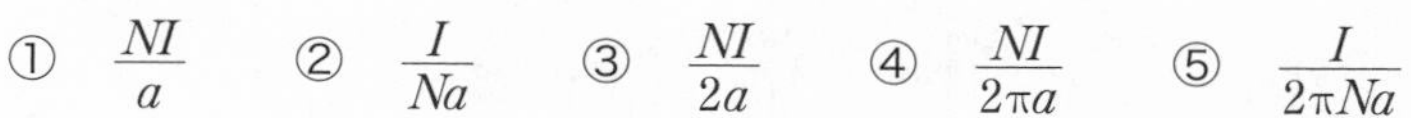

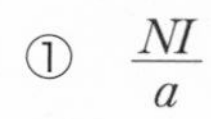

① $\dfrac{NI}{a}$

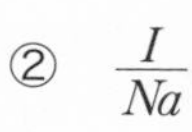

② $\dfrac{I}{Na}$

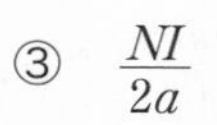

③ $\dfrac{NI}{2a}$

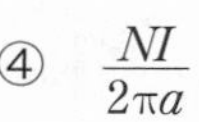

④ $\dfrac{NI}{2\pi a}$

⑤ $\dfrac{I}{2\pi Na}$

半径 a の球において，電荷 Q がすべて球面のみに一様密度で分布したときの電界を考える．次の記述の，□ に入る数式の組合せとして，最も適切なものはどれか．ただし，球内外の誘電率は ε_0 であるとする．

球の中心からの距離を r としたとき，$r < a$ における電界は［ア］で，$r > a$ における電界は［イ］である．

	ア	イ
①	$\dfrac{1}{4\pi\varepsilon_0}\cdot\dfrac{Qr}{a^3}$	0
②	$\dfrac{1}{4\pi\varepsilon_0}\cdot\dfrac{Qr}{a^3}$	$\dfrac{1}{4\pi\varepsilon_0}\cdot\dfrac{Q}{r^2}$
③	0	$\dfrac{1}{4\pi\varepsilon_0}\cdot\dfrac{Q}{r^2}$
④	$\dfrac{1}{4\pi\varepsilon_0}\cdot Q\log\dfrac{a^2}{r}$	$\dfrac{1}{4\pi\varepsilon_0}\cdot Q\log r$
⑤	0	$\dfrac{1}{4\pi\varepsilon_0}\cdot Q\log r$

下図のように，間隔 d で配置された無限に長い平行導線 l_1 と l_2 に沿って，電流 $3I$ と $2I$ がそれぞれ逆方向に流れている．導線 l_2 から鉛直方向に距離 a 離れた点 P における磁界の強さ H が零であるとき，a と d の関係を表す式として，最も適切なものはどれか．

ただし，平行導線 l_1，l_2 と点 P は，同一平面上にあるものとする．

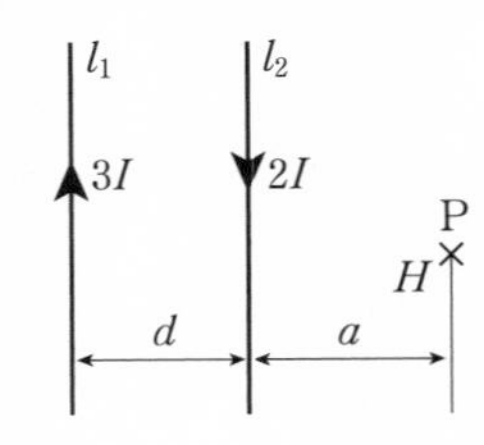

① $a=\dfrac{d}{3}$　② $a=\dfrac{d}{2}$　③ $a=d$

④ $a=2d$　⑤ $a=\dfrac{2d}{3}$

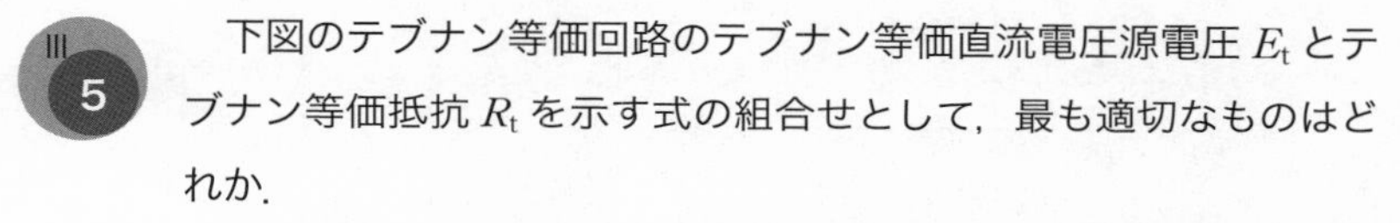

下図のテブナン等価回路のテブナン等価直流電圧源電圧 E_{t} とテブナン等価抵抗 R_{t} を示す式の組合せとして，最も適切なものはどれか．

ただし，R は抵抗，G はコンダクタンス，E は直流電圧源電圧，I は電流源電流である．

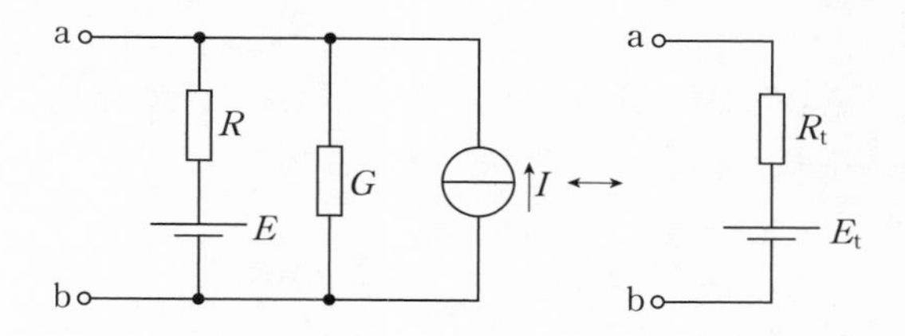

① $E_{\mathrm{t}}=\dfrac{(E+RI)G}{R(1+RG)}$，　$R_{\mathrm{t}}=\dfrac{G}{1+RG}$

② $E_{\mathrm{t}}=\dfrac{(E+RI)(1+RG)}{RG}$，　$R_{\mathrm{t}}=\dfrac{1+RG}{G}$

③ $E_{\mathrm{t}}=\dfrac{R(GE+I)}{1+RG}$，　$R_{\mathrm{t}}=\dfrac{1+RG}{G}$

④ $E_{\mathrm{t}}=\dfrac{E+RI}{1+RG}$，　$R_{\mathrm{t}}=\dfrac{R}{1+RG}$

⑤ $E_{\mathrm{t}}=\dfrac{R(GE+I)}{1+RG}$，　$R_{\mathrm{t}}=\dfrac{R}{1+RG}$

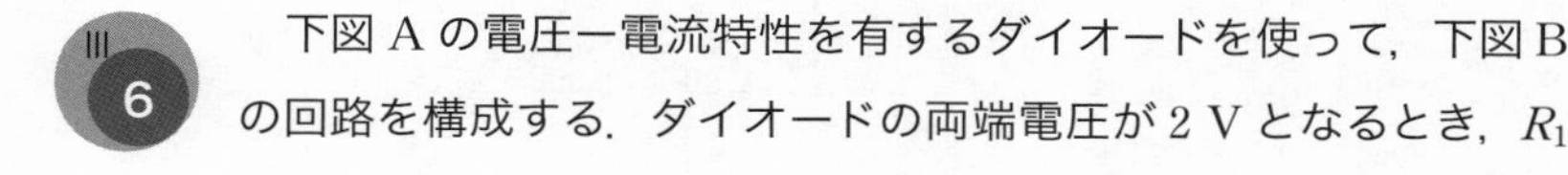

下図 A の電圧ー電流特性を有するダイオードを使って，下図 B の回路を構成する．ダイオードの両端電圧が 2 V となるとき，R_1

の抵抗値に最も近い値はどれか.

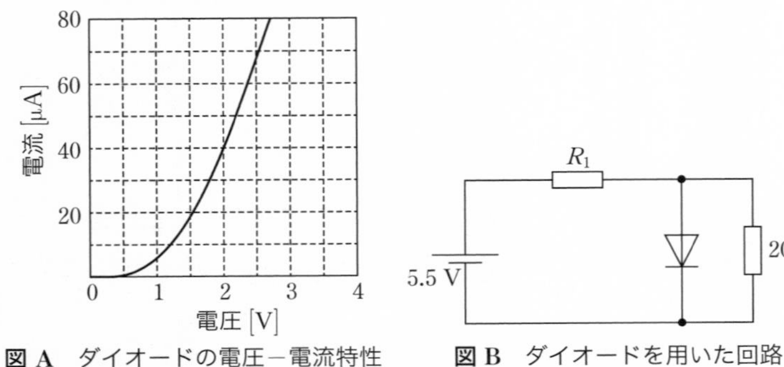

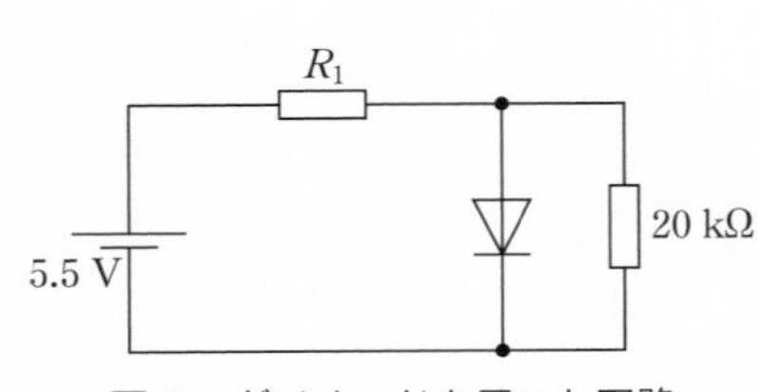

図 A　ダイオードの電圧－電流特性　　**図 B**　ダイオードを用いた回路

①　5 kΩ　　②　15 kΩ　　③　25 kΩ　　④　35 kΩ　　⑤　45 kΩ

III 7

下記の回路において，端子 a，b からみた合成抵抗として，最も適切なものはどれか.

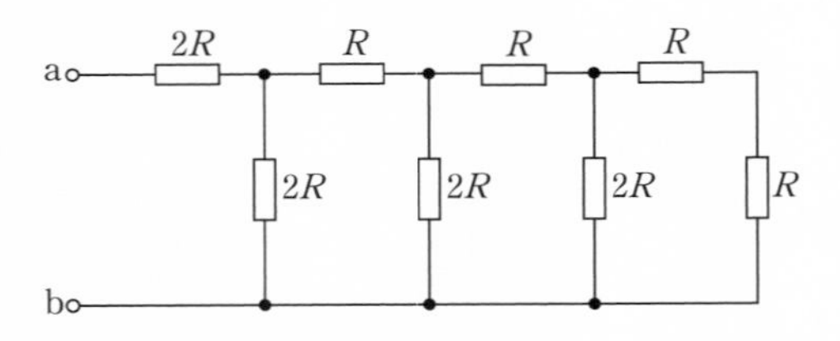

①　$R/2$　　②　R　　③　$2R$　　④　$3R$　　⑤　$4R$

下記の回路において，直流電流 i を示す式として，最も適切なものはどれか.

ただし，直流電圧源の電圧値 E，直流電流源の電流値 I とする.

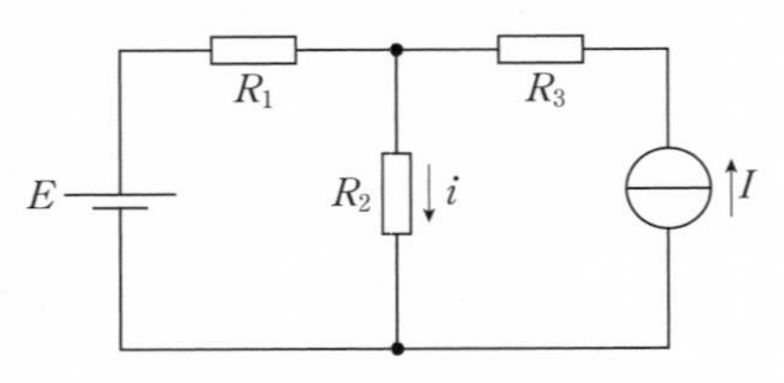

① $\dfrac{E+R_1 I}{R_1+R_2}$ ② $\dfrac{E+R_2 I}{R_1+R_2}$ ③ $\dfrac{E+R_3 I}{R_1+R_2}$

④ $\dfrac{E+R_2 I}{R_2+R_3}$ ⑤ $\dfrac{E+R_3 I}{R_2+R_3}$

下図のように R [Ω] の抵抗と自己インダクタンス L [H] のコイルを直列に接続した回路がある．スイッチ S を $t=0$ [s] で閉じたときに回路に流れる電流と各素子に加わる電圧にかかわる過渡現象に関する次の記述のうち，最も不適切なものはどれか．

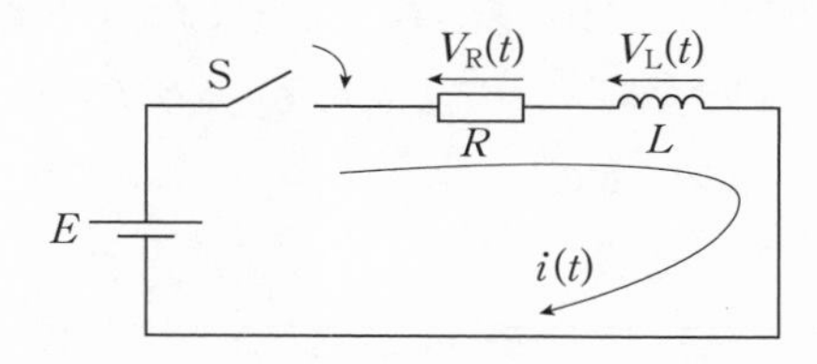

① この回路の時定数は L [H] の値に比例し，R [Ω] が大きくなると小さくなる．

② スイッチ S を閉じた直後の $V_L(0)$ の値は 0 [V] であるが，その後大きくなる．

③ 回路を流れる電流 $i(t)$ [A] は t の経過と共に大きくなるが，値の変化は緩慢となる．

④ 十分に時間が経ったときの $i(\infty)$ は L [H] の値に依存しない．

⑤ 十分に時間が経ったときの $V_R(\infty)$ は電源電圧の E [V] の値に依存する．

下図のような理想直流電流源 10 A，抵抗 10 Ω と 40 Ω，インダクタンス 0.5 H と理想スイッチからなる直流回路がある．スイッチを閉じた時に発生する過渡現象の時定数の値はどれか．

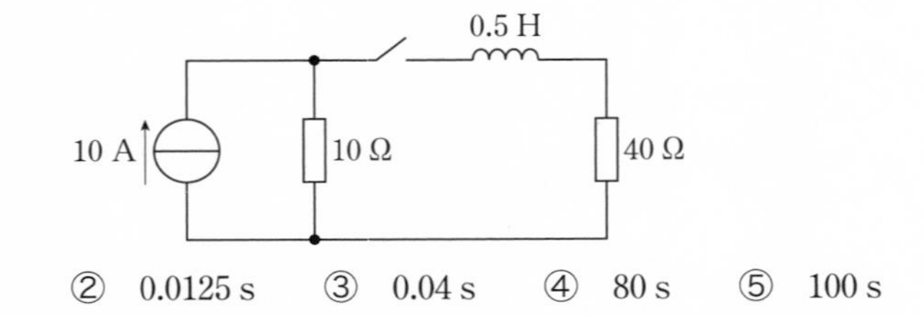

① 0.01 s　② 0.0125 s　③ 0.04 s　④ 80 s　⑤ 100 s

III 11

図 1 に示すキャパシタンス C_P のコンデンサと並列に抵抗値 R_P を接続した回路に角周波数 ω の単相交流電源が接続されている．この回路を図 2 のようなキャパシタンス C_S のコンデンサと抵抗値 R_S を直列にした回路に置き換えて，電源から供給される有効電力及び無効電力を等しくするための C_S 及び R_S を表す式の組合せとして，最も適切なものはどれか．

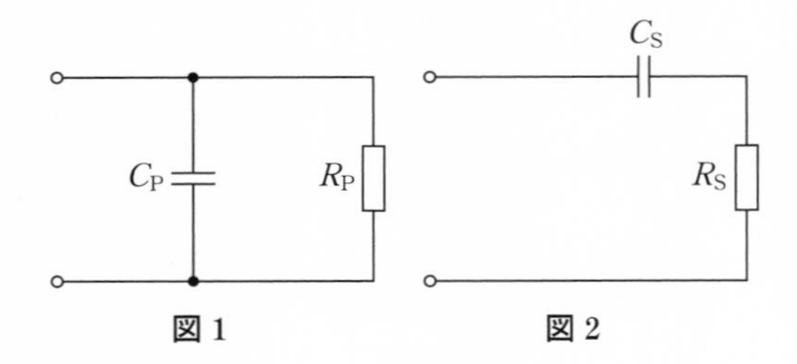

図 1　　図 2

① $C_S=\dfrac{1+(\omega C_P R_P)^2}{\omega^2 C_P R_P{}^2}$，$R_S=\dfrac{1}{1+(\omega C_P R_P)^2}R_P$

② $C_S=\dfrac{\omega^2 C_P R_P{}^2}{1+(\omega C_P R_P)^2}$，$R_S=\dfrac{1}{1+(\omega C_P R_P)^2}R_P$

③ $C_S=\dfrac{1+(\omega C_P R_P)^2}{\omega^2 C_P R_P{}^2}$，$R_S=\{1+(\omega C_P R_P)^2\}R_P$

④ $C_S=\dfrac{\omega^2 C_P R_P{}^2}{1+(\omega C_P R_P)^2}$，$R_S=\{1+(\omega C_P R_P)^2\}R_P$

⑤ $C_S=\dfrac{1+(\omega C_P R_P)^2}{\omega^2 R_P{}^2}C_P$，$R_S=\dfrac{1}{1+(\omega C_P R_P)^2}R_P$

下図に示すように，起電力が E_0 [V] で内部インピーダンス $Z_0 = r + \mathrm{j}x$ [Ω] の電源に負荷 $Z = R + \mathrm{j}X$ [Ω] が接続されている．負荷における消費電力が最大になる条件とその時の消費電力 P [W] を示す組合せとして，最も適切なものはどれか．

ただし，j は虚数単位であり，r と R は抵抗成分を，x と X はリアクタンス成分をそれぞれ表す．

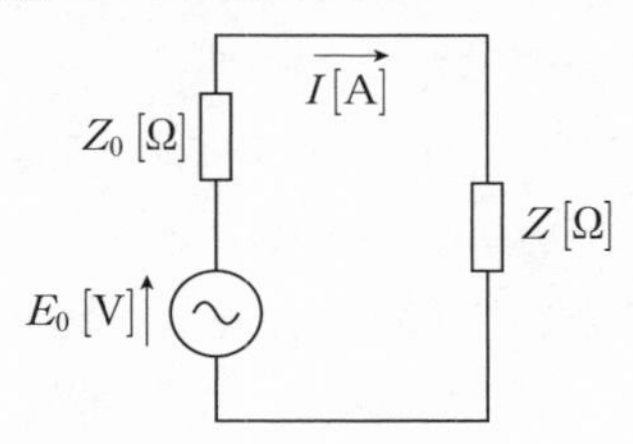

① $Z = r$，$P = \dfrac{{E_0}^2}{4r}$

② $Z = r + \mathrm{j}x$，$P = \dfrac{{E_0}^2}{4r}$

③ $Z = r - \mathrm{j}x$，$P = \dfrac{{E_0}^2}{r}$

④ $Z = r + \mathrm{j}x$，$P = \dfrac{{E_0}^2}{r}$

⑤ $Z = r - \mathrm{j}x$，$P = \dfrac{{E_0}^2}{4r}$

通常のプロペラ形風車を用いた風力発電機に関する次の記述のうち，最も適切なものはどれか．

① 風車の受けるエネルギーは，受風断面積の 2 乗に比例し，風速の 3 乗に比例する．

② 風車の受けるエネルギーは，受風断面積に比例し，風速の 3 乗に比例する．

③　風車の受けるエネルギーは，受風断面積の 2 乗に比例し，風速の 2 乗に比例する．

④　風車の受けるエネルギーは，受風断面積に比例し，風速の 2 乗に比例する．

⑤　風車の受けるエネルギーは，受風断面積に比例し，風速に比例する．

III 14

下図のように発電機が，容量 370 kV·A，力率遅れ 0.7 の負荷に電力を供給しながら，電力系統に並列して運転している．発電機の出力が 1 MV·A，力率が 0.8 遅れのとき，発電機が電力系統に送電する電力の力率として，最も近い値はどれか．

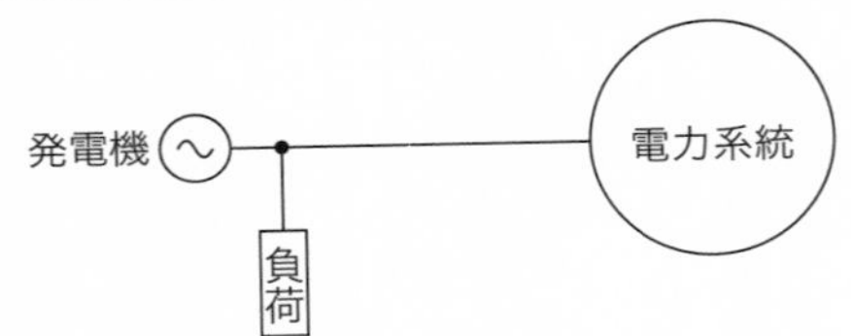

①　遅れ 0.82　　②　遅れ 0.85　　③　遅れ 0.88

④　遅れ 0.91　　⑤　遅れ 0.94

III 15

三相誘導電動機がある．一次巻線抵抗が 10 [Ω]，二次巻線抵抗（一次側換算値）が 8 [Ω]，滑りが 0.08 のとき，効率 [%] の値として，最も近い値はどれか．

ただし，励磁電流は無視できるものとし，損失は巻線抵抗による銅損のみしか存在しないものとする．

①　75　　②　78　　③　81　　④　84　　⑤　87

III 16

下図に示す分巻式の直流電動機において，端子電圧 V が 250 V，無負荷時の電動機入力電流 I が 11 A のとき，回転速度が 1 200 min^{-1} であった．同じ端子電圧で，電動機入力電流が 110 A に対する回転速度に最も近い値はどれか．

ただし，この直流電動機の界磁巻線の抵抗 R_f は 25 Ω，電機子巻線とブラシの接触抵抗の和 R_a は 0.1 Ω とし，電機子反作用による磁束の減少はなく，電機子巻線に鎖交する磁束は一定であるとする．

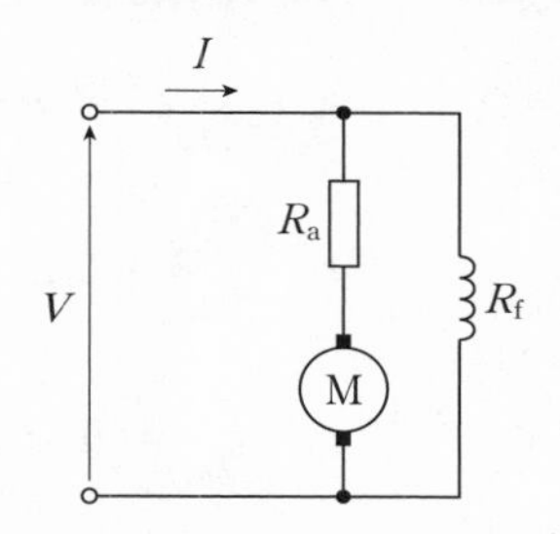

① 1 104 min^{-1}　② 1 152 min^{-1}　③ 1 200 min^{-1}
④ 1 249 min^{-1}　⑤ 1 296 min^{-1}

下図は，単相ブリッジ順変換回路である．サイリスタ Th_3 から Th_1 へ制御遅れ角 α [rad] にて転流するとき，重なり角を u [rad] とすると，電流 i_u と i_v の組合せとして，最も適切なものはどれか．

ここで，交流電源を $e_u = \sqrt{2}E \sin \omega t$ [V]，転流インダクタンスを L_{ac} [H]，Th_1 と Th_3 の電流を i_u，i_v [A]，電源電流と直流電流を i，I_d [A] とする．直流リアクトルのインダクタンス L_{dc} [H] は十分大きく，直流電流は一定とする．Th_1 と Th_4 及び Th_3 と Th_2 には同一電流が流れ，重なり期間中もこの通流関係は変化しないものとする．

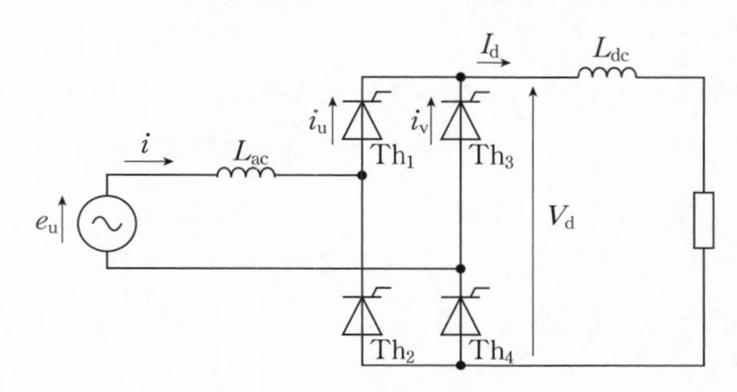

	i_u	i_v
①	$\dfrac{\sqrt{2}E}{2\omega L_{ac}}(\sin\alpha - \sin\omega t)$	$I_d - \dfrac{\sqrt{2}E}{2\omega L_{ac}}(\sin\alpha - \sin\omega t)$
②	$\dfrac{\sqrt{2}E}{2L_{ac}}(\cos\alpha - \cos\omega t)$	$I_d - \dfrac{\sqrt{2}E}{2L_{ac}}(\cos\alpha - \cos\omega t)$
③	$\dfrac{\sqrt{2}E}{2L_{ac}}(\sin\alpha - \sin\omega t)$	$I_d - \dfrac{\sqrt{2}E}{2L_{ac}}(\sin\alpha - \sin\omega t)$
④	$\dfrac{\sqrt{2}E}{2\omega L_{ac}}(\cos\alpha - \cos\omega t)$	$I_d - \dfrac{\sqrt{2}E}{2\omega L_{ac}}(\cos\alpha - \cos\omega t)$
⑤	$\dfrac{\sqrt{2}E}{2\omega L_{ac}}(\sin\alpha - \cos\omega t)$	$I_d - \dfrac{\sqrt{2}E}{2\omega L_{ac}}(\sin\alpha - \cos\omega t)$

III 18　直流チョッパに関する次の記述の，［　　］に入る語句の組合せとして，最も適切なものはどれか．

下図は，入出力電圧の関係で分類すると［ア］チョッパである．

デバイス Q は，T の周期で，T_{on} の時間はオンし，残りの T_{off} の時間はオフする．デバイス Q をオンすると，リアクトル L に流れている電源電流 I_S は，電源 S →リアクトル L →デバイス Q →電源 S の経路で流れ，リアクトル L に蓄えられるエネルギーが増加する．

デバイス Q をオフすると，リアクトル L に蓄えられたエネルギーが負荷側に放出され，電源電流 I_S は，電源 S →リアクトル L →ダイオード D →コンデンサ C と負荷→電源 S の経路を流れる．このとき，電源電流 I_S のリプルが十分に小さく一定値 I_S と見なせると仮定すると，ダイオード D に流れる電流の平均値 I_D は，$I_D =$［イ］となる．

チョッパの出力電圧は，コンデンサ C で十分に平滑化されて一定値と見なせるものとし，その値を V_L とする．チョッパ内で損失がないと仮定すれば，電源 S からチョッパへの入力電力 $E_S \times I_S$ と，チョッパから負荷への出力電力 $V_L \times I_D$ とは等しくなり，これと上記の式から出力電圧 V_L は，

V_L = [ウ] となる.

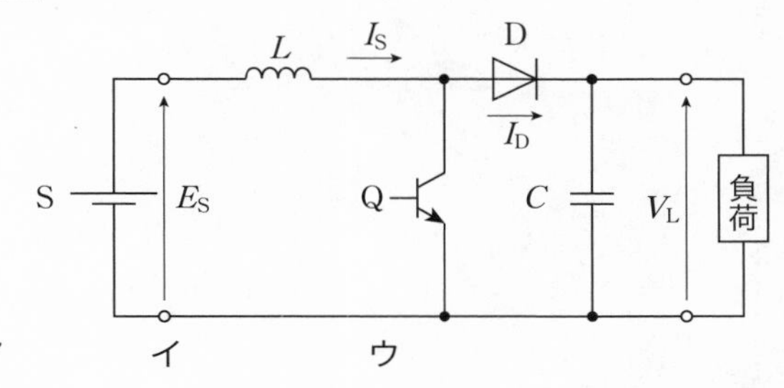

	ア	イ	ウ
①	昇圧	$I_S \times \frac{T_{on}}{T}$	$E_S \times \frac{T}{T_{off}}$
②	昇降圧	$I_S \times \frac{T_{on}}{T}$	$E_S \times \frac{T_{on}}{T_{off}}$
③	降圧	$I_S \times \frac{T_{off}}{T_{on}}$	$E_S \times \frac{T_{on}}{T_{off}}$
④	昇圧	$I_S \times \frac{T_{off}}{T}$	$E_S \times \frac{T}{T_{off}}$
⑤	降圧	$I_S \times \frac{T_{off}}{T}$	$E_S \times \frac{T}{T_{off}}$

III 19

下図は，オシロスコープなどに用いられる分圧回路である．電圧比 $\frac{V_2}{V_1}$ が周波数に無関係になる条件式及び分圧比を示す式の組合せとして，最も適切なものはどれか．

ただし，R_1，R_2 は抵抗であり，C_1，C_2 は，キャパシタンスを表す．

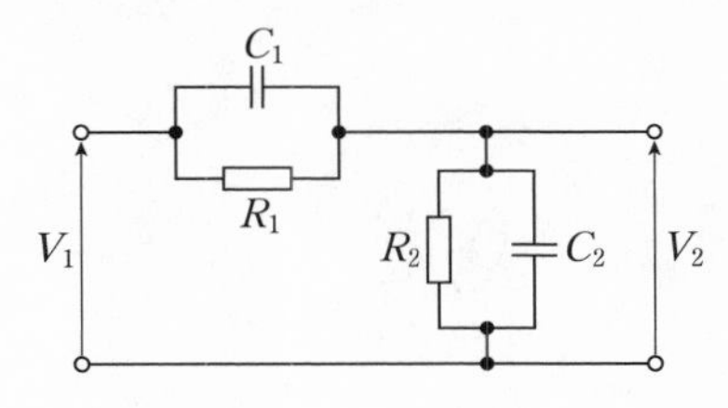

2016年度

① $C_1R_1 = C_2R_2,\ \dfrac{V_2}{V_1} = \dfrac{R_2}{R_1 + R_2}$

② $C_1R_1 = C_2R_2,\ \dfrac{V_2}{V_1} = \dfrac{C_2}{C_1 + C_2}$

③ $\dfrac{R_1}{R_2} = \dfrac{C_1}{C_2},\ \dfrac{V_2}{V_1} = \dfrac{R_2}{R_1 + R_2}$

④ $\dfrac{R_1}{R_2} = \dfrac{C_1}{C_2},\ \dfrac{V_2}{V_1} = \dfrac{C_2}{C_1 + C_2}$

⑤ $C_1 = C_2,\ \dfrac{V_2}{V_1} = \dfrac{C_2R_2}{C_1R_1 + C_2R_2}$

III 20

下図の回路において，C_x と R_x はコンデンサのキャパシタンスと内部抵抗である．検出器：D に電流が流れない条件で，R_x と C_x を示す式の組合せとして，最も適切なものはどれか．

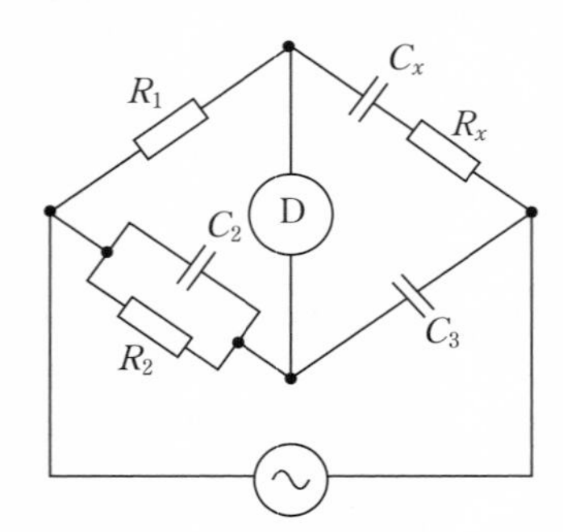

① $R_x = \dfrac{C_3}{C_2}R_1,\ C_x = \dfrac{R_2}{R_1}C_3$

② $R_x = \dfrac{C_2}{C_3}R_1,\ C_x = \dfrac{R_2}{R_1}C_3$

③ $R_x = \dfrac{C_3}{C_2}R_1,\ C_x = \dfrac{R_1}{R_2}C_3$

④　$R_x = \dfrac{C_2}{C_3} R_1$，$C_x = \dfrac{R_1}{R_2} C_3$

⑤　$R_x = \dfrac{C_2}{C_3} R_1$，$C_x = -\dfrac{R_2}{R_1} C_3$

PID（Proportional－Integral－Derivative）制御系に関する次の記述のうち，最も不適切なものはどれか．

① PID 補償をすることにより速応性を改善できる．

② 比例ゲインを大きくすると定常偏差は小さくなる．

③ 比例ゲインを大きくすると系の応答は振動的になる．

④ 制御系にその微分値を加えて制御すると，速応性を高め，減衰性を改善できる．

⑤ 積分制御を行うと定常偏差は大きくなる．

III 22

下図で表される回路において，コレクタ電流 I_C が流れ，ベース・エミッタ間の電圧 V_{BE} が 0.7 V となった．このときコレクタ電流 I_C の値として，最も近い値はどれか．

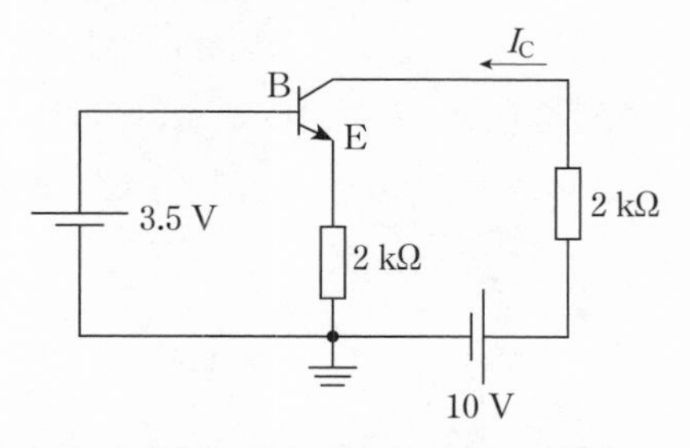

なお，各電池の内部抵抗は無視できるものとし，トランジスタのエミッタ接地電流増幅率（コレクタ電流とベース電流の比）は十分大きいものとする．

① 0.8 mA　② 1.4 mA　③ 1.8 mA

④ 2.3 mA　⑤ 2.9 mA

2016年度

下図は理想オペアンプを用いた回路である．図のように電圧 V_1 [V] を与えたとき，抵抗 R_4 [Ω] にかかる電圧 V_0 [V] として，最も適切なものはどれか．

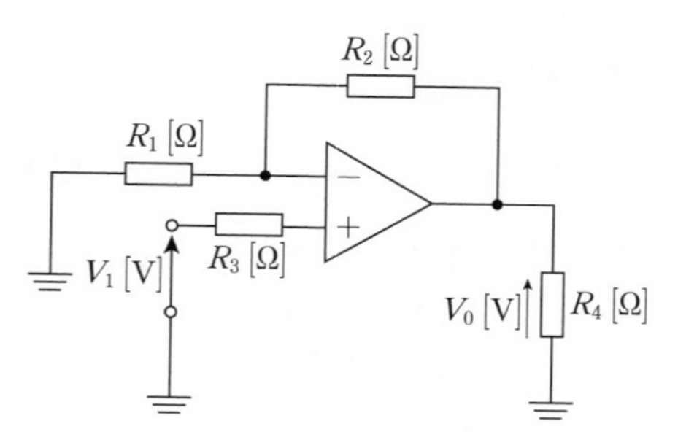

① $\left(1+\dfrac{R_1}{R_2}\right)V_1$　② $-\dfrac{R_2}{R_1}V_1$　③ $\left(1+\dfrac{R_2}{R_1}\right)V_1$

④ $-\dfrac{R_1}{R_2}V_1$　⑤ $\left(\dfrac{R_4}{R_3}-\dfrac{R_2}{R_1}\right)V_1$

図 1 は，2 入力 NAND を実現するスタティック CMOS（相補型 Metal Oxide Semiconductor）論理回路である．図 2 が実現する論理関数 $F(X, Y, Z)$ として，最も適切なものはどれか．

ただし，論理変数 A，B に対して，$A+B$ は論理和，$A \cdot B$ は論理積，$\overline{A}$ は A の否定を表す．また，V_{DD} は電源電圧を示す．

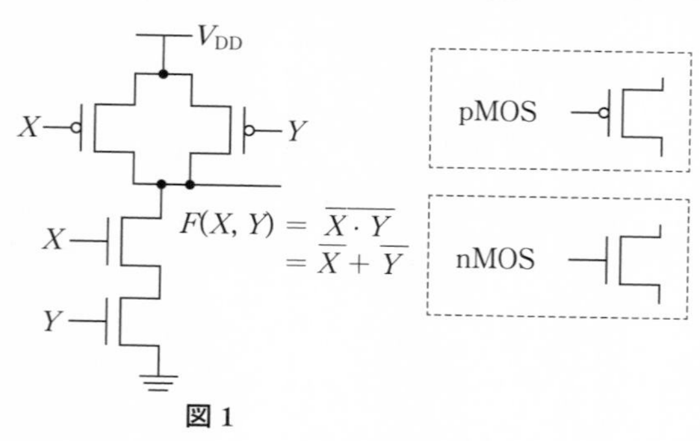

図 1

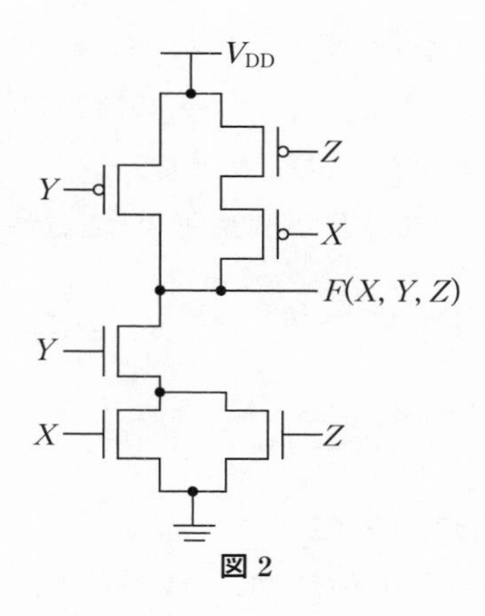

図 2

① $F(X,Y,Z)=\overline{X}\cdot\overline{Y}+\overline{Z}$

② $F(X,Y,Z)=\overline{X}\cdot\overline{Z}+\overline{Y}$

③ $F(X,Y,Z)=\overline{X}+\overline{Y}\cdot\overline{Z}$

④ $F(X,Y,Z)=X\cdot Y+Y\cdot Z$

⑤ $F(X,Y,Z)=X\cdot Y+Z$

下図の論理回路で，出力 f の論理式として，最も適切なものはどれか．

ただし，論理変数 A, B に対して，$A+B$ は論理和を表し，$A\cdot B$ は論理積を表す．

また，$\overline{A}$ は A の否定を表す．

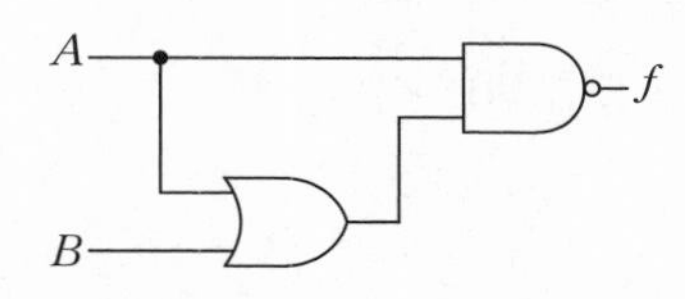

① $\overline{A}$　② $\overline{B}$　③ $\overline{A}\cdot\overline{B}$　④ $\overline{A\cdot B}$　⑤ $\overline{A+B}$

記憶のない 4 つの情報源アルファベット $\{\alpha_1, \alpha_2, \alpha_3, \alpha_4\}$ を考える．アルファベット α_1, α_2, α_3, α_4 の発生確率 p_1, p_2, p_3, p_4 を総和が 1 となる範囲で，任意に変更できるとき，取りうる最大となるエントロピーとして，最も適切なものはどれか．

ただし，エントロピー H は，$H=-\sum_i p_i \log_2 p_i$ で与えられる．

①　0　　②　1　　③　2　　④　4　　⑤　8

下表は，5 個の情報源シンボル s_1, s_2, s_3, s_4, s_5 からなる無記憶情報源と，それぞれのシンボルの発生確率と，A ～ E までの 5 種類の符号を示している．これらの符号のうち，「瞬時に復号可能」なすべての符号の集合を X とし，X の中で平均符号長が最小な符号の集合を Y とする．X と Y の最も適切な組合せはどれか．

ただし，瞬時に復号可能とは，符号語系列を受信した際，符号語の切れ目が次の符号語の先頭部分を受信しなくても分かり，次の符号語を受信する前にその符号語を正しく復号できることをいう．

情報源シンボル	発生確率	符号 A	符号 B	符号 C	符号 D	符号 E
s_1	0.35	1	00	1	1	000
s_2	0.35	10	1	00	01	001
s_3	0.15	110	010	011	001	010
s_4	0.10	1110	0111	0100	0011	011
s_5	0.05	11110	0110	0101	0010	100

①　X ={A, B, C, D, E}, Y ={B, C}

②　X ={A, B, C, D}, Y ={B, C}

③　X ={A, B, D, E}, Y ={A, B, D}

④　X ={A, B, E}, Y ={B, E}

⑤　X ={B, C, E}, Y ={B, C}

図 A に示す時間幅 τ，振幅 $1/\tau$ の孤立矩形パルス $g(t)$ のフーリエ変換 $G(f)$ は，$G(f)=\dfrac{\sin(\pi f\tau)}{\pi f\tau}$ と表される．

一方，フーリエ変換には縮尺性があり，$g(t)$ とそのフーリエ変換 $G(f)$ の関係を $F[g(t)]=G(f)$ と表すとき，$F[\alpha g(\alpha t)]=G\left(\dfrac{f}{\alpha}\right)$ の関係が成立する．

そこで，図 A の孤立矩形パルス $g(t)$ に対して，時間幅を $\dfrac{1}{2}$，振幅を 2 倍とした図 B に示す孤立矩形パルスを $g'(t)$ とするとき，$g'(t)$ のフーリエ変換として，最も適切なものはどれか．

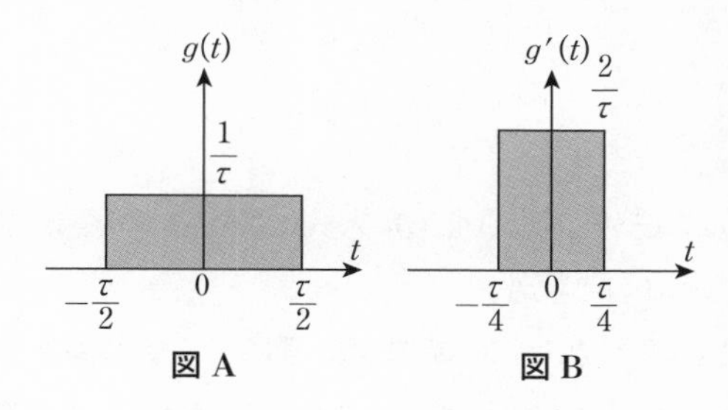

図 A　**図 B**

① $\dfrac{\sin(\pi f\tau)}{\pi f\tau}$　② $\dfrac{2\sin\left(\dfrac{\pi f\tau}{2}\right)}{\pi f\tau}$　③ $\dfrac{\sin(2\pi f\tau)}{2\pi f\tau}$

④ $\dfrac{4\sin\left(\dfrac{\pi f\tau}{2}\right)}{\pi f\tau}$　⑤ $\dfrac{\sin(2\pi f\tau)}{4\pi f\tau}$

離散的な数値列として離散時間信号，$\{f(n)\}$，$-\infty<n<\infty$ が，与えられているとする．このとき，信号 $f(n)$ に対する両側 z 変換 $F(z)$ が，複素数 z を用いて，$F(z)=\displaystyle\sum_{n=-\infty}^{\infty}f(n)z^{-n}$ と定義される

ものとする.

このとき, 信号 $f(n-k)$ の z 変換として, 最も適切なものはどれか.

ただし, n, k は整数とする.

① $F(z-k)$　② $F(z+k)$　③ $-kF(z)$

④ $z^{-k}F(z)$　⑤ $z^{k}F(z)$

III 30 ディジタル変調方式を使って, BPSK (Binary Phase Shift Keying) で 4 シンボル, QPSK (Quadrature Phase Shift Keying) で 2 シンボル, 16 値 QAM (Quadrature Amplitude Modulation) で 3 シンボルのデータを伝送した. 伝送した合計 9 シンボルで最大伝送できるビット数として, 最も適切なものはどれか.

① 9 ビット　② 17 ビット　③ 20 ビット

④ 23 ビット　⑤ 64 ビット

III 31 パルス符号変調 (PCM) 方式に関する次の記述のうち, 最も不適切なものはどれか.

① 標本化定理によれば, アナログ信号はその最大周波数の 2 倍以上の周波数でサンプリングすれば, そのパルス列から原信号を復元できる.

② 標本化パルス列から原信号を復元できる周波数をナイキスト周波数と呼ぶ.

③ 非線形量子化を行う際の圧縮器特性の代表的なものとして, μ−law (μ 則) がある.

④ 線形量子化では, 信号電力対量子化雑音電力比は信号電力が小さいほど大きくなる.

⑤ 量子化された振幅値と符号の対応のさせ方の代表的なものとして, 自然 2 進符号, 交番 2 進符号, 折返し 2 進符号がある.

インターネットに関する次の記述のうち，最も不適切なものはどれか．

① DNS（Domain Name System）は，IP アドレスと FQDN（Fully Qualified Domain Name）との対応関係を検索し提供するシステムである．

② NAT（Network Address Translation）は，プライベート IP アドレスとグローバル IP アドレス間の変換を行う機能である．

③ TCP（Transmission Control Protocol）は，フロー制御や再送制御などの機能を持つ．

④ ARP（Address Resolution Protocol）は，MAC アドレスから IP アドレスを知るためのプロトコルである．

⑤ DHCP（Dynamic Host Configuration Protocol）は，IP アドレスやネットマスクなど，ネットワークに接続する上で必要な情報を提供可能なプロトコルである．

半導体に関する次の記述のうち，最も不適切なものはどれか．

① 半導体は一般に，金属に比べて電気抵抗率の温度変化率が大きい．

② 真性半導体，p 形半導体，n 形半導体は，すべて電気的に中性である．

③ 真性半導体では，正孔と電子の密度は等しい．

④ p 形半導体と n 形半導体を接合した pn 接合では，接合部近くに空乏層ができる．

⑤ pn 接合の p 形半導体側に n 形半導体より正の高い電圧をかけると，電流はほとんど流れない．

III 34

MOS（Metal Oxide Semiconductor）に関する次の記述の，［　　］に入る語句の組合せとして，最も適切なものはどれか．

MOS トランジスタのゲート電極とシリコン基板の間にシリコン酸化膜

を挟んだ構造によって作られるMOSの容量値は，その［ア］に［イ］する．また，MOSトランジスタのスイッチング遅延時間は，その［ウ］に［エ］する．

	ア	イ	ウ	エ
①	ゲート面積	比例	ゲート幅	比例
②	ゲート面積	比例	ゲート長	比例
③	ゲート面積	反比例	ゲート幅	反比例
④	ゲート幅	比例	ゲート長	反比例
⑤	ゲート幅	反比例	ゲート幅	反比例

III 35　交流遮断器の性能に関する次の記述の，［　　］に入る語句の組合せとして，最も適切なものはどれか．

遮断器は，電力系統や機器などの［ア］を連続通電し，また開閉することができ，この連続して通じうる電流の限度を［イ］という．また，短絡などの事故発生時には，［ウ］を一定時間流すことができ，また遮断することもでき，この遮断できる電流の限度を［エ］という．

① ア　負荷電流　　イ　定格遮断電流
　ウ　事故電流　　エ　定格投入電流

② ア　事故電流　　イ　定格電流
　ウ　負荷電流　　エ　定格投入電流

③ ア　事故電流　　イ　定格電流
　ウ　負荷電流　　エ　定格遮断電流

④ ア　負荷電流　　イ　定格電流
　ウ　事故電流　　エ　定格遮断電流

⑤ ア　負荷電流　　イ　定格遮断電流
　ウ　定格電流　　エ　定格投入電流

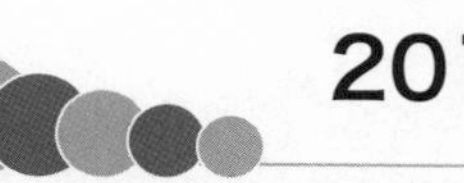

2015年度　問題

III　次の35問題のうち25問題を選択して解答せよ．（解答欄に1つだけマークすること．）

電磁力に関する次の記述の，[　　]に入る語句の組合せとして最も適切なものはどれか．

フレミングの[ア]の法則は，電流と磁界との間に働く力に関する法則である．親指が力の向きを，人差し指が[イ]を，中指が[ウ]を示す．[イ]と[ウ]が平行ならば，働く力の大きさは[エ]となる．

	ア	イ	ウ	エ
①	右手	電流	磁界	最大
②	右手	磁界	電流	ゼロ
③	右手	電流	磁界	ゼロ
④	左手	電流	磁界	最大
⑤	左手	磁界	電流	ゼロ

下図のように，A，B，Cの位置に，それぞれ電荷量がq_A，q_B，q_Cの3つの点電荷が置かれている．ただし，A，B，Cは一直線上に等間隔である．それぞれの点電荷に働く力が平衡状態になるためのq_A，q_B，q_Cの関係として，最も適切なものはどれか．

A　B　C

q_A　q_B　q_C

① $q_B = q_A$，$q_C = q_A/4$

② $q_B = -q_A$，$q_C = q_A/3$

③ $q_B = -q_A/4$，$q_C = q_A$

④ $q_B = -q_A/3$，$q_C = q_A$

2015年度

⑤　$q_B = -2q_A$，$q_C = q_A$

III 3　共通の鉄心で2つのコイルを接続するとき，両方のコイルが作る磁束が増加するようにすると合成インダクタンスは16 Hとなり，磁束が打ち消し合うようにすると4 Hとなった．両コイルの相互インダクタンスの値として最も適切なものはどれか．

①　3 H　　②　4 H　　③　6 H　　④　12 H　　⑤　16 H

III 4　次の記述の，［　　］に入る語句の組合せとして最も適切なものはどれか．

真空中の任意の［ア］Sの中に存在する［イ］Qの総和は，その［ア］上の電界Eの面積分に［ウ］する．

	ア	イ	ウ
①	閉曲面	電荷	比例
②	閉曲面	電流	反比例
③	閉曲線	電荷	反比例
④	閉曲面	電流	比例
⑤	閉曲線	双極子モーメント	比例

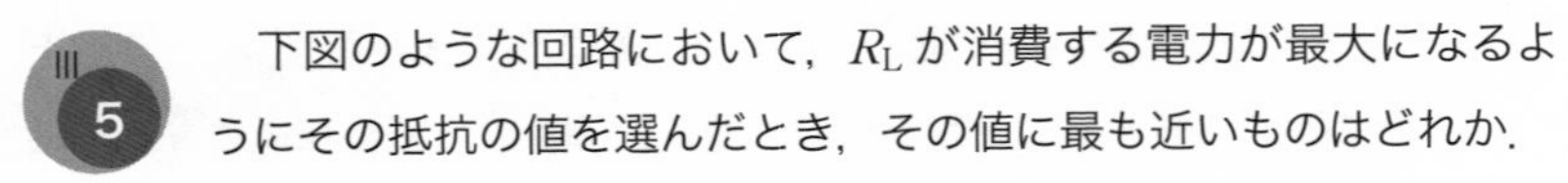

III 5　下図のような回路において，R_Lが消費する電力が最大になるようにその抵抗の値を選んだとき，その値に最も近いものはどれか．

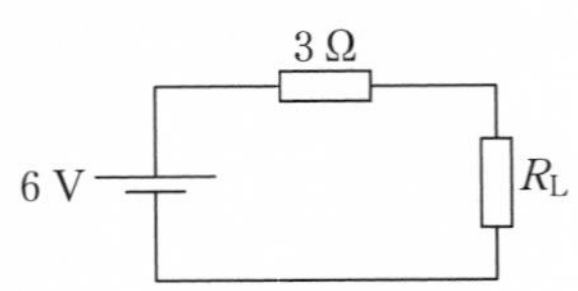

①　0 Ω　　②　1 Ω　　③　2 Ω　　④　3 Ω　　⑤　4 Ω

抵抗と直流電圧源からなる下図の回路において，直流電流 I を示す式として，最も適切なものはどれか．ただし，E_1，E_2 は直流電圧源を表す．

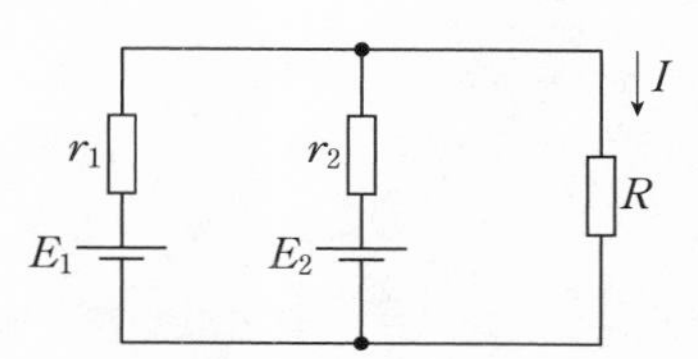

① $\dfrac{E_1r_2+E_2r_1}{R(r_1+r_2)+r_1r_2}$　② $\dfrac{E_1r_1+E_2r_2}{R(r_1+r_2)+r_1r_2}$　③ $\dfrac{E_1r_2+E_2r_1}{r_1+r_2+Rr_1r_2}$

④ $\dfrac{E_1r_2+E_2r_1}{Rr_1+r_2+r_1r_2}$　⑤ $\dfrac{E_1r_2+E_2r_1}{r_1+Rr_2+r_1r_2}$

静電容量 2 F の 1 つのコンデンサに電圧 1 V を充電した後，全く充電されていない静電容量 1/2 F のコンデンサを 2 つ並列接続し，十分時間が経ったとき，並列接続された 3 つのコンデンサに蓄えられる全静電エネルギーの値はどれか．

① 3/2 J　② 4/3 J　③ 3/4 J　④ 2/3 J　⑤ 1/2 J

下図の回路で，スイッチ S を閉じたまま十分長時間放置した後，時刻 $t=0$ にて，S を開いて切断する．切断直後にコイルに流れ続ける電流を a [A] とすると，$t>0$ における電流 $i(t)$ [A] は，次式のように表される．

$$i(t)=a\exp(-\alpha t)+b\{1-\exp(-\alpha t)\}$$

a，b，α の値の組合せとして，正しいものはどれか．

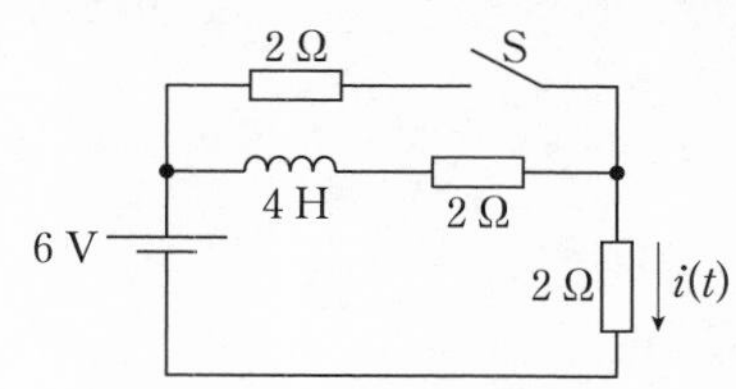

① $a=1$, $b=1.5$, $\alpha=3/4$

② $a=1$, $b=1.5$, $\alpha=1$

③ $a=1.5$, $b=2$, $\alpha=1$

④ $a=2$, $b=1.5$, $\alpha=3/4$

⑤ $a=2$, $b=1.5$, $\alpha=1$

III 9

下図に示される，スイッチ，直流理想電圧源，抵抗器，コンデンサ（キャパシタ）からなる回路で，時刻 $t=0$ で，スイッチを閉じる．このとき，コンデンサの電圧 $v(t)$ に関して微分方程式

$$\frac{dv(t)}{dt}=av(t)+bE \quad (t \geqq +0)$$

が成り立つ．ただし，R_1，R_2，C，E は定数である．この微分方程式の解で，初期条件 $v(0)=v_0$ を満たす電圧 $v(t)$ として最も適切なものはどれか．

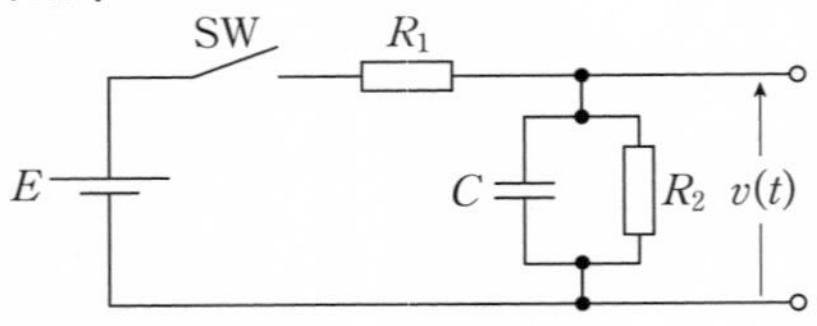

① $(v_0-E)e^{-\frac{t}{CR_1}}+E$

② $\left(v_0-\frac{R_2}{R_1+R_2}E\right)e^{-\frac{R_1+R_2}{CR_1R_2}t}+\frac{R_2}{R_1+R_2}E$

③ $\left(v_0-\frac{R_2}{R_1+R_2}E\right)e^{-\frac{t}{CR_1}}+\frac{R_2}{R_1+R_2}E$

④ $(v_0+E)e^{-\frac{t}{CR_1}}-E$

⑤ $\left(v_0+\frac{R_2}{R_1+R_2}E\right)e^{-\frac{R_1+R_2}{CR_1R_2}t}+\frac{R_2}{R_1+R_2}E$

下図に示される，角周波数が ω，実効値が E の交流電圧源とスイッチ SW，抵抗器 R，コンデンサ C，インダクタ L からなる回路を考える．次の記述の，□に入る数式の組合せとして最も適切なものはどれか．

SW が開いている場合に抵抗の両端にかかる電圧 V は［ア］，SW が閉じている場合に抵抗の両端にかかる電圧 V は［イ］となる．

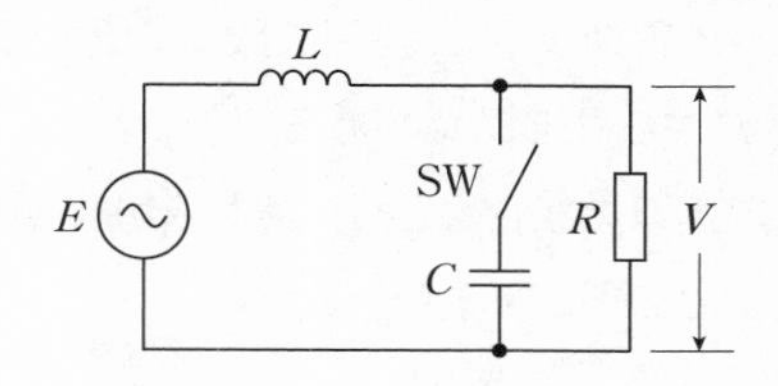

	ア	イ
①	$\dfrac{\omega L}{\sqrt{R^2+(\omega L)^2}}E$	$\dfrac{\sqrt{1+(\omega CR)^2}}{\sqrt{(1-\omega^2 CL)^2+(\omega CR)^2}}E$
②	$\dfrac{R}{\sqrt{R^2+(\omega L)^2}}E$	$\dfrac{R}{\sqrt{R^2(1-\omega^2 CL)^2+(\omega L)^2}}E$
③	$\dfrac{R}{\sqrt{R^2+(\omega L)^2}}E$	$\dfrac{\sqrt{1+(\omega CL)^2}}{\sqrt{(1-\omega^2 CL)^2+(\omega CR)^2}}E$
④	$\dfrac{\omega L}{\sqrt{R^2+(\omega L)^2}}E$	$\dfrac{\omega L}{\sqrt{R^2(1-\omega^2 CL)^2+(\omega L)^2}}E$
⑤	$\dfrac{R}{\sqrt{R^2+(\omega L)^2}}E$	$\dfrac{\omega L}{\sqrt{R^2(1-\omega^2 CL)^2+(\omega L)^2}}E$

下図において，周波数が 50 Hz，電圧が V の交流電源から流れる電流 I は，図 A，図 B のいずれも同じ大きさ，かつ電圧との位相差が同一である．このとき，図 B における抵抗 R' に最も近い値はどれか．

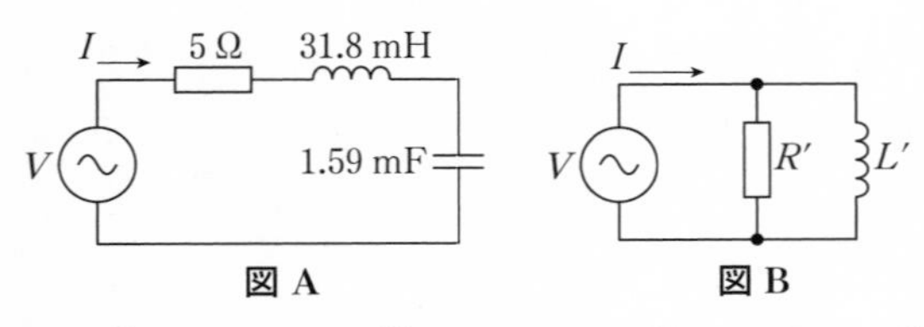

① 17.8 Ω　② 8.33 Ω　③ 6.28 Ω　④ 5.6 Ω　⑤ 0.56 Ω

下図のように実効値 V_m, 角周波数 ω の正弦波電圧源とリアクトル L, 抵抗 R からなる回路がある．このとき，電圧源の電流実効値 I と無効電力 Q の組合せとして最も適切なものはどれか．ただし，遅れの無効電力を正とする．

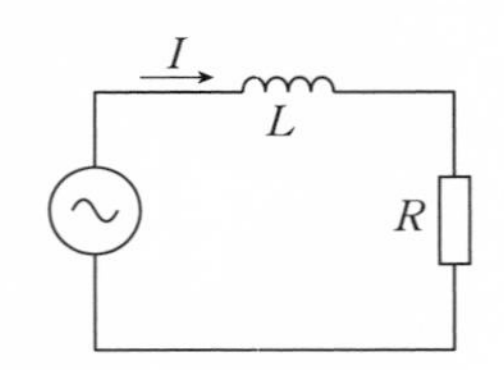

① $I=\dfrac{V_m}{\sqrt{R^2+(\omega L)^2}}$, $Q=\dfrac{\omega L {V_m}^2}{R^2+(\omega L)^2}$

② $I=\dfrac{V_m}{\sqrt{R^2+(\omega L)^2}}$, $Q=\dfrac{R {V_m}^2}{R^2+(\omega L)^2}$

③ $I=\dfrac{V_m}{\sqrt{R^2+(\omega L)^2}}$, $Q=\dfrac{\omega L R {V_m}^2}{R^2+(\omega L)^2}$

④ $I=\dfrac{V_m}{R^2+(\omega L)^2}$, $Q=\dfrac{\omega L V_m}{R^2+(\omega L)^2}$

⑤ $I=\dfrac{V_m}{R^2+(\omega L)^2}$, $Q=\dfrac{R V_m}{R^2+(\omega L)^2}$

発電所の電圧調整に関する次の記述の，［　　］に入る語句の組合せとして最も適切なものはどれか．

1 号機と 2 号機の同期発電機がそれぞれ変圧器により同一母線に接続さ

れて系統に送電している．2 機とも電圧・無効電力調整装置は自動から手動に切り替えており，端子電圧及び有効電力出力は同一である．この状態で 1 号機の界磁電流を増加させると，1 号機から 2 号機には [ア] が流れて，1 号機の力率は [イ] 側に，2 号機の力率は [ウ] 側に変化する．

	ア	イ	ウ
①	進相無効電力	進相	進相
②	進相無効電力	進相	遅相
③	遅相無効電力	遅相	遅相
④	遅相無効電力	遅相	進相
⑤	遅相無効電力	進相	遅相

III 14 再生可能エネルギー等の新しい発電に使用される装置に関する次の記述のうち，最も不適切なものはどれか．

① 風力発電には，誘導発電機と同期発電機が用いられる．前者は交流で系統に直接に連系する．後者は系統に連系して安定な運転を行うためには周波数変換器を介して連系する．

② 地熱発電には，地下で発生する高温の天然蒸気を直接蒸気タービンへ供給する方式と，蒸気と熱水を汽水分離器により分離して蒸気のみを蒸気タービンへ供給する方式がある．

③ 太陽電池の出力電圧は負荷電流によって変化するため，最大電力を得るために直流側の電圧を制御している．

④ 燃料電池は，負極に酸素，正極に燃料を供給すると通常の燃焼と同じ反応で発電する．小型でも発電効率が高く，大容量化によるコスト低減のメリットが少ない．

⑤ 二次電池は，発電に使用するためには自己放電が少ないこと，充放電を繰り返したときの電圧や容量の低下が小さいことが要求される．

電気機器に関する次の記述のうち，最も不適切なものはどれか．

① 同期機では，界磁が回転する回転界磁形が一般的である．

② 同期機の同期回転速度は，周波数と磁極数のみで定まる．

③ かご形誘導電動機は，回転子の構造が簡単で保守が容易なので，小形から大形まで広く用いられている．

④ 界磁巻線を有する同期機には，回転子の磁極形状により，突極機と非突極機がある．発電機においては，前者が高速機に，後者が比較的低速機に使用される．

⑤ 単巻変圧器では，自己容量を線路出力より小さくすることができる．

III 16

定格が15 kV·Aの単相変圧器において漏れインピーダンスは3 %であるとする．この変圧器の低圧側に5 kV·A，力率0.8遅れの負荷をかけた状態から負荷を遮断したときの低圧側電圧の変動率に最も近い値はどれか．ただし，変圧器の巻線抵抗，励磁アドミタンスは無視し，高圧側電圧は負荷遮断の前後で変わらないものとする．

① 0.4 %　　② 0.6 %　　③ 0.8 %　　④ 1.2 %　　⑤ 1.4 %

III 17

下図のように実効値 V_{m} の正弦波電圧源にダイオードとコンデンサからなる回路が接続されている．ダイオードとコンデンサは理想的であるとし，コンデンサ C_1 にかかる電圧 V_1 とコンデンサ C_2 にかかる電圧 V_2 の組合せとして最も適切なものはどれか．

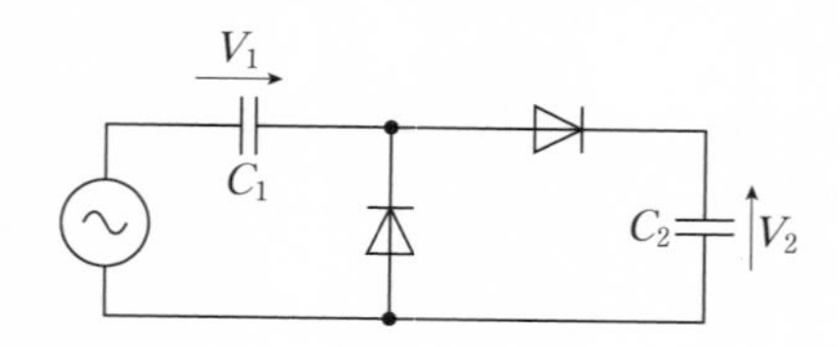

① $V_1=\sqrt{2}V_\mathrm{m}$，$V_2=\sqrt{2}\dfrac{C_1}{C_2}V_\mathrm{m}$

② $V_1=\sqrt{2}V_\mathrm{m}$，$V_2=2\sqrt{2}V_\mathrm{m}$

③ $V_1=\sqrt{2}V_\mathrm{m}$，$V_2=\sqrt{2}\dfrac{C_2}{C_1}V_\mathrm{m}$

④ $V_1=-\sqrt{2}V_\mathrm{m}$，$V_2=2\sqrt{2}V_\mathrm{m}$

⑤ $V_1=-\sqrt{2}V_\mathrm{m}$，$V_2=\sqrt{2}\dfrac{C_1}{C_2}V_\mathrm{m}$

III 18

下図に示す三相サイリスタブリッジ回路において，制御遅れ角を60° で運転しているとする．直流側のインダクタンスは十分大きく，負荷に一定電流が流れているとみなせるとき，点 P の電位 V として最も適切な波形はどれか．

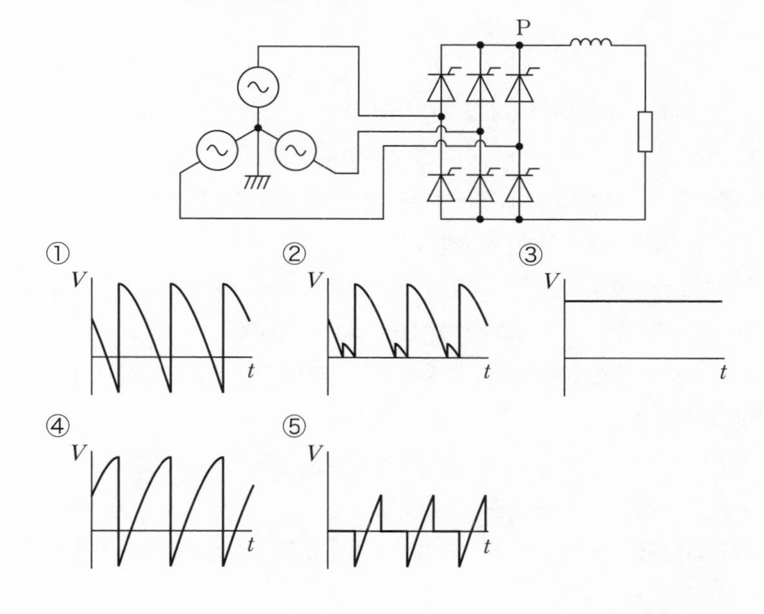

III 19　高電圧の計測に関する次の記述の，[　　] に入る語句の組合せとして最も適切なものはどれか．

高電圧の電圧測定器として用いられる球ギャップ（平等電界）間の火花電圧は，[ア] 火花電圧を基準として，気体の圧力 p とギャップ長 d の積（pd 積）を増加させると [イ] し，pd 積を減少させると [イ] する．球ギャップ間の [ア] 火花電圧は，球ギャップが空気中にあるときは [ウ] V，ヘリウム（He）中のときは [エ] V，アルゴン（Ar）中のときは [オ] V になる．

	ア	イ	ウ	エ	オ
①	最小	増加	233	340	156
②	最小	減少	340	233	156
③	最小	増加	340	156	233
④	最小	増加	340	233	156
⑤	最大	減少	233	340	156

III 20　高電圧の計測に関する次の記述のうち，最も不適切なものはどれか．

① 静電電圧計の電極間に電圧 V を印加すると，マクスウェルの応力により V^2 に比例した引力が電極間に働く．

② 球ギャップの火花電圧は，球電極の直径，ギャップ長，相対空気密度を一定にすると，±3 % の変動範囲でほぼ一定になる．

③ 100 kV を超える直流電圧の測定には，静電電圧計よりも抵抗分圧器の方が適している．

④ 球ギャップの火花電圧は，静電気力が原因で電極表面に空気中のちりや繊維が付着し，低下することがある．

⑤ 平等電界において，球ギャップ間で火花放電が発生する平均の電界は約 30 kV/cm になる．

下図のようなブロック線図で表される系で，単位ステップ応答を考える．次の記述の，［　　］に入る数式の組合せとして最も適切なものはどれか．

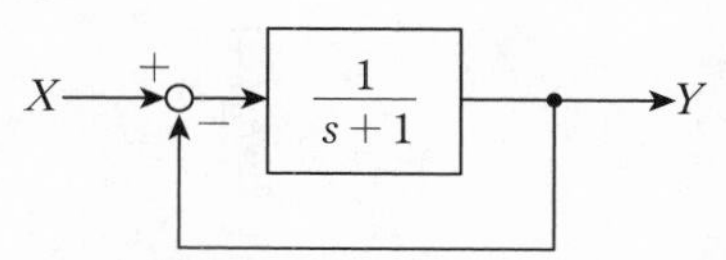

入力 X から出力 Y への伝達関数は［ア］と表される．また，時刻 t における単位ステップ応答 $y(t)$ は［イ］と表される．

	ア	イ
①	$\frac{1}{s+2}$	$\frac{1}{2}(1-e^{-\frac{t}{2}})$
②	$\frac{s+1}{s+2}$	$\frac{1}{2}(1+e^{-2t})$
③	$\frac{1}{s+1}$	$1-e^{-t}$
④	$\frac{1}{s+2}$	$\frac{1}{2}(1-e^{-2t})$
⑤	$\frac{s+1}{s+2}$	$\frac{1}{2}(1+e^{-\frac{t}{2}})$

下図のように 3 個の交流電圧源 v_1，v_2，v_3 と理想オペアンプ，抵抗 R からなる回路がある．このとき v_0 を表す式として最も適切なものはどれか．

① $v_0 = v_2 - v_3 - v_1$

② $v_0 = v_3 - v_2$

③ $v_0 = v_3 + v_2 + 2v_1$

④ $v_0 = v_2 - v_3$

⑤ $v_0 = v_2 - v_3 + v_1$

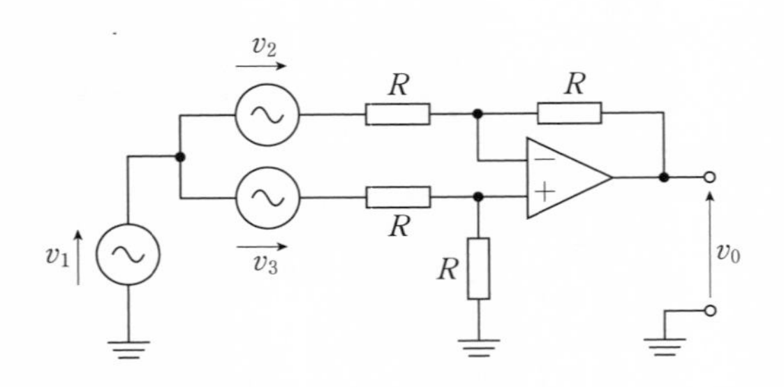

III 23　下図のように特性が同一の理想的な MOS－FET M_1，M_2 と抵抗 R_1，R_2 からなる回路がある．R_1 に電流 I_1 が流れているとした場合，電流 I_2 を表す一般的な式として最も適切なものはどれか．ただし，M_2 側の回路は十分に電流が流せる能力があるものとし，$R_1 \neq R_2$，$v_1 \neq v_2$ であるとする．

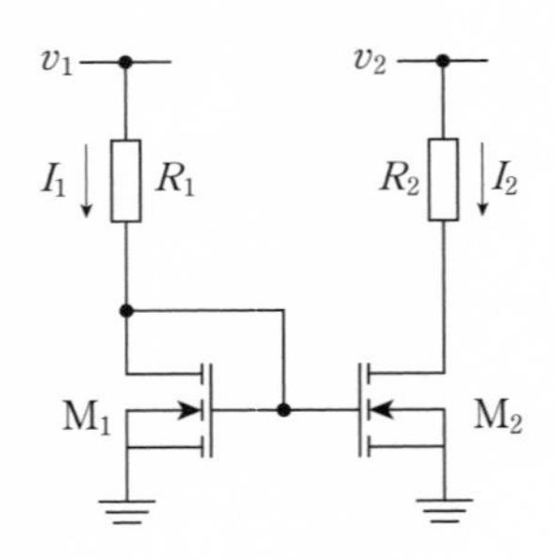

①　$I_2 = \dfrac{v_1 R_2}{v_2 R_1} I_1$　　②　$I_2 = \dfrac{R_2}{R_1} I_1$　　③　$I_2 = I_1$

④　$I_2 = \dfrac{R_1}{R_2} I_1$　　⑤　$I_2 = \dfrac{v_2 R_1}{v_1 R_2} I_1$

任意の論理回路を実現する場合に必要なゲートの種類の組合せとして，最も不適切なものはどれか．ただし，論理回路の実現において同じ種類のゲートを複数用いてもよいものとする．

①　NOT ゲート，OR ゲート

② NOT ゲート，AND ゲート

③ NOT ゲート，NAND ゲート

④ OR ゲート，AND ゲート

⑤ OR ゲート，NAND ゲート

下図は A，B，C，D を入力とし，F(A, B, C, D) を出力とするスタティック CMOS（相補型 Metal Oxide Semiconductor）論理回路である．図中の(ア)に入る回路として最も適切なものはどれか．

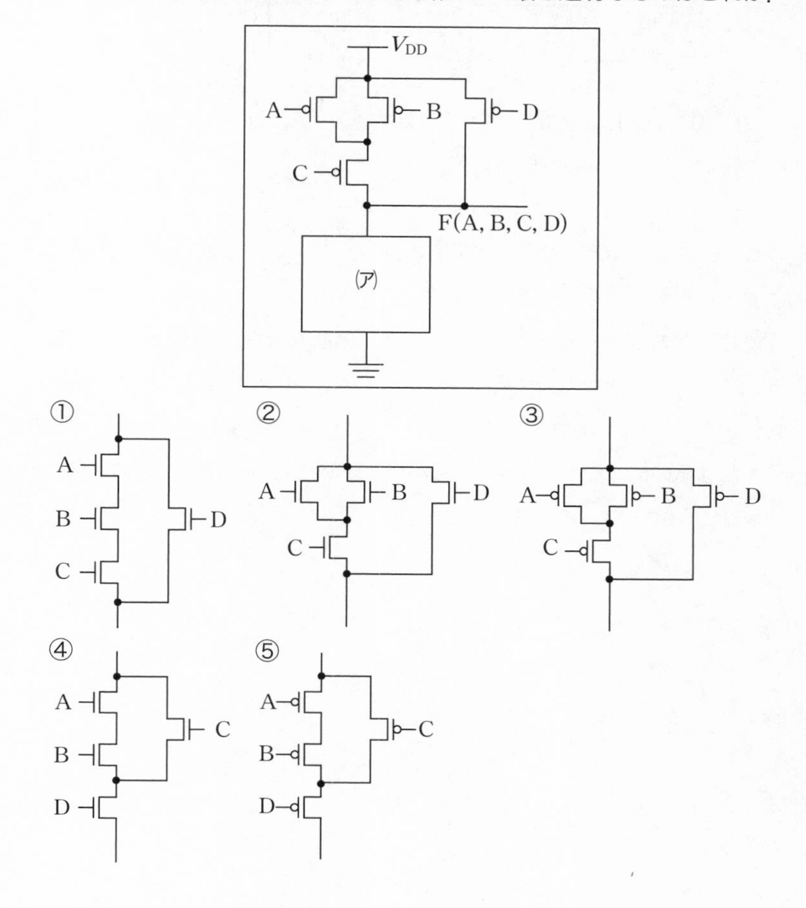

下表に示す，5 つの符号語を持つ 2 元符号 A ～ E のうち，瞬時に復号可能な符号のみを選んでいる組合せとして最も適切なものはどれか．ただし，瞬時に復号可能とは，符号語系列を受信した際，符号語の切れ目が次の符号語の先頭部分を受信しなくても分かり，次の符号語を受信する前にその符号語を正しく復号できることをいう．

符号 A	符号 B	符号 C	符号 D	符号 E
000	1	0	1	0
11	10	10	01	01
10	110	110	001	011
01	1110	1110	0001	0111
00	11110	11110	0000	01111

① B，C，D，E　② B，C，E　③ A，D
④ B，E　⑤ C，D

エントロピーに関する次の記述の，[　　] に入る語句の組合せとして最も適切なものはどれか．

情報源アルファベットが $\{a_1, a_2, \cdots, a_M\}$ の記憶のない情報源を考える．$a_1, a_2, \cdots, a_M$ の発生確率を $p_1, p_2, \cdots, p_M$ とすれば，エントロピーは [ア] となる．エントロピーは，[イ] にはならない．エントロピーが最大となるのは，$p_1 = p_2 = \cdots = p_M = 1/M$ のときであり，このとき，エントロピーは [ウ] となる．

	ア	イ	ウ
①	$-\sum_{i=1}^{M} p_i \log_2 p_i$	正	$-\log_2 M$
②	$-\sum_{i=1}^{M} p_i \log_2 p_i$	負	$\log_2 M$
③	$\sum_{i=1}^{M} p_i \log_2 p_i$	正	$\log_2 M$

④ $\sum_{i=1}^{M} p_i \log_2 p_i$ 　負　 $\frac{1}{M}\log_2 M$

⑤ $-\sum_{i=1}^{M} p_i \log_2 p_i$ 　負　 $\frac{1}{M}\log_2 M$

III 28

長さNの離散信号 $\{x(n)\}$ の離散フーリエ変換（DFT：Discrete Fourier Transform）$X(k)$ は，次式のように表される．ただし，j は虚数単位を表す．

$$X(k)=\sum_{n=0}^{N-1} x(n)e^{-\mathrm{j}\frac{2\pi nk}{N}},\ \ k=0,\ 1,\ \cdots,\ N-1$$

$\{x(n)\}$ が次式のように与えられた場合，離散フーリエ変換 $X(k)$ を計算した結果として最も適切なものはどれか．

$$x(n)=\begin{cases}1, & n=0,\ 1,\ N-1\\ 0, & 2 \leqq n \leqq N-2\end{cases}$$

① $1+2\cos\frac{2\pi}{N}k$　② $1-2\cos\frac{2\pi}{N}k$　③ $2-2\cos\frac{2\pi}{N}k$

④ $1+2\sin\frac{2\pi}{N}k$　⑤ $2-2\sin\frac{2\pi}{N}k$

4変数 A，B，C，D から構成される論理式

$$A\cdot\overline{C}+\overline{A}\cdot\overline{C}\cdot D+A\cdot B\cdot C\cdot\overline{D}+\overline{A}\cdot\overline{B}\cdot\overline{C}\cdot\overline{D}$$

を簡略化した論理式として最も適切なものはどれか．ただし，論理変数 X，Y に対して，$X+Y$ は論理和を表し，$X\cdot Y$ は論理積を表す．また，X は $\overline{X}$ の否定を表す．

① $B\cdot\overline{C}+C\cdot\overline{D}+A\cdot B\cdot\overline{D}$　② $B\cdot\overline{C}+\overline{C}\cdot D+A\cdot B\cdot\overline{D}$

③ $\overline{B}\cdot\overline{C}+C\cdot\overline{D}+A\cdot B\cdot\overline{D}$　④ $\overline{B}\cdot\overline{C}+\overline{C}\cdot D+A\cdot B\cdot\overline{D}$

⑤ $\overline{B}\cdot\overline{C}+\overline{C}\cdot\overline{D}+A\cdot B\cdot\overline{D}$

III 30

アナログ・ディジタル（AD）変換に関する次の記述の，[　　　]に入る語句の組合せとして最も適切なものはどれか．

AD変換では，まずアナログ信号が[ア]され，その後[イ]され，[ウ]される．[ア]の周波数がアナログ信号の最高周波数の[エ]倍よりも[オ]場合は，[ア]信号から元のアナログ信号を復元できる．

	ア	イ	ウ	エ	オ
①	標本化	量子化	符号化	0.5	大きい
②	標本化	量子化	符号化	2	大きい
③	量子化	標本化	符号化	0.5	小さい
④	量子化	符号化	標本化	2	大きい
⑤	符号化	標本化	量子化	2	小さい

III 31

インターネットのプロトコル階層に関する次の記述のうち，最も不適切なものはどれか．

① 対等な層間の通信制御の規約をプロトコル，上下層間の通信制御の手続きをインタフェースという．

② 通信の宛先を示す情報には，ポート番号，IP（Internet Protocol）アドレス，及びMAC（Media Access Control）アドレスがある．

③ TCP（Transmission Control Protocol）はトランスポート層のプロトコルであり，信頼性のあるトランスポートサービスを実現するために，コネクションレス型サービスを実現する．

④ TCPでは，ARQ（Automatic Repeat reQuest）におけるウインドウ機能を用いて，フロー制御と輻輳制御を実現する．

⑤ IPはネットワーク層のプロトコルであり，IPアドレスに基づきデータグラム型パケット交換処理を行う．

ディジタル変調方式に関する次の記述の，[ ]に入る語句の組合せとして最も適切なものはどれか．

QPSK（Quadrature Phase Shift Keying）は，送信データに応じて搬送波の[ア]を変化させることにより，1シンボル当たり[イ]ビットのデータを伝送する変調方式である．また，16値QAM（Quadrature Amplitude Modulation）は，送信データに応じて搬送波の[ウ]を変化させることにより，1シンボル当たり[エ]ビットのデータを伝送する変調方式である．両者のうち，同一の送信電力において，ビット誤り率がより大きいものは[オ]である．

	ア	イ	ウ	エ	オ
①	振幅だけ	1	振幅だけ	2	QPSK
②	振幅だけ	2	振幅だけ	4	16値QAM
③	位相だけ	1	振幅だけ	2	QPSK
④	位相だけ	2	位相と振幅	4	16値QAM
⑤	位相と振幅	2	位相と振幅	4	QPSK

pMOS（pチャネル型Metal Oxide Semiconductor）トランジスタに関する次の記述の，[ ]に入る語句の組合せとして最も適切なものはどれか．

pMOSトランジスタは，ソース，ドレイン，ゲート，基板の4つの端子を持ち，ソースとドレインは[ア]形半導体で作られ，ゲートは金属又はポリシリコンで作られ，基板は[イ]形半導体で作られている．ゲート・ソース間電圧V_{GS}とpMOSのしきい電圧V_Tが$V_{GS} > V_T$の場合，ドレイン・ソース間には電流が流れないが，$V_{GS} \leqq V_T$の場合，ゲート直下のチャネルに[ウ]が誘起されて，[エ]のドレイン・ソース間電圧V_{DS}によって[ウ]が[オ]に向かって動くことにより電流が流れる．

	ア	イ	ウ	エ	オ
①	p	n	正孔	負	ソースからドレイン

2015年度

② p　n　電子　正　ソースからドレイン

③ n　p　電子　負　ドレインからソース

④ n　p　電子　正　ソースからドレイン

⑤ p　n　正孔　正　ドレインからソース

集積回路及び半導体に関する次の記述のうち，最も不適切なものはどれか.

① p 形半導体の多数キャリヤは正孔である.

② 集積回路のパターン加工精度に限界があるために，抵抗素子の抵抗値にある程度のばらつきが生じるが，抵抗素子の面積をできる限り小さくすることによって抵抗値のばらつきを減らすことができる.

③ p 形半導体と n 形半導体を接合すると，pn 接合面付近で形成される空乏層が絶縁体となり pn 接合容量（コンデンサ）を形成する．このとき，逆方向バイアス電圧を大きくすると，空乏層が広がるのでその容量値は小さくなる.

④ MOS（Metal Oxide Semiconductor）トランジスタのゲート電極とシリコン基板の間にシリコン酸化膜を誘電体として挟んだ構造によって作られる MOS 容量の容量値はゲート面積に比例する.

⑤ MOS トランジスタのスイッチング遅延時間は，そのゲート長に比例して大きくなる.

III 35

ヒートポンプに関する次の記述の，[　　] に入る語句の組合せとして最も適切なものはどれか.

近年，広く普及したヒートポンプ式の加熱装置は，低温部から熱を移動して高温部に伝送する装置である．効率の良さを表す指標としては [ア] が用いられ，略称は COP である．その定義は，電気式で加熱の場合，[イ] を [ウ] で割ったものである．COP は通常 1 を大きく [エ] いる.

	ア	イ	ウ	エ
①	成績係数	電気入力	有効加熱熱量	上回って
②	成績係数	有効加熱熱量	電気入力	上回って
③	成績係数	電気入力	有効加熱熱量	下回って
④	増幅係数	電気入力	有効加熱熱量	下回って
⑤	増幅係数	有効加熱熱量	電気入力	上回って

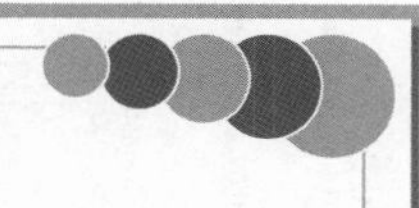

2014年度　問題

III　次の35問題のうち25問題を選択して解答せよ．（解答欄に1つだけマークすること．）

III 1

下図のように，間隔 d で配置された無限に長い平行導線 l_1 と l_2 に沿って電流 $3I$ と $2I$ がそれぞれ逆方向に流れている．導線 l_2 から鉛直方向に距離 a 離れた点Pにおける磁界の強さ H が零であるとき，a と d の関係を表す式として最も適切なものはどれか．

ただし，平行導線 l_1，l_2 と点Pは，同一平面上にあるものとする．

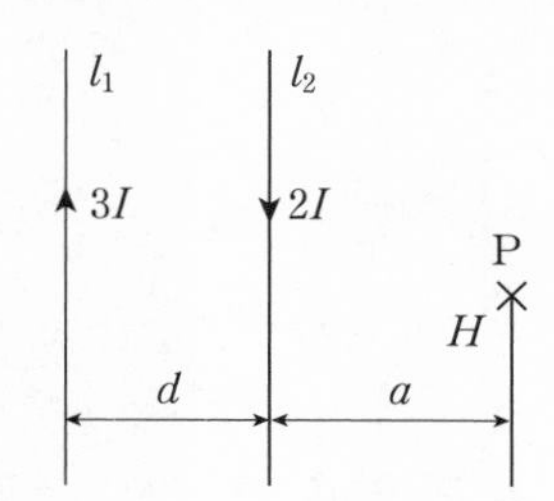

① $a=\dfrac{d}{3}$　② $a=\dfrac{d}{2}$　③ $a=d$　④ $a=2d$　⑤ $a=\dfrac{2d}{3}$

III 2

誘電体に関する次の記述の，[　　] に入る記号の組合せとして最も適切なものはどれか．

誘電体の内部において，電界を E，真電荷の体積密度を ρ，分極電荷の体積密度を ρ_p，真空中の誘電率を ε_0 とすると，

$$\int_S \boxed{\text{ア}} \cdot \mathrm{d}S = \boxed{\text{イ}} \int_V \boxed{\text{ウ}} \mathrm{d}V$$

が成り立つ．また，この式は，電束密度を D とすると，

$$\int_S \boxed{\text{エ}} \cdot \mathrm{d}S = \int_V \boxed{\text{オ}} \,\mathrm{d}V$$

という式に変形できる．これは拡張されたガウスの法則と呼ばれている．

ただし，$\int_S \boxed{} \cdot \mathrm{d}S$ は閉曲面 S の表面における面積分を表し，

$\int_V \boxed{} \,\mathrm{d}V$ は閉曲面内部の体積積分を表す．

	ア	イ	ウ	エ	オ
①	ρ	ε_0	E	ρ_p	D
②	E	$\frac{1}{\varepsilon_0}$	ρ	D	ρ_p
③	$(\rho+\rho_p)$	ε_0	E	ρ	D
④	E	$\frac{1}{\varepsilon_0}$	$(\rho+\rho_p)$	D	ρ
⑤	E	ε_0	ρ	D	ρ_p

III 3　電磁波に関する次の記述のうち，最も不適切なものはどれか．

① 真空中における電磁波の速度は光速に等しい．
② 媒質の誘電率が小さくなると，電磁波の波長は短くなる．
③ 媒質の透磁率が大きくなると，電磁波の速度が小さくなる．
④ 媒質の誘電率が大きくなると，電磁波の速度が小さくなる．
⑤ 周波数が高くなると，電磁波の波長は短くなる．

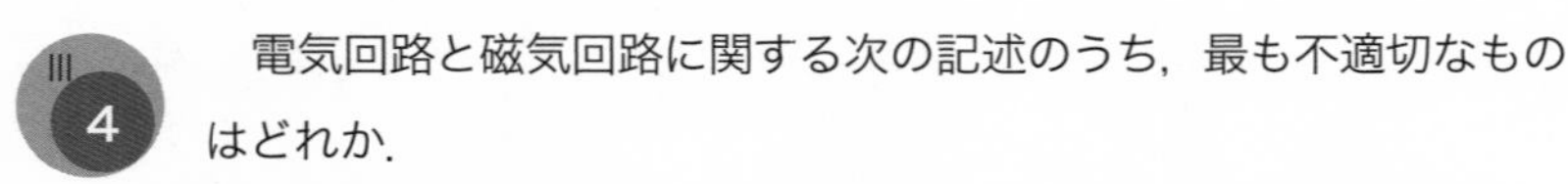

III 4　電気回路と磁気回路に関する次の記述のうち，最も不適切なものはどれか．

① 電気回路と磁気回路を比較しての類似点としては，電気回路におけるオームの法則と磁気回路におけるオームの法則が挙げられる．ただ，こ

の対応は極めて単純化された特殊な場合に成立する．

② 磁気回路において磁路を構成する磁性体と周囲の空気の透磁率の差は，電気回路を構成する導体とその周囲の絶縁物との導電率の差に比べると非常に小さいので，特に空隙がある磁路では相当な磁束の漏れが生じる．

③ 磁気回路では起磁力と磁束の間にヒステリシスなどの非線形性があるので，オームの法則や重ね合わせの理は厳密には適用することはできない．

④ 電気回路で抵抗に電流が流れる時にジュール損失が発生するように，磁気回路では磁気抵抗に磁束が流れる時に損失が発生する．

⑤ 電気回路のキャパシタンスやインダクタンスに相当する素子は磁気回路にはない．

III 5

下図のような抵抗と直流電圧源からなる回路において，電流 i に最も近い値はどれか．

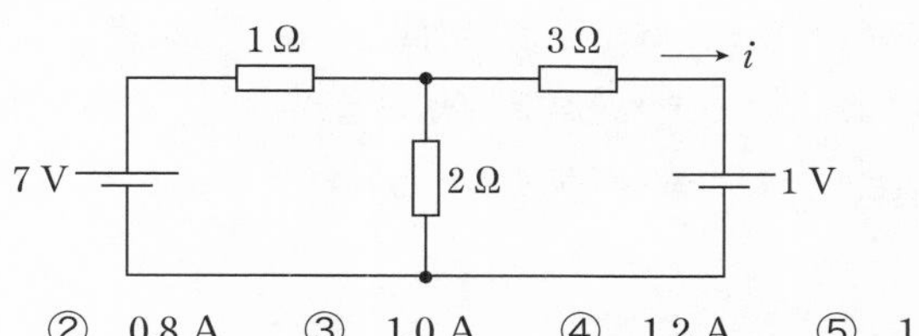

① 0.6 A　② 0.8 A　③ 1.0 A　④ 1.2 A　⑤ 1.4 A

III 6

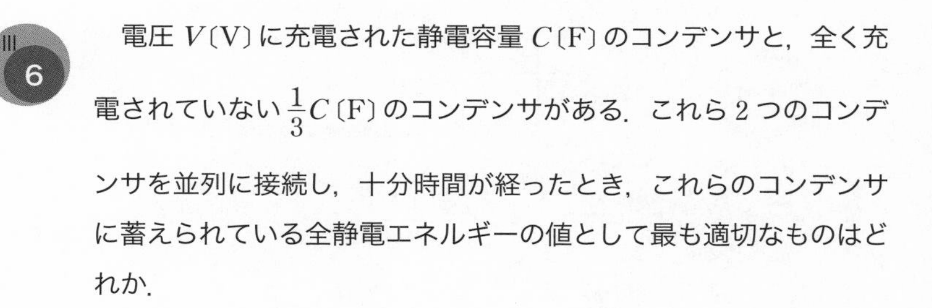
電圧 V〔V〕に充電された静電容量 C〔F〕のコンデンサと，全く充電されていない $\frac{1}{3}C$〔F〕のコンデンサがある．これら 2 つのコンデンサを並列に接続し，十分時間が経ったとき，これらのコンデンサに蓄えられている全静電エネルギーの値として最も適切なものはどれか．

① $\dfrac{1}{9}CV^2$〔J〕　② $\dfrac{1}{6}CV^2$〔J〕　③ $\dfrac{2}{9}CV^2$〔J〕

④ $\dfrac{1}{3}CV^2$〔J〕　⑤ $\dfrac{3}{8}CV^2$〔J〕

III 7

抵抗値 R の抵抗 2 個が直列に接続されたものが，理想的な電圧源とみなせる電源につながれ，これらの抵抗には 4.5 A の電流が流れている．この状態から，この抵抗 2 個のうち 1 つについて，それと並列に別な抵抗を新たに接続し，新たに接続された抵抗に流れる電流が 1 A となるようにしたい．新たに接続する抵抗の抵抗値として最も適切なものはどれか．

① R　② $2R$　③ $4R$　④ $5R$　⑤ $6R$

III 8

電圧源と抵抗器からなる下図の回路がある．端子 1 と 2 の間を開放状態に保ったときの，端子 2 に対する端子 1 の電位（開放電圧）を E_0 と表し，端子 1 と 2 の間を短絡状態に保ったときの，端子 1 から端子 2 へ流れる電流（短絡電流）を J_0 とするとき，E_0 と J_0 の組合せとして最も適切なものはどれか．

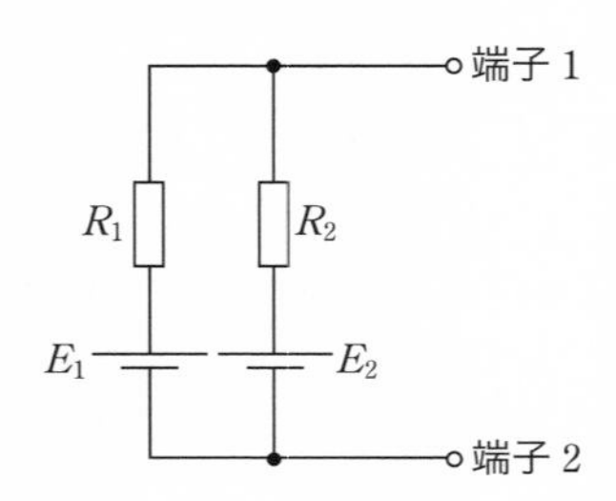

① $E_0=\dfrac{R_2E_1+R_1E_2}{R_1+R_2}$，$J_0=\dfrac{R_2E_1+R_1E_2}{R_1R_2}$

② $E_0=\dfrac{R_2E_1+R_1E_2}{R_1+R_2}$，$J_0=\dfrac{R_1E_1+R_2E_2}{R_1R_2}$

③　$E_0=\dfrac{R_1E_1+R_2E_2}{R_1+R_2}$，　$J_0=\dfrac{R_2E_1+R_1E_2}{R_1R_2}$

④　$E_0=\dfrac{R_1E_1+R_2E_2}{R_1+R_2}$，　$J_0=\dfrac{R_1E_1+R_2E_2}{R_1R_2}$

⑤　$E_0=\dfrac{R_1E_1-R_2E_2}{R_1+R_2}$，　$J_0=\dfrac{R_1E_1-R_2E_2}{R_1R_2}$

III 9

下図の回路において，時刻 $t=0$ で，スイッチ SW を閉じる．そのとき，初期条件 $v(0)=v_0$ を満たす電圧 $v(t)$ を表す式として最も適切なものはどれか．ただし，E は理想直流電圧源，R は抵抗，C はコンデンサ（キャパシタ）を表す．

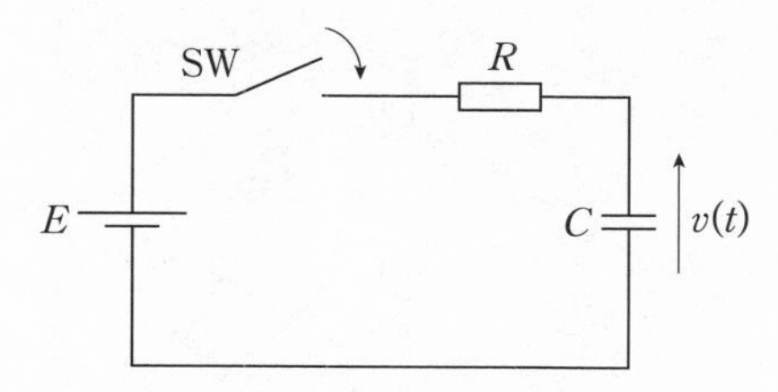

①　$(v_0+E)e^{-\frac{t}{RC}}+E$　　②　$(v_0+E)e^{-\frac{t}{RC}}-E$

③　$(v_0-E)e^{\frac{t}{RC}}-E$　　④　$(v_0-E)e^{\frac{t}{RC}}+E$

⑤　$(v_0-E)e^{-\frac{t}{RC}}+E$

III 10

下図に示される，スイッチ SW，直流理想電圧源 E，抵抗器 R，コンデンサ C，インダクタ L からなる回路で，時刻 $t=0$ でスイッチを閉じる．このとき回路に流れる電流 i が振動しない条件として最も適切なものはどれか．

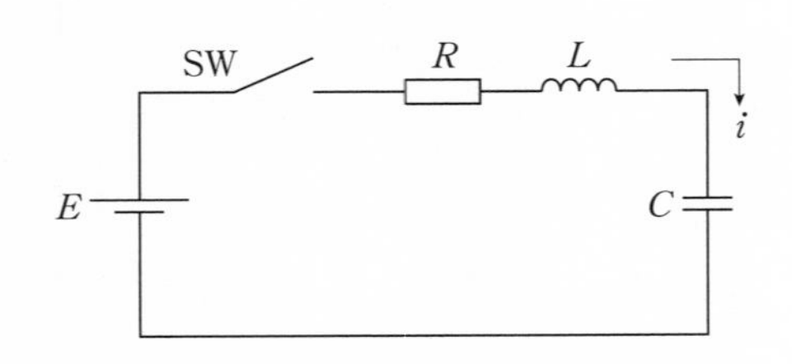

① $R \leqq \dfrac{C}{L}$　② $4L \leqq CR^2$　③ $CL \leqq R$

④ $CR \leqq 4L$　⑤ $C \leqq LR$

III 11

下図の回路において，L_x と R_x はコイルのインダクタンスと内部抵抗である．検流計 ⓘ に電流が流れていない条件で，L_x と R_x を表す式の組合せとして，最も適切なものはどれか．

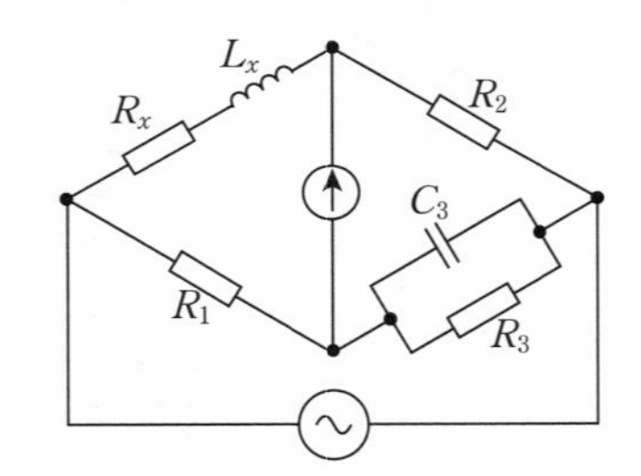

① $L_x = R_1R_2C_3$，$R_x = \dfrac{R_2R_3}{R_1}$

② $L_x = R_2R_3C_3$，$R_x = \dfrac{R_1R_2}{R_3}$

③ $L_x = R_1R_2C_3$，$R_x = \dfrac{R_1R_2}{R_3}$

④ $L_x = R_1R_2C_3$，$R_x = \dfrac{R_1R_2 + R_2R_3 + R_3R_1}{R_3}$

⑤ $L_x = R_2R_3C_3$，$R_x = \dfrac{R_1R_2}{R_1 + R_2}$

III 12

$\omega^2 LC=1$ であるとき，下図の 2 端子回路(ア)〜(エ)の端子 a−b 間のインピーダンスの組合せとして最も適切なものはどれか．ただし，j は虚数単位である．

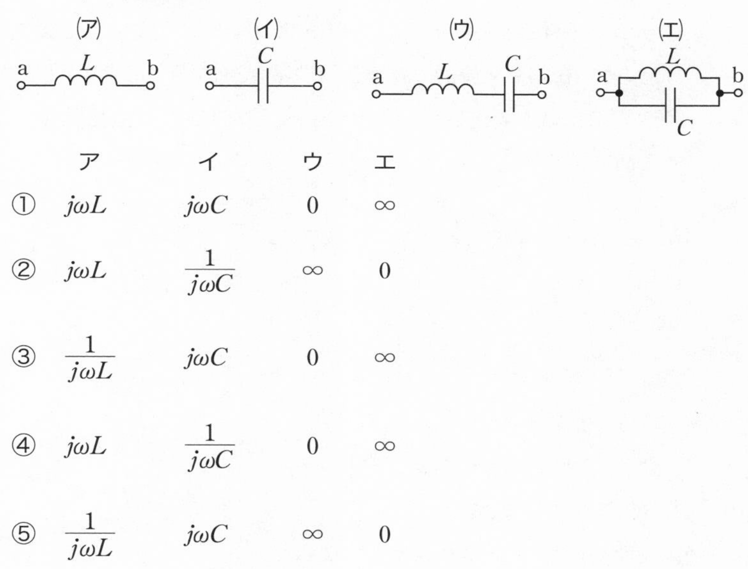

	ア	イ	ウ	エ
①	$j\omega L$	$j\omega C$	0	∞
②	$j\omega L$	$\dfrac{1}{j\omega C}$	∞	0
③	$\dfrac{1}{j\omega L}$	$j\omega C$	0	∞
④	$j\omega L$	$\dfrac{1}{j\omega C}$	0	∞
⑤	$\dfrac{1}{j\omega L}$	$j\omega C$	∞	0

III 13

下図に示す受電点の短絡容量に最も近い値はどれか．ここで，短絡容量とはその点での三相短絡電流によって電力系統全体が消費する電力をいう．変電所のパーセントインピーダンス $\%Z_s$，配電線のパーセントインピーダンス $\%Z_t$ の基準容量（単位容量）を 10 MV・A とする．ただし，j は虚数単位である．

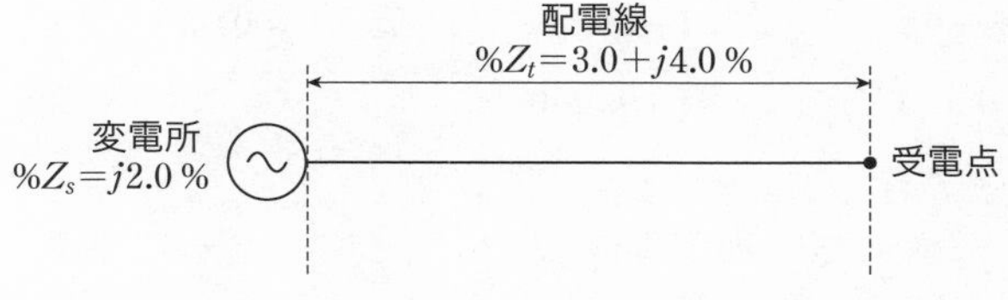

① 110 MV・A　② 130 MV・A　③ 150 MV・A
④ 170 MV・A　⑤ 190 MV・A

下図に示す電力系統において，送電線事故により 100 MW の発電機が解列した．

このときの系統の周波数変化に関する次の記述のうち，最も適切なものはどれか．ただし，発電機の周波数特性は，いずれも 1.0 %MW/0.1 Hz，負荷の周波数特性は 0.2 %MW/0.1 Hz とし，解列前後において変化しないものとする．単位の % は定格容量に対する値である．

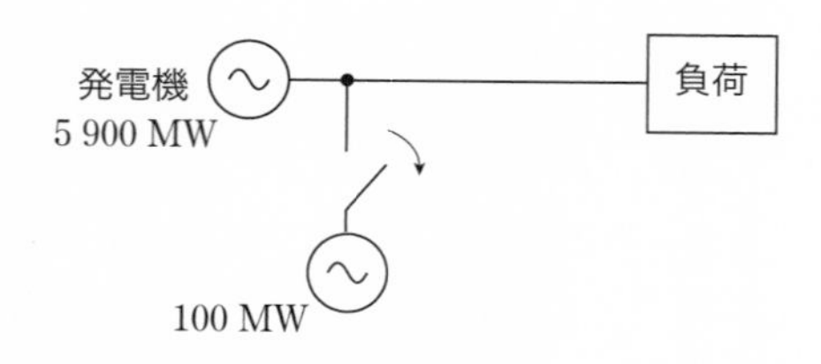

① 周波数は，0.17 Hz 低下する．

② 周波数は，0.14 Hz 低下する．

③ 周波数は，変化しない．

④ 周波数は，0.14 Hz 上昇する．

⑤ 周波数は，0.17 Hz 上昇する．

定格出力 37 kW，4 極の 3 相誘導電動機があり，周波数 50 Hz のときの定格回転数は 1 425 min^{-1} である．いま，132 Nm の定トルク負荷を駆動したときの回転数として最も適切なものはどれか．ただし，3 相誘導電動機のトルクとすべりは比例関係にあるものとする．

① 1 430 min^{-1}　② 1 440 min^{-1}　③ 1 450 min^{-1}

④ 1 460 min^{-1}　⑤ 1 470 min^{-1}

三相変圧器の回路構成として，下図の A（一次：中性点接地 Y 形，二次：△ 形）及び B（一次：中性点接地 Y 形，二次：中性点非接地 Y 形）を考える．次の記述の，[　　] に入る値の組合せとして

最も適切なものはどれか．ただし，一次と二次間の短絡リアクタンスを X_T とする．

Aの回路で一次側からみた零相リアクタンスは [ア] であり，二次側を開放した時と短絡した時で変わらない．また，Bの回路で二次側を短絡しても零相電流は流れることはなく，一次側からみた零相リアクタンスは，[イ] である．

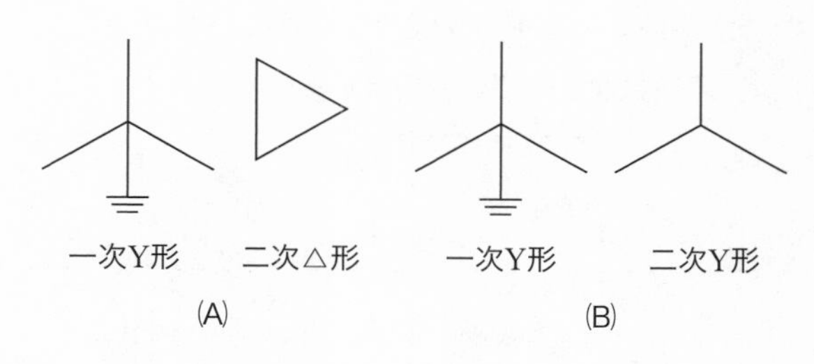

	ア	イ
①	無限大	無限大
②	$\sqrt{3}\,X_T$	X_T
③	$\sqrt{3}\,X_T$	無限大
④	無限大	X_T
⑤	X_T	無限大

下図に示す分巻式の直流電動機において，端子電圧 V が 250 V，無負荷時の電動機入力電流 I が 11 A のとき，回転速度が 1 200 min^{-1} であった．同じ端子電圧で，電動機入力電流が 110 A に対する回転速度に最も近いものはどれか．ただし，この直流電動機の界磁巻線の抵抗 R_f は 25 Ω，電機子巻線とブラシの接触抵抗の和 R_a は 0.1 Ω とし，電機子反作用による磁束の減少もなく，電機子巻線に鎖交する磁束数は一定であるとする．

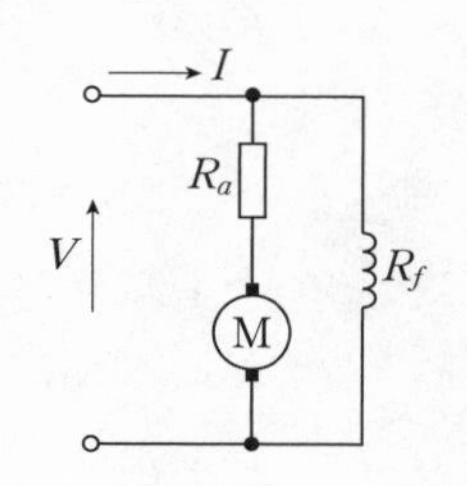

① 1 104 min^{-1}　② 1 152 min^{-1}　③ 1 200 min^{-1}

④ 1 248 min^{-1}　⑤ 1 296 min^{-1}

III
18

下図のようなDC−DCコンバータに関する次の記述の, [　　] に入る語句の組合せとして最も適切なものはどれか. E は理想直流電圧源, L はインダクタ, M は直流電動機を含む負荷, SW1, SW2 は理想スイッチ, D は理想ダイオードを表す. なお, スイッチング周波数は十分高いものとする.

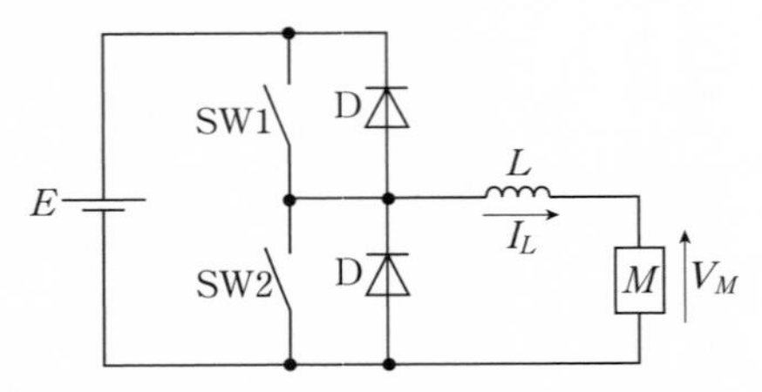

まず, SW1 のみを周期的に On−Off させ SW2 を Off 状態にすると I_L の平均値は [ア] となり, V_M の平均値は [イ] となる. 次に SW2 のみを周期的に On−Off させ SW1 を Off 状態にすると I_L の平均値は [ウ] となり, V_M の平均値は [エ] となる.

	ア	イ	ウ	エ
①	負の値	正の値	負の値	正の値
②	正の値	正の値	負の値	正の値
③	正の値	正の値	負の値	負の値
④	正の値	負の値	正の値	正の値
⑤	正の値	負の値	負の値	正の値

III
19

下図に示される, 電圧源 V_S, サイリスタ Q, コイル L_S, ダイオード D_F, コンデンサ C_S, 抵抗 R_L からなるチョッパ回路において, Q は周期的にオン状態とオフ状態を繰り返している. Q がオンである時間及びオフである時間をそれぞれ T_{ON}, 及び T_{OFF} とするとき,

$\dfrac{V_L}{V_S}$ を表す式として最も適切なものはどれか．ただし，$0<V_S<V_L$ とし，C_S によって電圧のリプルは十分抑制されており無視できるものとする．

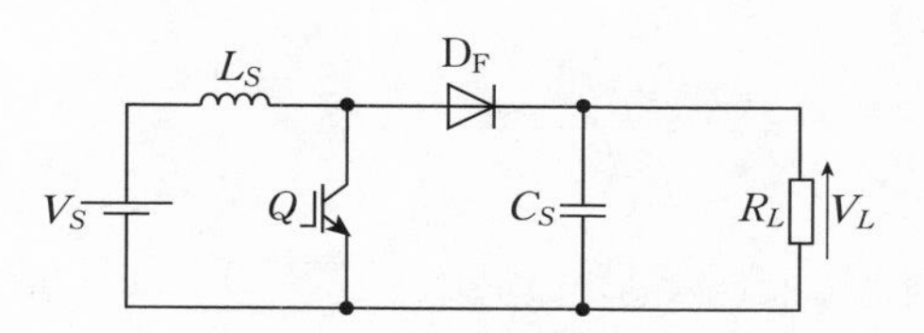

① $\dfrac{V_L}{V_S}=\dfrac{T_{\mathrm{ON}}+T_{\mathrm{OFF}}}{T_{\mathrm{ON}}}$　② $\dfrac{V_L}{V_S}=\dfrac{T_{\mathrm{ON}}+T_{\mathrm{OFF}}}{T_{\mathrm{OFF}}}$　③ $\dfrac{V_L}{V_S}=\dfrac{T_{\mathrm{ON}}}{T_{\mathrm{OFF}}}$

④ $\dfrac{V_L}{V_S}=\dfrac{T_{\mathrm{OFF}}}{T_{\mathrm{ON}}}$　⑤ $\dfrac{V_L}{V_S}=\dfrac{T_{\mathrm{ON}}}{T_{\mathrm{ON}}+T_{\mathrm{OFF}}}$

下図のようなブロック線図で表される系で，単位ステップ応答を考える．次の記述の，□に入る数式の組合せとして最も適切なものはどれか．

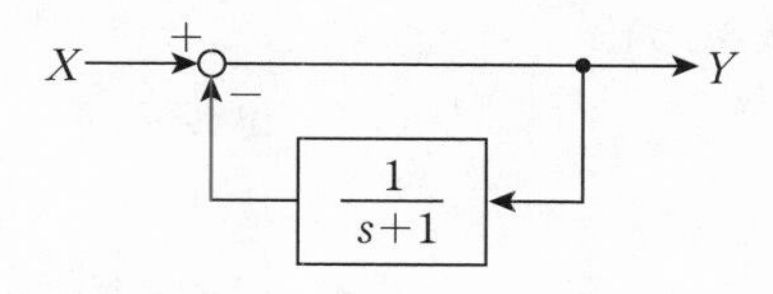

入力 X から出力 Y への伝達関数は [ア] と表される．また，時刻 t における単位ステップ応答は [イ] と表される．

	ア	イ
①	$\dfrac{1}{s+2}$	$\dfrac{1}{2}\left(1-e^{-\frac{t}{2}}\right)$
②	$\dfrac{s+1}{s+2}$	$\dfrac{1}{2}(1+e^{-2t})$

③　$\dfrac{1}{s+1}$　　$1-e^{-t}$

④　$\dfrac{1}{s+2}$　　$\dfrac{1}{2}(1-e^{-2t})$

⑤　$\dfrac{s+1}{s+2}$　　$\dfrac{1}{2}\left(1+e^{-\frac{t}{2}}\right)$

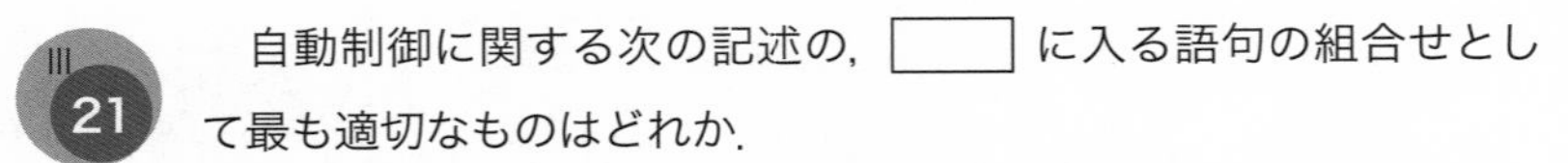

III 21　自動制御に関する次の記述の，［　　］に入る語句の組合せとして最も適切なものはどれか．

フィードバック制御系について，ステップ信号を加えたときの応答を［ア］という．

ボード線図を描いたとき，位相特性曲線が $-180°$ と交わるときのゲインの絶対値を［イ］といい，ゲイン特性曲線が 0 dB と交わるときの位相角と $-180°$ の差を［ウ］という．ナイキスト線図において，安定・不安定の判別の基準は［エ］である．

①　ア　インディシャル応答　　イ　ゲイン余裕（余有）
　　ウ　位相余裕（余有）　　エ　点（-1, 0）

②　ア　過渡現象　　イ　位相差
　　ウ　ゲイン　　エ　点（-1, -1）

③　ア　レスポンス　　イ　ゲイン余裕（余有）
　　ウ　位相余裕（余有）　　エ　点（-1, -1）

④　ア　レスポンス　　イ　ゲイン
　　ウ　位相差　　エ　点（-1, 0）

⑤　ア　インディシャル応答　　イ　ゲイン余裕（余有）
　　ウ　位相余裕（余有）　　エ　点（0, -1）

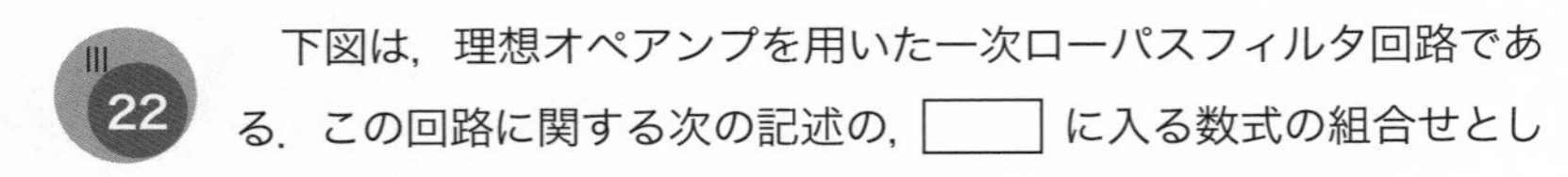

III 22　下図は，理想オペアンプを用いた一次ローパスフィルタ回路である．この回路に関する次の記述の，［　　］に入る数式の組合せとし

て最も適切なものはどれか.

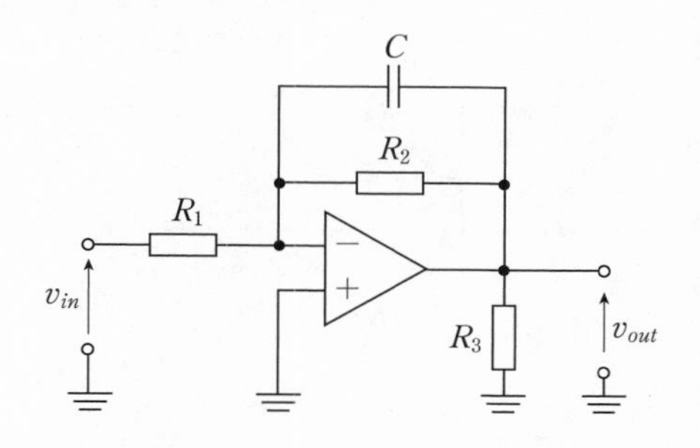

この回路のカットオフ周波数 f_C は [ア] であり，入力信号の周波数が f_C より十分低い場合の利得 $\frac{v_{out}}{v_{in}}$ は [イ] である.

	ア	イ
①	$\frac{1}{2\pi CR_1R_2}$	$-\frac{R_2}{R_1}$
②	$\frac{1}{2\pi CR_2}$	$-\frac{R_2}{R_1}R_3$
③	$\frac{1}{2\pi CR_2}$	$-\frac{R_2}{R_1}$
④	$\frac{R_1}{2\pi CR_2}$	$-\frac{R_2}{R_1}R_3$
⑤	$\frac{1}{2\pi CR_1}$	$-\frac{R_2}{R_1}$

下図のような回路に電圧 v_1 を印加したとき，抵抗 r_d と抵抗 R_L の抵抗器にかかる電圧は v_2 となった．電圧の比 $\frac{v_2}{v_1}$ を表す式として最も適切なものはどれか．ただし，回路における図記号 ⓘ の部分は理想電流源で，その電源電流が電圧 v_{gs} に比例する電流 $g_m v_{gs}$ で

あるとする．

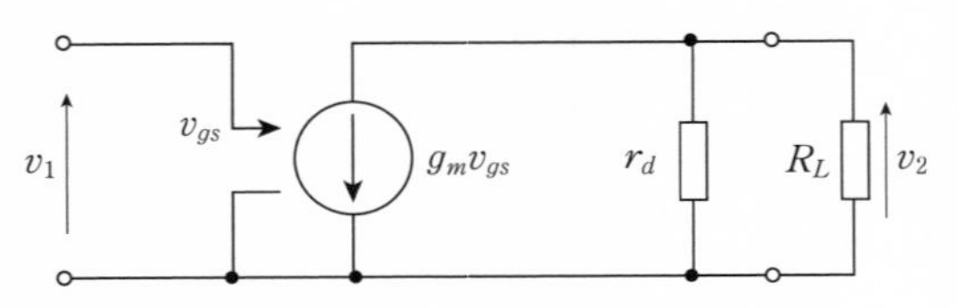

① $-g_m R_L$　　② $-g_m \dfrac{R_L}{r_d}$　　③ $-(1+g_m)\dfrac{r_d R_L}{r_d + R_L}$

④ $-(1+g_m)R_L$　　⑤ $-g_m \dfrac{r_d R_L}{r_d + R_L}$

4 つの NAND を使った下図の論理回路で，出力 f の論理式として最も適切なものはどれか．ただし，論理変数 A，B に対して，$A+B$ は論理和を表し，$A \cdot B$ は論理積を表す．また，$\overline{A}$ は A の否定を表す．

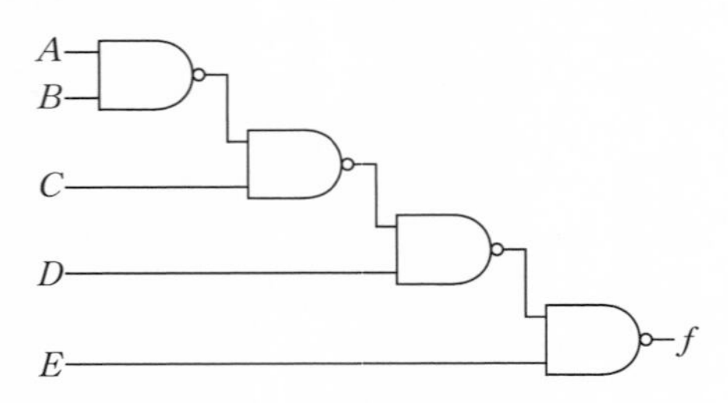

① $A \cdot B \cdot D + \overline{C} \cdot D + \overline{E}$　　② $\overline{A} \cdot \overline{B} \cdot \overline{C} \cdot \overline{D} \cdot \overline{E}$

③ $\overline{A} + \overline{B} + \overline{C} + \overline{D} + \overline{E}$　　④ $\overline{A} \cdot \overline{B} \cdot \overline{D} + C \cdot \overline{D} + \overline{E}$

⑤ $\overline{A} \cdot \overline{B} \cdot D + C \cdot D + \overline{E}$

図 1 は 2 入力 NAND を実現するスタティック CMOS（相補型 Metal Oxide Semiconductor）論理回路である．図 2 が実現する論理関数 $F(X, Y, Z)$ として正しいものはどれか．ただし，論理変数 A，B に対して，$A+B$ は論理和，$A \cdot B$ は論理積，$\overline{A}$ は A の否定を表す．

また，V_{DD} は電源電圧を示す．

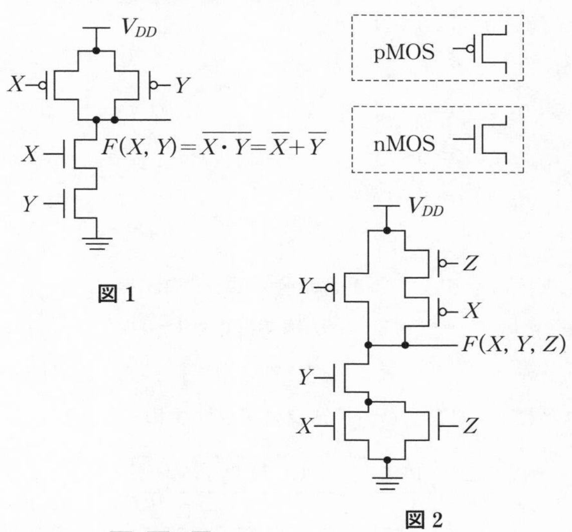

① $F(X,\ Y,\ Z)=\overline{X}\cdot\overline{Y}+\overline{Z}$

② $F(X,\ Y,\ Z)=\overline{X}\cdot\overline{Z}+\overline{Y}$

③ $F(X,\ Y,\ Z)=\overline{X}+\overline{Y}\cdot\overline{Z}$

④ $F(X,\ Y,\ Z)=X\cdot Y+Y\cdot Z$

⑤ $F(X,\ Y,\ Z)=X\cdot Y+Z$

各々が 0 又は 1 の値を取る 4 個の情報ビット x_1，x_2，x_3，x_4 に対し，

$$c_1=(x_1+x_2+x_3)\bmod 2$$
$$c_2=(x_2+x_3+x_4)\bmod 2$$
$$c_3=(x_1+x_2+x_4)\bmod 2$$

により，検査ビット c_1，c_2，c_3 を作り，符号語 $\boldsymbol{w}=[x_1,\ x_2,\ x_3,\ x_4,\ c_1,\ c_2,\ c_3]$を生成する（7，4）ハミング符号を考える．ある符号語 $\boldsymbol{w}$ を「高々 1 ビットが反転する可能性のある通信路」に対して入力し，出力である受信語 $\boldsymbol{y}=[1,\ 1,\ 0,\ 0,\ 0,\ 0,\ 1]$ が得られたとき，入

力された符号語 $\boldsymbol{w}$ として最も適切なものはどれか.

① [1, 1, 0, 0, 0, 0, 1]

② [0, 1, 0, 0, 0, 0, 1]

③ [1, 0, 0, 0, 0, 0, 1]

④ [1, 1, 1, 0, 0, 0, 1]

⑤ [1, 1, 0, 1, 0, 0, 1]

下表に示すような 4 個の情報源シンボル s_1, s_2, s_3, s_4 からなる無記憶情報源がある. この情報源に対し, ハフマン符号によって二元符号化を行ったときに得られる平均符号長として最も適切なものはどれか. なお, 符号アルファベットは {0, 1} とする.

情報源シンボル	発生確率
s_1	0.4
s_2	0.3
s_3	0.2
s_4	0.1

① 1.5　② 1.7　③ 1.9　④ 2.0　⑤ 2.2

連続時間信号 $f(t)(-\infty<t<\infty)$ のフーリエ変換 $F(\omega)$ は,

$$F(\omega)=\int_{-\infty}^{\infty} f(t)e^{-j\omega t}\,\mathrm{d}t$$

で定義される. ただし, j は虚数単位である. いま正なる値 T に対して, 信号 $f(t)$ が

$$f(t)=\begin{cases}\dfrac{1}{T}, & -T \leqq t \leqq T \\ 0, & t<-T,\ t>T\end{cases}$$

であるとき, 信号 $f(t)$ のフーリエ変換 $F(\omega)$ として最も適切なものはどれか.

① $\dfrac{\sin \omega T}{\omega T}$　② $\dfrac{2 \sin \omega T}{\omega T}$　③ $\dfrac{\cos \omega T}{\omega T}$

④ $\dfrac{2 \cos \omega T}{\omega T}$　⑤ $\dfrac{\sin \omega T}{2\omega T}$

離散的な数値列として離散時間信号 $\{f(n)\}$, $-\infty < n < \infty$, が与えられているとする．このとき，信号 $f(n)$ に対する両側 z 変換 $F(z)$ が，複素数 z を用いて，

$$F(z) = \sum_{n=-\infty}^{\infty} f(n) z^{-n}$$

と定義されるものとする．このとき，信号 $f(n-k)$ の z 変換として最も適切なものはどれか．ただし，n，k は整数とする．

① $-kF(z)$　② $z^{-k}F(z)$　③ $z^{k}F(z)$

④ $F(z-k)$　⑤ $F(z+k)$

インターネット通信に関する次の記述のうち，最も不適切なものはどれか．

① 対等な層間の通信制御の規約をプロトコル，上下層間の通信制御の手続きをインタフェースという．

② 通信の宛先を示す情報には，ポート番号，IP（Internet Protocol）アドレス，及び MAC（Media Access Control）アドレスがある．

③ IP はインターネット層のプロトコルであり，インターネット上のホストは IP アドレスで識別される．

④ TCP（Transmission Control Protocol）はコネクションレス型のプロトコルである．

⑤ TCP のフロー制御は，受信ノードの受信可能な情報量に応じて送信情報量を制御する．

ディジタル無線変調方式に関する次の記述のうち，最も不適切なものはどれか．

① BPSK（Binary Phase Shift Keying）は，2値の変調方式である．

② QPSK（Quadrature Phase Shift Keying）は，BPSKに比較して1シンボル当たりに伝送されるビット数が2倍である．

③ 16QAM（Quadrature Amplitude Modulation）は，1シンボル当たり4ビットを伝送する．

④ 64QAMは，1シンボル当たり8ビットを伝送する．

⑤ 1シンボル当たりkビットを送信する多値変調では，信号点が2^k個必要となる．

パルス符号変調（PCM）方式に関する次の記述のうち，最も不適切なものはどれか．

① 標本化定理によれば，アナログ信号はその最大周波数の2倍以上の周波数でサンプリングすれば，そのパルス列から原信号を復元できる．

② 標本化パルス列から原信号を復元できる周波数をナイキスト周波数と呼ぶ．

③ 線形量子化では，信号電力対量子化雑音電力比は信号電力が小さいほど大きくなる．

④ 非線形量子化を行う際の圧縮器特性の代表的なものとして，μ−law（μ則）がある．

⑤ 量子化された振幅値と符号の対応のさせ方の代表的なものとして，自然2進符号，交番2進符号，折返し2進符号がある．

III 33

半導体素子に関する次の記述の，［　　］に入る語句の組合せとして最も適切なものはどれか．

主として［ア］によって電流が運ばれる半導体をp形半導体，主として［イ］によって電流が運ばれる半導体をn形半導体という．ガリウムなどの［ウ］族元素は［エ］と呼ばれ，シリコンやゲルマニウムなどIV族の半導体に不純物として混入させるとp形半導体ができる．一方，ヒ素などの［オ］族元素は［カ］と呼ばれ，IV族の半導体に不純物として混入させるとn形半導体ができる．

① ア 正孔　イ 伝導電子　ウ III
　エ アクセプタ　オ V　カ ドナー

② ア 伝導電子　イ 正孔　ウ III
　エ アクセプタ　オ V　カ ドナー

③ ア 正孔　イ 伝導電子　ウ III
　エ ドナー　オ V　カ アクセプタ

④ ア 伝導電子　イ 正孔　ウ V
　エ ドナー　オ III　カ アクセプタ

⑤ ア 正孔　イ 伝導電子　ウ V
　エ ドナー　オ III　カ アクセプタ

III 34

半導体に関する次の記述の，［　］に入る語句の組合せとして最も適切なものはどれか．

p形半導体とn形半導体を接合して形成されるpn接合ダイオードは，［ア］形半導体側に正電圧を印加すると電流は流れず，この状態をpn接合の［イ］バイアスと呼ぶ．このとき，接合面付近に生じる空乏層をはさんでpn接合容量が形成される．［イ］バイアス電圧を大きくすると，空乏層の広がりは［ウ］し，その容量値は空乏層の広がりに［エ］する．

	ア	イ	ウ	エ
①	p	順方向	増加	正比例
②	n	順方向	減少	正比例
③	p	逆方向	減少	正比例
④	n	逆方向	増加	反比例
⑤	p	逆方向	減少	反比例

ITやマルチメディアなどの情報通信機器を支える電源システムの一般的な品質向上策に関する次の記述のうち，最も不適切ものはどれか．

① 冗長なシステムの構成法の1つは，常用機と予備機を用意し，常用機が故障時に予備機に切り替わって運転する方式である．

② 冗長なシステムのもう1つの構成法は，複数台の機器が負荷を分担して運転し，故障時は故障機を瞬時に切り離し，残りの健全機から電力を供給する方式である．

③ 事故時の予備電源装置への切換においては，瞬断切換方式に加えて，瞬断を発生させない無瞬断切換方式もある．

④ 無停電電源装置（UPS）は，定電圧定周波電源装置（CVCF）及び自家発電装置からなり，停電時にも長時間の給電が可能な装置である．

⑤ 定電圧定周波電源装置（CVCF）は，交流を整流したのち，インバータで再び交流に変換しており，電圧や周波数の安定した電力供給が可能である．

技術士第一次試験

電気電子部門

【解答】

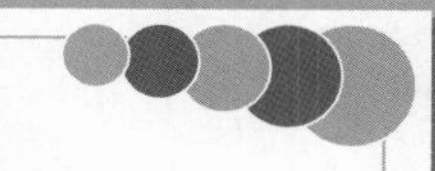

2023年度　解答

III 1 【解答】 ⑤

【解説】

無限に広い接地された導体表面から上方の垂直距離 a 離れた点に点電荷 $+q$ を置くと，静電誘導により導体表面には合計して $-q$ の電荷が現れる．この静電誘導電荷による導体表面より上方の電界分布は，導体を取り除き，導体表面から下方の垂直距離 a 離れた点に点電荷 $-q$ を置いたときの電界分布に等しくなる．この方法を鏡像法という．

したがって，導体表面から上方の垂直距離 y（$0 < y < a$）離れた点の電界の大きさ $\dot{E}$ は，点電荷 $+q$ による電界の強さ $\dot{E}_{+q}$ と点電荷 $-q$ による電界の強さ $\dot{E}_{-q}$ のベクトル和とになるが，$\dot{E}_{+q}$ と $\dot{E}_{-q}$ は同方向なので，それぞれの大きさの和をとればよい．この空間の誘電率は ε なので，

$$E = |\dot{E}| = |\dot{E}_{+q} + \dot{E}_{-q}| = |\dot{E}_{+q}| + |\dot{E}_{-q}|$$

$$= \frac{q}{4\pi\varepsilon(a-y)^2} + \frac{q}{4\pi\varepsilon(a+y)^2} = \boldsymbol{\frac{q}{4\pi\varepsilon}\left\{\frac{1}{(y-a)^2} + \frac{1}{(y+a)^2}\right\}}$$

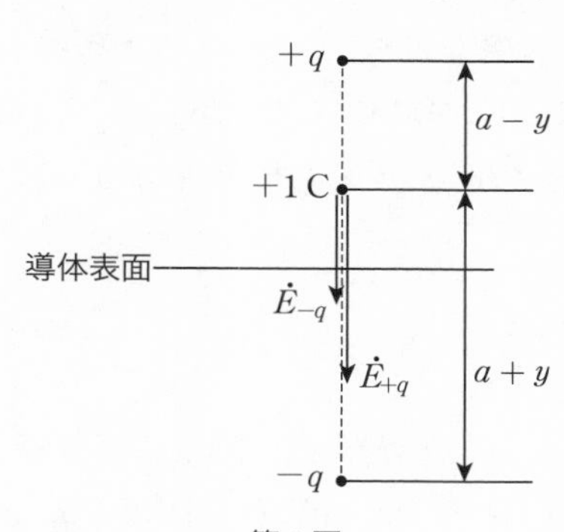

第1図

【解答】 ③

【解説】

静電容量 2 F のコンデンサに電圧 1 V を印加し，十分時間が経過したときに，コンデンサに蓄えられる電荷 Q [C] は

$$Q = 2 \times 1 = 2\ \mathrm{C}$$

このコンデンサに静電容量 $\frac{1}{2}$ F のコンデンサ二つを並列接続したときの合成静電容量 C [F] は，

$$C = 2 + \frac{1}{2} + \frac{1}{2} = 3\ \mathrm{F}$$

三つのコンデンサに蓄えられる全静電エネルギー W [J] は，

$$W = \frac{Q^2}{2C} = \frac{2^2}{2 \times 3} = \mathbf{\frac{2}{3}}\ \mathrm{J}$$

【解答】 ②

【解説】

設問には間隔 d，距離 a の単位は示されていないが，解答は d と a の関係式を選択すればよいので，[m] を単位として解説する．

電流 $I_1 = 1$ A が導線 I_1 を原点として x 軸上の距離 a [m] 離れた点につくる磁界は右ねじの法則に従い紙面の表から裏に向かう向きで，磁界の大きさを H_{1a} [A/m] とすると，アンペア周回積分の法則より，

$$2\pi a H_{1a} = I_1$$

$$\therefore \quad H_{1a} = \frac{I_1}{2\pi a} = \frac{1}{2\pi a}\ [\mathrm{A/m}]$$

同様に，電流 $I_2 = 2$ A が導線 I_2 を原点として x 軸上の距離 a [m] 離れた点につくる磁界は右ねじの法則に従い紙面の裏から表に向かう向きで，磁界の大きさを H_{2a} [A/m] とすると，アンペア周回積分の法則より，

$$2\pi \times (d - a) H_{2a} = I_2$$

$$\therefore \quad H_{2a} = \frac{I_2}{2\pi \times (d-a)} = \frac{2}{2\pi \times (d-a)} \text{ [A/m]}$$

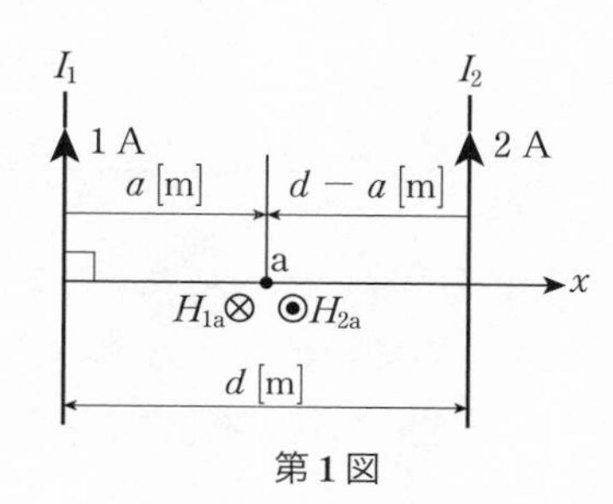

第 1 図

H_{1a} と H_{2a} は互いに打ち消す向きにできるので，導線 I_1 を原点として x 軸上の距離 a [m] 離れた点の磁界の強さが零となるためには $H_{1a} = H_{2a}$ であればよい.

$$\frac{1}{2\pi a} = \frac{2}{2\pi \times (d-a)}$$

$$\therefore \quad \boldsymbol{a = \frac{d}{3}}$$

【解答】 ⑤

【解説】

共通の鉄心に巻かれた二つのコイルの自己インダクタンスを L_1 [H]，L_2 [H]，相互インダクタンスを M [H] とし，両方のコイルを接続したときに，磁束が増加するようにする（和動接続）ときの合成インダクタンスを L_+ [H]，磁束が打ち消し合うようにする（差動接続）ときの合成インダクタンスを L_- [H] とおくと，次の関係式が成り立つ.

$$L_+ = L_1 + L_2 + 2M \text{ [H]} \qquad (1)$$

$$L_- = L_1 + L_2 - 2M \text{ [H]} \qquad (2)$$

(1)式 − (2)式として L_1，L_2 を消去すると，

$$L_+ - L_- = 4M$$

$$\therefore \quad M=\frac{L_{+}-L_{-}}{4}=\frac{16-4}{4}=\mathbf{3\ H}$$

III 5 【解答】 ③

【解説】

問題図のブリッジ回路において，抵抗 R_5 に流れる電流が 0 となるためには，この回路がブリッジの平衡条件を満たす必要がある.

ブリッジの平衡条件は，2 組の対辺の抵抗の抵抗値の積 R_1R_4，R_2R_3 が等しいことである.

$$\therefore \quad \boldsymbol{R_1R_4=R_2R_3}$$

あるいは，**第 1 図**のように抵抗 R_5 に流れる電流 $I_5=0$ のとき，抵抗 R_1 と抵抗 R_2 には同じ電流 I_{12} が流れ，また，抵抗 R_3 と抵抗 R_4 にも同じ電流 I_{34} が流れ，そのときの抵抗 R_1 の電圧降下 R_1I_{12} と，抵抗 R_3 の電圧降下 R_3I_{34} が等しくならなければならないので，

$$R_1I_{12}=R_3I_{34}$$

$$\boldsymbol{R_1\times\frac{V}{R_1+R_2}=R_3\times\frac{V}{R_3+R_4}}$$

$$R_1\cdot(R_3+R_4)=R_3\cdot(R_1+R_2)$$

$$\therefore \quad R_1R_4=R_2R_3$$

としても同じ結果が得られる.

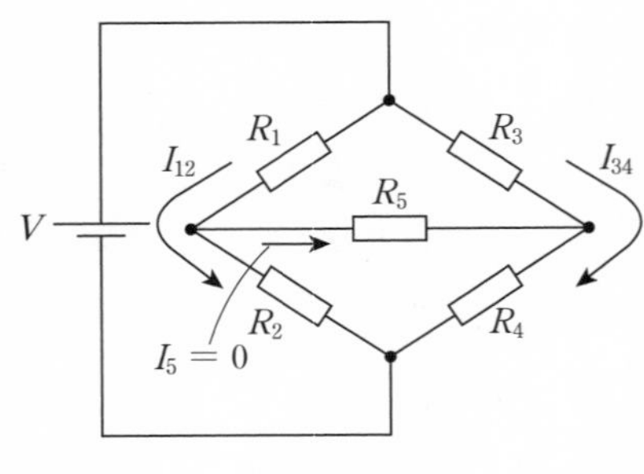

第 1 図

III 6

【解答】 ④

【解説】

問題図のブリッジ回路の上側経路の抵抗 3 Ω の電流を i [A] と仮定すると，キルヒホッフの電流則により，各枝路の電流分布は**第 1 図**のようになる．この回路の，16 V の直流電圧源とブリッジ回路の上側経路からなる閉回路と，16 V の直流電圧源とブリッジ回路の下側経路からなる閉回路にキルヒホッフの電圧則を適用すると，次の 2 式が得られる．

上側経路：$3i + 5(i + 8) = 8i + 40 = 16$ (1)

下側経路：$3(I - i) + 5(I - i - 8) = 8I - (8i + 40) = 16$ (2)

(2)式の $8i + 40$ は，(1)式より 16 なので代入すると，

$$8I - 16 = 16$$

$$\therefore \quad I = \mathbf{4\ A}$$

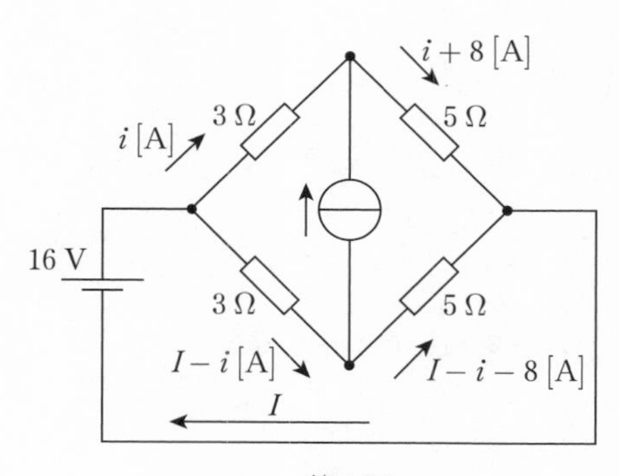

第 1 図

III 7

【解答】 ④

【解説】

第 1 図のように，上部線路，中性線および下部線路から負荷中性点に流入する電流を I_1，I_n，I_2 とおくと，

$$I_1 = \frac{V - V_n}{R_0 + R_1},\quad I_n = \frac{-V_n}{R_0},\quad I_2 = \frac{-V - V_n}{R_0 + R_2}$$

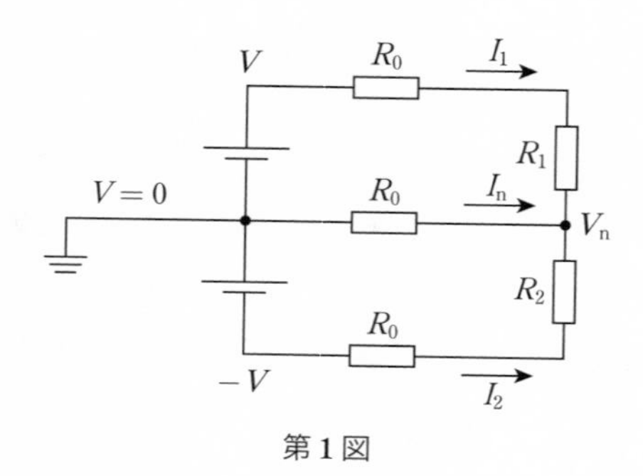

第 1 図

キルヒホッフの電流則より，$I_1+I_n+I_2=0$ なので，

$$\frac{V-V_n}{R_0+R_1}+\frac{-V_n}{R_0}+\frac{-V-V_n}{R_0+R_2}=0$$

$$\therefore\quad V_n=\frac{\dfrac{1}{R_0+R_1}+\dfrac{-1}{R_0+R_2}}{\dfrac{1}{R_0+R_1}+\dfrac{1}{R_0}+\dfrac{1}{R_0+R_2}}\cdot V$$

$$=\frac{R_0(R_2-R_1)}{R_0(R_0+R_2)+(R_0+R_1)(R_0+R_2)+R_0(R_0+R_1)}\cdot V$$

$$=\frac{R_0(R_2-R_1)}{3R_0{}^2+2R_0(R_1+R_2)+R_1R_2}\cdot V$$

$$=\boldsymbol{\frac{R_0(R_2-R_1)}{R_0\{3R_0+2(R_1+R_2)\}+R_1R_2}\cdot V}$$

III 8 **【解答】** ④

【解説】

問題図の時刻 $t=0$ における回路各部の電流を $i(t)$，$i_R(t)$，$i_C(t)$ とすると，

$$R_1i(t)+v(t)=V \tag{1}$$

$$i(t)=i_R(t)+i_C(t)=\frac{1}{R_2}v(t)+C\frac{dv(t)}{dt} \tag{2}$$

(2)式を(1)式に代入すると，

$$R_1\left\{\frac{1}{R_2}v(t)+C\frac{dv(t)}{dt}\right\}+v(t)=R_1C\frac{dv(t)}{dt}+\frac{R_1+R_2}{R_2}v(t)=V$$

この微分方程式を変数分離形に変形すると，

$$\frac{\mathrm{d}v(t)}{V-\dfrac{R_1+R_2}{R_2}v(t)}=\frac{1}{R_1C}\mathrm{d}t$$

両辺を積分して，

$$-\frac{R_2}{R_1+R_2}\ln\left\{V-\frac{R_1+R_2}{R_2}v(t)\right\}=\frac{1}{R_1C}t+K \quad (K：積分定数)$$

$$V-\frac{R_1+R_2}{R_2}v(t)=\mathrm{e}^{-\frac{R_1+R_2}{R_1R_2C}t+K}=K'\mathrm{e}^{-\frac{R_1+R_2}{R_1R_2C}t} \quad \left(K'=\mathrm{e}^{-\frac{R_1+R_2}{R_2}K}\right)$$

$$v(t)=\frac{R_2}{R_1+R_2}\left(V-K'\mathrm{e}^{-\frac{R_1+R_2}{R_1R_2C}t}\right) \qquad (3)$$

初期条件 $v(0)=0$ より $K'=V$ なので，

$$v(t)=\boldsymbol{\frac{R_2V}{R_1+R_2}\left(1-\mathrm{e}^{-\frac{R_1+R_2}{R_1R_2C}t}\right)}$$

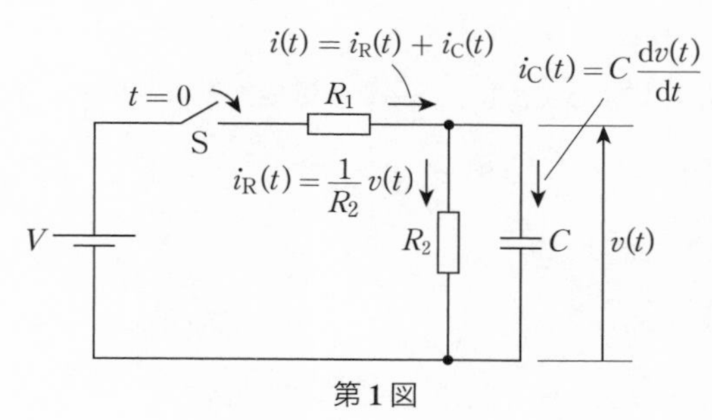

第1図

9

【解答】 ①

【解説】

スイッチを開く前の定常状態における抵抗 R_1 の電流 I_1 は，

$$I_1=\frac{E}{R_1}$$

次に，スイッチを開いた後の抵抗 R_1 の電流を $i_1(t)$ とすると，インダクタンス L_1，抵抗 R_1，抵抗 R_2 を直列接続して閉じた回路であるので，キルヒホッフの電圧則により次式が成り立つ.

$$L_1\frac{\mathrm{d}i_1(t)}{\mathrm{d}t}+R_1i_1(t)+R_2i_1(t)=L_1\frac{\mathrm{d}i_1(t)}{\mathrm{d}t}+(R_1+R_2)i_1(t)=0$$

この微分方程式を変数分離形にすると,

$$\frac{\mathrm{d}i_1(t)}{i_1(t)}=-\frac{R_1+R_2}{L_1}\,\mathrm{d}t$$

両辺を積分すると,

$$\ln i_1(t)=-\frac{R_1+R_2}{L_1}t+K \quad (K：積分定数)$$

$$i_1(t)=K'\,\mathrm{e}^{-\frac{R_1+R_2}{L_1}t}$$

初期条件 $i_1(0)=I_1=E/R_1$ を代入して,

$$i_1(t)=\frac{E}{R_1}\mathrm{e}^{-\frac{R_1+R_2}{L_1}t}$$

この電流 $i_1(t)$ によって，抵抗 R_1 で消費されるエネルギー W_1 は,

$$W_1=\int_0^{\infty}i_1^2(t)R_1\,\mathrm{d}t=\frac{E^2}{R_1}\int_0^{\infty}\mathrm{e}^{-\frac{2(R_1+R_2)}{L_1}t}\,\mathrm{d}t$$

$$=-\frac{L_1E^2}{2R_1(R_1+R_2)}\left[\mathrm{e}^{-\frac{2(R_1+R_2)}{L_1}t}\right]_0^{\infty}=\boldsymbol{\frac{L_1E^2}{2R_1(R_1+R_2)}}$$

あるいはスイッチを開く前の定常状態においてインダクタンス L_1 に蓄えられている磁気エネルギー W は,

$$W=\frac{1}{2}L_1I_1^2=\frac{1}{2}L_1\left(\frac{E}{R_1}\right)^2=\frac{L_1E^2}{2R_1^2}$$

スイッチを開くと，このエネルギーが放出されて，抵抗 R_1 と抵抗 R_2 で抵抗値に比例して消費されるので,

$$W_1=\frac{R_1}{R_1+R_2}W=\frac{R_1}{R_1+R_2}\cdot\frac{L_1E^2}{2R_1^2}=\frac{L_1E^2}{2R_1(R_1+R_2)}$$

としても求まる.

III 10 【解答】 ②

【解説】

問題の交流ブリッジ回路の交流電源の角周波数を ω [rad/s] とすると，ブリッジの平衡条件は次式で表される．

$$R_1 \cdot (R_4 + \mathrm{j}\omega L_4) = R_2 \cdot (R_3 + \mathrm{j}\omega L_3)$$

この等式が成り立つためには，実部同士，虚部同士が等しくなければならないので，

$$R_1 \cdot R_4 = R_2 \cdot R_3$$

$$\therefore \quad R_4 = \frac{R_2 \cdot R_3}{R_1} = \frac{4 \times 10^3 \times 60}{2 \times 10^3} = \mathbf{120}\ \Omega$$

$$R_1 \cdot \omega L_4 = R_2 \cdot \omega L_3$$

$$\therefore \quad L_4 = \frac{R_2 \cdot L_3}{R_1} = \frac{4 \times 10^3 \times 20 \times 10^{-3}}{2 \times 10^3} = 40 \times 10^{-3}\ \mathrm{H} = \mathbf{40}\ \mathrm{mH}$$

したがって，アが 120，イが 40 の組合せは②である．

III 11 【解答】 ④

【解説】

問題図 A のアドミタンス $\dot{Y}_{\mathrm{A}}$ は，図に与えられた数値により

$$\dot{Y}_{\mathrm{A}} = \frac{1}{4 + \mathrm{j}400 \times 20 \times 10^{-3}} = \frac{1}{4 + \mathrm{j}8} = \frac{1 - \mathrm{j}2}{20} = \sqrt{\frac{1}{80}} \angle -\tan^{-1} 2\mathrm{S}$$

一方, 問題図 B のアドミタンス $\dot{Y}_{\mathrm{B}}$ は, コイルのインダクタンスを L [mH] とすると,

$$\dot{Y}_{\mathrm{B}} = \frac{1}{R} - \mathrm{j}\frac{1}{400 \times L \times 10^{-3}} = \frac{1}{R} - \mathrm{j}\frac{1}{0.4L}$$

$$= \sqrt{\left(\frac{1}{R}\right)^2 + \left(\frac{1}{0.4L}\right)^2} \angle -\tan^{-1} \frac{R}{0.4L}\ [\mathrm{S}]$$

交流電源から流れる電流 $\dot{I}$ の位相が等しくなるためには,

$$\frac{R}{0.4L} = 2$$

$$\therefore \quad \frac{1}{0.4L} = \frac{2}{R} \tag{1}$$

電流 $\dot{I}$ の大きさが等しくなるためには,

$$\sqrt{\frac{1}{80}} = \sqrt{\left(\frac{1}{R}\right)^2 + \left(\frac{1}{0.4L}\right)^2}$$

$$\therefore \quad \left(\frac{1}{R}\right)^2 = \frac{1}{80} - \left(\frac{1}{0.4L}\right)^2 \tag{2}$$

(2)式に(1)式の条件を代入すると,

$$\left(\frac{1}{R}\right)^2 = \frac{1}{80} - \left(\frac{2}{R}\right)^2$$

$$\therefore \quad R = \sqrt{\frac{5}{1/80}} = \mathbf{20\ \Omega}$$

【解答】 ④

【解説】

電源電圧を位相の基準にとってフェーザ表示すると, $\dot{E} = 100\ \mathrm{V}$ である. 負荷インピーダンスから電源側回路を, 等価定電圧源（開放電圧）$\dot{E}_0$ と内部インピーダンス $\dot{Z}_0$ を直列接続したテブナンの等価回路で表すと,

$$\dot{E}_0 = \frac{-\mathrm{j}10}{5-\mathrm{j}10} \times 100 = \frac{-\mathrm{j}1\,000 \times (5+\mathrm{j}10)}{125} = 40 \times (2-\mathrm{j})\ \mathrm{V}$$

$$\dot{Z}_0 = \frac{5 \times (-\mathrm{j}10)}{5+(-\mathrm{j}10)} = 2 \times (2-\mathrm{j})\ \Omega$$

負荷の有効電力 P が最大になるのは, 負荷インピーダンス $\dot{Z}$ が電源側インピーダンス $\dot{Z}_0$ の共役インピーダンスになるときである.

$$\dot{Z} = \overline{\dot{Z}_0} = 2 \times (2+\mathrm{j})\ \Omega$$

$$\therefore \quad P = \left| \frac{\dot{E}_0}{\dot{Z}_0 + \dot{Z}} \right|^2 \times \mathrm{Re}\{\dot{Z}\}$$

$$= \left| \frac{40 \times (2 - j)}{2 \times (2 - j) + 2 \times (2 + j)} \right|^2 \times \mathrm{Re}\{2 \times (2 + j)\}$$

$$= \left| \frac{40 \times \sqrt{2^2 + 1^2}}{8} \right|^2 \times 4 = \mathbf{500\,W}$$

【解答】 ③

【解説】

① 適切．複数のケーブルが近接して配置されると，電流相互間に電磁力が作用するので，導体内で電流密度が偏った電流が流れ，等価的に抵抗値が増加する．

② 適切．送電線の電流は負荷電流と充電電流の和である．地中送電線は静電容量が大きいので，充電電流により負荷電流が制約される．超高圧ケーブルの場合は影響が大きいので，分路リアクトルを設置して充電電流を補償する．

③ 不適切．管路式はマンホールからケーブルを引き入れ，マンホール内でケーブルを敷設し接続する方式なので，直接埋設式よりも送電線の増設や撤去が容易であるが，条数が多いと熱放散しにくくなり，許容電流は小さくなる．

④ 適切．マーレーループ法はホイートストンブリッジの原理により事故ケーブルの心線を一辺として，事故点までの抵抗値を測定する方法なのでブリッジ回路が構成できる短絡事故，地絡事故に有効である．静電容量法は事故相と健全相の静電容量の比から事故点までの距離を測定するので断線事故に有効である．

⑤ 適切．地中送電線路は，架空送電線と比べて，導体中心間距離が短く，導体半径が大きいのでインダクタンスが小さく，静電容量が大きい．長距離かつ大容量地中送電は，系統安定性，充電電流の問題がない直流送電が有利である．

III 14

【解答】 ④

【解説】

系統容量が 6 000 MW の系統定数 1.0 %MW/0.1 Hz を単位 [MW/Hz] 換算すると，

$$1.0\ \%\mathrm{MW}/0.1\ \mathrm{Hz} = 6\,000 \times \frac{1.0}{100}\ \mathrm{MW}/0.1\ \mathrm{Hz} = 60\ \mathrm{MW}/0.1\ \mathrm{Hz}$$
$$= 60 \times 10\ \mathrm{MW/Hz} = 600\ \mathrm{MW/Hz}$$

送電線事故により負荷 100 MW が解列すると，発電力 $>$ 負荷となるので，系統の周波数は上昇する．周波数変化を ΔF [Hz] とすると，

$$\Delta F = \frac{100\ \mathrm{MW}}{600\ \mathrm{MW/Hz}} \fallingdotseq \mathbf{0.17\ Hz}\ \textbf{上昇}$$

【解答】 ③

【解説】

① 適切．負荷電流が一定でも，力率が変わると電機子反作用（増磁作用，減磁作用）により誘導起電力が変化するので，出力端子電圧が変動する．

② 適切．電機子反作用により電機子反作用リアクタンスが変化するので，同期インピーダンスのうちの同期リアクタンスが変動する．

③ 不適切．巻線形同期発電機の励磁巻線には，交流電源ではなく直流電源が接続される．

④ 適切．タービン発電機の回転速度（同期速度）$N_{\mathrm{s}} = \dfrac{120f}{p}$ [min^{-1}]（f：定格周波数 [Hz]，p：極数）は，タービンが高速回転なので，$p = 2$ または 4 が主流である．

⑤ 適切．いずれも同期発電機の特性曲線である．無負荷飽和曲線は無負荷で界磁電流を変化させたときの端子電圧（＝無負荷誘導起電力）の変化を示す曲線である．短絡曲線は，発電機端子を短絡して定格速度で運

転した場合の界磁電流と電機子電流の関係を示す曲線である．負荷飽和曲線は，定格速度において，発電機に一定力率，一定電流の負荷をかけた場合の界磁電流と電機子電流の関係を示す曲線である．外部特性曲線は，発電機を定格速度で運転し，界磁電流と負荷力率を一定に保って，負荷電流を変化させたときの端子電圧と負荷電流との関係を示す曲線である．

III 16 【解答】 ①

【解説】

単相変圧器のインピーダンス（一次＋二次インピーダンスの一次側換算値インピーダンス）を $Z\,[\Omega]$, 定格一次電圧を $E_{\rm n}\,[{\rm V}]$, 定格容量を $K_{\rm n1}\,[{\rm V{\cdot}A}]$ とすると，パーセントインピーダンス $\%Z_1\,[\%]$ は，次式で表される．

$$\%Z_1 = \frac{ZK_{\rm n1}}{E_{\rm n}^{\;2}} \times 100\,[\%] \qquad (1)$$

また，この単相変圧器 3 台を Y 結線して三相変圧器 1 バンク構成とした場合，定格線間電圧は $V_{\rm n} = \sqrt{3}\,E_{\rm n}\,[{\rm V}]$，定格容量は $K_{\rm n3} = 3K_{\rm n1}\,[{\rm V{\cdot}A}]$ なので，パーセントインピーダンス $\%Z_3\,[\%]$ は次式で表され，単相変圧器のパーセントインピーダンス $\%Z_1\,[\%]$ に等しい．

$$\begin{aligned}\%Z_3 &= \frac{ZK_{\rm n3}}{V_{\rm n}^{\;2}} \times 100 = \frac{Z \times 3K_{\rm n1}}{(\sqrt{3}\,E_{\rm n})^2} \times 100 = \frac{ZK_{\rm n1}}{E_{\rm n}^{\;2}} \times 100 \\ &= \%Z_1\,[\%] \end{aligned} \qquad (2)$$

したがって，この三相変圧器のパーセントインピーダンスを 10×10^6 V·A 基準のパーセントインピーダンスで表すと，

$$5 \times \frac{10 \times 10^6}{60 \times 10^6} \fallingdotseq \mathbf{0.83\,\%}$$

III 17 【解答】 ②

【解説】

1 日の出力電力量 W は，

$$W = 100 \times 0.5 \times 1.0 \times 6 + 100 \times 0.85 \times 10 = 1\,150\ \mathrm{kW{\cdot}h}$$

1 日の鉄損電力量 w_i は,

$$w_\mathrm{i} = 1.0 \times 24 = 24.0\ \mathrm{kW{\cdot}h}$$

1 日の銅損電力量 w_c は,

$$w_\mathrm{c} = \left(\frac{1}{2}\right)^2 \times 1.1 \times 6 + 1.1 \times 10 = 12.65\ \mathrm{kW{\cdot}h}$$

よって，全日効率 η_d は,

$$\eta_\mathrm{d} = \frac{W}{W + w_\mathrm{i} + w_\mathrm{c}} = \frac{1\,150}{1\,150 + 24.0 + 12.65} \fallingdotseq 0.969\,1 \fallingdotseq \mathbf{96.9\ \%}$$

【解答】 ①

【解説】

① 不適切．低次の高調波であればよいが，IGBT や GTO などオンオフ制御デバイスによる電圧形インバータなどからの高次の高調波によっても空間伝搬などもあり通信線や放送波への影響も問題になるおそれがある.

② 適切．電力用コンデンサ設備（コンデンサ本体と直列リアクトル）は基本波よりも高調波に対して低インピーダンスになるため，小さな高調波電圧ひずみであっても大きな高調波電流が流入して振動，過熱，焼損が発生する.

③ 適切．誘導機に高調波電流が流れると，電磁うなり振動騒音が発生する.

④ 適切．変圧器に高調波電流が流れると，鉄損のうち渦電流が増加する.

⑤ 適切．継電器の動作値誤差の増加，ピーク値応動形では波形ひずみにより誤動作するおそれがある.

III 19 【解答】 ③

【解説】

図 A は降圧チョッパ，図 B は昇圧チョッパである．スイッチ SW の動作周期に対するオン時間の比率 d を通流率と呼ぶ．

入力は電圧 E の理想直流電圧源なので，それぞれの回路の負荷抵抗の両端にかかる平均電圧（出力電圧平均値）V_1，V_2 は次式で表される．

降圧チョッパ：$\boldsymbol{V_1 = dE}$

昇圧チョッパ：$\boldsymbol{V_2 = \dfrac{1}{1-d}E}$

III 20 【解答】 ④

【解説】

① 適切．$\omega^2 L(C_1 + C_2) = 1$ の条件を満たせば，$\dfrac{\dot{v}_2}{\dot{v}_1} = \dfrac{C_1 + C_2}{C_1}$ となるので，インピーダンス $\dot{Z}$ に関係なく分圧比を決めることができる．

② 適切．電圧波形にひずみがなければ，基本角周波数波 ω に対して $\omega^2 L(C_1 + C_2) = 1$ となる条件を満たすことができるので，分圧比は容量分圧器の分圧比 $\dfrac{C_1 + C_2}{C_1}$ になる．

③ 適切．周波数の変動や電圧波形のひずみ（②と同じ）があると，$\omega^2 L(C_1 + C_2) = 1$ となる条件を満たすことができないので，分圧比の誤差が増える．

④ 不適切．$\omega^2 L(C_1 + C_2) = 1$ となる条件を満たしても，出力電圧 $\dot{v}_2$ は容量分圧器の分圧比による $\dfrac{C_1 + C_2}{C_1}\dot{v}_1$ をインダクタンスの抵抗分とインピーダンス $\dot{Z}$ に比例配分した電圧になるので，インダクタンスの抵抗分が大きいほど分圧比は低下する．

⑤ 適切．計測器の入力回路は抵抗，コイル，静電容量から構成されて

いるので，その等価回路はインピーダンス $\dot{Z}$ で表すことができる．

【解答】 ②

【解説】

入力電圧 $v_{\text{in}}(t)$, 出力電圧 $v_{\text{out}}(t)$ のラプラス変換を $V_{\text{in}}(s)$, $V_{\text{out}}(s)$ とすると，

$$V_{\text{out}}(s)=\frac{\dfrac{Ls\cdot\dfrac{1}{Cs}}{Ls+\dfrac{1}{Cs}}}{R+\dfrac{Ls\cdot\dfrac{1}{Cs}}{Ls+\dfrac{1}{Cs}}}\cdot V_{\text{in}}(s)=\frac{\dfrac{L}{C}}{R\left(Ls+\dfrac{1}{Cs}\right)+\dfrac{L}{C}}\cdot V_{\text{in}}(s)$$

$$=\frac{Ls}{R(LCs^2+1)+Ls}\cdot V_{\text{in}}(s)=\frac{Ls}{RLCs^2+Ls+R}\cdot V_{\text{in}}(s)$$

$$\therefore\quad \text{伝達関数}\ G(s)=\frac{V_{\text{out}}(s)}{V_{\text{in}}(s)}=\boldsymbol{\frac{Ls}{RLCs^2+Ls+R}}$$

III 22

【解答】 ②

【解説】

第 1 図のように，入力電流を i_1, i_2, i_3, 抵抗 R_0 の電流を出力端向きに i_0 とし，オペアンプの差動入力端子の電圧を v_+, v_- とする．

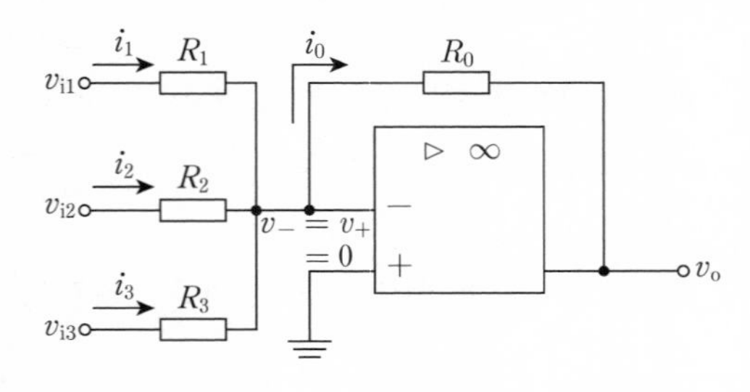

第 1 図

理想オペアンプの差動入力端子はイマジナリショート（仮想短絡）されており，＋ 入力端子は接地されているので，

$$v_- = v_+ = 0 \tag{1}$$

入力電流 i_1, i_2, i_3 は各入力端子とオペアンプの $-$ 入力端子との電位差に比例して流れるので，(1)式を用いて

$$i_1 = \frac{v_{i1} - v_-}{R_1} = \frac{v_{i1} - 0}{R_1} = \frac{v_{i1}}{R_1}$$

$$i_2 = \frac{v_{i2} - v_-}{R_2} = \frac{v_{i2} - 0}{R_2} = \frac{v_{i2}}{R_2}$$

$$i_3 = \frac{v_{i3} - v_-}{R_3} = \frac{v_{i3} - 0}{R_3} = \frac{v_{i3}}{R_3}$$

また，理想オペアンプの入力インピーダンスは無限大なので，キルヒホッフの電流則により，

$$i_0 = i_1 + i_2 + i_3 = \frac{v_{i1}}{R_1} + \frac{v_{i2}}{R_2} + \frac{v_{i3}}{R_3}$$

出力電圧 v_o は，

$$v_o = v_- + (-R_0 i_0) = -R_0\left(\frac{v_{i1}}{R_1} + \frac{v_{i2}}{R_2} + \frac{v_{i3}}{R_3}\right)$$
$$= -\left(\boldsymbol{\frac{R_0}{R_1} v_{i1} + \frac{R_0}{R_2} v_{i2} + \frac{R_0}{R_3} v_{i3}}\right)$$

【解答】 ①

【解説】

問題図より，抵抗 R_s の電圧降下は電流 $g_m v_i$ が流れるので $g_m v_i R_s$ である．

$$v_{GS} = v_i + g_m v_i R_s = (1 + g_m R_s) v_i$$

$$\therefore \quad \frac{v_i}{v_{GS}} = \boldsymbol{\frac{1}{1 + g_m R_s}}$$

【解答】 ③

【解説】

問題図の論理回路より，出力 f を表す論理式は次のようになる．

$$f=\overline{\left[\overline{\left\{\overline{\left(\overline{A\cdot B}\cdot C\right)}\cdot D\right\}}\cdot E\right]}$$

$\overline{X\cdot Y}=\overline{X}+\overline{Y}$，$\overline{X+Y}=\overline{X}\cdot\overline{Y}$ なる関係を繰り返し用いて，

$$f=\overline{\left(\overline{A\cdot B}\cdot C\right)}\cdot D+\overline{E}=\left(A\cdot B+\overline{C}\right)\cdot D+\overline{E}$$

$$=\boldsymbol{A\cdot B\cdot D+\overline{C}\cdot D+\overline{E}}$$

III 25

【解答】 ④

【解説】

問題図の論理回路より，出力 f を表す論理式は次のようになる．

$$f=\overline{\left\{\overline{\overline{\left(\overline{A}\cdot B\right)}}+\overline{\overline{\left(A\cdot\overline{B}\right)}}\right\}}$$

$\overline{X\cdot Y}=\overline{X}+\overline{Y}$，$\overline{X+Y}=\overline{X}\cdot\overline{Y}$ なる関係を繰り返し用いて，

$$f=\overline{\left(\overline{A}\cdot B+A\cdot\overline{B}\right)}=\overline{\left(\overline{A}\cdot B\right)}\cdot\overline{\left(A\cdot\overline{B}\right)}=\left(A+\overline{B}\right)\cdot\left(\overline{A}+B\right)$$

これを展開し，$X\cdot\overline{X}=0$，$X\cdot Y=Y\cdot X$ の関係を用いると，

$$f=A\cdot\overline{A}+A\cdot B+\overline{B}\cdot\overline{A}+\overline{B}\cdot B=\boldsymbol{A\cdot B+\overline{A}\cdot\overline{B}}$$

III 26

【解答】 ②

【解説】

パリティ検査行列

$$H=\begin{bmatrix}1&1&0&1&1&0&0\\1&1&1&0&0&1&0\\1&0&1&1&0&0&1\end{bmatrix}$$

をもつ (7, 4) ハミング符号（符号長 7，4 元）により符号化され，送信された符号語を，

$$x=\left[\,x_1,x_2,x_3,x_4,x_5,x_6,x_7\right]$$

とすると，次の関係式が成り立つ．

$$Hx^T = \begin{bmatrix} 0 \\ 0 \\ 0 \end{bmatrix} \qquad (1)$$

ただし，x^T は x の転置行列で，行列 H と転置行列 x^T の積は，各々の成分の「mod 2（2 で割ったときの余り）を伴う加算と乗算」であり，1 が奇数個のときの加算は 1，偶数個のときの加算は 0，乗算は論理積（AND）である．

題意より，1 ビット誤りの状況の受信語が $y = [\,1, 1, 1, 0, 0, 0, 1\,]$ なので，(1)式の x^T を y^T に置き換えたシンドロームベクトル S を計算すると，

$$S = Hy^T = \begin{bmatrix} 1 & 1 & 0 & 1 & 1 & 0 & 0 \\ 1 & 1 & 1 & 0 & 0 & 1 & 0 \\ 1 & 0 & 1 & 1 & 0 & 0 & 1 \end{bmatrix} \begin{bmatrix} 1 \\ 1 \\ 1 \\ 0 \\ 0 \\ 0 \\ 1 \end{bmatrix}$$

$$= \begin{bmatrix} 1\times1+1\times1+0\times1+1\times0+1\times0+0\times0+0\times1 \\ 1\times1+1\times1+1\times1+0\times0+0\times0+1\times0+0\times1 \\ 1\times1+0\times1+1\times1+1\times0+0\times0+0\times0+1\times1 \end{bmatrix} = \begin{bmatrix} 0 \\ 1 \\ 1 \end{bmatrix}$$

シンドロームベクトル S がパリティ検査行列 H と一致するのは，パリティ検査行列 H の第 3 列なので，受信語は 3 ビット目が反転していることになる．

したがって，送信された符号語 x として正しいのは，

$x = [\,\mathbf{1, 1, 0, 0, 0, 0, 1}\,]$

である．

【解答】 ①

【解説】

単純マルコフ過程とは，ある時点 t における事象の生起確率が直前の事

象のみに依存する過程をいう．また，エルゴード性（ergodic property）とは，どの状態から出発してもどの状態にも遷移する可能性があり，周期性をもたないことをいう．

したがって，エルゴード性をもつ二元単純マルコフ情報源は，二つの状態 A，B をもち，状態 A と状態 B とは設問図のような一定の遷移確率で遷移することができる情報源である．設問図をシャノン線図または状態遷移図と呼んでいる．

設問図のシャノン線図より，次式が成り立つ．

状態 A の発生確率 P_{A} は，

$$P_{\mathrm{A}}=P(\mathrm{A}|\mathrm{A})\times P_{\mathrm{A}}+P(\mathrm{A}|\mathrm{B})\times P_{\mathrm{B}}=0.8P_{\mathrm{A}}+0.8P_{\mathrm{B}}$$

$$\therefore\quad P_{\mathrm{A}}-4P_{\mathrm{B}}=0 \tag{1}$$

また，この二つの定常確率の間には，

$$P_{\mathrm{A}}+P_{\mathrm{B}}=1 \tag{2}$$

の関係がある．(1)式と(2)式を連立して解くと，

$$P_{\mathrm{A}}=0.8,\quad P_{\mathrm{B}}=0.2$$

したがって，この情報源のエントロピー H は次のようになる．

$$\begin{aligned}H&=-\sum_i P_i\log_2 P_i=-0.8\log_2 0.8-0.2\log_2 0.2\\&=-0.8\log_2\frac{2^2}{5}-0.2\log_2\frac{1}{5}\\&=-0.8\times(2-\log_2 5)-0.2\times(0-\log_2 5)\\&=\log_2 5-1.6=2.32-1.6=\mathbf{0.72}\end{aligned}$$

III 28

【解答】　⑤

【解説】

題意より，信号 $f(t)$ は $-2T\leqq t\leqq +2T$ の期間だけ 0 ではない孤立信号である．

問題に与えられたフーリエ変換の定義式より，

$$F(\omega)=\mathcal{F}[f(t)]=\int_{t=-\infty}^{t=\infty}f(t)\mathrm{e}^{-\mathrm{j}\omega t}\,\mathrm{d}t=\int_{t=-2T}^{t=2T}\frac{1}{T}\mathrm{e}^{-\mathrm{j}\omega t}\,\mathrm{d}t$$

$$= \frac{1}{T}\int_{t=-2T}^{t=2T} \mathrm{e}^{-\mathrm{j}\omega t}\,\mathrm{d}t = \frac{1}{T}\left[\frac{1}{-\mathrm{j}\omega}\mathrm{e}^{-\mathrm{j}\omega t}\right]_{-2T}^{2T}$$

$$= \mathrm{j}\frac{1}{\omega T}\left(\mathrm{e}^{-\mathrm{j}2\omega T} - \mathrm{e}^{\mathrm{j}2\omega T}\right) = \boldsymbol{\frac{2\sin 2\omega T}{\omega T}}$$

III 29 【解答】 ⑤

【解説】

信号 $f(t)$ のフーリエ変換 $F(\omega)$ は,

$$F(\omega) = \mathcal{F}[f(t)] = \int_{-\infty}^{\infty} f(t)\mathrm{e}^{-\mathrm{j}\omega t}\,\mathrm{d}t = \int_{-\infty}^{\infty} \mathrm{e}^{-\alpha t}\cdot u(t)\mathrm{e}^{-\mathrm{j}\omega t}\,\mathrm{d}t$$

$$= \int_{0}^{\infty} \mathrm{e}^{-(\alpha+\mathrm{j}\omega)t}\,\mathrm{d}t = \left[\frac{1}{-(\alpha+\mathrm{j}\omega)}\mathrm{e}^{-\mathrm{j}\omega t}\right]_{0}^{\infty} = \boldsymbol{\frac{1}{\alpha+\mathrm{j}\omega}}$$

関数 $f(t)$ を任意の時間領域の信号 $g(t)$ に畳み込んだ信号を $h(t)$ とすると,

$$h(t) = f(t) * g(t) = \int_{-\infty}^{\infty} f(\tau)g(t-\tau)\,\mathrm{d}\tau$$

で定義される. $G(\omega) = \mathcal{F}[g(t)]$ として, 両辺をフーリエ変換すると,

$$H(\omega) = F(\omega)G(\omega) = \frac{1}{\alpha+\mathrm{j}\omega}\cdot G(\omega)$$

となる. $\dfrac{1}{\alpha+\mathrm{j}\omega}$ は, $\alpha \gg \omega$ の領域では $\dfrac{1}{\alpha}$, $\alpha \ll \omega$ の領域では $\dfrac{1}{\mathrm{j}\omega} = -\mathrm{j}\dfrac{1}{\omega}$ なので, **ローパスフィルタ**となる.

【解答】 ④

【解説】

衛星通信は, 赤道上空 36 000 km の静止軌道上に打ち上げられた衛星に向けて送信局から情報を送信し, そこから地球にある受信地点に向けて一斉配信する通信システムである.

① 適切. 衛星通信は, 台風や地震, 土砂災害など地上の自然災害の影響を受けずにネットワークが確保できるので, 耐災害性に優れ, 一般企

業や自治体のネットワーク，電力・ガス・石油などのライフライン企業のネットワーク，重要拠点のバックアップ回線に利用される．地球局を移動させれば，どこからでも自由に短時間に回線を設定できるので，回線設定の迅速性・柔軟性に優れている．

②，③　適切．衛星から地上に向けて電波が発射されるので，同じ情報を広域の多数の受信地点に同時に送ることができる（広域性，同報性，マルチアクセス性）．一つの衛星を介して直接各受信地点に送られるので，地球局間の距離に無関係に同じ品質の情報を送ることができる．1 個の衛星がカバーできる範囲では，地上の距離に関係なく伝送コストは一定なので，遠距離通信では経済的となる．

④　不適切．地上→衛星→地上の延べ回線長が 70 000 km 以上になるので電波の伝搬時間だけでも 0.24 秒かかる．

⑤　適切．衛星通信に利用される周波数は，C バンド（周波数帯 3.4 ～ 7.075 GHz），Ku バンド（周波数帯 10.6 ～ 15.7 GHz），Ka バンド（周波数帯 17.3 ～ 31 GHz）である．C バンドは降雨による影響が小さいため，衛星通信が始まった頃から広く使われているが，周波数が低いので大形アンテナでの受信が必要である．Ku バンドは小形アンテナ受信ができ，スカパーなどの放送や一般的な国内通信に適している．Ka バンドは，大容量通信向けに利用が拡大している．これより高い周波数では，降雨や大気の影響による吸収損失が大きくなる．

III 31

【解答】　⑤

【解説】

標本化定理（サンプリング定理）は，アナログ信号をディジタル信号に変換するとき，元の信号に含まれる最も高い周波数成分の 2 倍以上の周波数でサンプリングすれば，元の信号を完全に再現することができるというものである．

直流から 8 kHz の周波数成分をもつアナログ信号をディジタル信号に

変換する場合は，その 2 倍の 16 kHz 以上の周波数でサンプリングすれば波形を再現できる．標本化のナイキスト周波数は，標本化定理により，**16 kHz** である．

サンプリングナイキスト周波数 16 kHz で標本化された信号を，$256 = 2^8$ ステップで直線量子化した場合，各標本値は **8** ビットのディジタル符号になり，ディジタル信号速度は $16 \times 8 = 128$ kbits/s になる．

また，これを **512** ステップで直線量子化すると，各標本値は 9 ビットのディジタル符号になるので，ディジタル信号速度は $16 \times 9 = 144$ kbits/s になり，この場合の量子化雑音は，256 ステップの場合に比較して 1/2 倍になるので，$20 \log_{10} \dfrac{1}{2} \fallingdotseq -6.02$ dB なので約 **6** dB 小さい．

III 32 【解答】 ④

【解説】

PSK（Phase Shift Keying）方式は，送信データに応じて搬送波の位相を変化させる位相偏移変調方式である．PSK 方式には，位相変化を 2 値とし 1 回の変調（1 シンボル）で 1 bit のデータを伝送できる BPSK（Binary PSK）方式と，位相変化を 4 値とし 1 回の変調（1 シンボル）で 2 bit のデータを伝送できる QPSK（Quadrature PSK）方式がある．

また，16 値 QAM（Quadrature Amplitude Modulation）方式は，直交する二つの搬送波を用い，同相および直交のベースバンド信号を直交多値化した方式である．4 相位相変調である QPSK 方式に，I チャネル（I：In-phase，同相成分）と Q チャネル（Q：Quadrature-phase，直交成分）の二つの軸上での ASK（Amplitude Shift Keying，振幅変調）を加え，位相と振幅の両方を変化させる変調とすることにより，一つのシンボルで 4 ビット（2 の 4 乗 = 16 通り）の情報を伝送できる．

したがって，BPSK で 4 シンボル，QPSK で 4 シンボル，16 値 QAM で 4 シンボル，合計 12 シンボルを伝送すると，

$$\text{BPSK}\ \frac{1\ \text{bit}}{\text{symbol}} \times 4\ \text{symbol} + \text{QPSK}\ \frac{2\ \text{bit}}{\text{symbol}} \times 4\ \text{symbol}$$

$$+ 16\ \text{値 QAM}\ \frac{4\ \text{bit}}{\text{symbol}} \times 4\ \text{symbol} = 28\ \text{bit}$$

【解答】 ②

【解説】

① 適切．n 形半導体は，Ⅳ族のシリコンやゲルマニウムなどの真性半導体にひ素のようなⅤ族の不純物を混入させ，シリコンと共有結合する電子が 1 個余って自由電子となった半導体である．多数キャリヤは電子，少数キャリヤは正孔である．

② 不適切．p 形半導体は，Ⅳ族のシリコンやゲルマニウムなどの真性半導体に，ガリウムやほう素のようなⅢ族の不純物を混入させることにより，シリコンと共有結合するのに電子が 1 個足りない状態となった半導体である．多数キャリヤは正孔である．不純物としてひ素を導入したものは①の n 形半導体である．

③ 適切．真性半導体は，電子と正孔の密度が等しく，温度を下げると電子と正孔の密度は両方とも低減する．

④ 適切．半導体中において，キャリヤ濃度（自由電子濃度，正孔濃度）に不均一があると，均一になるように移動する．これを拡散という．p 形半導体と n 形半導体とを接合すると，n 形半導体は電子濃度が高く，p 形半導体は正孔濃度が高いので，n 形半導体中の電子は p 形半導体内へ，p 形半導体中の正孔は n 形半導体内に移動する．その結果，pn 接合の接合面付近では電子と正孔が出会って再結合するが，n 形半導体の接合面近傍は電子が抜けて正に帯電し，p 形半導体の接合面近傍は正孔が抜けて負に帯電する．これにより，接合面付近には n 形半導体から p 形半導体へ向かう電界が生じ，拡散によるキャリヤの移動が抑制されて空乏層ができる．

⑤ 適切．pn 接合部に逆方向電圧をかけると電流は流れにくく，順方

向電圧をかけると電流が流れやすくなるので，スイッチングとして作用する．

III 34 【解答】 ④

【解説】

MOS トランジスタ（MOS 電界効果トランジスタ）は**電圧**制御型であるため，ゲートには直流電流はわずかなリーク電流以外は流れない．これに対して，バイポーラトランジスタはスイッチや増幅といった働きをベース電流で制御する**電流**制御型なので，MOS トランジスタの方がバイポーラトランジスタより消費電力が**低い**．

MOSトランジスタには，nMOSトランジスタとpMOSトランジスタがある．

CMOS（相補型 MOS）インバータは，**第1図**のように，nMOS トランジスタと pMOS トランジスタを 1 個ずつ，合計 2 個の MOS トランジスタにより構成されている．nMOS トランジスタは**電子**によるチャネル電流が流れてオンになり，pMOS トランジスタは**正孔**によるチャネル電流が流れてオンになる．

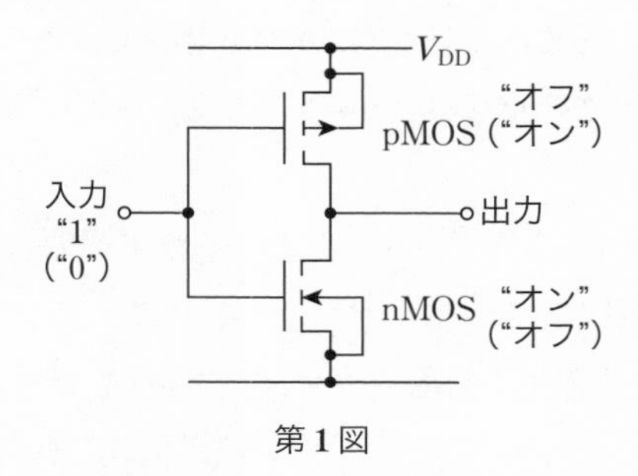

第 1 図

入力が "1" で nMOS トランジスタがオンのとき，pMOS トランジスタがオフになり，入力が "0" で nMOS トランジスタがオフのとき，pMOS トランジスタがオンになることで入力信号の "1" と "0" を判定する．この組み合わせた論理が反転する際に MOSFET のゲートを飽和させる，あるいは飽和状態のゲートから電荷を引き抜くための電流しか流れないため，定常状態において電源からアースに直流電流が流れず，待機時の消費電力が少ない．

また，シリコン中の正孔は価電子が隣の原子に移動したことで生じる価電子帯上の空きであるため，電子に比べて見かけ上の質量（有効質量）が重くなる．電子移動度は正孔移動度のおおよそ 3 倍なので動作速度も速くなる．

【解答】　①

【解説】

①　不適切．スポットネットワーク配電方式は，20 kV 級（公称電圧 22 kV または 33 kV の総称）の電源変電所から 3 回線または 2 回線で受電し，受電設備の一次側では併用しない．電源変電所の母線は常時併用されている．

②　適切．ネットワーク変圧器二次側は，ネットワーク母線で常時併用されている．変圧器 1 台が事故等により停止しても，他の回線から供給できるように設備容量に裕度があるので無停電で供給することができる．

③　適切．ネットワーク変圧器二次側で併用することにより，各回線の電流が均一化され，電圧降下や電力損失が小さくなるが，事故等が他の回線に影響を及ぼすことがないようにするため，保護装置が複雑で建設費が高くなる．

④　適切．高い供給信頼度を必要とする都市部の需要密度の高い大容量の負荷群に適用される．

⑤　適切．特別高圧の受電用遮断器を省略し，ネットワーク配電線の事故または停止のときはネットワークプロテクタの逆電力遮断特性によりネットワーク変圧器二次側遮断器を開放する．また，ネットワークプロテクタは，2 回線以上受電したときにネットワーク変圧器二次側を併用する過電圧（差電圧）投入特性，全停状態からいずれかのネットワーク配電線が充電されてきたときに自動的に受電する無電圧投入特性を有している．

2022年度　解答

【解答】　⑤

【解説】

真空中で原点に置かれた点電荷（電荷量 $2Q$）による位置 a の電界の強さを $\dot{E}_{2\mathrm{Q}}$，原点から R 離れた位置に置かれた電荷量 $-Q$ による位置 a の電界の強さを $\dot{E}_{-\mathrm{Q}}$ とすると，第１図のように向きは反対になり，大きさは次式で表される．

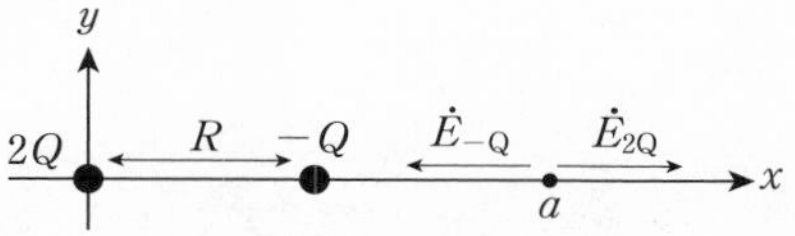

第１図

$$E_{2\mathrm{Q}}=\frac{2Q}{4\pi\varepsilon_0 a^2}\quad (x\text{ 軸の正方向})$$

$$E_{-\mathrm{Q}}=\frac{Q}{4\pi\varepsilon_0 (a-R)^2}\quad (x\text{ 軸の負方向})$$

位置 a の電界の大きさが 0 になる条件は，$E_{2\mathrm{Q}}=E_{-\mathrm{Q}}$ なので，

$$\frac{2Q}{4\pi\varepsilon_0 a^2}=\frac{Q}{4\pi\varepsilon_0 (a-R)^2}$$

$$2(a-R)^2=2a^2-4aR+2R^2=a^2$$

$$a^2-4Ra+2R^2=0$$

$$\therefore\quad a=-(-2R)\pm\sqrt{(-2R)^2-1\times 2R^2}=(2\pm\sqrt{2})R$$

$$=\boldsymbol{(2+\sqrt{2})R},\ (2-\sqrt{2})R$$

$(2-\sqrt{2})R$ は $<R$ なので不適．

【解答】 ④

【解説】

単心ケーブルの内部導体の外側表面に電荷 $+q$ [C/m]，外側シース導体の内側表面に電荷 $-q$ [C/m] を均等に分布させると，中心から外向きに半径方向に拡がる電界ができるので，中心から r [m] の点の電界の大きさを E_r [V/m] とする．内側導体を中心とする半径 r [m]，高さ 1 m の仮想円筒を考えると，内側導体の電荷から出た電気力線はすべて円筒側面を垂直に貫通し，誘電体の比誘電率は ε_s なので，ガウスの定理により次式が成り立つ．

$$(2\pi r\times 1)E_r=\frac{q}{\varepsilon_0\varepsilon_s}$$

$$\therefore\quad E_r=\frac{q}{2\pi\varepsilon_0\varepsilon_s r}[\mathrm{V/m}]$$

内側導体と外側シース導体との間に電位差を V [V] とすると

$$V=\int_a^b E_r\,\mathrm{d}r=\int_a^b\frac{q}{2\pi\varepsilon_0\varepsilon_s r}\mathrm{d}r$$

$$=\frac{q}{2\pi\varepsilon_0\varepsilon_s}\int_a^b\frac{1}{r}\mathrm{d}r=\frac{q}{2\pi\varepsilon_0\varepsilon_s}\log_e\frac{b}{a}[\mathrm{V}]$$

この単心ケーブル 1 m 当たりの静電容量 C [F/m] は

$$C=\frac{q}{V}=\frac{q}{\dfrac{q}{2\pi\varepsilon_0\varepsilon_s}\log_e\dfrac{b}{a}}=\boldsymbol{\frac{2\pi\varepsilon_0\varepsilon_s}{\log_e\dfrac{b}{a}}}\ [\mathrm{F/m}]$$

【解答】 ②

【解説】

① 適切．ペルチエ効果は熱電効果の一種で，2 種類の金属または半導体を 2 点で接し，2 接点の温度を一定として電流を流すと節点で熱の発生または吸収が起こる現象である．電子冷房や電子冷凍に応用されている．

② 不適切．磁束計に応用されるのはホール効果である．ホール効果は，

電流の流れているものに対し，電流に垂直方向に磁束を貫通させると，電流と磁場の両方に直交する方向に起電力が現れる現象である．トンネル効果は，エネルギー的に通常は超えることのできない領域を粒子が一定の確率で通り抜ける現象である．

③　適切．光電効果は，物質に光を照射したときに電子が放出されたり，電流が流れたり，光起電力が発生する現象であり，太陽電池に応用されている．

④　適切．ピエゾ効果（圧電効果）は，水晶やセラミックスなどの物質に圧力を加えると，圧力に比例した分極が現れる現象である．マイクロホンは，圧電素子を電極で挟んで音声により電極を振動させ圧力をかけると圧電効果により電力が得られることを利用したものである．

⑤　適切．ゼーベック効果は熱電効果の一種で，2 種類の金属または半導体を 2 点で接し，2 接点に温度差を設けると電圧が発生する現象である．温度差に比例した電圧が発生するので，熱電対温度計に応用されている．

【解答】　⑤

【解説】

ビオ・サバールの法則により，長さ Δl の微小区間に流れる電流 I が，角度 θ 方向の距離 r の点につくる磁界の強さ ΔH は，次式で表される．

$$\Delta H = \frac{I\Delta l}{4\pi r^2}\sin\theta$$

半円の中心 O に向かう二つの半直線回路に流れる電流 I はどの区間も $\theta = 0$ なので，中心 O には磁界をつくらない．

したがって，中心 O の磁界の強さ H は，半円回路部分の電流による磁界の強さだけを考えればよい．

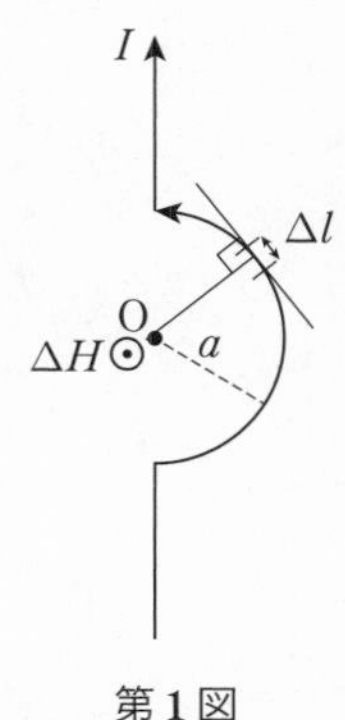

第 1 図

第 1 図より $\theta = \pi/2$ なので

$$\Delta H = \frac{I\Delta l}{4\pi a^2}\sin\frac{\pi}{2} = \frac{I\Delta l}{4\pi a^2}$$

半円区間の長さは πa なので，微小区間 Δl が $\pi a/\Delta l$ 個ある．

$$H = \Delta H \times \frac{\pi a}{\Delta l} = \frac{I\Delta l}{4\pi a^2} \times \frac{\pi a}{\Delta l} = \boldsymbol{\frac{I}{4a}}$$

電流 I が流れる半径 a の円形回路が中心 O につくる磁界の強さ H は，

$H = \dfrac{I}{4a}$ となる．

【解答】 ③

【解説】

問題図の抵抗 R_1 の電流を I_1 と置くと，**第 1 図**のように，抵抗 R_2 の電流はキルヒホッフの電流則から $I - I_1$ になる．

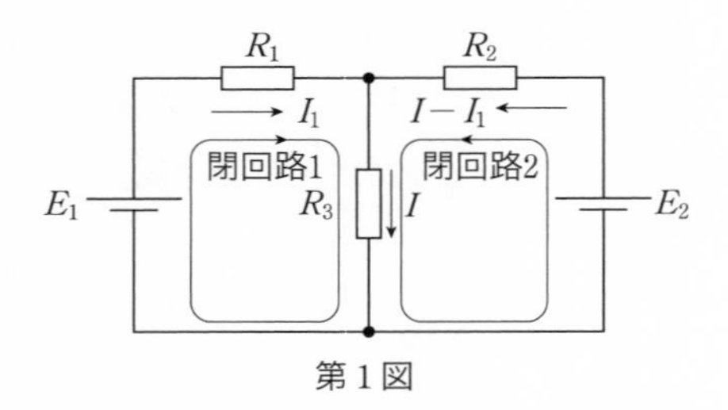

第 1 図

閉回路 1，閉回路 2 にキルヒホッフの電圧則を適用すると，

$$R_1 I_1 + R_3 I = E_1 \qquad (1)$$

$$R_2(I - I_1) + R_3 I = -R_2 I_1 + (R_2 + R_3)I = E_2 \qquad (2)$$

(1)式より，$I_1 = \dfrac{E_1 - R_3 I}{R_1}$ なので，(2)式に代入すると，

$$-R_2 \cdot \frac{E_1 - R_3 I}{R_1} + (R_2 + R_3)I$$

$$= -\frac{R_2 E_1}{R_1} + \left(R_2 + R_3 + \frac{R_2 R_3}{R_1}\right)I = E_2$$

$$\therefore \quad I = \frac{-\dfrac{R_2}{R_1}E_1 + E_2}{R_2 + R_3 + \dfrac{R_2 R_3}{R_1}} = \boldsymbol{\frac{R_1 E_2 + R_2 E_1}{R_1(R_2 + R_3) + R_2 R_3}}$$

【解答】 ⑤

【解説】

問題図を**第1図**のように描き替えるとブリッジ回路になっていることがわかる.

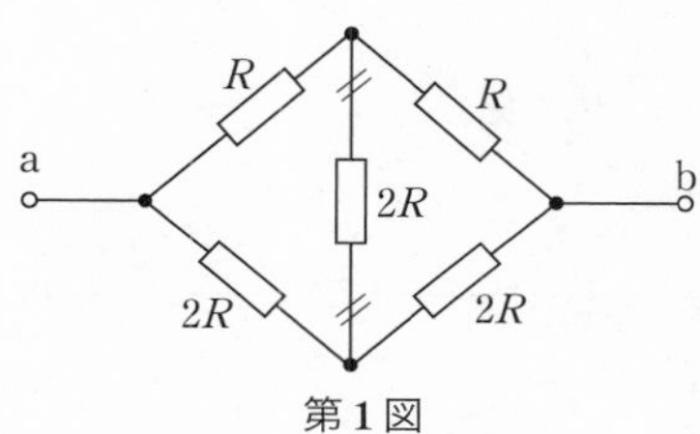

第1図

この回路は，対辺の抵抗の積がいずれも $R\times 2R=2R^2$ なので，ブリッジの平衡条件を満足しており，ブリッジ部分の抵抗 $2R$ は取り去っても短絡しても端子 ab 間の合成抵抗は変わらない.

第1図のように抵抗 $2R$ を取り去ると，合成抵抗 R_{ab} は

$$R_{ab}=\frac{(R+R)\cdot(2R+2R)}{(R+R)+(2R+2R)}=\frac{2R\times 4R}{6R}=\frac{\boldsymbol{4R}}{\boldsymbol{3}}$$

抵抗 $2R$ を短絡しても

$$R_{ab}=2\times\frac{R\times 2R}{R+2R}=\frac{4R}{3}$$

となり，同じ結果が得られる.

【解答】 ①

【解説】

テブナンの定理を用いて解く. **第1図**のように，上段の回路を切り離した端子を a_0，b_0 とし，開放端子 a_0，b_0 に現れる電圧を E_0 [V]，端子 a_0，b_0 から下側の回路を見た抵抗を R_0 [Ω] とする.

開放電圧 E_0 は，起電力 1.5 V から 3 Ω の抵抗の電圧降下を引いた電圧である. 起電力 －3 V の向きに注意して，

$$E_0=1.5-3\times\frac{1.5-(-3)}{3+12}=1.5-3\times0.3=0.6\ \text{V}$$

$$R_0=\frac{3\times12}{3+12}=2.4\,\Omega$$

$$\therefore\quad I=-\frac{E_0-6}{R_0+3}=-\frac{0.6-6}{2.4+3}\rightarrow\mathbf{1\ A}$$

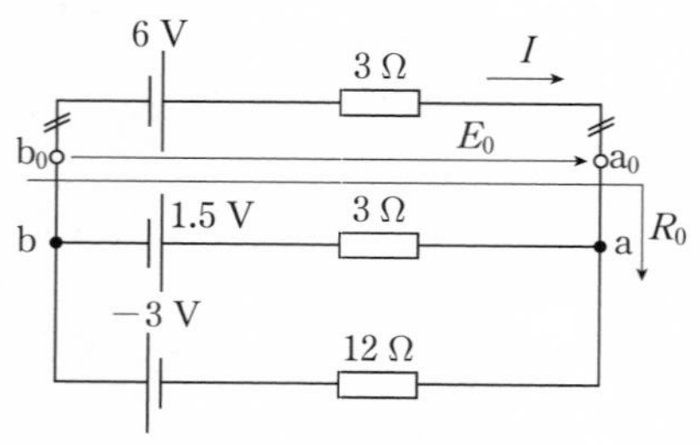

第 1 図

【解答】　①

【解説】

スイッチ S を閉じた後の回路方程式は，次式のとおりである．

$$RI_{\mathrm{L}}+L\frac{\mathrm{d}I_{\mathrm{L}}}{\mathrm{d}t}=E$$

変数分離形の微分方程式に直すと，

$$\frac{\mathrm{d}I_{\mathrm{L}}}{I_{\mathrm{L}}-\dfrac{E}{R}}=-\frac{R}{L}\mathrm{d}t$$

両辺を積分すると，

$$\ln\left(I_{\mathrm{L}}-\frac{E}{R}\right)=-\frac{R}{L}t+K$$

$$\therefore\quad I_{\mathrm{L}}=\frac{E}{R}+\mathrm{e}^{-\frac{R}{L}t+C}=\frac{E}{R}+K'\mathrm{e}^{-\frac{R}{L}t}\ (K'=\mathrm{e}^{K})$$

初期条件として，$t=0$ のとき $I_{\mathrm{L}}=0$ を代入すると，

$$0=\frac{E}{R}+K'$$

$$\therefore\quad K'=-\frac{E}{R}$$

$$\therefore\quad I_{\mathrm{L}}=\frac{E}{R}=\frac{E}{R}-\frac{E}{R}\mathrm{e}^{-\frac{R}{L}t}=\boldsymbol{\frac{E}{R}\left(1-\mathrm{e}^{-\frac{R}{L}t}\right)}$$

【解答】 ③

【解説】

抵抗 R と静電容量 C のコンデンサの直列接続回路に時間 $t=0$ において直流電圧 E を印加したときの回路方程式は，コンデンサの電荷を $q(t)$，充電電流を $i(t)$ とすると次式で表される．

$$Ri(t)+\frac{1}{C}q(t)=E \qquad (1)$$

$$i(t)=\frac{\mathrm{d}q(t)}{\mathrm{d}t} \qquad (2)$$

(2)式を(1)式に代入すると，

$$R\frac{\mathrm{d}q(t)}{\mathrm{d}t}+\frac{1}{C}q(t)=E$$

$$\frac{\mathrm{d}q(t)}{q(t)-CE})=-\frac{1}{CR}\mathrm{d}t$$

$$\ln(q(t)-CE)=-\frac{1}{CR}t+K$$

$$q(t)=CE+\mathrm{e}^{-\frac{1}{CR}t+K}$$

$$=CE+K'\mathrm{e}^{-\frac{1}{CR}t}\ \ (K'=\mathrm{e}^{K})$$

$t=0$ において $q(t)=0$ なので，

$$K'=-CE$$

$$\therefore\ \ q(t)=CE+\mathrm{e}^{-\frac{1}{CR}t+K}=CE-CE\mathrm{e}^{-\frac{1}{CR}t}$$

$$i(t)=\frac{\mathrm{d}}{\mathrm{d}t}\left(CE-CE\mathrm{e}^{-\frac{1}{CR}t}\right)=-CE\times\left(-\frac{1}{CR}\right)=\boldsymbol{\frac{E}{R}\mathrm{e}^{-\frac{1}{CR}t}}$$

この回路の抵抗 R で $t=0\sim\infty$ の間に消費されるエネルギー W_{R} は

$$W_{\mathrm{R}}=\int_0^{\infty}Ri^2(t)\mathrm{d}t=\int_0^{\infty}R\left(\frac{E}{R}\mathrm{e}^{-\frac{1}{CR}t}\right)^2\mathrm{d}t$$

$$=\frac{E^2}{R}\int_0^{\infty}\mathrm{e}^{-\frac{2}{CR}t}\mathrm{d}t=\frac{E^2}{R}\left[\frac{\mathrm{e}^{-\frac{2}{CR}t}}{-\frac{2}{CR}}\right]_0^{\infty}=\frac{1}{2}CE^2$$

$t=\infty$ において，コンデンサに蓄積されるエネルギー W_{C} は

$$W_{\mathrm{C}}=\frac{1}{2}CE^2$$

$$\therefore\ \ \frac{W_{\mathrm{R}}}{W_{\mathrm{C}}}=\mathbf{1}$$

【解答】　④

【解説】

時刻 $t<0$ でスイッチ S を閉じた状態では，この回路に流れる電流は直流なので，0.02 H のインダクタンスの逆起電力は 0 であり，並列接続された 4 Ω の抵抗には電流は流れない．

したがって，時刻 $t=0$ におけるインダクタンスの電流 $i(0)$ は

$$i(0)=\frac{5}{1}=5\ \mathrm{A} \qquad (1)$$

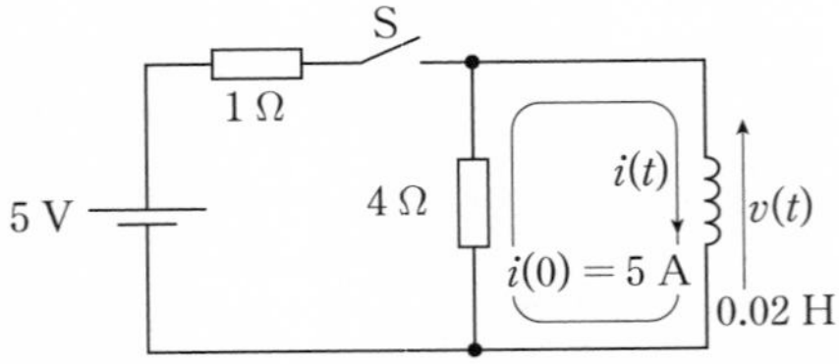

第 **1** 図

スイッチSを開放すると，0.02 Hのインダクタンスと4 Ωの抵抗による閉回路になり，次の微分方程式が成り立つ．

$$0.02\times\frac{\mathrm{d}i(t)}{\mathrm{d}t}+4i(t)=0$$

$$\frac{\mathrm{d}i(t)}{i(t)}=-\frac{4}{0.02}\mathrm{d}t=-200\mathrm{d}t$$

$$\ln i(t)=-200t+K$$

$$i(t)=\mathrm{e}^{-200t+K}=K'\mathrm{e}^{-200t} \qquad (2)$$

初期条件(1)式を使えば $K'=5$ なので，

$$i(t)=5\mathrm{e}^{-200t}$$

$$v(t)=0.02\times\frac{\mathrm{d}i(t)}{\mathrm{d}t}=0.02\times\frac{\mathrm{d}}{\mathrm{d}t}(5\mathrm{e}^{-200t})$$

$$=0.02\times5\times(-200)\mathrm{e}^{-200t}=-20\mathrm{e}^{-200t}$$

$\therefore\quad \boldsymbol{a=-20,\ b=0,\ c=200}$

III 11

【解答】 ②

【解説】

RLC 並列回路に正弦波交流電源を印加したときの電流 I が最小になるのは，並列共振条件を満足し，コイル L のリアクタンスがコンデンサ C のリアクタンスと等しくなる周波数 f のときである．

$$2\pi fL=\frac{1}{2\pi fC}$$

$$\therefore\quad f=\boldsymbol{\frac{1}{2\pi\sqrt{LC}}}\,[\mathrm{Hz}]$$

III 12

【解答】 ④

【解説】

RLC 直列接続回路に角周波数 ω，実効値 V の正弦波交流電圧を印加したときの電流の大きさ I は次式で表される.

$$I=\frac{V}{\sqrt{R^2+\left(\omega L-\frac{1}{\omega C}\right)^2}}$$

角周波数 ω によって変化するのは分母の根号内の $\left(\omega L-\frac{1}{\omega C}\right)^2$ だけなので,

$$\left(\omega L-\frac{1}{\omega C}\right)^2=0$$

のときに I は**極大**（最大）の $I_{\rm min}$ になり,

$$I_{\rm min}=\boldsymbol{\frac{V}{R}}$$

【解答】 ⑤

【解説】

図Aの周波数 $f=50$ Hz における回路のインピーダンス $\dot{Z}_{\rm A}$, 力率 $\cos\theta_{\rm A}$ は

$$\dot{Z}_A=R+{\rm j}2\pi fL=50+{\rm j}2\pi\times50\times92\times10^{-3}\fallingdotseq50+{\rm j}28.9\ \Omega$$

$$\cos\theta_{\rm A}\fallingdotseq\frac{50}{\sqrt{50^2+28.9^2}}\fallingdotseq0.866\ \fallingdotseq\mathbf{0.87}$$

あるいは, 問題に与えられた $\tan^{-1}0.577\fallingdotseq30°$ を用いると,

$$\cos\theta_{\rm A}\fallingdotseq\cos\left(\tan^{-1}\frac{28.9}{50}\right)\fallingdotseq\cos(\tan^{-1}0.578)$$

$$\fallingdotseq\cos30°=\frac{\sqrt{3}}{2}\fallingdotseq0.866\fallingdotseq\mathbf{0.87}$$

としてもよい.

図Bの回路にして力率を1に改善するためには, 図Aのアドミタンス $\dot{Y}_{\rm A}$ の虚部（サセプタンス）と静電容量 C のサセプタンス $2\pi fC$ が等しくなればよい.

$$\dot{Y}_A = \frac{1}{\dot{Z}_A} \fallingdotseq \frac{1}{50 + j28.9} \fallingdotseq 0.014992 - j0.008665$$

$$\therefore \quad 0.008\,665 \fallingdotseq 2\pi fC = 2\pi \times 50 \times C = 100\pi C$$

$$C \fallingdotseq \frac{0.008665}{100\pi} \fallingdotseq 27.6 \times 10^{-6}\,\mathrm{F} = \mathbf{27.6\,\mu F}$$

III 14

【解答】 ②

【解説】

流量 Q は，

$$Q = 600 \times 10^3\,\mathrm{kg/min} = 10 \times 10^3\,\mathrm{kg/s}$$

$$= \frac{1}{1000}\,\mathrm{m^3/kg} \times 10 \times 10^3\,\mathrm{kg/s} = 10\,\mathrm{m^3/s}$$

有効落差を H [m]，発電機効率を η_G，水車効率を η_T とすると発電機出力 P は，

$$P = 9.8QH\eta_T\eta_G\,[\mathrm{kW}]$$

$$\therefore \quad \eta_T = \frac{P}{9.8QH\eta_G} = \frac{6 \times 10^3}{9.8 \times 10 \times 75 \times 0.95} \fallingdotseq 0.859 \fallingdotseq \mathbf{86\,\%}$$

【解答】 ②

【解説】

無効電力は遅れを正とするので，複素電力 $P + jQ$ は，

$$P + jQ = \frac{1.0 \times \sqrt{3} + j1.0}{10} \fallingdotseq 0.173 + j0.10 \fallingdotseq \mathbf{0.17 + j0.10}\ \mathrm{p.u.}$$

電圧

$$\dot{V} = \frac{64}{66}\,\mathrm{p.u.}$$

電流 $\dot{I}$ の単位法表記を $\dot{I}$ [p.u.] とすると

$$P + jQ = \dot{V} \times \dot{I}$$

$$\therefore\quad \dot{I}=\overline{\left(\frac{P+\mathrm{j}Q}{\dot{V}}\right)}\fallingdotseq\frac{0.173-\mathrm{j}0.10}{64/66}\fallingdotseq 0.178-\mathrm{j}0.103\fallingdotseq \mathbf{0.206\angle -30^\circ}\ \mathrm{p.u.}$$

III 16

【解答】　①

【解説】

変圧器の一次入力は二次出力に損失を加えたものである．

損失には無負荷損と負荷損がある．無負荷損は，変圧器を無負荷にして，定格周波数，定格電圧を一次側に加えたときの入力で，そのほとんどが**鉄損**である．鉄損はヒステリシス損と渦電流損の和である．**渦電流損**は磁束の変化によって鉄心内に起電力を生じ，渦電流が流れることにより抵抗損失を生じるものである．鋼板の厚さを t，周波数を f，最大磁束密度を B_m とすると，$(tfB_\mathrm{m})^2$ に比例する．ヒステリシス損は，鉄心がヒステリシス特性をもつことにより生じ，$fB_\mathrm{m}{}^2$ に比例する．無負荷損は印加電圧に依存し，負荷電流の大小とは無関係である．

負荷損は，変圧器に負荷電流が流れたときに生じる損失で，巻線の**銅損**と標遊負荷損からなる．

III 17

【解答】　③

【解説】

変圧器の銅損は負荷率の 2 乗に比例するので，50 % 負荷時の銅損 w_c は，

$$w_\mathrm{c}=0.5^2\times 60=15\ \mathrm{W}$$

鉄損 w_i は印加電圧が定格電圧のまま変わらないので，$w_\mathrm{i}=20\ \mathrm{W}$ である．50 % 負荷で力率 0.8 のときの二次出力 P_2 は，

$$P_2=0.5\times 10^3\times 0.8=400\ \mathrm{W}$$

なので，効率 η は，

$$\eta=\frac{P_2}{P_2+w_\mathrm{i}+w_\mathrm{c}}=\frac{400}{400+20+15}\fallingdotseq 0.919\,5\fallingdotseq \mathbf{92\ \%}$$

III 18 【解答】 ③

【解説】

① 適切．絶縁抵抗計（メガ）または直流電源内蔵の直読計器を用いて絶縁抵抗を算定することができ，絶縁耐力試験を行う前，あるいは機器の保守・点検の際に実施される．極端な吸湿や外部絶縁の欠陥について，おおよその見当をつけるのに有用である．この値をもって絶縁の良否を判断するのはかえって危険な場合もある．

② 適切．直流高電圧を誘電体試料に印加し，内部を通過する電流を測定する際には，浮遊容量の電流も一緒に測定してしまい，実際より大きな容量値に見えることがある．ガード電極は，電極の外側にリング状の電極を置き，それを接地することにより，外側に発生した電界を吸収する効果がある．

③ 不適切．直流高電圧を誘電体試料に印加したときの電流は，変位電流，吸収電流および漏れ電流である．電圧印加瞬時に流れる電流は変位電流で，絶縁物の静電容量を充電するための電流で一般的には測定できない．漏れ電流は電圧印加後長時間経過したときに残る一定電流で，絶縁物の絶縁抵抗によって制約される本当の漏れ電流れである．吸収電流は変位電流から漏れ電流に推移する電流をいい，絶縁物の種類，印加電圧，温度，吸湿状況によって変化する．絶縁物が湿気のために劣化している場合は，漏れ電流が大きくなり，吸収電流の減衰が早くなる傾向があるので，電圧印加後 1 分値と 10 分値の比（成極指数）の大小で絶縁の良否判定を行うことができる．

④ 適切．誘電正接試験は，絶縁物に交流電圧を印加して誘電正接（$\tan\delta$）を測定し，その数値から絶縁物の吸湿・ボイド（空げき）・汚損などの絶縁劣化の程度を判定するための試験である．シェーリングブリッジ回路により絶縁物の静電容量 C と損失に相当する等価抵抗 R を求め，$\tan\delta = 1/\omega CR$ として計算する方法と，測定器により直接 $\tan\delta$ を求める方法がある．シェーリングブリッジは他の方法に比較して測定の精度が高

い．測定対象機器のケースなどを接地した状態で測定できるので現地試験にも適した逆シェーリングブリッジ，運搬が容易で直読式の簡易シェーリングブリッジもある．

⑤　適切．コロナ試験法である．誘電体にボイドなどの欠陥や吸湿，汚損があるときに交流電圧を印加すると，電流成分中に直流分が検出されるため，劣化状況の判定ができる．計数法，平均値法，周波数特性法などがある．

【解答】 ①

【解説】

閉ループ制御系の伝達関数を $G_0(s)$ とすると，

$$G_0(s)=\frac{K(s)G(s)}{1+K(s)G(s)}=\frac{2\times\frac{2}{s}}{1+2\times\frac{2}{s}}=\frac{4}{s+4}=\frac{1}{1+0.25s}=\frac{K}{1+sT}$$

よって，時定数 $T=\mathbf{0.25}$，ゲイン $K=\mathbf{1}$

III 20

【解答】 ②

【解説】

演算増幅器の入力インピーダンスは ∞ なので，入力電流は 0 であり，差動入力端子間の電圧 $v_{\mp}=0$ である．

$$i_{\text{in}}=\frac{v_{\text{in}}-v_{\mp}}{R_1}=\frac{v_{\text{in}}-0}{R_1}=\frac{v_{\text{in}}}{R_1}$$

入力インピーダンス

$$Z_{\text{in}}=\frac{v_{\text{in}}}{i_{\text{in}}}=\frac{v_{\text{in}}}{\frac{v_{\text{in}}}{R_1}}=\boldsymbol{R_1}$$

この電流は演算増幅器には分流しないので，そのまま，抵抗 R_2 に流れる．

$$v_{\mathrm{out}} = v_{\mp} - R_2 i_{\mathrm{in}} = 0 - R_2 \cdot \frac{v_{\mathrm{in}}}{R_1} = -\boldsymbol{\frac{R_2}{R_1} \cdot v_{\mathrm{in}}}$$

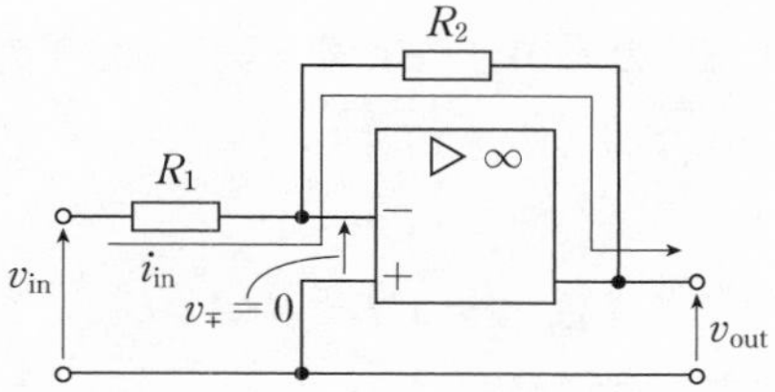

III 21

【解答】 ③

【解説】

問題で与えられた小信号等価回路より，

$$v_{\mathrm{out}} = -\frac{r_{\mathrm{d}} R}{r_{\mathrm{d}} + R} \times g_{\mathrm{m}} v_{\mathrm{in}}$$

よって，電圧増幅率は，

$$\frac{v_{\mathrm{out}}}{v_{\mathrm{in}}} = -\boldsymbol{\frac{g_{\mathrm{m}} r_{\mathrm{d}} R}{r_{\mathrm{d}} + R}}$$

III 22

【解答】 ③

【解説】

問題図のディジタル回路から論理式を書き下ろすと，次式のようになる．

$$f = \overline{A} \cdot B \cdot C + A \cdot B \cdot C + A \cdot \overline{B} \cdot C$$

$A \cdot B \cdot C = A \cdot B \cdot C + A \cdot B \cdot C$ なので，$A \cdot B \cdot C$ の項を追加すると

$$f = \overline{A} \cdot B \cdot C + A \cdot B \cdot C + A \cdot B \cdot C + A \cdot \overline{B} \cdot C$$

$$= (A + \overline{A}) \cdot B \cdot C + A \cdot (B + \overline{B}) \cdot C$$

$A + \overline{A} = 1$，$B + \overline{B} = 1$ なので，

$$f = \boldsymbol{B \cdot C + A \cdot C}$$

【解答】　①

【解説】

二つの NOT と三つの NOR を使用する論理式は①のみである.

$$\overline{\overline{(A+B)}+\overline{(\overline{A}+\overline{B})}}=\overline{\overline{(A+B)}}\cdot\overline{\overline{(\overline{A}+\overline{B})}}$$
$$=(A+B)\cdot(\overline{A}+\overline{B})$$
$$=A\cdot\overline{A}+A\cdot\overline{B}+B\cdot\overline{A}+B\cdot\overline{B}$$
$$=A\cdot\overline{B}+B\cdot\overline{A}$$
$$=\overline{A}\cdot B+\overline{B}\cdot A=A\oplus B$$

	使用する論理回路の個数
①	NOT：2 個，NOR：3 個
②	NOT：0 個，NOR：3 個
③	NOT：4 個，NOR：3 個
④	NOT：2 個，NOR：2 個，OR：1 個
⑤	NOT：2 個，NOR：1 個，OR：2 個

III 24

【解答】　④

【解説】

題意より，情報源アルファベット $\{a_1,\ a_2,\ \cdots,\ a_M\}$ の記憶のない情報源を考え，$\{a_1,\ a_2,\ \cdots,\ a_M\}$ の発生確率が $\{p_1,\ p_2,\ \cdots,\ p_M\}$ とすると，エントロピー H は，次式で定義される.

$$H=-\sum_{i=1}^{M}\boldsymbol{p_i}\,\mathbf{log}_2\,\boldsymbol{p_i}>0$$

ラグランジェの未定係数法により，エントロピー H が最大となる条件を求める.

$$L=H-\lambda\left(1-\sum_{i=1}^{M}p_i\right)=-\sum_{i=1}^{M}p_i\log_2 p_i-\lambda\left(1-\sum_{i=1}^{M}p_i\right)$$

とおくと,

$$\frac{\partial L}{\partial p_i}=-\left\{\log_2 p_i+p_i\times\frac{\frac{\mathrm{d}}{\mathrm{d}p_i}(\ln p_i)}{\ln 2}\right\}+\lambda=-\left\{\log_2 p_i+\frac{1}{\ln 2}\right\}+\lambda=0$$

$(i=1, 2, 3, \cdots, M)$

ここで，変数はλのみなので，

$$p_1=p_2=\cdots=p_M$$

また，$\sum_{i=1}^{M} p_i=1$ なので，

$$p_1=p_2=\cdots=p_M=\frac{1}{M}$$

よって，最大エントロピーは，

$$H=-M\times\frac{1}{M}\times\log_2\frac{1}{M}=\mathbf{\log_2 M}$$

【解答】 ③

【解説】

題意より，六面体のサイコロの数字$\{1, 2, \cdots, 6\}$の発生確率が$\{p_1, p_2, \cdots, p_6\}$なので，サイコロを1回振るときのエントロピー$H$は，次式で定義される．

$$H=-\sum_{i=1}^{6} p_i \log_2 p_i>0$$

ラグランジェの未定係数法により，エントロピーHが最大となる条件を求める．

$$L=H-\lambda\left(1-\sum_{i=1}^{6} p_i\right)=-\sum_{i=1}^{6} p_i \log_2 p_i-\lambda\left(1-\sum_{i=1}^{6} p_i\right)$$

とおくと，

$$\frac{\partial L}{\partial p_i}=-\left\{\log_2 p_i+p_i\times\frac{\frac{\mathrm{d}}{\mathrm{d}p_i}(\log_\mathrm{e} p_i)}{\log_\mathrm{e} 2}\right\}+\lambda=-\left\{\log_2 p_i+\frac{1}{\log_\mathrm{e} 2}\right\}+\lambda=0$$

$(i=1, 2, 3, \cdots, 6)$

$$\lambda=\log_2 p_1+\frac{1}{\log_\mathrm{e} 2}=\log_2 p_2+\frac{1}{\log_\mathrm{e} 2}=\cdots=\log_2 p_6+\frac{1}{\log_\mathrm{e} 2}$$

$$\therefore \quad p_1 = p_2 = \cdots = p_6$$

また，$\displaystyle\sum_{i=1}^{6} p_i = 1$ なので，

$$p_1 = p_2 = \cdots = p_6 = \frac{1}{6}$$

よって，最大エントロピー $H_{\max}$ は，

$$H_{\max} = -6 \times \frac{1}{6} \times \log_2 \frac{1}{6} = \log_2 6 = \log_2 2 + \log_2 3$$

$$= 1 + 1.58 = \mathbf{2.58}$$

【解答】 ①

【解説】

ハフマン符号化法は，一定ビットごとに文字列を区切り，区切られたのちの文字列を統計的に処理して，発生確率が高いパターンに対して短い符号を与えることにより，平均符号長を小さくしようとするものである．

したがって，四つの情報源シンボル s_1，s_2，s_3 および s_4 に対し，ハフマン符号によって二元符号化を行うと，次表のように上ほど発生確率が高いので，上から下に順番に「0」，「10」，「110」，「111」が割り当てられる．情報源シンボル s_2 には 3 ビットの「110」，s_3 には 2 ビットの「10」を割り当てるが，発生確率がいずれも 0.2 なので割り当てを入れ替えても平均符号長の計算結果には影響ない．また，s_2 と s_1 はいずれも 3 ビットなので，発生確率は異なるが，入れ換えても平均符号長の計算には影響しない．平均符号長は，

$$1\ \text{bit} \times 0.5 + 2\ \text{bit} \times 0.2 + 3\ \text{bit} \times (0.2 + 0.1)$$

$$= 0.5 + 0.4 + 3 \times 0.3 = \mathbf{1.8}$$

情報源シンボル	発生確率	符号
s_4	0.5	「0」
s_3	0.2	「10」
s_2	0.2	「110」
s_1	0.1	「111」

III 27

【解答】　②

【解説】

題意より，時間幅 τ，振幅 $1/\tau$ の孤立矩形パルス $g(t)$ のフーリエ変換は

$$\mathcal{F}[g(t)] = G(f) = \frac{\sin \pi f \tau}{\pi f \tau}$$

題意より，伸縮性により，時間幅を 1/4 倍にすると

$$\mathcal{F}\left[g\left(\frac{1}{4}t\right)\right] = G\left(\frac{1}{4}f\right) = \frac{1}{4}\frac{\sin \pi\left(\frac{1}{4}f\right)\tau}{\pi\left(\frac{1}{4}f\right)\tau} = \frac{\sin \frac{\pi f \tau}{4}}{\pi f \tau}$$

である．$g(t)$ の振幅を 4 倍にすると，線形性により

$$\mathcal{F}[4g(t)] = 4\mathcal{F}[g(t)] = 4G(f)$$

なので，時間幅を 1/4 倍，振幅を 4 倍にして孤立矩形パルス

$$g'(t) = 4g\left(\frac{1}{4}t\right)$$

のフーリエ変換は

$$\mathcal{F}[g'(t)] = G'(f) = \frac{4\sin \frac{\pi f \tau}{4}}{\pi f \tau}$$

III 28

【解答】　④

【解説】

時間領域の信号 $f_1(t) = \exp(-|t|)$ は偶関数である．

問題に与えられたフーリエ変換の定義式より，

$$F_1(\omega)=\mathcal{F}[f_1(t)]$$

$$=\int_{-\infty}^{\infty}f_1(t)\mathrm{e}^{-i\omega t}\mathrm{d}t=\int_{-\infty}^{\infty}\mathrm{e}^{-|t|}\cdot\mathrm{e}^{-i\omega t}\mathrm{d}t$$

$$=\int_{-\infty}^{0}\mathrm{e}^{t}\cdot\mathrm{e}^{-i\omega t}\mathrm{d}t+\int_{0}^{\infty}\mathrm{e}^{-t}\cdot\mathrm{e}^{-i\omega t}\mathrm{d}t$$

$$=-\int_{-\infty}^{0}\mathrm{e}^{-\tau}\cdot\mathrm{e}^{-i\omega\tau}\mathrm{d}\tau+\int_{0}^{\infty}\mathrm{e}^{-t}\cdot\mathrm{e}^{-i\omega t}\mathrm{d}t$$

$(\because\ \ \tau=-t)$

$$=\int_{0}^{\infty}\mathrm{e}^{-\tau}\cdot\mathrm{e}^{i\omega\tau}\mathrm{d}\tau+\int_{0}^{\infty}\mathrm{e}^{-t}\cdot\mathrm{e}^{-i\omega t}\mathrm{d}t$$

$$=\int_{0}^{\infty}\mathrm{e}^{-t}\cdot(\mathrm{e}^{i\omega t}+\mathrm{e}^{-i\omega t})\mathrm{d}t$$

$$=2\int_{0}^{\infty}\mathrm{e}^{-t}\cdot\cos\omega t\,\mathrm{d}t$$

ここで，

$$I=\int_{0}^{\infty}\mathrm{e}^{-t}\cdot\cos\omega t\,\mathrm{d}t$$

$$J=\int_{0}^{\infty}\mathrm{e}^{-t}\cdot\sin\omega t\,\mathrm{d}t$$

とおくと，

$$I+iJ=\int_{0}^{\infty}\mathrm{e}^{-t}\cdot\cos\omega t\,\mathrm{d}t+i\int_{0}^{\infty}\mathrm{e}^{-t}\cdot\sin\omega t\,\mathrm{d}t$$

$$=\int_{0}^{\infty}\mathrm{e}^{-t}\cdot\mathrm{e}^{-i\omega t}\mathrm{d}t=\int_{0}^{\infty}\mathrm{e}^{-(1-i\omega)t}\mathrm{d}t$$

$$=-\frac{1}{1-i\omega}\left[\mathrm{e}^{-(1-i\omega)t}\right]_{0}^{\infty}=\frac{1}{1-i\omega}$$

$$=\frac{1}{\omega^2+1}+i\ \frac{\omega}{\omega^2+1}$$

$$\therefore\ \ F_1(\omega)=2I=2\times\mathrm{Re}\left[\frac{1}{\omega^2+1}+i\frac{\omega}{\omega^2+1}\right]=\boldsymbol{\frac{2}{\omega^2+1}}$$

別の時間領域の信号 $f_2(t)$ のフーリエ変換対が $F_2(\omega)$ なので，線形性が成り立つので

$$\mathcal{F}[f_1(t)+2f_2(t)]=\mathcal{F}[f_1(t)]+2\mathcal{F}[f_2(t)]=F_1(\omega)+2F_2(\omega)$$

$$=\boldsymbol{\frac{2}{\omega^2+1}+2F_2(\omega)}$$

2022
年度

【解答】 ①

【解説】

パルス符号変調（Pulse Code Modulation：PCM）方式は，アナログ信号の波形を一定の時間間隔で取得する（標本化 = サンプリング），標本化したアナログ値をディジタル値に変換（量子化），2進符号に変換（符号化）する技術である．

① 不適切．量子化は，連続的な振幅値の標本量を必要な精度に丸め，飛び飛びの離散値（量子化代表値）に置き換えるものである．飛び飛びの間隔を量子化ステップ幅といい，量子化ステップ幅が一様なものを線形量子化と呼ぶ．線形量子化においては，信号電力対量子化雑音電力比（S/N 比）は量子化ビット数に依存し，信号電力の大小によらない．

② 適切．アナログ信号にはさまざまな周波数の成分が含まれているが，その最大周波数の2倍以上の周波数でサンプリングすれば，全周波数の情報は一切失われず，元の波形に復元することができる．これをサンプリング定理といい，原信号を復元可能な最小のサンプリング周波数である最大周波数の2倍をナイキスト周波数と呼んでいる．

③，④ 適切．量子化ステップ幅が一様でないものを非線形量子化といい，信号電力のレベルが小さいときに量子化雑音を低減するために用いられる方式である．圧縮器特性としては，北米や日本で使用されているμ−law，欧州その他で使用されているA−lawがある．μ−lawは14ビット符号付き線形PCMの1標本を対数的に8ビットに符号化，A−lawは13ビット符号付き線形PCMの1標本を対数的に8ビットに符号化するも

のである．

⑤　適切．2 進符号方式には，自然 2 進符号，交番 2 進符号，折返し 2 進符号がある．交番 2 進符号はグレイコードとも呼ばれ，前後に隣接する符号間では 1 ビットしか変化しないので，伝送路での符号誤りの影響を軽減できる．折り返し 2 進符号は，入力信号レベル中央で自然 2 進符号を折り返したもので，中央値付近に 1 が集まるため通信中に伝送路上で 0 が連続することを抑制できる．

III 30

【解答】　⑤

【解説】

8PSK は，搬送波の位相を不連続に変化させて信号を表現する位相偏移変調（Phase Shift Keying）方式の一種で，信号配置上で，45° ずつ位相をずらした八つの信号点を用いて，1 シンボル当たり 3 ビット（8 値）のデータを伝送する変調方式である．

30 ビットの情報のうち，8PSK を用いて 2 シンボル送信し，正しく受信されているので $3 \times 2 = 6$ ビットの情報は送信済みであり，残りの情報は 24 ビットである．

16 値 QAM は，I チャネル（I:In−phase, 同相成分）と Q チャネル（Q: Quadrature−phase，直交成分）の二つの直交する搬送波を用い，各軸上で ASK（Amplitude Shift Keying，振幅変調）を加えて振幅を 16 段階に分ける方式である．

1 シンボル当たり 4 ビットのデータを伝送することができるので，最低シンボル数は **$24/4 = 6$ シンボル**である．

【解答】　④

【解説】

①　適切．PSK を遅延検波により復調する場合，連続する 2 シンボル間の位相差を検出し，データを判定するので，送信側で送信データの差動

符号化が必要である．

② 適切．同期検波は再生された搬送波を受信信号に乗積し，高周波成分を低域フィルタで除去することにより，搬送波の周波数，位相を完全に再生してベースバンド信号を得る方式である．チャネルの時間変動があると搬送波の再生に影響が生じるので，チャネルの時間変動がなければ遅延検波よりも復調性能は改善するという記述は適切である．

③ 適切．PSK 方式には，BPSK（Binary PSK）方式と QPSK（Quadrature PSK）方式がある．BPSK 方式は位相変化を 2 値とし，1 回の変調（1 シンボル）で 1 bit のデータを伝送するのに対して，QPSK 方式は位相変化を 4 値とし，1 回の変調（1 シンボル）で 2 bit のデータを伝送することができる．

④ 不適切．時空間ブロック符号（STBC）は，MIMO（Multiple－Input Multiple－Output：マルチ入力・マルチ出力）を用いて伝送するマルチアンテナ無線伝送で用いられる符号方式である．

ブロック符号は，送信情報に冗長性を加えた固定長の符号を生成することにより，復号する際に誤り訂正できる．STBC では，数シンボルの情報を一つの処理ブロックとしてブロック符号化し，各送信アンテナに振り分ける信号がシンボル間で直交するように並び替え，符号反転，複素共役化等の処理を行う．これにより，復号化では数シンボルの受信信号に対し簡単な処理を施すだけで最大比合成して優れた復調性能を達成するものであるが，変調方式を同時に設計するものではないので，記述は不適切である．

⑤ 適切．16QAM（Quadrature Amplitude Modulation）は，直交する二つの搬送波を用い，同相および直交のベースバンド信号を直交多値化した方式である．4 相位相変調である QPSK に，I チャネル（I：In－phase，同相成分）と Q チャネル（Q：Quadrature－phase，直交成分）の二つの軸上での ASK（Amplitude Shift Keying，振幅変調）を加え，位相と振幅の両方を変化させる変調方式であり，一つのシンボルで 4 ビット（2 の 4 乗 ＝16 通り）の情報を伝送することができるが，同一受電送信電力で

比較すると，信号点が接近するので雑音等の影響を受けやすく，BPSK 方式や QPSK 方式と比べるとシンボル誤り率は大きくなる．

III 32

【解答】 ④

【解説】

正孔が多数キャリヤである半導体を **p** 形半導体，電子が多数キャリヤである半導体を **n** 形半導体という．p 形は正孔の正の電荷，n 形は電子の負の電荷を表している．

真性半導体は不純物を含まない半導体をいい，14 族のシリコンがよく用いられる．真性半導体では，伝導電子と正孔は対で生成されるため密度は等しい．

真性半導体に微量のガリウムやほう素のような **13** 族の不純物を混入させたものが p 形半導体である．13 族の不純物が 14 族のシリコンと共有結合すると電子が 1 個足りない状態になるので正孔が多数キャリヤになる．この 13 族の不純物は電子を受け入れるので**アクセプタ**と呼ばれている．

これに対して，真性半導体に微量のひ素，りんのような **15** 族の不純物を混入させたものが n 形半導体である．15 族の不純物が 14 族のシリコンと共有結合すると電子が 1 個余って自由電子になるので，電子が多数キャリヤになる．この 15 族の不純物は電子を供給するので**ドナー**と呼ばれている．

III 33

【解答】 ④

【解説】

MOS トランジスタ（MOS 電界効果トランジスタ）は電圧制御型で，ゲートには直流電流はわずかなリーク電流以外は流れない．これに対して，バイポーラトランジスタはスイッチや増幅といった働きをベース電流で制御する電流制御型なので，MOS トランジスタの方がバイポーラトランジスタより消費電力が低い．

MOS トランジスタには，nMOS トランジスタと pMOS トランジスタがある．

CMOS（相補型 MOS）インバータは，図のように，nMOS トランジスタと pMOS トランジスタを 1 個ずつ，合計 **2** 個の MOS トランジスタにより構成されている．

入力が“**1**”で nMOSトランジスタが**オン**のとき，pMOS トランジスタが**オフ**になり，入力が“**0**”で nMOS トランジスタが**オフ**のとき，pMOS トランジスタが**オン**になることで入力信号を判定する．この組み合わせた論理が反転する際に MOSFET のゲートを飽和させる，あるいは飽和状態のゲートから電荷を引き抜くための電流しか流れないため，定常状態において電源からアースへの直流電流が流れることがないため，待機時の消費電力が少ない．

また，シリコン中の正孔は価電子が隣の原子に移動したことで生じる価電子帯上の空きであるため，電子に比べて見かけ上の質量（有効質量）が重くなる．電子移動度は正孔移動度のおおよそ3倍なので動作速度も速くなる．

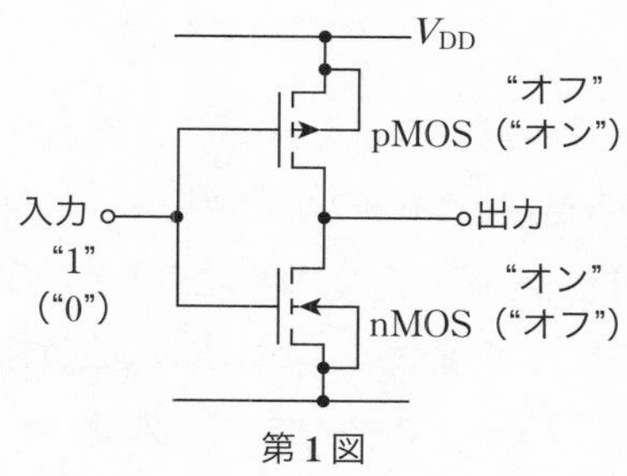

第 **1** 図

III **34** 【解答】 ②

【解説】

直列コンデンサは，並列に接続される調相用コンデンサとは異なり，送電線と直列に接続されるコンデンサである．送電線路に直列コンデンサを設置することは，線路の**誘導リアクタンス**を減少させることにより，等価的に線路の長さを短縮することになる．このため，長距離送電線に適用することより効果的である.

また，直列コンデンサを設置することにより等価的に誘導リアクタンスを減少させれば，**電圧変動率**の低減および同期安定性，電圧安定性など系統安定性の向上に役立つ.

しかし，発電所からの電源送電線に直列に設置すると，発電機から系統側を見た誘導リアクタンスの低減により系統側の電気的共振周波数が低くなる．このため，横軸形のタービン発電機と蒸気タービンの軸が直結され，機械的固有振動数が低いので軸系振動を助長させる**軸ねじれ現象**の原因になることがある．負制動現象は発電機の自動電圧調整装置（AVR）による界磁電流制御のゲインや時定数によって電力動揺が減衰せずに増幅される現象である．界磁電流制御による発電機端子電圧の制御効果は系統側のリアクタンスが影響するので直列コンデンサの挿入による過度な系統リアクタンスの変化にはあらかじめ配慮しておく必要がある.

【解答】　③

【解説】

電力系統の中性点接地の目的は，事故発生時の異常電圧の抑制，地絡事故時の保護継電器の迅速かつ確実な動作の確保，1 線地絡事故時の自然消弧による送電の継続（消弧リアクトル接地の場合）などであり，直接接地方式，抵抗接地方式（大容量ケーブル系統の場合は抵抗器と並列にリアクトルを設置する補償リアクトル接地方式），消弧リアクトル接地方式および非接地方式がある.

中性点抵抗接地方式は，わが国の 154 kV 以下の電力系統に広く採用されている方式で，中性点を抵抗器を通して接地し地絡事故時の地絡電流を抑制するので，地絡継電器の事故検出機能は直接接地方式より低下する．抵抗接地系では地絡電流は大きくないが，地絡瞬時には送電線の対地静電容量の影響を受けて大きな過渡突入電流が流れるので，特にケーブル系統では地絡継電器に時間遅れをもたせるなどの配慮が必要である.

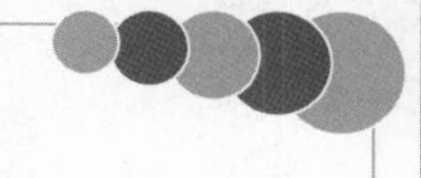
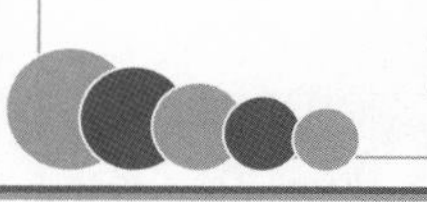

2021年度　解答

III 1 【解答】 ④

【解説】

①　適切．空間の電界 $\boldsymbol{E}=0$，磁界 $\boldsymbol{B}\neq 0$ のとき，ローレンツ力 $\boldsymbol{F}=q\boldsymbol{v}\times\boldsymbol{B}$ である．よって，ローレンツ力 $\boldsymbol{F}$ は電荷の速度 $\boldsymbol{v}$（電荷の移動方向）と磁界 $\boldsymbol{B}$ の外積の方向，つまり電荷の移動方向から磁界ベクトルの方向へ右ねじを回したときに右ねじの進む方向である．

②　適切．空間の磁界 $\boldsymbol{B}=0$，電界 $\boldsymbol{E}\neq 0$ のとき，ローレンツ力 $\boldsymbol{F}=q\boldsymbol{E}$ なので，$\boldsymbol{F}$ は $\boldsymbol{E}$ と同じ方向に働く．

③　適切．空間の磁界 $\boldsymbol{B}$，電界 $\boldsymbol{E}$ が $\boldsymbol{B}=\boldsymbol{E}=0$ のとき，ローレンツ力 $\boldsymbol{F}=0$ なので，力 $\boldsymbol{F}$ は働かない．

④　不適切．点電荷 q（$q>0$）が導体の単位長さ当たりに N 個存在し，これが速度 $\boldsymbol{v}$ で運動しているときの導体の電流 $\boldsymbol{I}$ は，

$$\boldsymbol{I}=qN\boldsymbol{v}$$

である．この電流 $\boldsymbol{I}$，すなわち運動する点電荷と，磁界 $\boldsymbol{B}$ との間に働く力はローレンツ力なので，

$$\boldsymbol{F}=N(q\boldsymbol{v}\times\boldsymbol{B})=qN\boldsymbol{v}\times\boldsymbol{B}=\boldsymbol{I}\times\boldsymbol{B}$$

と表現することができる．この力は電磁力である．

⑤　適切．固定されていない点電荷にローレンツ力 $\boldsymbol{F}$ が働くとき，点電荷の質量を m，加速度を $\boldsymbol{a}$ とすると，ニュートンの運動方程式 $\boldsymbol{F}=m\boldsymbol{a}=m\dfrac{\mathrm{d}v}{\mathrm{d}t}$ が成り立ち，ローレンツ力 $\boldsymbol{F}$ に比例した加速度 $\boldsymbol{a}=\dfrac{\mathrm{d}v}{\mathrm{d}t}$ で運動を開始する．

【解答】 ④

【解説】

頂点Bの電荷 Q_B [C] による点Aの電界の強さを $\dot{E}_{AB}$ [V/m]，頂点Cの電荷 Q [C] による点Aの電界の強さを $\dot{E}_{AC}$ [V/m]，$\angle ABC = \theta$ とすると，

$$\sin\theta = \frac{a}{2a} = \frac{1}{2}$$

$$\cos\theta = \sqrt{1-\sin^2\theta} = \sqrt{1-\left(\frac{1}{2}\right)^2} = \frac{\sqrt{3}}{2}$$

電界の強さ $\dot{E}_A$ は辺BCと平行なので，

$$E_A\sin\theta = E_{AC} = \frac{Q}{4\pi\varepsilon_0 a^2}$$

$$\therefore \quad E_A = \frac{Q}{4\pi\varepsilon_0 a^2\sin\theta} = \frac{Q}{4\pi\varepsilon_0 a^2 \times \frac{1}{2}} = \frac{Q}{2\pi\varepsilon_0 a^2}$$

また，第1図のベクトル図より，$\dot{E}_{AB}$ は頂点Bに向かう吸引力方向なので，電荷 Q_B は負電荷である．大きさについては，

$$E_A\cos\theta = E_{AB} = \frac{|Q_B|\times 1}{4\pi\varepsilon_0\left\{\sqrt{(2a)^2-a^2}\right\}^2} = \frac{-Q_B}{12\pi\varepsilon_0 a^2}$$

$$\therefore \quad Q_B = -12\pi\varepsilon_0 a^2 E_A\cos\theta = -12\pi\varepsilon_0 a^2 \times \frac{Q}{2\pi\varepsilon_0 a^2} \times \frac{\sqrt{3}}{2} = -3\sqrt{3}Q$$

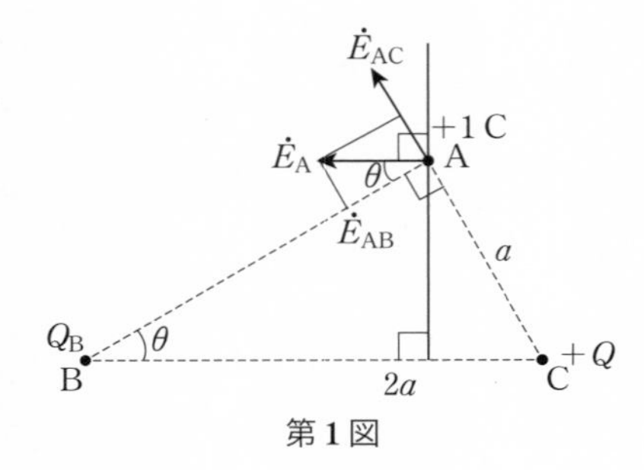

第1図

【解答】 ①

【解説】

点電荷 q_1 [C] から距離 r [m] の点の電界の強さ E_1 [V/m] は次式で表すことができる.

$$E_1 = \frac{q_1}{4\pi\varepsilon_0 r^2}\,[\mathrm{V}]$$

点電荷 q_1 [C] による点 P の電位 V_1 [V] は，この電界に逆らって，単位電荷 1 C を無限遠点から点 P まで運ぶのに必要なエネルギーなので,

$$V_1 = -\int_{\infty}^{\sqrt{0.5^2+0.5^2}} E_1\,\mathrm{d}r = -\int_{\infty}^{\sqrt{0.5^2+0.5^2}} \frac{q_1}{4\pi\varepsilon_0 r^2}\,\mathrm{d}r = -\frac{q_1}{4\pi\varepsilon_0}\left[-\frac{1}{r}\right]_{\infty}^{0.5\sqrt{2}}$$

$$= \frac{q_1}{2\sqrt{2}\,\pi\varepsilon_0} = \frac{-4\times10^{-10}}{2\sqrt{2}\,\pi\times8.854\times10^{-12}} = -\frac{100\sqrt{2}}{8.854\pi}\,\mathrm{V}$$

点電荷 q_2 [C] による点 P の電位 V_2 [V] についても同様に,

$$V_2 = \frac{2\times10^{-10}}{2\sqrt{2}\,\pi\times8.854\times10^{-12}} = \frac{50\sqrt{2}}{8.854\pi}\,\mathrm{V}$$

電位はスカラ量なので，点 P の電位 V は V_1 と V_2 のスカラ和で求まる.

$$V = V_1 + V_2 = \left(-\frac{100\sqrt{2}}{8.854\pi}\right) + \frac{50\sqrt{2}}{8.854\pi} = -\frac{50\sqrt{2}}{8.854\pi} \fallingdotseq -2.54\,\mathrm{V}$$

【解答】 ③

【解説】

半径 a [m] の無限長円筒と軸を同一とする半径 r [m]，長さ 1 m の仮想円筒を考えると，無限長円筒表面に一様に分布する電荷から出た電気力線は仮想円筒の側面を均等に貫通する.

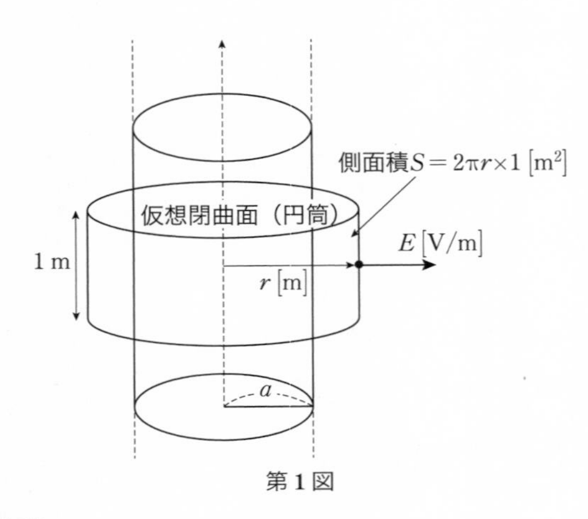

第1図

(1)　円筒内部

無限長円筒内部には電荷が存在せず，また，電気力線も存在しないので，電界の強さ E は，

$$E=0\ \mathrm{V/m}$$

(2)　円筒外部

真空中で無限長円筒の単位長さ当たりの電荷 λ [C/m] から出る電気力線の本数 N は，

$$N=\frac{\lambda}{\varepsilon_0}\ 本$$

円筒軸から半径 r [m] の点の電界の強さ E は，仮想円筒側面の電気力線密度 [本/m^2] に等しいので，

$$E=\frac{N}{S}=\frac{\lambda/\varepsilon_0}{2\pi r\times 1}=\frac{\lambda}{2\pi\varepsilon_0 r}\ [\mathrm{V/m}]$$

【解答】　⑤

【解説】

問題図の上側経路の 3 Ω の抵抗に流れる電流を i [A] とすると，各部の電流分布は**第1図**のようになるので，

$$3i+6\times(i+9)=3\times(I-i)+6\times(I-i-9)$$

$$\therefore\quad i=\frac{9I-108}{18}=0.50I-6\,[\mathrm{A}]$$

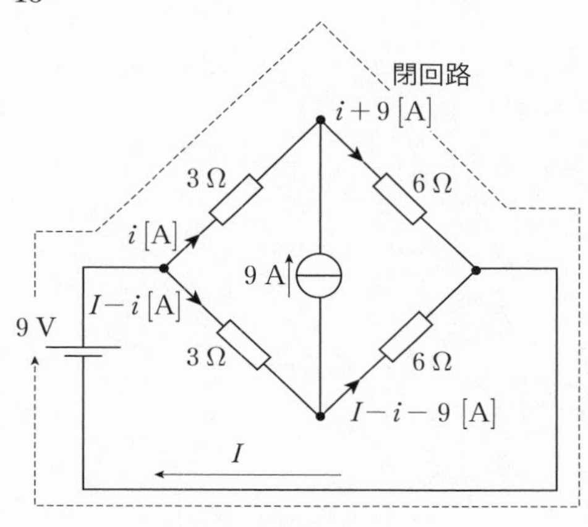

第１図

したがって，第１図の閉回路にキルヒホッフの電圧則を適用すると，

$$\begin{aligned}3i+6\times(i+9)&=3\times(0.50I-6)+6\times\{(0.50I-6)+9\}\\&=4.50I-27=9\end{aligned}$$

$$\therefore\quad I=\frac{9}{4.50}=2\,\mathrm{A}$$

【解答】 ①

【解説】

設問図の定電圧源 2 V の両端を端子 a，端子 b とし，端子 ab から左側回路を見た回路を定電圧源 E_0 [V]，抵抗 R_0 [Ω] のテブナンの等価電圧源回路で表すと，

$$E_0=\frac{2}{1+2}\times4=\frac{8}{3}\,\mathrm{V}$$

$$R_0=\frac{1\times2}{1+2}+3=\frac{11}{3}\,\Omega$$

$$\therefore \quad I = \frac{E_0 - 2}{R_0} = \frac{\frac{8}{3} - 2}{\frac{11}{3}} = \frac{2}{11}\ \mathrm{A}$$

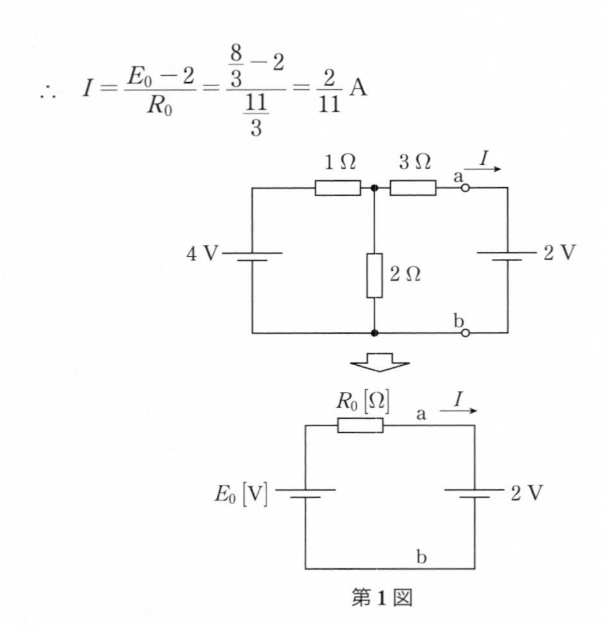

第**1**図

【解答】　④

【解説】

問題図に与えられた電圧，抵抗の値を追記すると**第1図**のとおりであり，電流は電源側から各並列部分で 1/2 ずつに分流しながら流れるので，最も電源側の抵抗 $R_2 = 10\ \Omega$ に分流する電流は $4I\ [\mathrm{A}]$ である．

$$R_2 \times 4I = 10 \times 4I = 40I = 10\ \mathrm{V}$$

$$\therefore \quad I = \frac{10}{40} = 0.25\ \mathrm{A}$$

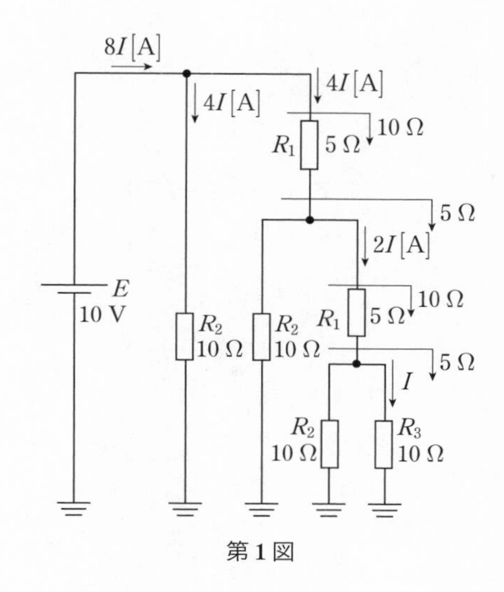

第 1 図

Ⅲ 8 【解答】 ③

【解説】

問題図は上下対称な回路である．第 1 図の  で示した抵抗 R を 2 個の抵抗 $2R$ の並列回路に置き換えると，端子 ab から見た合成抵抗 R_{ab} は ⬚ で囲んだ上半分の部分の合成抵抗の 1/2 倍である．

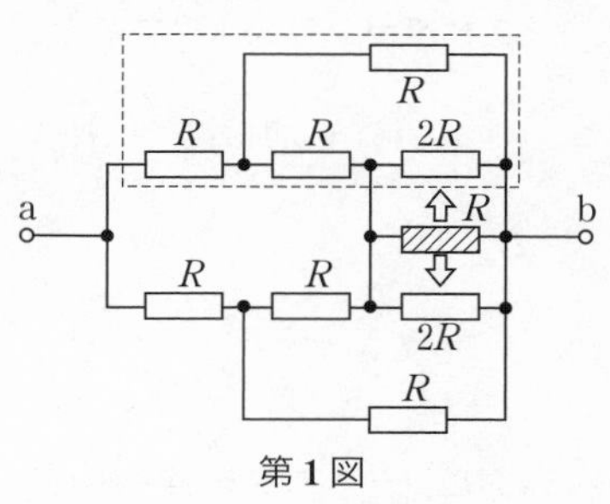

第 1 図

$$R_{ab} = \frac{R + \dfrac{1}{\dfrac{1}{R} + \dfrac{1}{R + 2R}}}{2} = \frac{7}{8}R$$

【別解】 設問図右側の抵抗 R の Y 結線は抵抗 $3R$ の △ 結線に変換できるので，第 2 図のように描き直すことができる．この図において，端子 c と端子 d は回路の上下対称性により同電位になるので，その間の抵抗 $3R$ の電流は零で取り除いても電流分布は変わらない．

よって，端子 ab から見た合成抵抗 R_{ab} は，

$$R_{ab}=\frac{R+\dfrac{R\cdot 3R}{R+3R}}{2}=\frac{7}{8}R$$

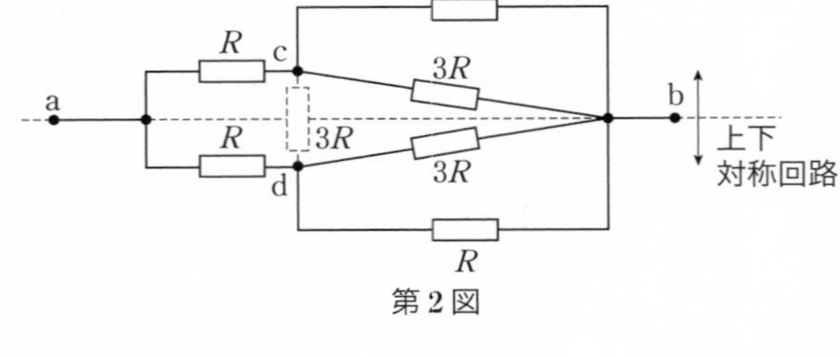

第 2 図

III 9

【解答】　②

【解説】

時刻 $t=0$ でスイッチ SW を閉じて，RLC 直列回路に理想直流電圧電源 E を印加したときの回路方程式は，電流を i とすると次のようになる.

$$L\frac{\mathrm{d}i}{\mathrm{d}t}+Ri+\frac{1}{C}\int i\,\mathrm{d}t=E\cdot u(t)$$

これをラプラス変換すると

$$LsI(s)+RI(s)+\frac{1}{Cs}I(s)=\left(Ls+R+\frac{1}{Cs}\right)I(s)=\frac{E}{s}$$

$$I(s)=\frac{\dfrac{E}{s}}{Ls+R+\dfrac{1}{Cs}}=\frac{\dfrac{E}{L}}{s^2+\dfrac{R}{L}s+\dfrac{1}{LC}}$$

分母はラプラス演算子 s に関する二次方程式なので，電流 i が振動しないための条件は，分母 $=0$ の判別式が 0 または正であることである.

$$\left(\frac{R}{L}\right)^2-4\times1\times\frac{1}{LC}=\left(\frac{R}{L}\right)^2-\frac{4}{LC}\geqq 0$$

$$\therefore\quad 4L\leqq CR^2$$

【解答】 ②

【解説】

時刻 $t<0$ でスイッチSが開いているときは，抵抗 R_0，R とインダクタンス L の直列接続回路に直流電圧源 E を印加した定常状態なので，電流 I_L は一定である．

$$R_0 I_L + RI_L + L\frac{dI_L}{dt} = (R_0 + R)I_L = E$$

よって，初期条件 $t=0^-$ において $I_{L_{t=0^-}}$ は,

$$I_{L_{t=0^-}} = \frac{E}{R_0 + R}$$

時刻 $t=0$ でスイッチSを閉じると，抵抗 R とインダクタンス L の直列接続回路がスイッチSで短絡された閉回路と，直流電圧源 E が抵抗 R_0 を介して短絡された回路になるので，前者のインダクタンス L を含む閉回路の回路方程式は，次のようになる．

$$RI_L + L\frac{dI_L}{dt} = 0$$

この微分方程式を $\mathcal{L}\{I_L\} = I_L(s)$ としてラプラス変換すると,

$$RI_L(s) + L\cdot\{sI_L(s) - I_{L_{t=0^-}}\} = RI_L(s) + L\cdot\left\{sI_L(s) - \frac{E}{R_0 + R}\right\} = 0$$

$$\therefore \quad I_L(s) = \frac{\dfrac{LE}{R_0 + R}}{Ls + R} = \frac{E}{R_0 + R}\cdot\frac{1}{s + \dfrac{R}{L}}$$

ラプラス逆変換して，時間領域の式に直すと,

$$I_L = \mathcal{L}^{-1}\{I_L(s)\}$$

$$= \mathcal{L}^{-1}\left\{\frac{E}{R_0 + R}\cdot\frac{1}{s + \dfrac{R}{L}}\right\} = \frac{E}{R_0 + R}e^{-\frac{R}{L}t}$$

2021年度

【解答】 ④

【解説】

正弦波電圧源を $\dot{V} = V$，電流を $\dot{I}$ とすると，

$$\dot{I} = \frac{\dot{V}}{R + \mathrm{j}\omega L} = \frac{V}{R + \mathrm{j}\omega L}$$

電流の実効値 I は，

$$I = |\dot{I}| = \left| \frac{V}{R + \mathrm{j}\omega L} \right| = \frac{V}{\sqrt{R^2 + (\omega L)^2}}$$

無効電力 Q は，

$$Q = \omega L I^2 = \frac{\omega L V^2}{R^2 + (\omega L)^2}$$

【解答】 ②

【解説】

ひずみ波交流電圧 V は，問題に与えられた式

$$V = 100\sqrt{2}\sin(100\pi t) + 50\sqrt{2}\cos(300\pi t)$$

と波形より，角周波数 $\omega_1 = 100\pi$ rad/s，実効値 100 V の基本波電圧 $V_1 = 100\sqrt{2}\sin(100\pi t)$ [V] と，角周波数 $\omega_3 = 3\omega_1 = 300\pi$ rad/s，実効値 50 V の第 3 調波電圧 $V_3 = 50\sqrt{2}\cos(300\pi t) = 50\sqrt{2}\sin\left(300\pi t + \frac{\pi}{2}\right)$ [V] からなる交流電圧である．

ひずみ波交流電圧の実効値は，各調波電圧成分の実効値の 2 乗の総和の平方根で求めることができるので，

$$\sqrt{100^2 + 50^2} = 50\sqrt{5} \fallingdotseq 112 \text{ V}$$

【解答】 ③

【解説】

正弦波交流ブリッジ回路の検出器 D に電流が流れないのは，ブリッジ

の平衡条件を満たすときである．交流電源電圧の角周波数を ω とすると

$$\frac{1}{\frac{1}{R_1}+\mathrm{j}\omega C_1}\times R_3=R_2\times\frac{1}{\frac{1}{R_x}+\mathrm{j}\omega C_x}$$

$$R_3\left(\frac{1}{R_x}+\mathrm{j}\omega C_x\right)=R_2\times\left(\frac{1}{R_1}+\mathrm{j}\omega C_1\right)$$

両辺の実部同士，虚部同士は等しいので

$$R_3\cdot\frac{1}{R_x}=R_2\cdot\frac{1}{R_1}$$

$$\therefore\quad R_x=\frac{R_3}{R_2}R_1$$

$$R_3\times\mathrm{j}\omega C_x=R_2\times\mathrm{j}\omega C_1$$

$$\therefore\quad C_x=\frac{R_2}{R_3}C_1$$

III 14

【解答】 ①

【解説】

質量欠損 Δm [kg] によって発生するエネルギー W_0 [J] は, 光速を c [m/s] とすると,

$$W_0=\Delta mc^2\ [\mathrm{J}]$$

ある原子力発電所では，このエネルギーの 30 % が電力として取り出せるので，電力量を W [J] とすると,

$$W=0.3W_0=0.3\Delta mc^2\ [\mathrm{J}]$$

$\Delta m=0.01\ \mathrm{kg}\times0.09\times10^{-2}=9\times10^{-6}\ \mathrm{kg}$, $c=3.0\times10^8\ \mathrm{m/s}$ を代入すると,

$$W=0.3\times9\times10^{-6}\times(3.0\times10^8)^2=2.43\times10^{11}\ \mathrm{J}$$

$$=\frac{2.43\times10^{11}}{3.6\times10^6}\ \mathrm{kW\cdot h}\times6.75\times10^4\ \mathrm{kW\cdot h}$$

一方，揚水発電所の全揚程を H [m]，揚水量を Q [m³/s]，揚水時のポン

プ水車と電動機の総合効率を η（小数）とすると，揚水動力 P は，

$$P=\frac{9.8QH}{\eta}\,[\mathrm{kW}]$$

なので，揚水時間を T [h]，揚水できる水量を V [m^3] とすると，揚水できる水量 V は，

$$V=3\,600QT=3\,600\times\frac{P\eta}{9.8H}\times T=\frac{3\,600\eta}{9.8H}\times PT$$

このPT [kW·h] が電力量 W [kW·h] と等しいので，

$$V=\frac{3\,600\eta}{9.8H}W=\frac{3\,600\times0.84}{9.8\times300}\times6.75\times10^4\fallingdotseq6.9\times10^4\ \mathrm{m^3}$$

III 15

【解答】　①

【解説】

①　不適切．燃料電池は，負極に酸素，正極に水素を主成分とする燃料を供給し，燃料の燃焼ではなく電気化学反応によって電気化学エネルギーから発電するものである．

②　適切．二次電池は，電気を取り出す化学反応が進行（放電）した後，外部から電気エネルギーを供給し化学反応を逆に進行（充電）させて元に戻すことができる電池をいい，発電用として使用するためには充放電を繰り返したときに電圧や容量の低下が小さく，また，自己放電が少なく充電して蓄えたエネルギーが減少しないことが要求される．

③　適切．太陽電池の出力電圧は日照や温度によって変化し，負荷電流も変化する．太陽電池の出力電力は，出力電圧×負荷電流なので，そのときの気象条件に応じ，最大の出力が取り出せるよう，パワーコンディショナにより直流側電圧を制御する最大電力点追従（MPPT：Maximum Power Point Tracking）制御を行っている．

④　適切．風車の回転速度は風速により大きく変動する．誘導発電機の場合は交流で系統に直接連系し，滑りが変化する．超同期セルビウス方式

の場合は，回転速度の変化に追従して滑り周波数の二次電流を供給することにより電力系統との同期運転を維持する．同期発電機の場合は周波数変換器を介して系統と非同期連系する．

⑤ 適切．地熱発電は，地熱流体中の蒸気の割合によって，天然蒸気を直接タービンに送り込む方式と，汽水分離器で蒸気を分離してからタービンに送り込む方式がある．わが国では熱水の割合が高いので，汽水分離後の熱水から再度蒸気を抽出（フラッシュ）するフラッシュ発電方式が一般的である．

III
16

【解答】 ⑤

【解説】

変圧器の効率 η [%] は，出力 P [W]，銅損 P_{c0} [W]，鉄損 P_{i0} [W] とすると，次式で表される．

$$\eta = \frac{P}{P + P_{c0} + P_{i0}} \text{ [\%]}$$

元の電流 I とすると，負荷力率および出力電圧 V は一定で，出力を P' に変えれば，電流 I' は出力に比例するので，

$$\frac{I'}{I} = \frac{P'}{P}$$

銅損は電流の 2 乗に比例するので，

$$P_c' = \left(\frac{I'}{I}\right)^2 P_{c0} = \left(\frac{P'}{P}\right)^2 P_{c0} = \left(\frac{900}{1000}\right)^2 \times 50 = 40.5 \fallingdotseq 41 \text{ W}$$

鉄損は出力電圧の 2 乗に比例し，出力電圧一定ならば $P_{i0} = 50$ W のまま変化しないので，このときの効率 η' は，

$$\eta' = \frac{P'}{P' + P_c' + P_{i0}} = \frac{900}{900 + 40.5 + 50} \fallingdotseq 0.908\,63 \fallingdotseq 91 \text{ \%}$$

次に，負荷力率および出力 P は一定で，出力電圧を V'' に変えれば，電流 I'' は出力電圧に反比例するので，

$$I'' = \frac{V}{V''} I = \frac{V}{V - 0.20V} I = \frac{I}{0.8}$$

銅損 P_c'' は,

$$P_c'' = \left(\frac{I''}{I}\right)^2 P_{c0} = \frac{50}{0.8^2} = 78.125\ \mathrm{W}$$

鉄損 P_i'' は出力電圧 V'' の 2 乗に比例して変化するので,

$$P_i'' = \left(\frac{V''}{V}\right)^2 P_{i0} = \left(\frac{V - 0.20V}{V}\right)^2 \times 50 = 32\ \mathrm{W}$$

効率 η'' は,

$$\eta'' = \frac{P}{P + P_c'' + P_i''} = \frac{1\,000}{1\,000 + 78.125 + 32} \fallingdotseq 0.900\,8 \fallingdotseq 90\ \%$$

【解答】 ④

【解説】

① 適切. 誘導機も同期機も同期回転速度は周波数と極数で定まる. 同期機は滑り 0 なので回転速度は同期回転速度に等しいが, 誘導機は滑りが可変なので, 滑りによって回転速度は変わる.

② 適切. 誘導機の二次側には滑り周波数の誘導起電力が発生する. 巻線形誘導機の二次励磁制御は, 外部に引き出した二次端子に滑り周波数に等しい電圧を加えて速度を制御するものであり, 風力発電システムでも超同期セルビウス方式が用いられている.

③ 適切. 発電機も電動機も基本構造は同じである. 発電機の場合は誘導起電力と同じ向きの電流が流れて機械的入力を電気的出力に変換する. 電動機では誘導起電力と逆の向きに電流が流れ, 電気的入力を機械的出力に変換する.

④ 不適切. 突極形は水車発電機のような遠心力の小さい比較的低速機に, 非突極形は円筒形とも呼ばれ, タービン発電機のように遠心力が大きい高速機に使用される.

⑤　適切．かご形誘導機は固定子電流だけが制御可能である．ベクトル制御は，磁束を発生させる電流とトルクを発生させる電流を独立して制御することにより，直流機と同等の制御特性を得ることができる．

III 18 【解答】　②

【解説】

昇圧チョッパの周期を T [s]，オン時間を T_{on} [s] とすると，

$$T=\frac{1}{100}=10\times10^{-3}\ \mathrm{s}=10\ \mathrm{ms},\quad T_{on}=4\ \mathrm{ms}$$

通流率 α は，

$$\alpha=\frac{T_{on}}{T}=\frac{4}{10}=0.4$$

負荷抵抗 R の平均電圧 v は，

$$v=\frac{1}{1-\alpha}E=\frac{1}{1-0.4}\times48=80\ \mathrm{V}$$

III 19 【解答】　④

【解説】

PID 制御系は，比例（P:Proportional），積分（I:Integral）および微分（D:Differential）を組み合わせた制御系をいい，PID 調節器の伝達関数 $G_C(s)$（= 入力信号 $U(s)$/ 偏差 $E(s)$）の基本形は次式で表される．第 1 項が比例要素，第 2 項が積分要素，第 3 項が微分要素の伝達関数である．

$$G_C(s)=\frac{U(s)}{E(s)}=K_P+K_I\frac{1}{s}+K_Ds=K_P\left(1+\frac{1}{T_Is}+T_Ds\right)$$

ここで，K_P：比例ゲイン，　$K_I=\dfrac{K_P}{T_I}$：積分ゲイン，$K_D=K_PT_D$：微分ゲイン

①　適切．直結フィードバック系で制御対象の伝達関数 $G_P(s)=1$ の場

合を例にとると,

$$E(s)=\frac{1}{1+G_C(s)}R(s)$$

目標値 $r(t)$ が単位ステップ関数のときの偏差 $e(t)$ を定常偏差（定常位置偏差）ε といい，$R(s)=1/s$ なので，最終値の定理を用いると

$$\varepsilon=\lim_{s=0}\{sE(s)\}=\lim_{s=0}\left\{s\frac{E(s)}{R(s)}R(s)\right\}=\lim_{s=0}\left\{\frac{1}{1+G_C(s)}\right\}$$

$$=\lim_{s=0}\left\{\frac{1}{1+K_P\left(1+\frac{1}{T_Is}+T_Ds\right)}\right\}$$

である．比例制御（P 制御）の場合，$\varepsilon=\frac{1}{1+K_P}$ なので，比例ゲイン K_P を大きくすると定常偏差 ε は小さくなる．比例制御（P 制御）は偏差 $e(t)$ に比例して操作量 $u(t)$ を変化させるので，比例ゲインを大きくすればするほど操作量は増え，定常偏差は小さくできるが，定常偏差は残る．

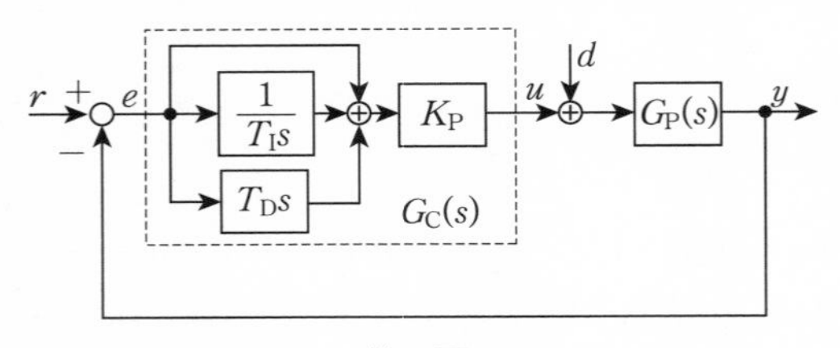

第 1 図

②　適切．比例制御（P 制御）の場合，この制御系の伝達関数 $G(s)=Y(s)/R(s)$ は,

$$G(s)=\frac{K_PG_P(s)}{1+K_PG_P(s)}$$

である．定常偏差を小さくしようと比例ゲイン K_P を大きくしていくと，フィードバック信号が大きくなる．制御対象の伝達関数は，おおよそむだ

時間を有する二次遅れ要素 $G_{\mathrm{P}}(s)=\dfrac{K\mathrm{e}^{-Ds}}{(1+T_1s)(1+T_2s)}$ で近似できることが多いので，安定限界を超えて不安定になるとだんだんに振動的になっていく．

③　適切．比例制御（P 制御）に微分制御（D 制御）を加えると，偏差 $e(t)$ の時間的変化 $\dfrac{\mathrm{d}e(t)}{\mathrm{d}t}$ に比例した操作量 $u(t)$ になるので，目標値 $r(t)$ が急変するなど偏差 $e(t)$ が急に大きくなった場合に大きな操作量 $u(t)$ にして修正しようとするので速応性を高め，減衰性を改善できる．

④　不適切．積分制御（I 制御）は偏差 $e(t)$ の時間積分に比例して操作量 $u(t)$ を変化させる制御であり，偏差 $e(t)$ が残っている限りは操作量 $u(t)$ を出力して減らそうとするので，比例制御（P 制御）だけで残る定常偏差を 0 にすることができる．$G_{\mathrm{C}}(s)=K_{\mathrm{I}}\dfrac{1}{s}$ とすると，定常偏差 $\varepsilon=\lim_{s=0}\dfrac{1}{1+K_{\mathrm{I}}\dfrac{1}{s}}=0$ である．定常偏差は大きくなるという記述は不適切である．

⑤　適切．PI 制御でも比例ゲインと積分ゲインの調整によりある程度高い制御性を実現することはできるが，偏差 $e(t)$ が急変した場合の速応性と収束性に改善の余地がある．D 制御を加えて PID 制御にすることにより，この部分が改善される．

III 20 【解答】 ④

【解説】

単位インパルス信号 $\delta(t)$ のラプラス変換は $\mathcal{L}\{\delta(t)\}=1$ なので，一次遅れ系 $G(s)=\dfrac{10}{10s+1}$ の単位インパルス応答は $G(s)\cdot 1=G(s)=\dfrac{10}{10s+1}$ である．

$$\therefore \quad g(t)=\mathscr{L}^{-1}\{G(s)\}=\mathscr{L}^{-1}\left\{\frac{10}{10s+1}\right\}=\mathscr{L}^{-1}\left\{\frac{1}{s+\frac{1}{10}}\right\}=1.0\times \mathrm{e}^{-\frac{1}{10}t}$$

初期値：$g(0)=1.0$，最終値：$g(\infty)=0$

時定数 $T=10$ なので，

$$g(10)=\frac{1}{\mathrm{e}}\fallingdotseq 0.368\ ,\ g(20)=\frac{1}{\mathrm{e}^2}\fallingdotseq 0.135$$

したがって，④が適切である．

【解答】　①

【解説】

演算増幅器は，二つの入力端子の電圧 $V_{\mathrm{in}(+)}$ と $V_{\mathrm{in}(-)}$ の差動電圧 $V_{\mathrm{in}(+)}-V_{\mathrm{in}(-)}$ を増幅し，出力端子に電圧 V_{out} を出力するものである．演算増幅器の電圧利得 G は，

$$G=\frac{V_{\mathrm{out}}}{V_{\mathrm{in}(+)}-V_{\mathrm{in}(-)}}$$

【解答】　③

【解説】

電流源 $g_{\mathrm{m}}v_{\mathrm{i}}$ の電流はそのまま抵抗 R_{S} の電流 i_{S} になるので，

$$i_{\mathrm{S}}=g_{\mathrm{m}}v_{\mathrm{i}}$$

$$v_{\mathrm{i}}=v_{\mathrm{GS}}-R_{\mathrm{S}}i_{\mathrm{S}}=v_{\mathrm{GS}}-g_{\mathrm{m}}R_{\mathrm{S}}v_{\mathrm{i}}$$

$$\therefore \quad \frac{v_{\mathrm{i}}}{v_{\mathrm{GS}}}=\frac{1}{1+g_{\mathrm{m}}R_{\mathrm{S}}}$$

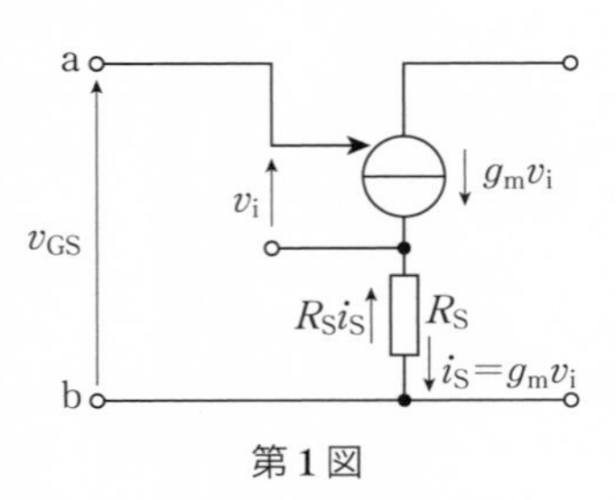

第 1 図

相互コンダクタンス g_{me} は，

$$g_{\mathrm{me}}=\frac{g_{\mathrm{m}}v_{\mathrm{i}}}{v_{\mathrm{GS}}}=g_{\mathrm{m}}\cdot\frac{v_{\mathrm{i}}}{v_{\mathrm{GS}}}=\frac{g_{\mathrm{m}}}{1+g_{\mathrm{m}}R_{\mathrm{S}}}$$

【解答】 ⑤

【解説】

問題の論理回路より，$F(A, B, C)$ は $(A+B)\cdot C$ と(ア)の論理和である．

$$F(A, B, C)=(A+B)\cdot C+\text{(ア)}$$

このうち，$(A+B)\cdot C$ は真理値表の網掛けの部分を満足しているので，残りを満足する(ア)の論理回路を構成すればよい．(ア)の入力は A と C なので，真理値表の A と C に着目すると

$$\text{(ア)}=\overline{A}\cdot\overline{C}+\overline{A}\cdot C+\overline{A}\cdot\overline{C}+A\cdot\overline{C}+A\cdot\overline{C}$$

$$=\overline{A}\cdot\overline{C}+\overline{A}\cdot C+\overline{A}\cdot\overline{C}+A\cdot\overline{C}$$

$$=\overline{A}\cdot(\overline{C}+C)+(A+\overline{A})\cdot\overline{C}=\overline{A}+\overline{C}$$

第1表　真理値表

A	B	C	F
0	0	0	1
0	0	1	1
0	1	0	1
0	1	1	1
1	0	0	1
1	0	1	1
1	1	0	1
1	1	1	1

【解答】 ④

【解説】

設問の論理回路より，出力 f の論理式は，次のようになる．

$$f=\overline{\overline{(X\cdot\overline{X\cdot Y})}\cdot\overline{(\overline{X\cdot Y}\cdot Z)}}$$

$$=X\cdot\overline{X\cdot Y}+\overline{X\cdot Y}\cdot Z$$

$$=X\cdot(\overline{X}+\overline{Y})+(\overline{X}+\overline{Y})\cdot Z$$

$$=X\cdot\overline{Y}+\overline{X}\cdot Z+\overline{Y}\cdot Z$$

$$=X\cdot\overline{Y}+\overline{Y}\cdot Z+Z\cdot\overline{X}$$

【解答】 ①

【解説】

①　不適切．ARP は，IP アドレスから OSI 参照モデルのデータリンク層で使用する MAC アドレスを取得するためのプロトコルである．MAC アドレスから IP アドレスを取得するものではない．

②　適切．NAT は，二つの IP ネットワークの境界にあるルータやゲートウエイが，双方の IP アドレスを対応付け，自動変換してデータ伝送を

中継する技術である．プライベートIPアドレスとグローバルIPアドレス間の変換を行う機能という記述は適切である．

③　適切．TCPは信頼性の高い通信を実現するために使用されるコネクション型のプロトコルである．フロー制御，ウィンドウ制御，輻輳（ふくそう）制御，再送制御などの機能をもつ．

④　適切．DNSは，インターネットなどのIPネットワーク上において，ホスト名や電子メールのアドレスに使われるドメイン名と，IPアドレスとの対応付けを管理するためのシステムである．

⑤　適切．DHCPは，インターネットなどのIPネットワークに新たに接続した機器に対して，IPアドレスなど通信に必要な設定情報を自動的に割り当てるプロトコルである．

III 26

【解答】　③

【解説】

問題図で与えられた通信路は，送信シンボル x_1，x_2 の発生確率をそれぞれ q，$(1-q)$ とし，条件付き確率 p，$(1-p)$ は

$$p = p(y_1|x_1) = p(y_2|x_2)$$

$$1-p = p(y_2|x_1) = p(y_1|x_2)$$

である．例えば送信シンボルを $x_1=0$，$x_2=1$，受信シンボルを $y_1=0$，$y_2=1$ とすると，伝送系で信号反転が発生する確率は p であり，0を送信したとき，$y_1=0$ と受信する確率は p，誤って $y_2=1$ と受信する確率は $1-p$ である．1を送信したときも $y_2=1$ と受信する確率は p，誤って $y_1=1$ と受信する確率は $1-p$ である．このような通信路が二元対称通信路である．

発生確率 q の送信シンボル x_1 の情報量（自己情報量）$I(x_1)$ は，

$$I(x_1) = -\log q$$

また，発生確率 $(1-q)$ の送信シンボル x_2 の情報量（自己情報量）$I(x_2)$ は，

$$I(x_2) = -\log(1-q)$$

である．情報量は，発生確率の低いほど受信したときに得られるものが大きいので，大きな値となるようにマイナス符号を付けた定義となっている．

送信情報源 x_1，x_2 全体の情報量の期待値を平均情報量といい，情報エントロピーあるいは単にエントロピーと呼ぶ．送信シンボル x_1，x_2 の発生確率はそれぞれ q，$(1-q)$ なので，

$$
\begin{aligned}
-q\log q-(1-q)\log(1-q) &= qI(x_1)+(1-q)I(x_2) \\
&= H(x_1,x_2)
\end{aligned}
$$

$-q\log q-(1-q)\log(1-q)$ は，送信情報源 x_1，x_2 のエントロピー $H(x_1,x_2)$ を表す．

送信シンボル x_1，x_2 の生起確率 q は，

$$
q=(q_1,q_2)=(q,1-q)=\left(\frac{1}{2},\frac{1}{2}\right)
$$

題意より，通信路の反転なしに正しく伝送され条件付き確率が p，反転して伝送される条件付き確率が $1-p$ なので，通信路行列 T は次式で表される．

$$
T=\begin{bmatrix} p_{11} & p_{12} \\ p_{21} & p_{22} \end{bmatrix}=\begin{bmatrix} p & 1-p \\ 1-p & p \end{bmatrix}
$$

受信シンボル y_1，y_2 の生起確率 r は

$$
r=(r_1,r_2)=qT=\left(\frac{1}{2},\frac{1}{2}\right)\begin{bmatrix} p & 1-p \\ 1-p & p \end{bmatrix}=\frac{1}{2}\begin{bmatrix} 1 & 1 \end{bmatrix}=\frac{1}{2},\frac{1}{2}
$$

したがって，この二元対称通信路で伝送される正味の情報量である相互情報量 $I(X,Y)$ は，

$$
\begin{aligned}
&I(X,Y) \\
&=\sum\nolimits_{i=1}^{2}q_i\left(\sum\nolimits_{j=1}^{2}p_{ij}\log\frac{p_{ij}}{r_j}\right)
\end{aligned}
$$

2021年度

$$=\frac{1}{2}\times\left\{p\log\frac{p}{\frac{1}{2}}+(1-p)\log\frac{1-p}{\frac{1}{2}}\right\}+\frac{1}{2}\times\left\{(1-p)\log\frac{1-p}{\frac{1}{2}}+p\log\frac{p}{\frac{1}{2}}\right\}$$

$$=p\log 2p+(1-p)\log 2(1-p)$$

$$=p\log 2+p\log p+(1-p)\log 2+(1-p)\log(1-p)$$

$$=1+p\log p+(1-p)\log(1-p)$$

III 27

【解答】　②

【解説】

$$X(k)=\sum_{n=0}^{N-1}x(n)\mathrm{e}^{-\mathrm{j}\frac{2\pi nk}{N}}$$

$$=1\times\mathrm{e}^{-\mathrm{j}\frac{0}{N}}+1\times\mathrm{e}^{-\mathrm{j}\frac{2\pi k}{N}}+0\times\left(\mathrm{e}^{-\mathrm{j}\frac{2\pi\times 2k}{N}}+\cdots+\mathrm{e}^{-\mathrm{j}\frac{2\pi\times(N-2)k}{N}}\right)$$

$$+1\times\mathrm{e}^{-\mathrm{j}\frac{2\pi\times(N-1)k}{N}}$$

$$=1\times\mathrm{e}^{-\mathrm{j}\frac{0}{N}}+1\times\mathrm{e}^{-\mathrm{j}\frac{2\pi k}{N}}+0\times\left(\mathrm{e}^{-\mathrm{j}\frac{2\pi\times 2k}{N}}+\cdots+\mathrm{e}^{-\mathrm{j}\frac{2\pi\times(N-2)k}{N}}\right)$$

$$+1\times\mathrm{e}^{-\mathrm{j}\frac{2\pi\times(N-1)k}{N}}$$

$$=1\times\mathrm{e}^{-\mathrm{j}\frac{0}{N}}+1\times\mathrm{e}^{-\mathrm{j}\frac{2\pi k}{N}}+1\times\mathrm{e}^{-\mathrm{j}\frac{2\pi\times(N-1)k}{N}}$$

$$=1+\left(\cos\frac{2\pi}{N}k-\mathrm{j}\sin\frac{2\pi}{N}k\right)+\left\{\cos\frac{2\pi(N-1)}{N}k-\mathrm{j}\sin\frac{2\pi(N-1)}{N}k\right\}$$

$$=1+\left(\cos\frac{2\pi}{N}k-\mathrm{j}\sin\frac{2\pi}{N}k\right)+\left(\cos\frac{2\pi}{N}k+\mathrm{j}\sin\frac{2\pi}{N}k\right)$$

$$=1+2\cos\frac{2\pi}{N}k$$

III 28

【解答】　④

【解説】

標本化定理は，アナログ信号をディジタル信号に変換する際に，元の信号の最大周波数の 2 倍のサンプリング周波数で標本化すれば，元の信号の情報を失わずに，忠実に再現できるというものである．

題意より，信号 $x_2(t)$，$x_1(t)$ の畳み込み積分は次式で定義される．

$$\{x_2 * x_1\}(t)=\int_{-\infty}^{\infty} x_2(T)x_1(t-T)\mathrm{d}T$$

信号 $x_1(t)$，$x_2(t)$ に含まれるある周波数成分の項をそれぞれ $S_1\sin(2\pi f_1 t+\theta_1)$，$S_2\sin(2\pi f_2 t+\theta_2)$ とすると，

$$\begin{aligned} x_2(T)\cdot x_1(t-T) &= S_2\sin(2\pi f_2 T+\theta_2)\cdot S_1\sin\{2\pi f_1(t-T)+\theta_1\} \\ &= S_2\sin(2\pi f_2 T+\theta_2)\cdot S_1\sin\{2\pi f_1 t-2\pi f_1 T+\theta_1\} \end{aligned}$$

である．これを $-\infty \leqq T \leqq +\infty$ の範囲で積分したのが畳み込み積分 $\{x_2 * x_1\}(t)$ なので，$f_1=f_2$ の周波数成分以外は 0 になる．よって，$f_1 \leqq 10$ kHz，$f_2 \leqq 50$ kHz なので，畳み込み積分 $\{x_2 * x_1\}(t)$ の周波数成分の最大は $f_1=f_2=10$ kHz のときである．

したがって，元の信号 $x_1(t)$，$x_2(t)$ の畳み込み積分を出力信号とする場合，情報を失うことなくディジタル信号処理を行うためのサンプリング周波数は，

$$2\times 10=20 \text{ kHz}$$

一方，元の信号 $x_1(t)$，$x_2(t)$ の積は

$$\begin{aligned} &S_1\sin(2\pi f_1 t+\theta_1)\times S_2\sin(2\pi f_2 t+\theta_2) \\ &=\frac{S_1S_2}{2}[\cos\{2\pi(f_1-f_2)t+(\theta_1-\theta_2)\}-\cos\{2\pi(f_1+f_2)t+(\theta_1+\theta_2)\}] \end{aligned}$$

となり，(f_1+f_2) [Hz] の成分が含まれる．出力信号が $x_1(t)$，$x_2(t)$ の場合，最大周波数も (f_1+f_2) [Hz] なので，サンプリング定理により，情報を失うことなくディジタル信号処理を行うためのサンプリング周波数は

$$2\times(f_1+f_2)=2\times(10+50)=120 \text{ kHz}$$

【解答】 ②

【解説】

M 値 QAM は，I チャネル（I：In−phase，同相成分）と Q チャネル（Q：

Quadrature−phase，直交成分）の二つの直交する搬送波を用い，各軸上でASK（Amplitude Shift Keying．振幅変調）を加えて振幅をM段階に分ける方式である．16値（4ビット），64値（6ビット），256値（8ビット）などが利用されており，16値QAM，64値QAM，256値QAMと呼ばれている．

したがって，256値QAMは1シンボル当たり8ビット，16値QAMは1シンボル当たり4ビットなので，1ビット当たりの伝送容量は2倍となる．また，QAMビット配置（第一象限のみ）は**第1図**のとおりである．16値QAMにおいて，I軸，Q軸方向の信号点間隔を1とすると，第四象限まで考えた最大信号点間の間隔は$3\sqrt{2}$になる．これと同じ間隔で256値QAMの信号点を配置したとすると$15\sqrt{2}$になるため，同じ空間に信号点を配置する場合の256値QAMの信号点間隔は16値QAMの1/5倍になるので，同一送信電力のときの雑音余裕度は256値QAMの方が少ない．

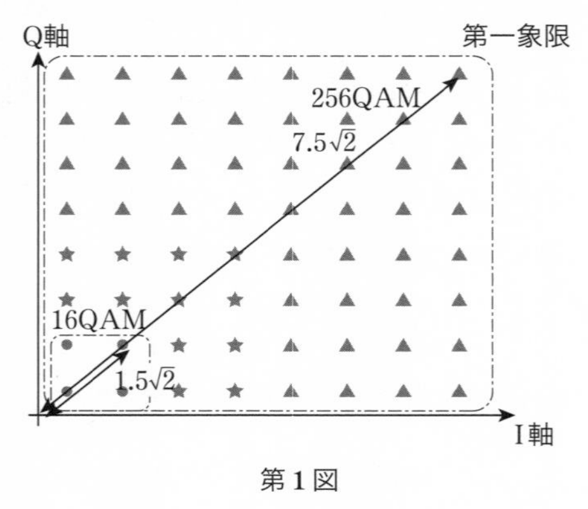

第1図

【解答】②

【解説】

①　適切．TDMA方式は時分割多重アクセス方式の略である．共有する伝送路の無線チャネルを一定の時間間隔で区切り，通信局が割り当てられた順番に通信を使用する．

②　不適切．CDMA方式はスペクトラム拡散多重アクセス方式の略で

ある．通信局ごとに異なる拡散符号を設定しておき，一次変調した信号に拡散符号を乗算して二次変調し，変調後の信号の帯域幅を拡散させることにより，複数の通信局が同一の広帯域無線チャネルを共有できるので，異なる搬送周波数を用いるという記述は不適切である．また，復調のときは各通信局が既知の拡散符号レプリカを乗じ，1 シンボル長区間加算することで元の信号を得ることができるので，第三者に対する秘匿性に優れた方式である．

③　適切．TDMA 方式は，各ユーザの信号を時間的に圧縮して多重化するため，伝送速度が上昇するが，多くの通信局が同時接続する自動車電話，携帯電話のようなシステムでは，伝送速度が上昇し広帯域となり，1 システム 1 チャネルの TDMA を実現することは技術的に困難である．このため，ある程度の数の通信局を TDMA 方式で多重化し，その TDMA チャネルを FDMA で多重化する TDMA/FDMA 方式として多元接続できるようにしている．

④　適切．OFDMA 方式は複数ユーザを OFDM（直交波周波数分割多重）によってアクセスできるようにした直交周波数分割多元接続方式である．OFDM 方式は個別の利用者ごとに時分割方式でサブキャリヤを割り当てるが，OFDMA では複数の通信局がサブキャリヤを共有し，それぞれの通信局にとって最も伝送効率のよいサブキャリヤが割り当てられる．これにより，通信局はその都度最も効率のよいサブキャリヤを利用でき，通信事業者にとっても周波数利用効率の向上を図ることができる．

⑤　適切．CSMA は，通信開始前に伝送媒体上に，現在通信をしているホストがいないかどうかを確認する搬送波感知を行うことで衝突を防ぐ多重アクセス方式である．

III 31

【解答】　④

【解説】

問題に与えられた受信語 $\boldsymbol{y} = [0, 1, 0, 1, 0, 1, 0]$ より，

情報ビット $x_1=0$, $x_2=1$, $x_3=0$, $x_4=1$

なので，検査ビット c_1, c_2, c_3 を求めると，

$$c_1=(x_1+x_2+x_3)\bmod 2=(0+1+0)\bmod 2=1$$

$$c_2=(x_2+x_3+x_4)\bmod 2=(1+0+1)\bmod 2=0$$

$$c_3=(x_1+x_2+x_4)\bmod 2=(0+1+1)\bmod 2=0$$

となるべきである．

これに対して，受信語の検査ビットは，$c_1=0$, $c_2=1$, $c_3=0$ なので，c_1 と c_2 の符号が異なり，c_3 は一致している．

使用している通信路の品質は「高々1ビットが反転する可能性がある通信路」なので，c_3 を生成している x_1, x_2, x_4 は反転しておらず，$x_3=0$ が反転し，$x_3=1$ であるはずである．

x_3 を1に訂正すると，

$$c_1'=(x_1+x_2+x_3)\bmod 2=(0+1+1)\bmod 2=0$$

$$c_2'=(x_2+x_3+x_4)\bmod 2=(1+1+1)\bmod 2=1$$

となるので，入力された符号 $\boldsymbol{w}$ は，

$$\boldsymbol{w}=[0, 1, 1, 1, 0, 1, 0]$$

【解答】 ③

【解説】

① 適切．真性半導体は不純物を含まない半導体をいい，Ⅳ族のシリコンがよく用いられる．真性半導体では，伝導電子と正孔は対で生成されるため密度は等しい．

② 適切．n形半導体は，真性半導体にひ素のようなⅤ族の不純物を混入させた不純物半導体である．Ⅳ族のシリコンと共有結合する電子が1個余り自由電子となるので，多数キャリヤは電子である．

③ 不適切．p形半導体は真性半導体にガリウムやほう素のようなⅢ族の不純物を混入させた不純物半導体である．n形半導体とは逆にシリコンと共有結合するのに電子が1個足りない状態となるので，多数キャリヤは

正孔である.

④ 適切. 真性キャリヤ密度は, 禁制帯幅（エネルギーギャップの大きさ）で決まり, 室温では禁制帯幅が大きいほど真性キャリヤ密度は小さくなる. 禁制帯幅はシリコンよりもガリウムひ素のほうが大きいので, 真性キャリヤ密度はシリコンの方が大きい.

⑤ 適切. 半導体中において, キャリヤ濃度（自由電子濃度, 正孔濃度）に不均一がある場合に, 均一になるように移動するのが拡散である. p形半導体とn形半導体とを接合すると, n形半導体は自由電子濃度が高く, p形半導体は正孔濃度が高いので, n形半導体中の自由電子はp形半導体内へ, p形半導体中の正孔はn形半導体内に拡散する.

III 33

【解答】 ④

【解説】

MOSトランジスタ（MOS電界効果トランジスタ）は電圧制御型で, ゲートには直流電流はわずかなリーク電流以外は流れない. これに対して, バイポーラトランジスタはスイッチや増幅といった働きをベース電流で制御する電流制御型なので, MOSトランジスタの方がバイポーラトランジスタより消費電力が低い.

MOSトランジスタには, nMOSトランジスタとpMOSトランジスタがある. nMOSトランジスタは, p形半導体基板上にソースSとドレーンDがn形半導体でつくられ, ゲートはMetal（金属）–Oxide（絶縁性酸化膜）–Semiconductor（半導体）の三層構造になっている. ソースS–ドレーンD間に電圧 V_{DS}（>0）を印加しただけではドレーン電流 I_D は流れないが, ゲートG–ソースS間に $V_{GS}>0$ なる電圧を印加すると, ゲート電極の下のp形基板上に電子からなる反転層（nチャネル）が形成され, ソース（n形半導体）–nチャネル–ドレーン（n形半導体）の向きに電子が移動できるようになり, ドレーンからソースにドレーン電流 I_D が流れる. pMOSトランジスタは, nMOSトランジスタのn形半導体とp形半導体を入れ替えればつくることができる.

nMOSトランジスタとpMOSトランジスタを組み合わせたCMOS（相補型MOS）インバータは，論理が反転する際にMOSFETのゲートを飽和させる，あるいは飽和状態のゲートから電荷を引き抜くための電流しか流れないため，待機時の消費電力が少ない.

また，シリコン中の正孔は価電子が隣の原子に移動したことで生じる価電子帯上の空きであるため，電子に比べて見かけ上の質量（有効質量）が重くなる．電子移動度は正孔移動度のおおよそ3倍なので動作速度も速くなる.

III 34

【解答】 ④

【解説】

電動機などの誘導性負荷が接続された回路において，遅れ無効電力を，並列接続したコンデンサの進み無効電力により補償して合成無効電力を減らし，皮相電力を低減することを力率改善という.

力率を1に近づけることにより，回路電流が減少し，電力喪失や電圧降下を低減できる.

III 35

【解答】 ⑤

【解説】

避雷器は，変電所に高電圧サージが侵入したとき，インピーダンスを低下させることによって電圧を低下させ，他の機器を保護する装置である．避雷器が動作して電流が流れる際には，避雷器の端子に制限電圧が発生する．この制限電圧が避雷器の保護能力を示す重要な値である．避雷器に用いられる素子としては，酸化亜鉛が理想的な電圧電流特性に近く，広く使われている.

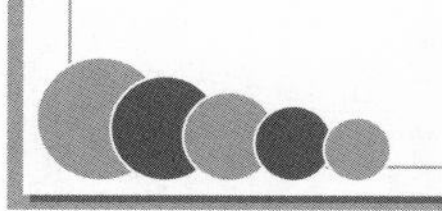
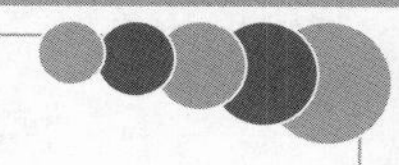

2020年度　解答

III 1

【解答】 ④

【解説】

導体球1に電荷Qを与え，導体球2の電荷が0であるとき，導体球1の電荷Qは導体表面に均等に分布する．また，導体球2の内側表面には静電誘導により電荷$-Q$が分布し，外側表面には電荷$+Q$が均等に分布して総電荷は0になる．

したがって，導体球と同心の半径rの仮想球を考えると，電気力線は球表面を均等に貫通する．

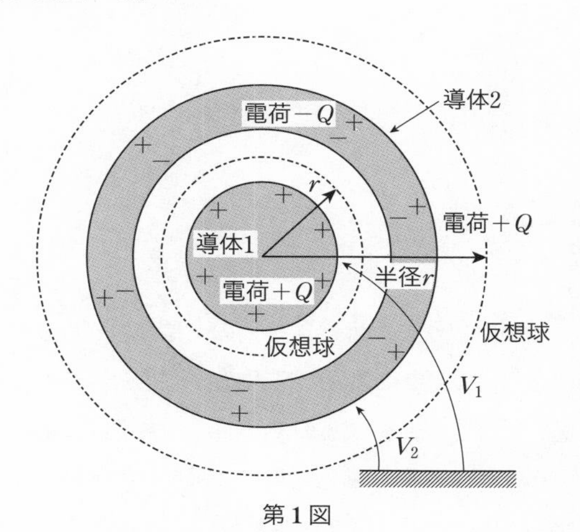

第1図

ガウスの定理により，仮想球内部の電荷の合計は$+Q$なので，導体球2の外側（$c \leqq r$）における電界の強さをE_oとすると，

$$E_o = \frac{\frac{Q}{\varepsilon_0}}{4\pi r^2} = \frac{Q}{4\pi\varepsilon_0 r^2} \tag{1}$$

導体 2 の電位 V_2 は，

$$V_2 = \int_c^{\infty} E_o \, \mathrm{d}r = \frac{Q}{4\pi\varepsilon_0}\int_c^{\infty}\frac{1}{r^2}\mathrm{d}r$$

$$= \frac{Q}{4\pi\varepsilon_0}\left[-\frac{1}{r}\right]_c^{\infty} = \frac{Q}{4\pi\varepsilon_0 c} \quad (2)$$

導体 1 と導体 2 の間（$a < r < b$）についても，仮想球の内側の電荷は $+Q$ なので，電界の強さ E_i も(1)式で表される．

よって，導体 1 と導体 2 の電位差 V_{12} は，

$$V_{12} = \int_a^b E_i \, \mathrm{d}r = \frac{Q}{4\pi\varepsilon_0}\left[-\frac{1}{r}\right]_a^b = \frac{Q}{4\pi\varepsilon_0}\left[\frac{1}{a} - \frac{1}{b}\right] \quad (3)$$

導体 1 の電位 V_1 は，

$$V_1 = V_2 + V_{12} = \frac{Q}{4\pi\varepsilon_0 c} + \frac{Q}{4\pi\varepsilon_0}\left[\frac{1}{a} - \frac{1}{b}\right]$$

$$= \frac{Q}{4\pi\varepsilon_0}\left[\frac{1}{a} - \frac{1}{b} + \frac{1}{c}\right]$$

【解答】 ⑤

【解説】

① 適切．ゼーベック効果は熱電効果の一種で，2 種類の金属または半導体を 2 点で接し，2 接点に温度差を設けると電圧が発生する現象である．温度差に比例した電圧が発生するので，熱電対温度計に応用されている．

② 適切．ペルチエ効果も熱電効果の一種で，2 種類の金属または半導体を 2 点で接し，2 接点の温度を一定として電流を流すと節点で熱の発生または吸収が起こる現象である．電子冷房や電子冷凍に応用されている．

③ 適切．光電効果は，物質に光を照射したときに電子が放出されたり，電流が流れたり，光起電力が発生する現象である．

④ 適切．ピエゾ効果（圧電効果）は，水晶やセラミックスなどの物質に圧力を加えると，圧力に比例した分極が現れる現象である．マイクロホ

ンは，圧電素子を電極で挟んで音声により電極を振動させ，圧力をかけると圧電効果により電力が得られることを利用したものである．

⑤　不適切．磁束計に応用されるのはホール効果である．ホール効果は，電流の流れているものに対し，電流に垂直方向に磁束を貫通させると，電流と磁場の両方に直交する方向に起電力が現れる現象である．トンネル効果は，エネルギー的に通常は超えることのできない領域を粒子が一定の確率で通り抜ける現象である．

【解答】　③

【解説】

比誘電率 ε_1 の誘電体を詰めたコンデンサ 1 の静電容量を C_1 とすると，電圧 V_1 に充電したときに蓄えられる電荷 Q は，

$$Q = C_1 V_1 \tag{1}$$

比誘電率 ε_2 の誘電体を詰めたコンデンサ 2 の静電容量を C_2 とすると，コンデンサ C_1 に並列接続したときの合成静電容量 C_0 は，

$$C_0 = C_1 + C_2$$

電荷 Q は変わらないので，

$$Q = C_0 V_2 = (C_1 + C_2) V_2 \tag{2}$$

(1)式，(2)式より，

$$C_1 V_1 = (C_1 + C_2) V_2$$

$$\therefore \quad C_1 (V_1 - V_2) = C_2 V_2$$

コンデンサ 1 とコンデンサ 2 は同形・同大なので，静電容量は比誘電率に比例する．

$$\therefore \quad \frac{\varepsilon_1}{\varepsilon_2} = \frac{C_1}{C_2} = \frac{V_2}{V_1 - V_2}$$

2020年度

【解答】 ④

【解説】

第1図のように，半径 R の円形回路C上の微小長さの電流 $I\,\mathrm{d}s$ を考えると，右ねじの法則により，円の中心Oにおける磁束密度 $\mathrm{d}B$ の向きは $+z$ 軸方向である．また，大きさはビオ・サバールの法則により，

$$\mathrm{d}B = \frac{\mu}{4\pi}\frac{I\,\mathrm{d}s}{R^2}$$

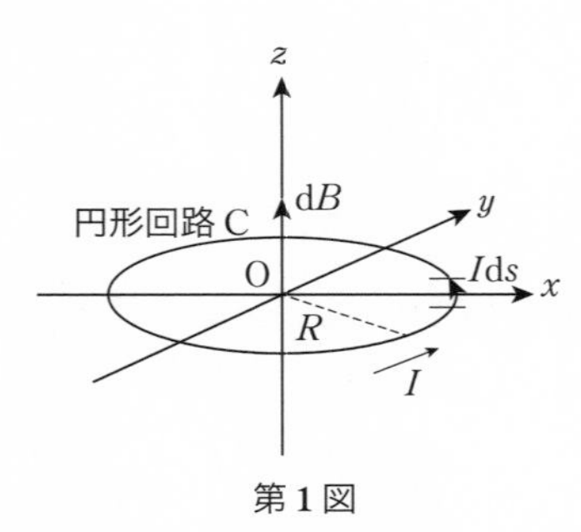

第1図

電流 $I\,\mathrm{d}s$ は円形回路C上のどの点にとっても，磁束密度 $\mathrm{d}B$ の向きは同じなので，磁束密度の大きさ B は

$$B = \oint_{\mathrm{C}} \mathrm{d}B = \frac{\mu I}{4\pi R^2}\oint_{\mathrm{C}} \mathrm{d}s = \frac{\mu I}{4\pi R^2}\times 2\pi R = \frac{\mu I}{2R}$$

【解答】 ④

【解説】

可動導線を磁束密度 B と直角方向に速度 v で動かしたときに，導線レール間に発生する起電力の大きさ e は，

$$e = vBd$$

また，向きは，フレミングの右手の法則により，**第1図**のように下向きになる．

したがって，可動導線に流れる電流 I は，

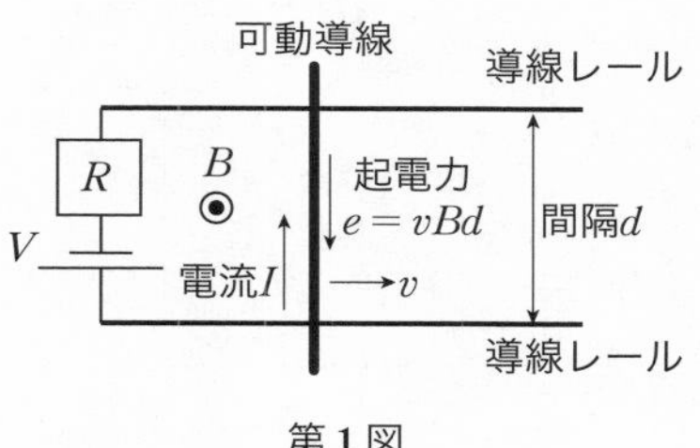

第1図

$$I=\frac{V-e}{R}=\frac{V}{R}-\frac{vBd}{R}$$

【解答】 ③

【解説】

この回路の合成抵抗 R_0 は，

$$R_0=1+R+\frac{10\times2.5}{10+2.5}=R+3$$

また，題意より，10 V の電圧源に流れる電流が 2 A なので，

$$R_0=\frac{10}{2}=5\Omega$$

$$R_0=R+3=5\,\Omega$$

$$\therefore\quad R=2\,\Omega$$

【解答】 ⑤

【解説】

第1図のように，端子1と端子2を開放状態に保ったときの循環電流を I_1 とすると，

$$I_1=\frac{E_1-E_2}{R_1+R_2}$$

$$E_0=E_1-R_1I_1=E_1-R_1\cdot\frac{E_1-E_2}{R_1+R_2}=\frac{R_2E_1+R_1E_2}{R_1+R_2}$$

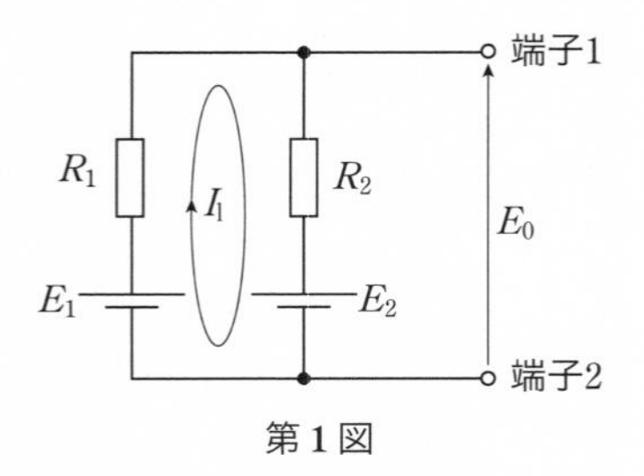

第1図

また，端子1と端子2から回路側を見た抵抗 R_0 は,

$$R_0 = \frac{R_1 \cdot R_2}{R_1 + R_2}$$

テブナンの定理により，端子1と端子2を短絡状態に保ったときの，端子1から端子2に流れる短絡電流 I_0 は,

$$I_0 = \frac{E_0}{R_0} = \frac{\dfrac{R_2E_1 + R_1E_2}{R_1 + R_2}}{\dfrac{R_1 \cdot R_2}{R_1 + R_2}} = \frac{R_2E_1 + R_1E_2}{R_1 \cdot R_2}$$

III 8

【解答】　③

【解説】

設問図は**第1図**のようなブリッジ回路である．対辺の抵抗値の積がいずれも $R \times 2R = 2R^2$ と等しく，ブリッジの平衡条件を満たしているので，真ん中の抵抗 $2R$ は取り去っても端子abから見た合成抵抗 R_0 は変わらない．

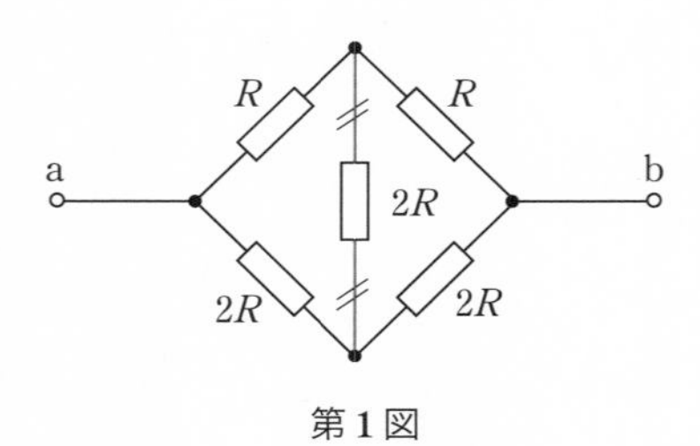

第1図

$$R_0=\frac{(R+R)\cdot(2R+2R)}{(R+R)+(2R+2R)}=\frac{8R^2}{6R}=\frac{4R}{3}$$

【解答】 ③

【解説】

時刻 $t=0$ でスイッチ S を閉じた後の抵抗 R の電流を $i(t)$ とすると,

$$R\cdot i(t)+v(t)=E \tag{1}$$

$$i(t)=\frac{\mathrm{d}}{\mathrm{d}t}\{Cv(t)\}=C\frac{\mathrm{d}v(t)}{\mathrm{d}t} \tag{2}$$

(2)式を(1)式に代入すると,

$$RC\frac{\mathrm{d}v(t)}{\mathrm{d}t}+v(t)=E$$

変数を分離すると,

$$\frac{\mathrm{d}v(t)}{v(t)-E}=-\frac{1}{RC}\mathrm{d}t$$

両辺を積分して,

$$\ln\{v(t)-E\}=-\frac{t}{RC}+K \quad (K:積分定数)$$

$$v(t)=E+\mathrm{e}^{-\frac{t}{RC}+K}=E+K'\mathrm{e}^{-\frac{t}{RC}} \quad (K'=\mathrm{e}^K)$$

題意より,初期条件 $v(0)=v_0$ なので, $K'=v_0-E$

$$\therefore \quad v(t)=(v_0-E)\mathrm{e}^{-\frac{t}{RC}}+E$$

【解答】 ④

【解説】

スイッチ SW を接点 a 側に接続し充分長い時間が経過したときの電流 i は,インダクタンス L の逆起電力は 0 なので,

$$i=\frac{E}{R}$$

時刻 $t=0$ で接点 b に切り換えたのちには次の回路方程式が成り立つ.

$$L\frac{\mathrm{d}i}{\mathrm{d}t}+Ri=0$$

変数分離すると,

$$\frac{\mathrm{d}i}{i}=-\frac{R}{L}\mathrm{d}t$$

両辺を積分すると,

$$\ln i=-\frac{R}{L}t+K \quad (K：積分定数)$$

$$i=K'\mathrm{e}^{-\frac{R}{L}t} \quad (K'=\mathrm{e}^{K})$$

スイッチ SW を切り換え直後（$t=0$）においては，インダクタンス L の電流は急変できないので,

$$K'=\frac{E}{R}$$

$$\therefore \quad i=\frac{E}{R}\mathrm{e}^{-\frac{R}{L}t}$$

【解答】 ③

【解説】

RLC 直列回路の共振条件は,

$$2\pi fL-\frac{1}{2\pi fC}=0$$

よって，静電容量 C，Q 値（共振の鋭さ）は,

$$C=\frac{1}{(2\pi f)^2L}=\frac{1}{(2\pi\times10^6)^2\times25\times10^{-3}}=\frac{10}{\pi^2}\times10^{-12}\,\mathrm{F}\fallingdotseq1\,\mathrm{pF}$$

$$Q = \frac{2\pi fL}{R} = \frac{2\pi\times10^6\times25\times10^{-3}}{10^3} = 50\pi \fallingdotseq 157$$

【解答】 ①

【解説】

RL 直列回路と C を並列接続した共振回路において，題意より，抵抗 R は十分小さいので，周波数 f に同調する（並列共振条件を満たす）ための静電容量 C は，

$$C = \frac{1}{(2\pi f)^2 L}$$

535 kHz のときの静電容量 C_{535} は，

$$C_{535} = \frac{1}{(2\pi\times535\times10^3)^2\times100\times10^{-6}} \fallingdotseq 885\times10^{-12}\,\mathrm{F}$$

1 605 kHz のときの静電容量 $C_{1\,605}$ は，

$$C_{1605} = \frac{1}{(2\pi\times1605\times10^3)^2\times100\times10^{-6}} \fallingdotseq 98.3\times10^{-12}\,\mathrm{F}$$

【解答】 ⑤

【解説】

交流ブリッジ回路の平衡条件は，対辺のインピーダンスの積が等しいことである．正弦波交流電源の角周波数を ω とすると，

$$R_1(R_4 + \mathrm{j}\omega L_4) = R_2(R_3 + \mathrm{j}\omega L_3)$$

$$R_1R_4 + \mathrm{j}\omega L_4R_1 = R_2R_3 + \mathrm{j}\omega L_3R_2$$

両辺の実部同士，虚部同士が等しいので，

$$R_1R_4 = R_2R_3,\quad L_4R_1 = L_3R_2$$

$$\therefore\quad R_4 = \frac{R_2R_3}{R_1} = \frac{4\times10^3\times60}{2\times10^3} = 120\,\Omega$$

2020
年度

$$\therefore \quad L_4 = \frac{L_3 R_2}{R_1} = \frac{20\times10^{-3}\times4\times10^3}{2\times10^3} = 40\times10^{-3}\,\mathrm{H} = 40\,\mathrm{mH}$$

【解答】　②

【解説】

本問は汽力発電システムのランキンサイクルに関する問題である.

図 A の $T-s$ 線図において断熱膨張を表す部分は，外部との熱の授受がないので，エントロピー $s=$ 一定であり，また，膨張に伴って温度 T は低下するので，D → E である．タービンで蒸気を断熱膨張させて回転エネルギーとして取り出す部分に相当する.

題意より，ボイラ，タービン，復水器以外での比エンタルピーの増減は無視するので，

熱サイクルの出力 = タービン出力 − タービン入力

$$= h_1 - h_2 = 3\,349 - 1\,953$$

$$= 1\,396\ \mathrm{kJ/kg}$$

熱サイクルの入力 $= h_1 - h_3 = 3\,349 - 150$

$$= 3\,199\ \mathrm{kJ/kg}$$

よって，熱サイクル効率 η は，

$$\eta = \frac{出力}{入力} = \frac{h_1 - h_2}{h_1 - h_3} = \frac{1\,396}{3\,199} \fallingdotseq 0.436\,4 \fallingdotseq 43.6\ \%$$

【解答】　③

【解説】

負荷電力は，

$$P_\mathrm{L} + \mathrm{j}Q_\mathrm{L} = 290\times0.75\ \mathrm{kW} + \mathrm{j}290\times\sqrt{1-0.75^2}\ \mathrm{kvar}$$

$$\fallingdotseq 217.5\ \mathrm{kW} + \mathrm{j}191.82\ \mathrm{kvar}$$

発電機出力は，

$$P_\mathrm{G} + \mathrm{j}Q_\mathrm{G} = 1\,100\times0.85\ \mathrm{kW} + \mathrm{j}1\,100\times\sqrt{1-0.85^2}\ \mathrm{kvar}$$

$$\fallingdotseq 935\ \mathrm{kW} + \mathrm{j}579.46\ \mathrm{kvar}$$

発電機が電力系統に送電する電力は，

$$P_G + \mathrm{j}Q_G - (P_L + \mathrm{j}Q_L) \fallingdotseq P_G - P_L + \mathrm{j}(Q_G - Q_L)$$

$$\fallingdotseq (935 - 217.5)\ \mathrm{kW} + \mathrm{j}(579.46 - 191.82)\ \mathrm{kvar}$$

$$= 717.5\ \mathrm{kW} + \mathrm{j}387.64\ \mathrm{kvar}$$

よって，力率は，

$$\frac{717.5}{\sqrt{717.5^2 + 387.64^2}} \fallingdotseq 0.88\ （遅れ）$$

と近似できる．

【解答】 ②

【解説】

直流機は，固定子を磁界を発生する界磁，回転子をトルクを受け持つ電機子で構成する回転電気機械である．直流発電機は，界磁のつくる磁界中で回転子を原動機で回転させることにより発生する運動起電力を利用し，端子に負荷を接続して電流を流し，原動機の機械的入力を電気的出力に変換する．

直流電動機は，電機子を外部直流電源に接続し，電機子電流を流すことにより，界磁のつくる磁界との間に発生する電磁力を利用してトルクを得るものである．

【解答】 ②

【解説】

電源供給周波数を f [Hz]，極ピッチを τ [m] とすると，リニア同期モータの速度 v は，次式で表される．

$$v = 2\tau f\,[\mathrm{m/s}] = 2\tau f \times \frac{3600}{1000} = 7.2\tau f\,[\mathrm{km/h}]$$

車両の対地速度を v_e [km/h] とすると，線路登り勾配が 4 % なので，

$$v = v_{\mathrm{e}}\sqrt{1+0.04^2} = 7.2\tau f$$

$$\therefore \quad f = \frac{v_{\mathrm{e}}\sqrt{1+0.04^2}}{7.2\tau} = \frac{500\times\sqrt{1+0.04^2}}{7.2\times1.39} \fallingdotseq 50\ \mathrm{Hz}$$

III 18

【解答】 ①

【解説】

第1図は降圧チョッパ回路の構成図である．設問図において，SW1のみを周期的にOn−Offさせ，SW2をOff状態にすると，降圧チョッパ回路が構成され，電源Eから負荷Mに電力が供給される．SW1と並列に接続されたダイオードD1は，SW1がOff状態のときに逆電圧が印加されてOff状態なので，降圧チョッパ回路の動作に影響しない．

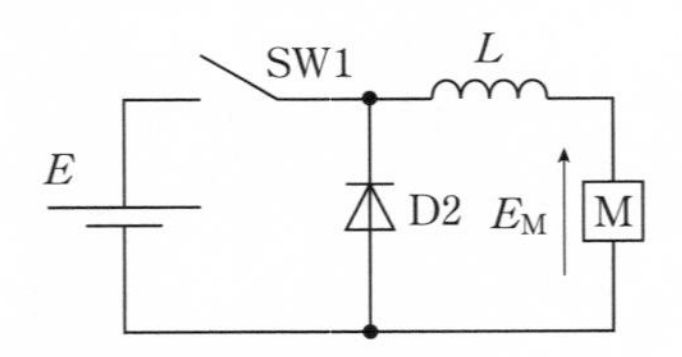

第1図　降圧チョッパ回路の構成

第2図は昇圧チョッパ回路の構成図である．設問図において，SW2のみを周期的にOn−Offさせ，SW1をOff状態にすると，昇圧チョッパ回路が構成され，負荷Mから電源Eに電力が供給される．SW2と並列に接続されたダイオードD2は，SW2がOff状態のときに逆電圧が印加されてOff状態なので，昇圧チョッパ回路の動作に影響しない．

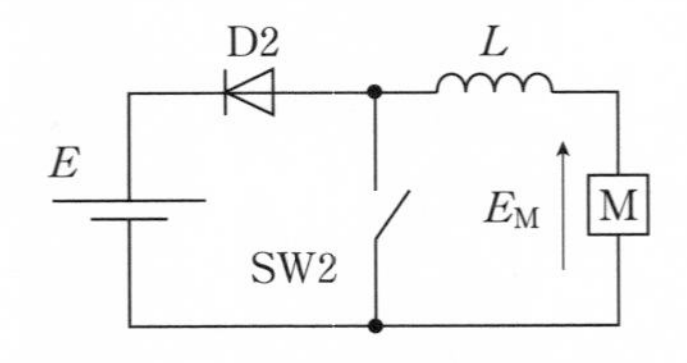

第2図　昇圧チョッパ回路の構成

【解答】 ④

【解説】

直流側のインダクタンス L は十分大きく，負荷には一定電流が流れているので，オン状態のサイリスタの電流は交流電源電圧（相電圧）の極性が反転しても流れ続け，$\alpha = 60°$ でトリガ信号を与えるまでオン状態を保つ．三相交流電源の中性点は接地されているので，点Pの電位はサイリスタがオン状態の相の相電圧に等しく，**第1図**のような波形になる．

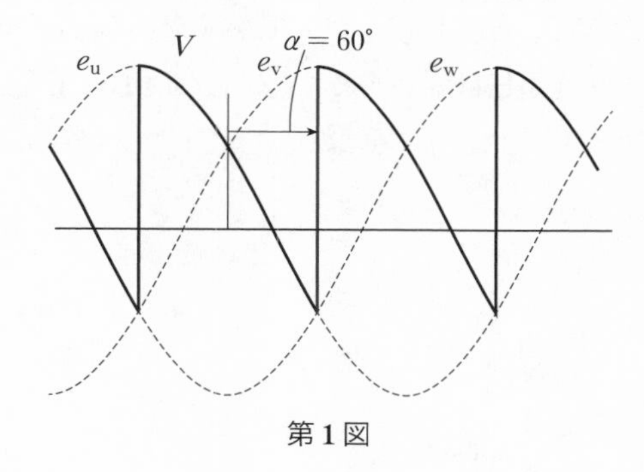

第1図

III 20

【解答】 ⑤

【解説】

フィードバック制御系の閉ループ伝達関数 $G_0(s)$ は，次式のとおりである．

$$G_0(s) = \frac{K(s)G(s)}{1 + K(s)G(s)} = \frac{2 \times \frac{2}{s}}{1 + 2 \times \frac{2}{s}} = \frac{4}{s+4}$$

$$= \frac{1}{1 + 0.25s} = \frac{g}{1 + Ts}$$

∴ 時定数：$T = 0.25$，ゲイン：$g = 1$

2020年度

【解答】 ④

【解説】

球ギャップは，空気中で同じ直径の2個の金属球を，火花放電が開始するときの間隔から印加した電圧を測る高電圧測定器である．

気体中の電界で火花放電が起こる電圧 V は，温度一定のとき，気圧 p とギャップ長 d の積（pd 積）の関数であり，発見者の名前をとってパッシェンの法則と呼ばれる．パッシェン曲線は，pd 積を変数として火花電圧を描いた曲線であり，**第1図**のように最小値をもち，pd 積を増加させても減少させても火花電圧は増加する．この値を最小火花電圧と呼ぶ．最小火花電圧は気体の種類によって異なり，球ギャップが空気中にあるときは340 Vになる．

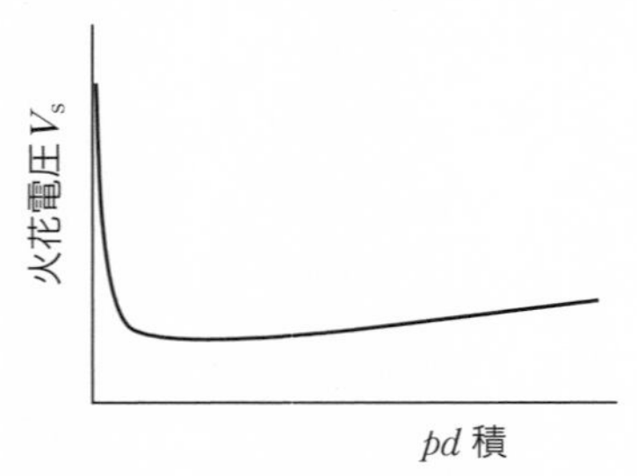

第1図　パッシェンの法則

電子親和力は，酸素単独のほうが窒素単独よりも高い．おおよそ窒素4に対して酸素1の比率で混合された空気の電子親和力は，窒素と酸素の間になるので，酸素の火花電圧は空気の火花電圧よりも高くなる．

【解答】 ③

【解説】

オペアンプ（演算増幅器）は差動増幅器の一種で，第1図のように差動入力端子として，非反転入力端子 + と反転入力端子 − をもつ．差動電圧利得を A_d とすると，出力電圧 v_o は次式で表される．

$$v_o = A_d(e_i^+ - e_i^-)$$

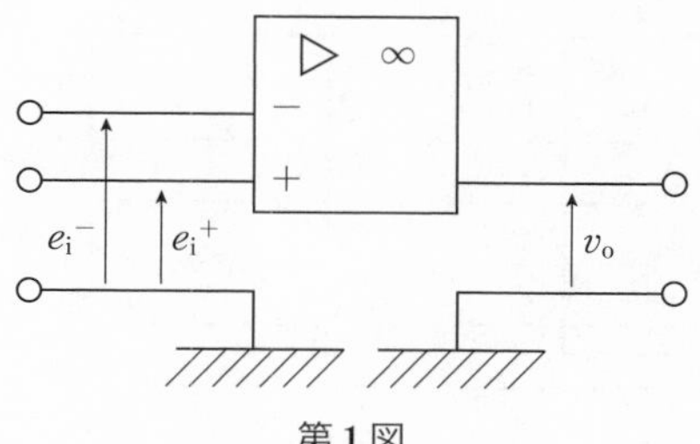

第1図

① 適切．入力インピーダンスは無限大である．オペアンプを接続しても電流が流れないので増幅の対象とする電圧信号に影響を与えない．

② 適切．出力インピーダンスは0である．オペアンプに負荷を接続しても出力電圧は変動しない．

③ 不適切．差動電圧利得 A_d は無限大で，1ではない．オペアンプ単体では使い物にならないが，外部に抵抗やコンデンサ等を接続することにより，安定した所要の特性を得ることができる．

④ 適切．同相電圧利得は0である．

⑤ 適切．周波数帯域幅が無限大で，入力波形を忠実に増幅し，波形ひずみを生じさせない．

【解答】 ④

【解説】

抵抗 R_s には電流 $g_m v_1$ が流れるので，設問図の等価回路より，

$$v_{gs} = v_i + g_m v_i R_s = (1 + g_m R_s) v_i$$

$$\therefore \quad \frac{v_i}{v_{gs}} = \frac{1}{1 + g_m R_s}$$

【解答】 ③

【解説】

3変数 A，B，C から構成される論理式 $A \cdot B + \overline{A} \cdot C + B \cdot C$ のカルノー

図を描くと第 1 図のようになる.

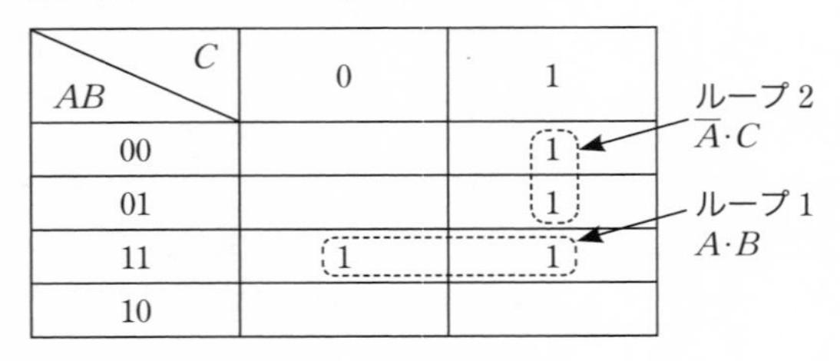

第 1 図

第 1 図より,

$$A\cdot B+\overline{A}\cdot C+B\cdot C=A\cdot B+\overline{A}\cdot C$$

III 25

【解答】 ④

【解説】

①, ②, ⑤　いずれも適切.

MOS トランジスタを高速動作させるためには, 相互コンダクタンス g_{m}（ゲート電圧 V_{G} に対するドレーン電流 I_{D} の変化率 $\partial I_{\mathrm{D}}/\partial V_{\mathrm{G}}$）を大きくすればよい.

このためには, ソース・ドレーン間の距離を短くしてチャネル抵抗を小さくすればよいが, 短チャネル効果（ソース・ドレーン間の距離を短くすると, ドレーンから伸びる空乏層がチャネルのポテンシャルに影響を及ぼす現象）によりしきい値電圧が低下するので, 回路内で発生する雑音レベルに近づくので, 正常な動作ができなくなる. この対策として, 電源電圧を高くしゲート絶縁膜を薄くすることにより, ゲート電界を高くし, ドレーン電圧がチャネルに与える影響を小さくする.

また, 相互コンダクタンス g_{m} を大きくするため, チャネルに誘起される反転層の電子密度を高くする方法がある. 第 1 図のように, MOS トランジスタのゲートは静電容量とみなすことができ, ゲート入力容量はゲート・ソース間静電容量 C_{gs} とゲート・ドレーン間静電容量 C_{gd} の和である. ゲート入力容量すなわちゲート絶縁膜容量を大きくするため, ゲート絶縁膜を薄くすればよい．この場合，ゲート絶縁酸化膜にトンネル電流が流れ，ゲートリーク電流となって性能を悪化させるので，シリコン酸化膜と誘電率が高くバンドギャップも大きなシリコン窒化膜(比誘電率 4.0 〜 4.2 程度）を組み合わせた二層ゲート絶縁膜としたり，より誘電率が高いハフニウム酸化物（比誘電率 8 程度）を絶縁膜に使用したりする．

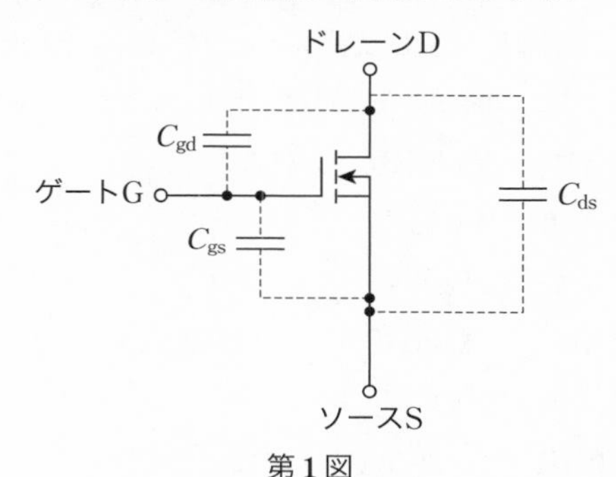

第 1 図

さらに，ゲートに電圧を印加したときのゲート電圧の上昇に時定数は，ゲート入力容量を C_{iss}，ゲートの直列抵抗を R_g とすると $C_{iss}R_g$ なので，ゲート長を短くして R_g を小さくすれば高速化できる．

③　適切，④　不適切．

多層金属配線における配線遅延は，配線の抵抗 R と配線周りの浮遊容量 C による時定数 CR が主たる原因である．多層金属配線の抵抗率を小さくするためには配線材料に銅を用いる．また，何層もの金属配線が張り巡らされた多層金属配線では近接する配線間の静電容量の影響が大きくなる．層間絶縁膜容量を低減するため，比誘電率の「low–k 絶縁材料」（HSQ（ハイドロゲンシルセスキオキサン（Hydrogen Silsesquioxane））膜，CDO（カーボンドープトオキサイド（Carbon Doped Oxide）），有機膜など．比誘電率 3 以下）が注目されている．層間絶縁膜容量を大きくするのは逆効果である．

III 26 【解答】 ③

【解説】

エルゴード性をもつ2元単純マルコフ情報源が三つの状態A，BおよびCからなり，設問図のような遷移図をもっている．

したがって，状態iから状態jへの遷移確率を$P(\mathrm{j}|\mathrm{i})$（i，jはA，BまたはC），状態A，状態Bおよび状態Cの定常確率をそれぞれP_A，P_BおよびP_Cとすると，次の関係式が成り立つ．

$$P_\mathrm{A}=P(\mathrm{A}|\mathrm{A})P_\mathrm{A}+P(\mathrm{A}|\mathrm{B})P_\mathrm{B}+P(\mathrm{A}|\mathrm{C})P_\mathrm{C}$$
$$=0.6P_\mathrm{A}+0.2P_\mathrm{B}+0.2P_\mathrm{C}$$
$$0.4P_\mathrm{A}-0.2P_\mathrm{B}-0.2P_\mathrm{C}=0 \quad (1)$$
$$P_\mathrm{B}=P(\mathrm{B}|\mathrm{A})P_\mathrm{A}+P(\mathrm{B}|\mathrm{B})P_\mathrm{B}+P(\mathrm{B}|\mathrm{C})P_\mathrm{C}$$
$$=0.3P_\mathrm{A}+0.5P_\mathrm{B}+0.4P_\mathrm{C}$$
$$-0.3P_\mathrm{A}+0.5P_\mathrm{B}-0.4P_\mathrm{C}=0 \quad (2)$$
$$P_\mathrm{A}+P_\mathrm{B}+P_\mathrm{C}=1 \quad (3)$$

(1)式×5＋(3)式として，

$$3P_\mathrm{A}=1$$
$$\therefore\ P_\mathrm{A}=\frac{1}{3} \quad (4)$$

(2)式×2.5＋(3)式として，

$$0.25P_\mathrm{A}+2.25P_\mathrm{B}=1$$
$$\therefore\ P_\mathrm{B}=\frac{1-0.25P_\mathrm{A}}{2.25}=\frac{4-P_\mathrm{A}}{9}=\frac{4-\frac{1}{3}}{9}=\frac{11}{27} \quad (5)$$

(3)式に(4)式，(5)式を代入して，

$$\frac{1}{3}+\frac{11}{27}+P_\mathrm{C}=1$$
$$\therefore\ P_\mathrm{C}=1-\frac{1}{3}-\frac{11}{27}=\frac{27-9-11}{27}=\frac{7}{27}$$

【解答】 ⑤

【解説】

ハフマン符号化法は，一定ビットごとに文字列を区切り，区切られたのちの文字列を統計的に処理して，発生確率が高いパターンに対して短い符号を与えることにより，平均符号長を小さくしようとするものである．

したがって，四つの情報源シンボル s_1，s_2，s_3 および s_4 に対し，ハフマン符号によって二元符号化を行うと，**第1表**のように上ほど発生確率が高いので，上から下に順番に「0」，「10」，「110」，「111」が割り当てられる．

第1表

情報源シンボル	発生確率	符号
s_4	0.4	「0」
s_3	Y	「10」
s_2	0.3	「110」
s_1	X	「111」

情報源シンボル s_1，s_2，s_3 および s_4 の発生確率の総和は1に等しいので，

$$X+0.3+Y+0.4=1$$

$$\therefore \quad X+Y=1-0.3-0.4=0.3 \qquad (1)$$

情報源シンボル s_1, s_2 の発生確率 X, Y は, おのおの正の未知定数なので, (1)式より $0 \sim 0.3$ の範囲の値をとる．

したがって，発生確率の最も大きな情報源シンボル s_4 には符号「0」，次に発生確率が大きな情報源シンボル s_3 には符号「10」が割り当てられる．情報源シンボル s_1，s_2 はいずれも3ビットなので，「110」を s_2，「111」を s_1 に割り当てる．s_2 と s_1 の割り当てを入れ換えても平均符号長の計算結果には影響ない．

$$\text{平均符号長} = 1\ \text{bit} \times 0.4 + 2\ \text{bit} \times 0.3 + 3\ \text{bit} \times (X+Y)$$

$$= 0.4 + 0.6 + 3 \times 0.3 = 1.9$$

III 28

【解答】 ③

【解説】

題意より，方形波パルス $f(x)$ は $-d \leqq x \leqq +d$ の範囲で1である．

信号 $f(x)$ のフーリエ変換 $F(\omega)$ は，

$$F(\omega)=\int_{-\infty}^{+\infty} f(x)\mathrm{e}^{-\mathrm{j}\omega x}\,\mathrm{d}x$$

で定義されるので，$\omega \neq 0$ のときは，

$$F(\omega)=\int_{-d}^{+d} 1\times \mathrm{e}^{-\mathrm{j}\omega x}\,\mathrm{d}x=\left[\frac{1}{-\mathrm{j}\omega}\mathrm{e}^{-\mathrm{j}\omega x}\right]_{-d}^{+d}=\frac{1}{-\mathrm{j}\omega}\left[\mathrm{e}^{-\mathrm{j}\omega d}-\mathrm{e}^{\mathrm{j}\omega d}\right]$$

$$=\frac{1}{-\mathrm{j}\omega}\times(-\mathrm{j}2\sin\omega d)=\frac{2\sin\omega d}{\omega}$$

また，$\omega=0$ のときは，

$$F(\omega)=\int_{-d}^{+d} 1\times \mathrm{e}^{0}\,\mathrm{d}x=2d$$

である．設問図のアは，$\omega>0$ で最初に0となる点なので，

$$\omega d=\pi$$

$$\therefore\quad \omega=\frac{\pi}{d}$$

同様に，イは，$\omega<0$ で2番目に0となる点なので，

$$\omega d=-2\pi$$

$$\therefore\quad \omega=-\frac{2\pi}{d}$$

III 29

【解答】 ③

【解説】

① 適切．結合則である．

$f_2(t)*f_3(t)=f_4(t)$，$f_1(t)*f_2(t)=f_5(t)$ とおくと，

$$f_1(t)*\{f_2(t)*f_3(t)\}=f_1(t)*f_4(t)$$

$$= \int_{-\infty}^{+\infty} f_1(x) f_4(t-x) \mathrm{d}x$$

$$= \int_{-\infty}^{+\infty} f_1(x) \mathrm{d}x \int_{-\infty}^{+\infty} f_2(\tau) f_3(t-x-\tau) \mathrm{d}\tau$$

ここで，$t-x-\tau=\lambda$ とおくと，

$$f_1(t)*\{f_2(t)*f_3(t)\} = \int_{-\infty}^{+\infty} f_1(x) \mathrm{d}x \int_{-\infty}^{+\infty} f_2(t-x-\lambda) f_3(\lambda) \mathrm{d}\lambda$$

$$= \int_{-\infty}^{+\infty} f_3(\lambda) \mathrm{d}\lambda \int_{-\infty}^{+\infty} f_1(x) f_2(t-x-\lambda) \mathrm{d}x$$

$$= \int_{-\infty}^{+\infty} f_3(\lambda) f_5(t-\lambda) \mathrm{d}\lambda = f_3(t)*f_5(t)$$

ここで，②で証明する交換則を用いると，

$$f_1(t)*\{f_2(t)*f_3(t)\} = f_5(t)*f_3(t)$$
$$= \{f_1(t)*f_2(t)\}*f_3(t)$$

② 適切．交換則である．

$f_1(t)*f_2(t) = \int_{-\infty}^{+\infty} f_1(x) f_2(t-x) \mathrm{d}x$ において，$t-x=\tau$ とおくと，

$$f_1(t)*f_2(t) = -\int_{+\infty}^{-\infty} f_1(t-\tau) f_2(\tau) \mathrm{d}\tau$$

$$= \int_{-\infty}^{+\infty} f_2(\tau) f_1(t-\tau) \mathrm{d}\tau$$

$$= f_2(t)*f_1(t)$$

③ 不適切．

$$\mathcal{F}[f_1(t)*f_2(t)] = \int_{-\infty}^{+\infty} f_1(x) \mathrm{d}x \int_{-\infty}^{+\infty} f_2(t-x) \mathrm{e}^{-\mathrm{j}\omega t} \mathrm{d}t$$

$$= \int_{-\infty}^{+\infty} f_1(x) \mathrm{e}^{-\mathrm{j}\omega x} \mathrm{d}x \int_{-\infty}^{+\infty} f_2(t-x) \mathrm{e}^{-\mathrm{j}\omega(t-x)} \mathrm{d}t$$

$$= F_1(\omega) F_2(\omega)$$

$f_1(t)*f_2(t)$ のフーリエ変換は，それぞれをフーリエ変換した $F_1(\omega)$ と $F_2(\omega)$ の積になる．

④　適切．

$$\delta(t)*g(t)=\int_{-\infty}^{+\infty}\delta(x)g(t-x)\mathrm{d}x=g(t)$$

⑤　適切．

$$\mathcal{F}[f_1(t)f_2(t)]=\int_{-\infty}^{+\infty}f_1(t)f_2(t)\mathrm{e}^{-\mathrm{j}\omega t}\,\mathrm{d}t$$

$$=\int_{-\infty}^{+\infty}f_2(t)\mathrm{e}^{-\mathrm{j}\omega t}\,\mathrm{d}t\times\frac{1}{2\pi}\int_{-\infty}^{+\infty}F_1(\Omega)\mathrm{e}^{\mathrm{j}\Omega t}\,\mathrm{d}\Omega$$

$$=\frac{1}{2\pi}\int_{-\infty}^{+\infty}f_2(t)\mathrm{e}^{-\mathrm{j}\omega t}\,\mathrm{d}t\times\int_{-\infty}^{+\infty}F_1(\Omega)\mathrm{e}^{\mathrm{j}\Omega t}\,\mathrm{d}\Omega$$

$$=\frac{1}{2\pi}\int_{-\infty}^{+\infty}F_1(\Omega)F_2(\omega-\Omega)\mathrm{d}\Omega$$

$$=\frac{1}{2\pi}F_1(\omega)*F_2(\omega)$$

$$\therefore\quad \mathcal{F}^{-1}[F_1(\omega)*F_2(\omega)]=2\pi f_1(t)f_2(t)$$

III 30 【解答】　②

【解説】

CSMA は，IEEE 802.11 など無線 LAN で採用されている媒体アクセス制御方式である．同一のチャネルに複数のユーザがアクセスする際の競合を回避する．

無線 LAN の場合，送信信号が微弱で同じチャネルに送信された信号が衝突（コリジョン）しても検出することができない．このため，CSMA は各端末で送信すべきデータが発生したとき，他の端末が送信していないかどうかを確認し，他の端末からの信号が一定時間以上継続して検出されなければ送信を行うことで衝突を回避する．他の端末からの信号を検出した場合は，他の端末の送信終了を待って送信を行う．

データが正しく受信されれば，受信側からACK（Acknowledge）信号が返ってくるのでデータの授受が成立したと判定し，ACK信号が返ってこなかった場合には，衝突が発生したと判断し，データを再送信する．

【解答】 ①

【解説】

8PSKは，搬送波の位相を不連続に変化させて信号を表現する位相偏移変調（PSK）方式の一種で，信号点配置上で，45度ずつ位相をずらした8点の信号点を用いて，1シンボル当たり3ビット（8値）のデータを伝送する変調方式である．

【解答】 ⑤

【解説】

① 不適切，④ 不適切．

OFDMはディジタル変調方式の一つで，隣り合う周波数の搬送波同士の位相を互いに直交させて周波数帯域の一部が重なり合う多数の搬送波（サブキャリヤ）を生成し，それぞれに信号を変調して多重化するマルチキャリヤ変調方式である．限られた周波数帯域を有効に使用できる．ディジタル伝送の特性劣化要因の一つとして伝送路の遅延広がりの影響によるシンボル間干渉があるが，OFDMの場合は同一データ伝送速度のシングルキャリヤ変調方式にシンボル長がキャリヤ数倍だけ長くなるため，遅延広がりが同一であればシンボル間干渉の影響が軽減されるので，マルチパスなどへの耐性も強い．技術的にマルチパス妨害に強くすることができないという記述は不適切．

② 不適切．

多値変調方式は，位相変調と振幅変調を組み合わせてより多くの情報を一つのシンボルで伝送する方式で，QAM（直交振幅変調）が広く用いられている．直交する位相の I チャネルと Q チャネルにそれぞれ四つの振幅値をとり，16 種類の組合せから伝送シンボルを選び送信する．

③　不適切．

スペクトル拡散方式の説明である．スペクトル拡散方式は，送信する信号を拡散符号という高速符号系列を用い，元の信号の周波数帯域の何十倍も広い帯域に拡散して送信する方式である．ノイズの影響や他の通信との干渉を低減し，通信の秘匿性を高めることができる．

⑤　最も適切．

ガードインターバルは基底帯域 OFDM シンボルの後半部分のコピーを先頭に付加することにより，すべての搬送波の信号がガードインターバルを含め連続的な正弦波になり，復調時の DFT ウインドウの設定位置の自由度が大きくなる．ガードインターバルを設けることによって，マルチパスの遅延広がりがガードインターバル長未満であれば搬送波間の直交条件を満たすシンボル間干渉のない信号が切り出せる．ガードインターバルの付加によって OFDM 信号のマルチパスに対する耐性が非常に向上し，これを積極的に利用すると複数の局から同一の周波数で同じ信号を伝送し受信機側での特性を向上することが可能になる．

Ⅲ 33 【解答】　④

【解説】

①　不適切．真性半導体の電子と正孔の密度は等しい．温度を上げると，電子と正孔の密度は増加する．

②　不適切．自由電子や正孔は，半導体内を移動して電荷を運ぶ媒体となるので，キャリヤと総称される．n 形半導体では，電子は多数キャリヤ，正孔が少数キャリヤである．電子が少数キャリヤなのは p 形半導体である．

③　不適切．p 形不純物半導体は，Ⅳ族のシリコンやゲルマニウムなどの真性半導体に，ガリウムやほう素のようなⅢ族の不純物を混入させ，シリコンと共有結合するのに電子が 1 個足りない正孔が多数キャリヤとなる

ようにしたものである．真性半導体にりんやひ素のようなV族の不純物を混入させると，シリコンと共有結合する電子が1個余り自由電子が多数キャリヤになったn形不純物半導体になる．

④　適切．半導体中において，キャリヤ濃度（自由電子濃度，正孔濃度）に不均一があると，均一になるように移動する．これを拡散という．p形半導体とn形半導体とを接合したpn接合では，n形半導体は電子濃度が高く，p形半導体は正孔濃度が高いので，n形半導体中の電子はp形半導体内へ，p形半導体中の正孔はn形半導体内に移動する．この結果，pn接合の接合面付近では電子と正孔が出会って再結合するが，n形半導体の接合面近傍は電子が抜けて正に帯電し，p形半導体の接合面近傍は正孔が抜けて負に帯電するので，接合面付近にはn形半導体からp形半導体へ向かう電界が生じ，拡散によるキャリヤの移動が抑制される．このため，接合部分に空乏層ができる．

⑤　不適切．pn接合のn形半導体を接地し，p形半導体側に負の電圧をかけると，pn接合には逆電圧がかかるので，電流は流れない．p形半導体側に正の電圧をかけると，順電圧がかかるので導通状態になり，電流が流れる．

III 34

【解答】　②

【解説】

MOSトランジスタには，pチャネル形MOSFET（pMOS）とnチャネル形MOSFET（nMOS）がある．**第1図**はpMOSの構造と動作原理を示している．n形半導体基板上にソースSとドレーンDがp形半導体でつくられ，ゲートはMetal（金属）–Oxide（絶縁性酸化膜）–Semiconductor（半導体）の三層構造になっている．第1図(a)のように，ソースS–ドレーンD間に電圧V_{DS}（<0）を印加しただけではドレーン電流I_Dは流れないが，ゲートG–ソースS間に$V_{GS}<0$なる電圧を印加すると，ゲート電極の下のn形基板上に正孔からなる反転層（pチャネル）が形成され，ソース（p

形半導体）–p チャネル–ドレーン（p 形半導体）の経路ができてドレーン電流 I_{D} が流れる．nMOS は，pMOS の p 形半導体と n 形半導体を入れ替えればつくることができる．nMOS では電子電流，pMOS では正孔電流が流れる．

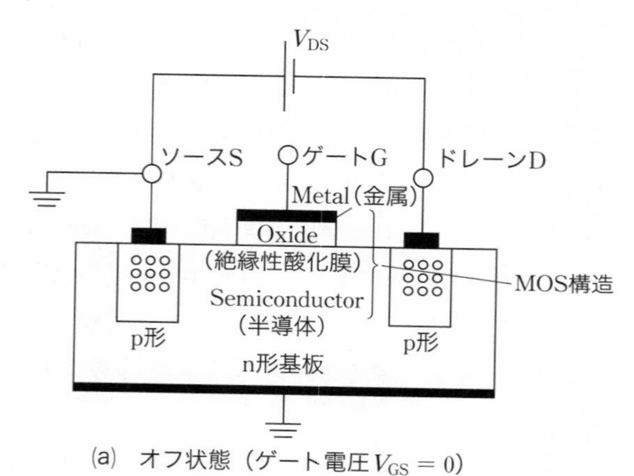

(a)　オフ状態（ゲート電圧 $V_{\mathrm{GS}} = 0$）

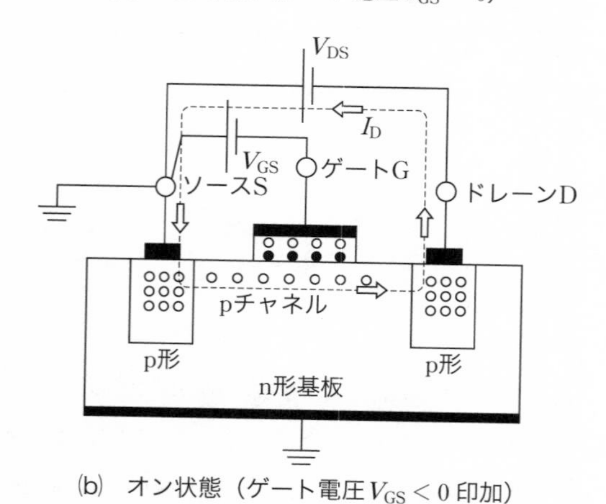

(b)　オン状態（ゲート電圧 $V_{\mathrm{GS}} < 0$ 印加）

第 1 図

このように，MOS トランジスタは電圧制御型であるため，電流制御型のバイポーラトランジスタと比較して消費電力は低い．また，CMOS（相補型 MOS）は，第 2 図のように，pMOS と nMOS から構成され，pMOS

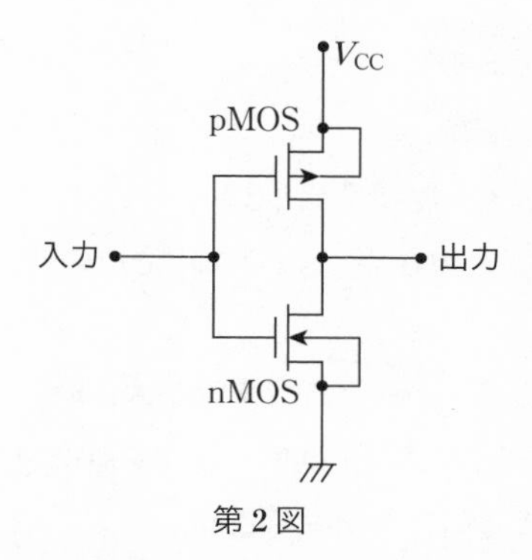

第2図

とnMOSを相補的に動作させる回路である．入力にローレベルの電圧を加えると，pMOSはオン，nMOSはオフになり，出力端子にはV_{CC}とほぼ同じ電圧が出力される．入力にハイレベルの電圧を加えると，pMOSはオフ，nMOSはオンになり，出力端子には接地電位の電圧が出力される．nMOSやpMOSの一方だけを利用する回路では常に回路に電流が流れ続けるのに対し，CMOSでは論理が反転する際にMOSFETのゲートを飽和させるための電流しか流れないため，消費電力の少ない論理回路が実現でき，微細化すれば単一のMOSFETをスイッチングさせるのに要する電力量を低減できる．

III 35

【解答】 ①

【解説】

高圧設備に使用されるケーブルには，OFケーブルとCVケーブルがある．OFケーブルはクラフト紙と極めて粘度の高い絶縁油を含侵し，さらにケーブル内に油の通路を設けて油槽を接続し，ケーブル内圧を常に外圧より高い所定範囲の圧力に保つようにしたケーブルである．

CVケーブルは，OFケーブルと異なり，絶縁油を使用せずに，ポリエチレンの耐熱性を架橋により改善した架橋ポリエチレンで絶縁を保つケーブルである．絶縁層の内外層に半導体ポリエチレン遮へい層を，その上に金属テープ遮へい層を設け，ビニル防食層を施してある．CVケーブルの特徴は次のとおりである.

・OFケーブルよりも燃え難い.

・軽量で作業性がよく，絶縁性能もよい.

・絶縁物の比誘電率が小さく，$\tan\delta$も小さいので，誘電損や充電電流が小さい.

・導体の許容温度が最も高く，許容電流が大きい.

・給油設備などの付帯設備が不要で，保守や点検の省力化が図れる.

・高低差の大きいところでも使用できる.

・水トリー現象がある.

CVケーブルは，架橋ポリエチレンの内部に水分が侵入すると，異物やボイド，突起などの高電界との相乗効果によって，トリーが発生して劣化が生じる.

2019年度（再試験）　解答

III 1

【解答】 ①

【解説】

電極間距離 d [m] の平行平板コンデンサの電極間に厚さ $d/5$ [m] の平行平板電極と同じ形状で同じ面積をもつ導体を挿入すると，導体は等電位面なので，電極間 $3d/5$ の平行平板コンデンサ C_1 と電極間 $d/5$ の平行平板コンデンサ C_2 の直列接続と考えることができる．

導体の電位は二つのコンデンサの接続点の電位である．二つのコンデンサの直列接続回路において，各コンデンサは全体の印加電圧 V_0 を静電容量に逆比例して分担するので，

$$V_2=\frac{C_1}{C_1+C_2}V_0=\frac{\dfrac{5\varepsilon_0 S}{d}}{\dfrac{5\varepsilon_0 S}{d}+\dfrac{15\varepsilon_0 S}{d}}V_0=\frac{1}{4}V_0\ [\mathrm{V}]$$

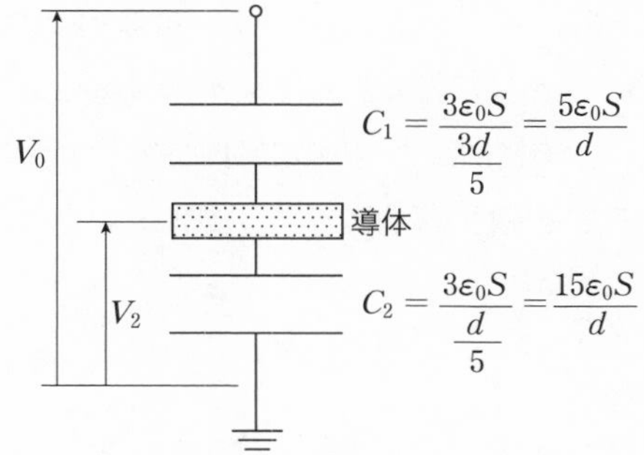

$$C_1=\frac{3\varepsilon_0 S}{\dfrac{3d}{5}}=\frac{5\varepsilon_0 S}{d}$$

導体

$$C_2=\frac{3\varepsilon_0 S}{\dfrac{d}{5}}=\frac{15\varepsilon_0 S}{d}$$

V_0　V_2

第1図

III 2

【解答】 ②

【解説】

① 適切．電気回路に起電力 E を印加したときに流れる電流を I とする

と，起電力 E と電流 I は比例関係にあり，比例係数を電気抵抗 R とすると，$E=RI$ の関係がある．これを電気回路のオームの法則という．磁気回路についても，電気回路の起電力 E，電流 I に対して起磁力 F，磁束 Φ とすると，起磁力 F，磁束 Φ との間には比例関係があり，比例係数を磁気抵抗 R_m とすると，$F=R_m\Phi$ となる．これを磁気回路のオームの法則といい，電気回路のオームの法則とで類似の関係がある．

② 不適切．電気回路で抵抗に電流を流すには，電界中で電荷を移動させるためのエネルギーが必要であり，それが熱に変換されるのでジュール損失が生じる．これに対して，磁気回路中の磁束は，起磁力を印加している間はオームの法則に従うが，起磁力を取り去っても残留磁束は残る．その場合でも損失は生じない．

③ 適切．磁気回路では磁気抵抗しかない．

④ 適切．磁気回路に用いられるけい素鋼など磁性体の比透磁率は 4 000 ～ 20 000 程度，周囲の空気や絶縁油等はほぼ 1 なので，空げきがある磁気回路では相当な漏れ磁束が生じる．これに対して，電気回路においては，銅の導電率が 5.95×10^{7} S/m，絶縁油，ポリエチレンなどの絶縁物の導電率は 10^{-15} S/m 以下なので導体以外にはほとんど電流は流れない．

⑤ 適切．磁気回路は起磁力 F と磁束 Φ の間に磁気飽和，ヒステリシス特性があるので，厳密にはオームの法則や重ね合わせの理は成り立たないが，直線性を有する範囲で鉄損の少ない鉄心材料を適用した磁気回路の検討に適用することはできる．

【解答】 ③

【解説】

巻数 N_A のコイル A の自己インダクタンスを L_A [H]，電流 I_A [A] を流したときの磁束を Φ [Wb] とすると，自己インダクタンスの定義より，次の関係式が成り立つ．

$$N_A\Phi=L_AI_A$$

また，題意より，コイルAとコイルB間の結合係数 $k = 0.96$ なので，コイルAのつくる磁束 Φ のうち，コイルBに鎖交する磁束 Φ_{AB} は，

$$\Phi_{AB} = k\Phi = 0.96\Phi\ [\mathrm{Wb}]$$

である．

したがって，コイルAとコイルBの相互インダクタンスを $M\,[\mathrm{H}]$ とすると，

$$M = \frac{N_B \Phi_{AB}}{I_A} = \frac{N_B \times 0.96\Phi}{I_A} = \frac{N_B \times 0.96 \times \dfrac{L_A I_A}{N_A}}{I_A} = \frac{0.96 N_B L_A}{N_A}$$

$$= \frac{0.96 \times 500 \times 0.400}{4\,000} = 48 \times 10^{-3}\,\mathrm{H} = 48\,\mathrm{mH}$$

【解答】 ③

【解説】

ある媒質の誘電率を $\varepsilon = \varepsilon_0 \varepsilon_s$，透磁率を $\mu = \mu_0 \mu_s$ とすると，電磁波の速さ v，波長 λ，周波数 f の間には，次のような関係式が成り立つ．

$$v = \frac{1}{\sqrt{\varepsilon\mu}} = \frac{\dfrac{1}{\sqrt{\varepsilon_0 \mu_0}}}{\sqrt{\varepsilon_s \mu_s}} = \frac{c}{\sqrt{\varepsilon_s \mu_s}} = f\lambda$$

ただし，$c = \dfrac{1}{\sqrt{\varepsilon_0 \mu_0}}$：光速

① 適切．同じ媒質中では電磁波の速さ v は一定なので，周波数 f と波長 λ の積は一定である．周波数 f が高くなると，波長 λ は短くなる．

② 適切．真空中は $\varepsilon_s = \mu_s = 1$ なので，$v = c$ である．

③ 不適切．$\lambda = \dfrac{1}{f\sqrt{\varepsilon\mu}}$ なので，周波数 f が一定のとき，$\lambda \propto \dfrac{1}{\sqrt{\varepsilon}}$ である．誘電率 ε が小さくなると，波長 λ は長くなる．

④ 適切．速さ $v = \dfrac{1}{\sqrt{\varepsilon\mu}}$ なので，媒質の透磁率 μ が大きくなると，速

さ v は小さくなる．

⑤ 適切．速さ $v=\dfrac{1}{\sqrt{\varepsilon\mu}}$ なので，媒質の誘電率 ε が大きくなると，速さ v は小さくなる．

【解答】 ③

【解説】

点電荷 q_1，q_2 から点 P までの距離は等しいので，これを r [m] とおくと，

$$r=\sqrt{\left(\frac{1}{2}\right)^2+0.5^2}=0.5\sqrt{2}\ \mathrm{m}$$

点 P の電位 V_P は，

$$V_\mathrm{P}=\frac{q_1}{4\pi\varepsilon_0 r}+\frac{q_2}{4\pi\varepsilon_0 r}=\frac{q_1+q_2}{4\pi\varepsilon_0 r}=\frac{2\times10^{-12}+1\times10^{-12}}{4\pi\times8.854\times10^{-12}\times0.5\sqrt{2}}$$

$$\fallingdotseq 3.82\times10^{-2}\ \mathrm{V}$$

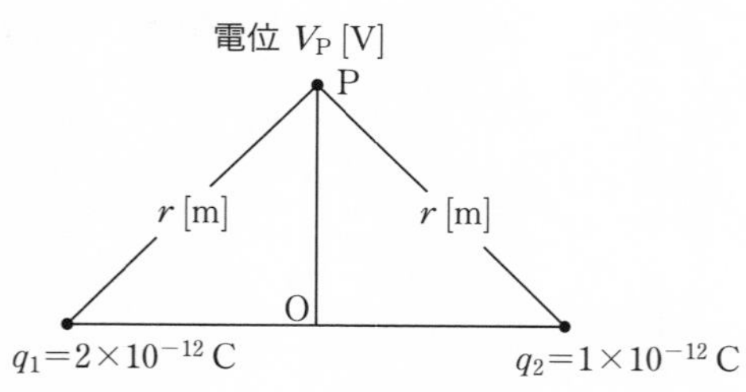

第 1 図

【解答】 ②

【解説】

設問図中央の抵抗 R の Y 回路部分は，Y－△ 変換すると，抵抗 $3R$ の △ 回路になる．その結果の回路を直並列関係がわかりやすいように書き直すと，**第 1 図**のようになる．ここで，点線の抵抗 $3R$ は上半分回路と下半分の回路の同じ部分を接続しているので，電位差はなく電流が流れないので取り除いても端子 a，端子 b の電流は変わらない．

したがって，端子 ab からみた合成抵抗 R_0 は，

$$R_0=\frac{R}{2}+\frac{1}{\frac{1}{R}+\frac{1}{3R}+\frac{1}{3R}+\frac{1}{R}}=\frac{R}{2}+\frac{1}{\frac{8}{3R}}=\frac{7}{8}R$$

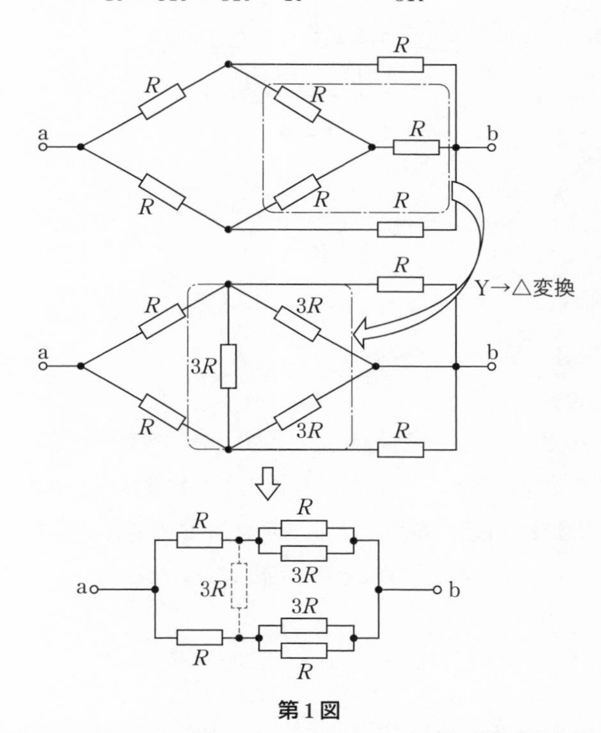

第 1 図

【別解】 設問図は上下対称な回路である．**第 2 図** [斜線枠] で示した抵抗 R を 2 個の抵抗 $2R$ の並列回路に置き換えると，[点線枠] で囲んだ回路が二つできる．

したがって，[点線枠] で囲んだ回路の合成抵抗を求めて 1/2 倍すれば，端子 ab 間の合成抵抗 R_0 になる．

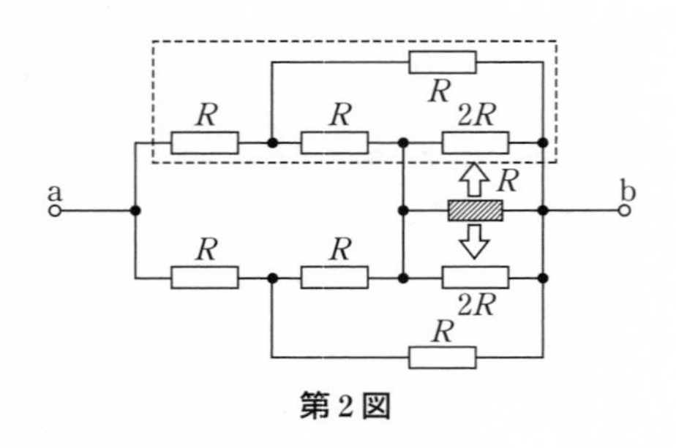

第 2 図

$$R_0 = \frac{R + \dfrac{1}{\dfrac{1}{R} + \dfrac{1}{R+2R}}}{2} = \frac{7}{8}R$$

【解答】 ⑤

【解説】

問題図の末端の岐路の合成抵抗は二つの 5 Ω の直列接続なので 10 Ω である．この岐路の電流が I なので，それと並列接続された 10 Ω の抵抗にも電流 I が流れ，直流電源側の抵抗 5 Ω には $2I$ の電流が流れる．同様の手順で各部の電流分布を求めると**第 1 図**のようになる．

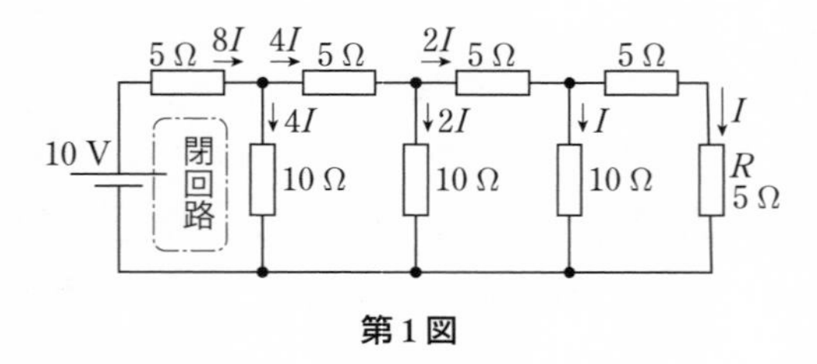

第 1 図

したがって，第 1 図の閉回路にキルヒホッフの第 2 法則を適用すると，

$$5 \times 8I + 10 \times 4I = 10$$

$$\therefore \quad I = \frac{10}{5\times8+10\times4} = 0.125\ \mathrm{A}$$

III 8 【解答】 ②

【解説】

設問図の負荷抵抗rから電源側の回路について，**第1図**のように，端子abを短絡したときに流れる電流をI_s，端子abから左側を見た抵抗をR_0とする.

短絡電流I_sは，10 Vの定電圧源から流れ込む電流と，1 Aの定電流源から流れ込む電流の和になるので，

$$I_s = \frac{10\ \mathrm{V}}{10\ \Omega} + 1 = 2.0\ \mathrm{A}$$

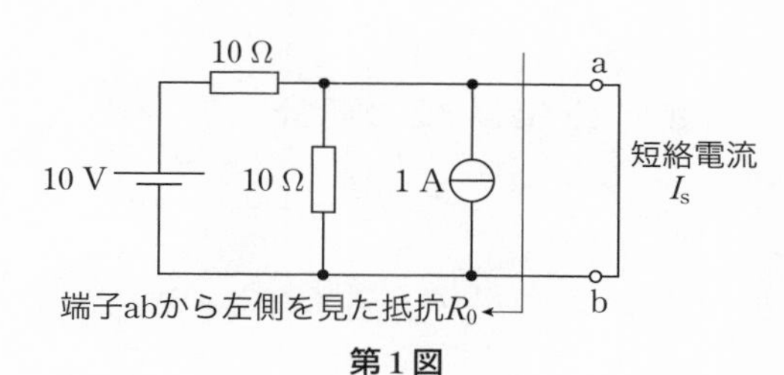

第1図

また，抵抗R_0は，10 Vの定電圧源を短絡，1 Aの定電流源を開放したときの端子abから見た抵抗なので，

$$R_0 = \frac{10 \times 10}{10 + 10} = 5.0\ \Omega$$

したがって，第1図の回路を**第2図**のような等価定電圧源回路で表すと，

$$E_0 = R_0 I_s = 5.0 \times 2.0 = 10.0\ \mathrm{V}$$

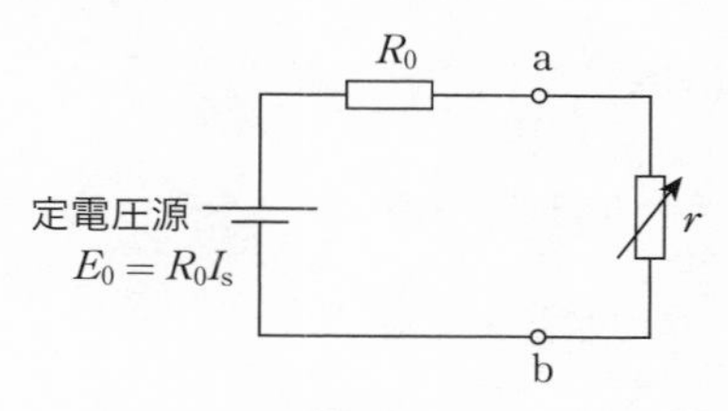

第2図

負荷抵抗rで消費される電力が最大になる条件は，$r = R_0$である.

このときに，負荷抵抗rに流れる電流Iは，

$$I=\frac{E_0}{R_0+r}=\frac{E_0}{2R_0}=\frac{10.0}{2\times5.0}=1.0\ \mathrm{A}$$

【解答】 ①

【解説】

設問の回路は，抵抗 R により同じ構成が無限に続く回路である．

このため，この回路を右端から見た抵抗値を R_{in} とすると，一番右端の横と縦になっている 2 個の抵抗を除去した後に右端から見た抵抗値も R_{in} である．

したがって，設問の回路は**第 1 図**の回路と等価である．

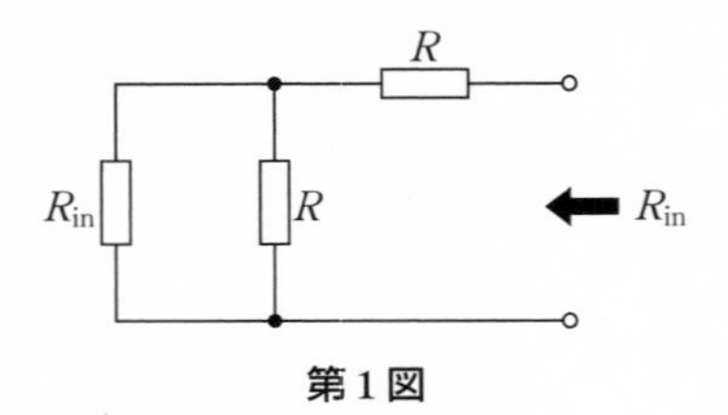

第 1 図

$$R_{\mathrm{in}}=R+\frac{R_{\mathrm{in}}R}{R_{\mathrm{in}}+R}$$

$$R_{\mathrm{in}}{}^2-RR_{\mathrm{in}}-R^2=0$$

$$\therefore\quad R_{\mathrm{in}}=\frac{R\pm\sqrt{R^2+4R^2}}{2}=\frac{1+\sqrt{5}}{2}R$$

$$\frac{1-\sqrt{5}}{2}R \quad (\text{不適})$$

よって，①の組合せが適切である．

【解答】 ②

【解説】

時刻 $t=0$ にスイッチ SW で抵抗 R を接続したときの電流（コンデンサが放電する向きを正）を i，静電容量 C に蓄えられる電荷を q，電圧を v

とすると，次の微分方程式が成り立つ．

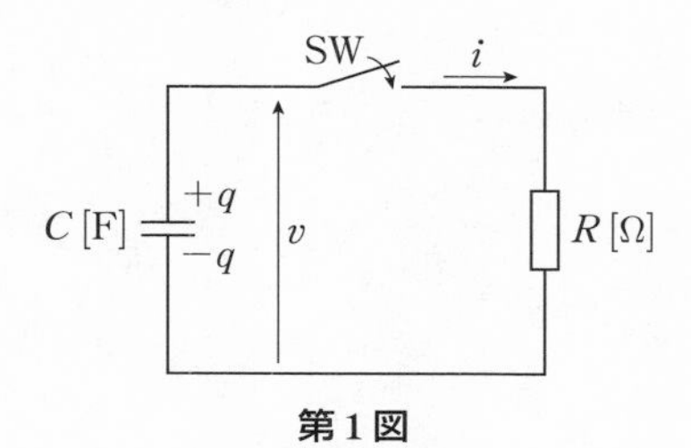

第1図

$$v=\frac{1}{C}q=Ri=-R\frac{\mathrm{d}q}{\mathrm{d}t} \tag{1}$$

両辺を時刻 t で微分して整理すると，

$$\frac{\mathrm{d}q}{\mathrm{d}t}+\frac{1}{CR}q=0$$

$$\frac{\mathrm{d}q}{q}=-\frac{1}{CR}\mathrm{d}t$$

$$\ln q=-\frac{1}{CR}\mathrm{d}t+K \quad (K：積分定数)$$

$$q=\mathrm{e}^{-\frac{1}{CR}t+K}=K'\mathrm{e}^{-\frac{1}{CR}t}=K'\mathrm{e}^{-\frac{t}{T}} \tag{2}$$

$(K'=\mathrm{e}^{K},\ T=CR)$

初期条件は，$t=0$ で $q=CV$ なので，(2)式に代入すると，$K'=CV$

$$\therefore \quad q=CV\mathrm{e}^{-\frac{1}{CR}t} \tag{3}$$

$$i=-\frac{\mathrm{d}q}{\mathrm{d}t}=-CV\times\left(-\frac{1}{CR}\right)\times\mathrm{e}^{-\frac{1}{CR}t}=\frac{V}{R}\mathrm{e}^{-\frac{1}{CR}t} \tag{4}$$

① 適切．(2)式より，時定数 $T=CR$ である．

② 不適切．時刻 $t=0$ においては，

$$i=\frac{V}{R}\mathrm{e}^{-\frac{1}{CR}\times 0}=\frac{V}{R}$$

2019年度(再)

であって 0 ではない．その後は，指数関数的に徐々に減少し，最終値は 0 になる．

③ 適切．消費エネルギー w は，

$$w=\int_0^{\infty} i^2 R\,\mathrm{d}t=\left(\frac{V}{R}\right)^2 R\int_0^{\infty}\mathrm{e}^{-\frac{2}{CR}t}\,\mathrm{d}t=\frac{\left(\frac{V}{R}\right)^2 R}{-\frac{2}{CR}}\left[\mathrm{e}^{-\frac{2}{CR}t}\right]_0^{\infty}=\frac{1}{2}CV^2$$

④ 適切．時刻 $t=0$ において，$i=\dfrac{V}{R}$ である．

⑤ 適切．コンデンサの電圧 v は，$v=\dfrac{q}{C}\propto q$ である．コンデンサに抵抗 R を接続して放電すると，電荷 q は減少するので電圧 v は減少し，抵抗 R ではジュール損としてエネルギーを消費する．

III 11

【解答】 ②

【解説】

第 1 図のように，スイッチ S を閉じたまま十分時間が経過すると，電流 $i(t)$ は一定値に落ち着き，20 mH のインダクタンスの逆起電力 $v(t)$ は 0 になるので，インダクタンスを短絡したのと同じ電流になる．

$$i(0^-)=i_0=\frac{5}{1}=5\ \mathrm{A}$$

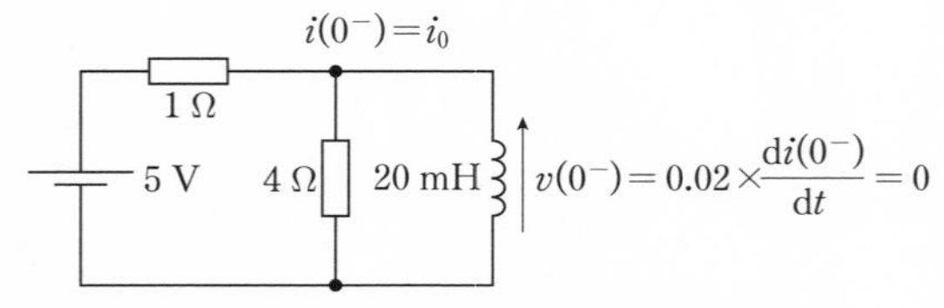

第 1 図 初期状態（スイッチ S 閉）

次に，時刻 $t=0$ において，スイッチ S を開くと，**第 2 図**の回路になる．

$$4\times i(t)=0.02\times\frac{\mathrm{d}i(t)}{\mathrm{d}t}$$

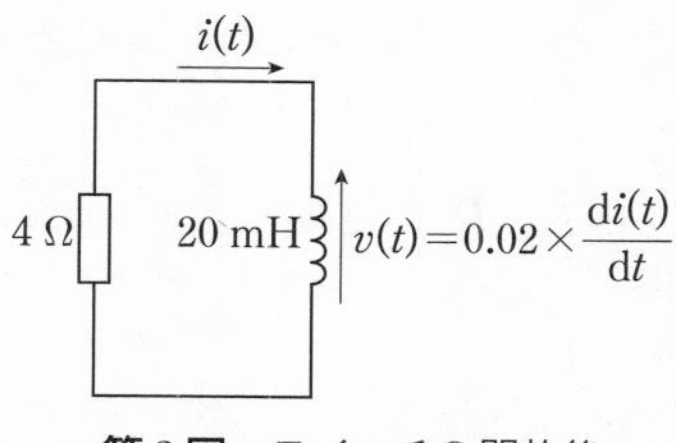

第 2 図　スイッチ S 開放後

これを解くと，

$$i(t)=K\mathrm{e}^{-\frac{4}{0.02}t}\quad（K：積分定数）$$

$t=0$ において，$i(t)=5$ A なので，$K=5$

$$i(t)=5\mathrm{e}^{-\frac{4}{0.02}t} \tag{1}$$

また，インダクタンス L の逆起電力 $v(t)$ は，

$$v(t)=0.02\times\frac{\mathrm{d}i(t)}{\mathrm{d}t}=0.02\times\left\{5\times\left(-\frac{4}{0.02}\right)\mathrm{e}^{-\frac{4}{0.02}t}\right\}=(-20)\mathrm{e}^{-200t}+0$$

したがって，$a=-20$, $b=0$, $\alpha=200$ なので②の組合せが最も適切である．

III 12 **【解答】**　①

【解説】

設問図において，80 V の交流定電圧源と 5 Ω の抵抗を直列接続した交流定電圧源回路を等価定電流源回路に置き換え，静電容量のリアクタンス $-\mathrm{j}10$ および負荷のインピーダンス $\dot{Z}$ をアドミタンスに置き換えると，**第 1 図**のような回路になる．

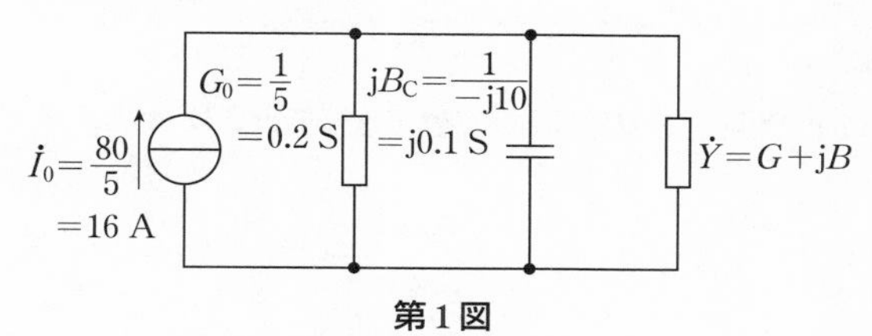

第 1 図

この回路において，負荷の有効電力 P は，次式で表される．

$$P = G\left|\frac{\dot{I}_0}{G_0 + \mathrm{j}B_\mathrm{C} + G + \mathrm{j}B}\right|^2 = \frac{GI_0{}^2}{(G_0 + G)^2 + (B_\mathrm{C} + B)^2}$$

$$= \frac{I_0{}^2}{G + \dfrac{G_0{}^2}{G} + \left\{2G_0 + \dfrac{(B_\mathrm{C} + B)^2}{G}\right\}} \qquad (1)$$

(1)式において，分母の第 3 項｛　｝内は正の値をとり，

$$B = -B_\mathrm{C} \qquad (2)$$

のときに最小の $2G_0$ になる．また，分母の第 1 項と第 2 項の和 $G + \dfrac{G_0{}^2}{G}$ は，

第 1 項，第 2 項いずれも正で，積 $G \times \dfrac{G_0{}^2}{G} = G_0{}^2 = \mathrm{const.}$ なので，

$$G = \frac{G_0{}^2}{G}$$

$$G = G_0 \qquad (3)$$

のときに最小になる．

したがって，(2)，(3)式より，

$$G + \mathrm{j}B = G_0 - \mathrm{j}B_\mathrm{C} \qquad (4)$$

のときに，(1)式の分母は最小になり，有効電力 P は最大となる．

$$P = \frac{16^2}{0.2 + 0.2 + 0.4} = \frac{256}{0.8} = 320\,\mathrm{W}$$

III 13

【解答】 ④

【解説】

回路 A および回路 B の共振周波数 f_A，f_B は，次式のようになる．

$$f_\mathrm{A} = \frac{1}{2\pi\sqrt{LC}} \qquad (1)$$

$$f_B = \frac{1}{2\pi\sqrt{L \times 2C}} = \frac{1}{\sqrt{2}} \cdot \frac{1}{2\pi\sqrt{LC}} \fallingdotseq 0.707 f_A \qquad (2)$$

また，この二つの回路を直列接続したときの共振周波数 f_C は，次式で表される．

$$f_C = \frac{1}{2\pi\sqrt{(L+L) \times \dfrac{C \times 2C}{C+2C}}} = \frac{1}{2\pi\sqrt{2L \times \dfrac{2}{3}C}} = \frac{\sqrt{3}}{2} \cdot \frac{1}{2\pi\sqrt{LC}}$$

$$\fallingdotseq 0.866 f_A \qquad (3)$$

(1)～(3)式より，

$$f_B < f_C < f_A$$

III 14 【解答】 ④

【解説】

位置水頭を h [m]，水圧を p [Pa]，水の流速を v [m/s]，水の密度を ρ [kg/m^3]，重力加速度を g [m/s^2] とすると，水の保有する圧力エネルギー，速度エネルギーをそれぞれ圧力水頭，速度水頭として位置水頭の高さ [m] に換算して表すと，次式のようになる．これが，ベルヌーイの定理である．左辺第 2 項が圧力水頭 [m]，第 3 項が速度水頭 [m] である．

$$h + \frac{p}{\rho g} + \frac{v^2}{2g} = \text{const.}$$

水車の中心線上と同じ高さを位置水頭の基準に定めると，水車の中心線上では位置水頭が 0 で，圧力水頭と速度水頭のみになる．この場合，水圧 1.0 MPa は測定値なので，大気圧を基準としたゲージ圧である．一方，水力発電所の取水口付近の圧力は大気圧なのでゲージ圧で 0，また，速度水頭は 0 である．そこで，位置水頭を改めて h [m] とすると，題意より，損失水頭はないので，次の関係が成り立つ．

$$h + \frac{0}{1.0 \times 10^3 \times 9.8} + \frac{0^2}{2 \times 9.8} = 0 + \frac{1.0 \times 10^6}{1.0 \times 10^3 \times 9.8} + \frac{6.0^2}{2 \times 9.8}$$

$$\therefore \quad h = \frac{1.0\times10^6}{1.0\times10^3\times9.8} + \frac{6.0^2}{2\times9.8} \fallingdotseq 104\ \mathrm{m}$$

III 15

【解答】 ①

【解説】

① 不適切．再熱サイクルは，タービン高圧部から出てきた蒸気をボイラに戻して加熱し，過熱蒸気としてタービン低圧部に送ることにより熱効率を向上させるものであるが，この熱交換器は過熱器ではなく，再熱器と呼ばれる．

② 適切．カルノーサイクルは，断熱圧縮→等温膨張→断熱膨張→等温凝縮の順に行う理想的熱機関である．熱効率 η は，高熱源の絶対温度(等温膨張の絶対温度）を T_1，低熱源の絶対温度（等温凝縮の絶対温度）を T_2 とすると，次式で表される．

$$\eta = \frac{T_1 - T_2}{T_1} = 1 - \frac{T_2}{T_1}$$

したがって，高熱源の絶対温度 T_1 が高いほど，熱効率は高くなる．これは，等温膨張のときに外部から受け取る熱量が増え，等温凝縮の過程で外部に捨てられる熱量との差が増えて仕事に利用できるからである．

③ 適切．ランキンサイクルは，蒸気サイクルでカルノーサイクルにできるだけ近づけたサイクルを構成したものである．蒸気圧力が高いほど，高熱源として保有するエネルギーが大きくなるので熱効率は向上する．

④ 適切．ボイラ本体，過熱器，再熱器で使用した後の排ガスの保有熱をできるだけ利用するため，ボイラ給水を加熱する節炭器，燃焼用空気を加熱する空気予熱器が設けられる．

⑤ 適切．複合サイクル発電システムは，燃焼ガスの高温域のエネルギーを開放形ガスタービンサイクルで利用し，低温域の排ガスエネルギーは排熱回収ボイラ（熱交換器）で蒸気の発生に利用して回収し，蒸気タービンサイクルに利用することにより，プラントとしての総合熱効率を向上させ

る発電システムである.

III 16

【解答】 ②

【解説】

同期モータの回転速度 $n\,[\mathrm{s^{-1}}]$ は, 電源周波数を $f\,[\mathrm{Hz}]$, 極数を p とすると, 次式で表される.

$$n=\frac{2f}{p}\,[\mathrm{s^{-1}}]$$

また, ベルトコンベアの駆動輪とベルトの間には滑りがなく, 駆動輪とモータは直結されているので, 駆動輪の半径を $r\,[\mathrm{m}]$ とすると, ベルトの進行速度 v は,

$$v=2\pi rn=2\pi r\times\frac{2f}{p}=\frac{4\pi rf}{p}\,[\mathrm{m/s}]$$

$$\therefore\quad f=\frac{vp}{4\pi r}\,[\mathrm{Hz}]$$

【解答】 ④

【解説】

出力 1 000 W で運転している単相変圧器の出力電圧を変えずに出力を 900 W に下げた場合, 鉄損 w_{i} は電圧の 2 乗に比例するので, 出力電圧が変わらなければ 50 W のままである. これに対して, 銅損 w_{c} は負荷電流の 2 乗に比例するが, 出力電圧, 負荷の力率は一定なので, 出力の 2 乗に比例して変化する.

$$w_{\mathrm{c}}=50\times\left(\frac{900}{1000}\right)^2=40.5\,\mathrm{W}\fallingdotseq 41\,\mathrm{W}$$

効率 η は,

$$\eta=\frac{900}{900+50+40.5}\fallingdotseq 0.908\,6\fallingdotseq 91\,\%$$

次に，出力電圧が 20 % 低下すると，鉄損 w_i' は，

$$w_i' = 50 \times 0.8^2 = 32 \text{ W}$$

負荷電流は，負荷の力率が一定で出力も一定であっても出力電圧が変化すると，それに反比例して変化するので，銅損 w_c' および効率 η' は，

$$w_c' = 50 \times \left(\frac{1}{0.8}\right)^2 = 78.125 \text{ W}$$

$$\eta' = \frac{1\,000}{1\,000 + 32.0 + 78.125} \fallingdotseq 0.900\,8 \fallingdotseq 90\ \%$$

したがって，④の組合せが最も適切である.

【解答】 ①

【解説】

① 不適切. 電力用バイポーラトランジスタは，ゲート信号により主電流をオンオフできるオンオフ制御デバイスである.

② 適切. ゲートターンオフサイリスタは，ゲート信号により主電流をオンすることができ，逆向きのゲート信号を加えればオフすることもできるオンオフ制御デバイスである.

③ 適切. ダイオードは方向性をもち，交流を直流に変換する順変換回路（整流回路）に用いられる.

④ 適切. 光トリガサイリスタは，電気トリガサイリスタのベース層にファイバを通して光を直接照射してターンオンさせるものである.

⑤ 適切. MOSFET は，ゲート信号により主電流をオンオフできるオンオフ制御デバイスである. ゲートターンオフサイリスタやサイリスタのように電流制御ではなく電圧制御である. ゲート電圧を加えるとオンになり，ゲート電圧を 0 にするとオフになる.

III 19 【解答】 ④

【解説】

題意より，IGBT とダイオードからなるスイッチング回路において，リード線での損失やスイッチング損失は発生しないので，1 周期 T [s] の間に発生する損失電力量 W は，IGBT 素子がオン期間中に発生する IGBT 素子の損失電力量と，IGBT 素子がオフ期間中に発生するダイオードの損失電力量の和である．1 周期 T [s] の間の IGBT のオン時間を T_{on}，オフ時間を T_{off} とすると，IGBT のデューティ比とダイオードのデューティ比の和が 1 なので，IGBT のオフ時間 T_{off} とダイオードのオン時間 $T_{d,on}$ とは等しい．

$$W = V_{CE(sat)}\,[\mathrm{V}] \times i_{IGBT}\,[\mathrm{A}] \times T_{on}\,[\mathrm{s}] + V_d\,[\mathrm{V}] \times i_d\,[\mathrm{A}] \times T_{(d,on)}\,[\mathrm{s}]$$

$$= V_{CE(sat)} i_{IGBT} T_{on} + V_d i_d T_{off}$$

$$= V_{CE(sat)} i_{IGBT} T_{on} + V_d i_d (T - T_{on})$$

よって，定常損失は

$$\frac{W}{T} = V_{CE(sat)} i_{IGBT} \frac{T_{on}}{T} + V_d i_d \left(1 - \frac{T_{on}}{T}\right)$$

$$= 1.75 \times 1\,000 \times 0.7 + 1.9 \times 1\,000 \times (1 - 0.7) = 1\,795\ \mathrm{W}$$

III 20 【解答】 ③

【解説】

検出器 D に電流が流れない条件は，ブリッジの平衡条件を満足することである．

$$\left(R_1 + \frac{1}{\mathrm{j}2\pi f C_1}\right)(R_4 + \mathrm{j}2\pi f L_4) = R_2 R_3$$

$$\therefore \quad \left(R_1 R_4 + \frac{L_4}{C_1}\right) + \mathrm{j}\left(2\pi f L_4 R_1 - \frac{R_4}{2\pi f C_1}\right) = R_2 R_3$$

両辺が等しくなるためには，虚部は 0 にならなければならないので，

$$2\pi f L_4 R_1 - \frac{R_4}{2\pi f C_1} = 0$$

$$\therefore \quad f = \frac{\sqrt{R_4}}{2\pi\sqrt{C_1 L_4 R_1}}$$

【解答】　⑤

【解説】

周波数伝達関数は,

$$G(\mathrm{j}\omega) = \frac{5}{(\mathrm{j}\omega)^2 + 1.2 \times \mathrm{j}\omega + 9} = \frac{5}{(9-\omega^2) + \mathrm{j}1.2\omega}$$

この制御系の入力信号に対する出力信号の位相が遅れ 90° となるためには,

$$\varphi = \arg\{G(\mathrm{j}\omega)\} = \arg(5) - \arg\{(9-\omega^2) + \mathrm{j}1.2\omega\}$$

$$= -\arg\{(9-\omega^2) + \mathrm{j}1.2\omega\} = -90°$$

$$\therefore \quad 9 - \omega^2 = 0$$

$$\omega = 3$$

周波数伝達関数のゲインは,

$$|G(\mathrm{j}\omega)| = \frac{5}{\sqrt{(9-\omega^2)^2 + (1.2\omega)^2}} = \frac{5}{\sqrt{(9-3^2)^2 + (1.2 \times 3)^2}} \fallingdotseq 1.39 \fallingdotseq 1.4$$

【解答】　⑤

【解説】

理想オペアンプの入力インピーダンスは無限大なので，二つの差動入力端子の電流は 0 である．また，二つの差動入力端子の電圧は，仮想短絡の状態なので等しい．

したがって，差動入力端子の電圧を $\dot{V}_+$, $\dot{V}_-$, 信号角周波数を ω とすると,

$$\dot{V}_+ = \frac{R}{R + \frac{1}{\mathrm{j}\omega C}} \dot{v}_0 = \frac{\mathrm{j}\omega CR}{1 + \mathrm{j}\omega CR} \dot{v}_0 = \dot{V}_-$$

入力端子に接続された抵抗 R に流れる電流を $\dot{I}$ とすると,

$$\dot{I}=\frac{\dot{v}_0-\dot{V}_-}{R}=\frac{\dot{v}_0-\dfrac{\mathrm{j}\omega CR}{1+\mathrm{j}\omega CR}\dot{v}_0}{R}=\frac{1}{(1+\mathrm{j}\omega CR)R}\dot{v}_0$$

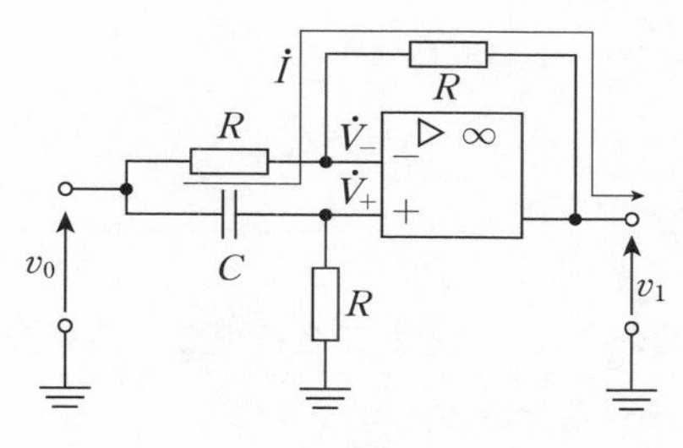

第1図

この電流 $\dot{I}$ は，そのまま抵抗 R を通って出力端子まで流れるので，出力電圧 $\dot{v}_1$ は，

$$\dot{v}_1=\dot{V}_--R\dot{I}=\frac{\mathrm{j}\omega CR}{1+\mathrm{j}\omega CR}\dot{v}_0-R\frac{1}{(1+\mathrm{j}\omega CR)R}\dot{v}_0=\frac{-1+\mathrm{j}\omega CR}{1+\mathrm{j}\omega CR}\dot{v}_0$$

$$\therefore\quad\frac{\dot{v}_1}{\dot{v}_0}=\frac{-1+\mathrm{j}\omega CR}{1+\mathrm{j}\omega CR}$$

$$\left|\frac{\dot{v}_1}{\dot{v}_0}\right|=\left|\frac{-1+\mathrm{j}\omega CR}{1+\mathrm{j}\omega CR}\right|=1$$

したがって，⑤の組合せが最も適切である．

III 23 【解答】 ③

【解説】

$v_{sg}=v_{in}$ なので，電流源 $g_m v_{sg}=g_m v_{in}$ である．この電流が抵抗 R_L にそのまま流れるので，出力電圧 v_{out} は，

$$v_{out}=R_L\times g_m v_{in}=g_m R_L v_{in}$$

$$\therefore\quad\frac{v_{out}}{v_{in}}=g_m R_L$$

2019年度(再)

III 24

【解答】　⑤

【解説】

設問の論理回路より，出力 f の論理式は，次のようになる．

$$f=\overline{\overline{A\cdot B}\cdot\overline{C\cdot D}}=A\cdot B+C\cdot D$$

【解答】　③

【解説】

すべての論理関数を表すことができる少数の基本論理関数の集合を完備集合（Complete Set）と呼ぶ．

①　適切．$\overline{\overline{A}\cdot\overline{B}}=A+B$ なので，NOT ゲートと AND ゲートで OR ゲートを実現できる．

②　適切．$\overline{\overline{A}+\overline{B}}=A\cdot B$ なので，NOT ゲートと OR ゲートで AND ゲートを実現できる．

③　不適切．AND ゲートと OR ゲートだけでは NOT ゲートは実現できない．

④　適切．$\overline{A\cdot A}=\overline{A}$ なので，NAND ゲートで NOT ゲートを実現できる．$\overline{\overline{A\cdot B}}=A\cdot B$ なので，A と B を NAND ゲートの入力とし，その出力をさらに NAND ゲートの二つの入力とすれば，AND ゲートが実現できる．また，$\overline{\overline{A}\cdot\overline{B}}=A+B$ なので，NAND ゲート $\overline{A}$，$\overline{B}$ をつくり，その出力をさらに NAND ゲートの入力とすれば OR ゲートが実現できる．

⑤　適切．$\overline{A+A}=\overline{A}$ なので，NOR ゲートで NOT ゲートを実現できる．$\overline{\overline{A+B}}=A+B$ なので，A と B を NOR ゲートの入力とし，その出力をさらに NOR ゲートの二つの入力とすれば，OR ゲートが実現できる．また，$\overline{\overline{A}+\overline{B}}=A\cdot B$ なので，NOR ゲート $\overline{A}$，$\overline{B}$ をつくり，その出力をさらに NOR ゲートの二つの入力とすれば，AND ゲートが実現できる．

III 26 【解答】 ⑤

【解説】

エルゴード性をもつ2元単純マルコフ情報源が状態Aと状態Bからなり，状態Aの定常確率をP_A，状態Bの定常確率をP_Bとすると，設問に与えられた遷移図から，次の関係式を満たす必要がある．

$$P_A = P(A|A)P_A + P(A|B)P_B = 0.6P_A + 0.6P_B \quad (1)$$

$$P_A + P_B = 1 \quad (2)$$

(1)式より，

$$P_A = \frac{3}{2}P_B \quad (3)$$

なので，(3)式を(2)式に代入すると，

$$\frac{3}{2}P_B + P_B = \frac{5}{2}P_B = 1$$

$$\therefore \quad P_B = \frac{2}{5}, \quad P_A = \frac{3}{2}P_B = \frac{3}{2} \times \frac{2}{5} = \frac{3}{5}$$

【解答】 ④

【解説】

瞬時に復元可能な符号語であるためには，どの符号語も他の符号語の接頭語でない必要がある．

・符号A：$s_5 = 00$は，$s_1 = 000$の接頭語なので瞬時に復元可能ではない．

・符号B：$s_1 = 1$は，$s_2 \sim s_5$の接頭語なので瞬時に復元可能ではない．

・符号C～符号Eの符号語は他の符号語の接頭語でない．

よって，瞬時に復元可能な符号の集合Xは，

$$X = \{C, D, E\}$$

また，集合Xについて，平均符号長を求めると，**第1表**のように，符号Cと符号Dは2.3，符号Eは3.0である．

第 1 表

符号語	平均符号長	判定
符号 C	$1\times0.30+2\times0.30+3\times0.20+4\times0.15+4\times0.05=2.3$	最小
符号 D	$2\times0.30+1\times0.30+3\times0.20+4\times0.15+4\times0.05=2.3$	最小
符号 E	$3\times0.30+3\times0.30+3\times0.20+3\times0.15+3\times0.05=3.0$	—

符号長が最小な符号の集合は

$$\mathrm{Y}=\{\mathrm{C},\ \mathrm{D}\}$$

III 28

【解答】 ④

【解説】

題意より，変換対象の離散信号は，長さ $N=6$ で，

$$[x(0),\ x(1),\ x(2),\ x(3),\ x(4),\ x(5)]=[1,\ 0,\ 1,\ 0,\ -1,\ 0]$$

である．

また，$N=6$ の場合の離散フーリエ変換 $X(k)$ の定義式は，次のとおりである．

$$X(k)=\sum_{n=0}^{5}x(n)\mathrm{e}^{-\mathrm{j}\frac{2\pi nk}{6}}\quad(k=0,\ 1,\ 2,\ \cdots,\ 5)$$

$$X(0)=\sum_{n=0}^{5}x(n)\mathrm{e}^{-\mathrm{j}\frac{2\pi n\times0}{6}}=\sum_{n=0}^{5}x(n)=1+0+1+0+(-1)+0=1$$

$$X(1)=\sum_{n=0}^{5}x(n)\mathrm{e}^{-\mathrm{j}\frac{2\pi n\times1}{6}}$$

$$=1\times\mathrm{e}^{-\mathrm{j}0}+0\times\mathrm{e}^{-\mathrm{j}\frac{\pi}{3}}+1\times\mathrm{e}^{-\mathrm{j}\frac{2\pi}{3}}+0\times\mathrm{e}^{-\mathrm{j}\pi}+(-1)\times\mathrm{e}^{-\mathrm{j}\frac{4\pi}{3}}+0\times\mathrm{e}^{-\mathrm{j}\frac{5\pi}{3}}$$

$$=1+0+1\times\left(-\frac{1}{2}-\mathrm{j}\frac{\sqrt{3}}{2}\right)+0+(-1)\times\left(-\frac{1}{2}+\mathrm{j}\frac{\sqrt{3}}{2}\right)+0=1-\mathrm{j}\sqrt{3}$$

$$X(2)=\sum_{n=0}^{5}x(n)\mathrm{e}^{-\mathrm{j}\frac{2\pi n\times2}{6}}$$

$$=1\times e^{-j0}+0\times e^{-j\frac{2\pi}{3}}+1\times e^{-j\frac{4\pi}{3}}+0\times e^{-j2\pi}+(-1)\times e^{-j\frac{8\pi}{3}}+0\times e^{-j\frac{10\pi}{3}}$$

$$=1+0+1\times\left(-\frac{1}{2}+j\frac{\sqrt{3}}{2}\right)+0+(-1)\times\left(-\frac{1}{2}-j\frac{\sqrt{3}}{2}\right)+0=1+j\sqrt{3}$$

$$X(3)=\sum_{n=0}^{5}x(n)e^{-j\frac{2\pi n\times 3}{6}}$$

$$=1\times e^{-j0}+0\times e^{-j\pi}+1\times e^{-j2\pi}+0\times e^{-j3\pi}+(-1)\times e^{-j4\pi}+0\times e^{-j5\pi}$$

$$=1+0+1+0+(-1)+0=1$$

$$X(4)=\sum_{n=0}^{5}x(n)e^{-j\frac{2\pi n\times 4}{6}}$$

$$=1\times e^{-j0}+0\times e^{-j\frac{4\pi}{3}}+1\times e^{-j\frac{8\pi}{3}}+0\times e^{-j4\pi}+(-1)\times e^{-j\frac{16\pi}{3}}+0\times e^{-j\frac{20\pi}{3}}$$

$$=1+0+1\times\left(-\frac{1}{2}-j\frac{\sqrt{3}}{2}\right)+0+(-1)\times\left(-\frac{1}{2}+j\frac{\sqrt{3}}{2}\right)+0=1-j\sqrt{3}$$

$$X(5)=\sum_{n=0}^{5}x(n)e^{-j\frac{2\pi n\times 5}{6}}$$

$$=1\times e^{-j0}+0\times e^{-j\frac{5\pi}{3}}+1\times e^{-j\frac{10\pi}{3}}+0\times e^{-j5\pi}+(-1)\times e^{-j\frac{20\pi}{3}}+0\times e^{-j\frac{25\pi}{3}}$$

$$=1+0+1\times\left(-\frac{1}{2}+j\frac{\sqrt{3}}{2}\right)+0+(-1)\times\left(-\frac{1}{2}-j\frac{\sqrt{3}}{2}\right)+0=1+j\sqrt{3}$$

$$\therefore\ [X(0), X(1), X(2), X(3), X(4), X(5)]$$
$$=[1, 1-j\sqrt{3}, 1+j\sqrt{3}, 1, 1-j\sqrt{3}, 1+j\sqrt{3}]$$

III 29 【解答】 ④

【解説】

① 適切．アナログ信号の時間と振幅は，いずれも連続値をとる．サンプル値信号はアナログ信号のある時間の振幅値を取り出した信号であり，時間は離散的であるが，振幅値は連続的になる．

② 適切．アナログ処理回路は，構成するアナログ素子の特性により特性のばらつきが生じ，調整して合わせても経年により特性は変化する．これに対して，ディジタル処理回路はディジタル値で情報を保存し，四則演算で特性を実現するため，特性が変化することはなく，再現性を保証できる．

③ 適切．符号化は，アナログ・ディジタル（AD）変換器で量子化された振幅値（離散的なディジタル信号）を，2 進数のディジタルコードに変換する処理である．

④ 不適切．標本化定理により，アナログ信号に含まれる周波数成分がサンプリング周波数の 1/2（ナイキスト周波数）以下であれば，そのサンプル値から元の信号を復元できるが，それを超える周波数成分が含まれると折り返し誤差が生じて復元できない．

⑤ 適切．ナイキスト間隔はナイキスト周波数に対する周期である．サンプリング周期がナイキスト間隔以下であれば，標本化定理によりサンプル値信号から元の信号を復元できる．

【解答】 ③

【解説】

無線通信の移動通信環境では，送信点からの距離に依存する伝搬損失に加え，基地局と移動局間に存在する建造物等によって電波の受信信号強度が影響を受ける．周囲の建物などによる電波の反射や屈折，散乱により，複数の異なった経路を経た電波が移動局に到来する．マルチパスフェージングは，このような環境で移動局が移動するとき，異なる方向から到来する電波に干渉が生じ，一般に受信信号強度に激しい変動が生じる現象である．マルチパスフェージング対策のため，携帯電話や無線 LAN においては，複数のサブ受信局で電波を受信し，各受信局の受信信号の位相差を検出して補正し再合成することでマルチパスフェージングを訂正するレイク受信を行う．

マルチパスフェージングとよく似た用語でシャドウイングという現象が

ある．これは，基地局と移動局間に存在する建造物等によって電波が遮へいされることにより生じ，移動局の移動につれて数十から数百 m の周期で受信電力がゆっくりと変動する現象である．

【解答】 ③

【解説】

PSK（Phase Shift Keying）方式は，送信データに応じて搬送波の位相を変化させる位相偏移変調方式である．PSK 方式には，位相変化を 2 値とし 1 回の変調（1 シンボル）で 1 bit のデータを伝送できる BPSK（Binary PSK）方式と，位相変化を 4 値とし 1 回の変調（1 シンボル）で 2 bit のデータを伝送できる QPSK（Quadrature PSK）方式がある．

16 値 QAM（Quadrature Amplitude Modulation）方式は，直交する二つの搬送波を用い，同相および直交のベースバンド信号を直交多値化した方式である．4 相位相変調である QPSK 方式に，I チャネル（I：In－phase，同相成分）と Q チャネル（Q：Quadrature－phase，直交成分）の二つの軸上での ASK（Amplitude Shift Keying．振幅変調）を加え，位相と振幅の両方を変化させる変調とすることにより，一つのシンボルで 4 ビット（2 の 4 乗＝16 とおり）の情報を伝送できる．

したがって，BPSK で 4 シンボル，QPSK で 4 シンボル，16 値 QAM で 4 シンボル，合計 12 シンボルを伝送すると，

$$\text{BPSK}\ \frac{1\,\text{bit}}{\text{symbol}} \times 4\ \text{symbol} + \text{QPSK}\ \frac{2\,\text{bit}}{\text{symbol}} \times 4\ \text{symbol}$$

$$+ 16\ \text{値}\ \text{QAM}\ \frac{4\,\text{bit}}{\text{symbol}} \times 4\ \text{symbol} = 28\ \text{bit}$$

【解答】 ①

【解説】

① 不適切．MPLS はトランスポート層の技術である．インターネット

などのTCP/IPネットワーク上では，通常，ルータがIPヘッダ部をみて宛先IPアドレスなどを確認し，経路表などと突き合わせて次の転送先を決定する．これに対して，MPLSは，各パケットにそのネットワーク内のみで通用する4バイトのラベルを付与し，これに基づいてルータ間を高速に転送する技術である．ラベルはみるがIPアドレスはみないで転送処理するので誤りである．

② 適切．TCPとUDPは，いずれもOSI7階層モデルのうちのトランスポート層のプロトコルである．TCPはコネクション型プロトコルで，ウィンドウ制御，再送制御，輻輳制御などを行い，信頼性が高いがデータの転送速度は遅い．これに対して，UDPはコネクションレス型プロトコルで，確認応答順序制御，再送制御，ウィンドウ制御，フロー制御などの機能はなく信頼性は高くないが，データの転送速度が高く，速さやリアルタイム性を求める通信に使用される．

③ 適切．経路制御（ルーティング）は，インターネットなどのIPネットワーク上でのデータ送信や転送において，宛先アドレスをもとに最適な経路を割り出す制御である．RIPは距離ベクトル型方式である．隣接するルータ間で経路表を交換しあってどの隣接ルータを経由すれば最少の中継機器数で宛先に届くかを基準に経路を指定する．比較的単純な方式であるが，経路を指定に時間がかかり，中継機器が多くなると適用できない．OSPFは，ルータなどの通信機器の間で経路情報を交換し，ネットワーク全体の接続状態に応じてある地点から別の地点までの最短経路を割り出す方式である．

④ 適切．インターネット上のホストはIPアドレスを基に通信しているが，IPアドレスは単なる数値の羅列なので扱いにくく不便であるため，IPアドレスをアルファベットや数字を使ったドメイン名という意味のある文字列に変換して利用している．DNSは，IPアドレスとドメイン名をそのために変換し，ユーザにとってわかりやすい状態で通信できるようにしている．IPアドレスの対応を管理するシステムである．

⑤　適切．SNMP は，TCP/IP ネットワークにおいて，ルータやコンピュータ，端末などさまざまな機器をネットワーク経由で監視・制御するためのプロトコルである．SNMP は，管理する側の機器の管理・監視のためのコンピュータやソフトウェアを SNMP マネージャおよびその監視・制御下におかれる機器やソフトウェアである(管理される側の)SNMP エージェントから構成され，両者が SNMP によって通信を行い監視・制御を行う．

III 33

【解答】　②

【解説】

Ⅳ族のシリコンやゲルマニウムなどの真性半導体に，ガリウムやほう素のようなⅢ族の不純物を混入させると，シリコンと共有結合するのに電子が1個足りない状態となり，正孔ができる．これを p 形半導体，正孔の供給源（電子を受け入れ）となる不純物をアクセプタと呼ぶ．また，真性半導体にひ素のようなⅤ族の不純物を混入させると，シリコンと共有結合する電子が1個余り自由電子となる．これを n 形半導体，自由電子の供給源となる不純物をドナーと呼ぶ．自由電子や正孔は，半導体内を移動して電荷を運ぶ媒体となるので，キャリヤと総称される．n 形半導体中では自由電子の数が正孔の数より多く，p 形半導体では正孔の数が自由電子の数より多い．この数の多い自由電子または正孔を多数キャリヤと呼び，n 形半導体では自由電子，p 形半導体では正孔が多数キャリヤである．

半導体中において，キャリヤ濃度（自由電子濃度，正孔濃度）に不均一があると，均一になるように移動する．これを拡散という．p 形半導体と n 形半導体とを接合すると，n 形半導体は自由電子濃度が高く，p 形半導体は正孔濃度が高いので，n 形半導体中の自由電子は p 形半導体内へ，p 形半導体中の正孔は n 形半導体内に移動する．

この結果，pn 接合の接合面付近では自由電子と正孔が出会って再結合するが，n 形半導体の接合面近傍は自由電子が抜けて正に帯電し，p 形半導体の接合面近傍は正孔が抜けて負に帯電するので，接合面付近には n 形半導体から p 形半導体へ向かう電界が生じ，拡散によるキャリヤの移動が抑制される．このため，接合部には拡散電位が生じる．

【解答】 ①

【解説】

MOS トランジスタには，p チャネル形と n チャネル形がある．**第 1 図**は p チャネル形 MOS トランジスタの構造と動作原理を示している．n 形半導体基板上にソース S とドレーン D が p 形半導体でつくられ，ゲートは Metal（金属）－ Oxide（絶縁性酸化膜）－ Semiconductor（半導体）の三層構造になっている．(a)図のように，ソース S–ドレーン D 間に電圧 V_{DS}（< 0）を印加しただけではドレーン電流 I_D は流れないが，ゲート G–ソース S 間に $V_{GS} < 0$ なる電圧を印加すると，ゲート電極の下の n 形基板上に正孔からなる反転層（p チャネル）が形成され, ソース（p 形半導体）–p チャネル–ドレーン D（p 形半導体）の経路ができてドレーン電流 I_D が流れる．n チャネル形は，p チャネル形 MOS トランジスタの p 形半導体と n 形半導体を入れ替えればつくることができる．

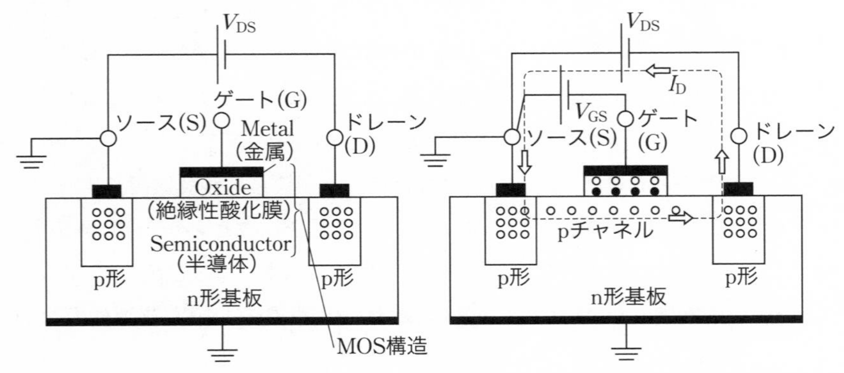

(a) オフ状態（ゲート電圧 $V_{GS} = 0$）　(b) オン状態（ゲート電圧 $V_{GS} < 0$ 印加）

第 1 図 MOS トランジスタ（p チャネル形）の構造と動作原理

また，MOS トランジスタはしきい値電圧の正負によっても分類することができる．**第 2 図**のように，ゲート・ソース間電圧 V_{GS} が零のときに反転層が形成されずドレーン電流が流れないノーマリーオフの特性を示すものをエンハンスメント形，ゲート・ソース間電圧 V_{GS} が 0 でも反転層が形成されるノーマリーオンの特性を示すものをディプレッション形と呼ぶ．ディプレッション形は，逆極性のゲート・ソース間電圧 V_{GS} を加えることによりオフできる．

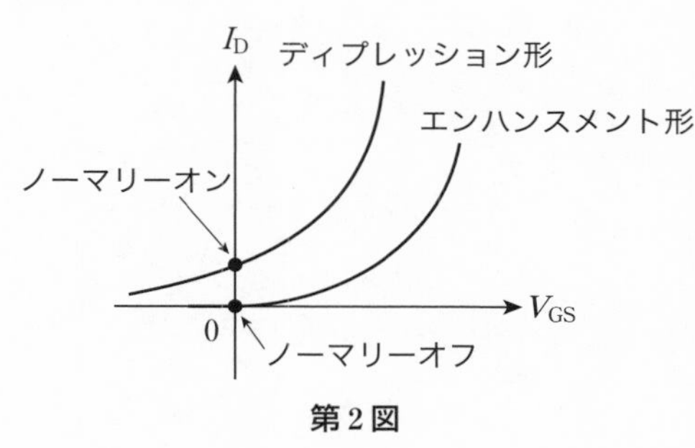

第 2 図

【解答】 ④

【解説】

停電発生からその復旧までの間に必要な電流容量 A_1 は，

$$A_1 = \frac{5\,000 \text{ W}}{100 \text{ V}} \times 1 \text{ h} = 50 \text{ A·h}$$

停電復旧後に復電に必要な開閉器駆動に必要な電流容量 A_2 は，

$$A_2 = \frac{50 \times 10^3 \text{ W}}{100 \text{ V}} \times \frac{36}{3\,600} \text{ h} = 5 \text{ A·h}$$

蓄電池に最低限必要な電流容量 A は，

$$A = A_1 + A_2 = 50 + 5 = 55 \text{ A·h}$$

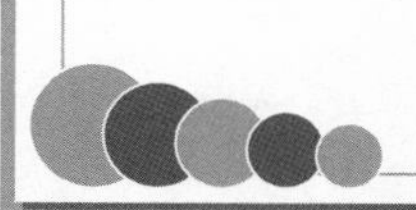
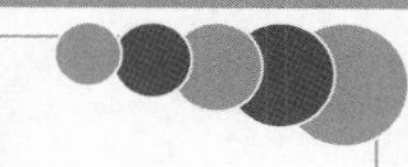

2019年度　解答

【解答】 ⑤

【解説】

コンデンサの静電容量は，極板間の誘電体の比誘電率に比例するので，比誘電率 3 の誘電体挿入後のコンデンサの静電容量は $3C$ である．

誘電体挿入前に，二つのコンデンサに蓄えられている電荷の合計 Q は，

$$Q = 2 \times (CV) = 2CV$$

誘電体挿入後の合成静電容量 $C_0{}'$ は，

$$C_0{}' = C + 3C = 4C$$

誘電体を挿入しても電荷の合計 Q は変化しないので，二つのコンデンサの静電エネルギーの合計 W' は，

$$W' = \frac{Q^2}{2C_0{}'} = \frac{(2CV)^2}{2 \times 4C} = \frac{1}{2}CV^2$$

【解答】 ③

【解説】

①，②，④　適切．波の進行方向と直角方向に振動する波を横波，進行方向と同じ方向に振動する波を縦波と呼ぶ．電磁波は，電界を x 軸方向，磁界を y 軸方向にとると，z 軸方向に進行するので横波である．

また，電磁波の真空中における速度 v は，真空の透磁率を μ_0，誘電率を ε_0，光速を c とすると，

$$v = \frac{1}{\sqrt{\mu_0 \varepsilon_0}} = c$$

電磁波の周波数を f とすると，

波長 $\lambda=\dfrac{c}{f}$

となるので，周波数が高くなると，波長は短くなる．

③　不適切．直流電流が流れている平行導線間に働く電磁力は，電流が同方向のときに引力，逆方向のときに斥力である．

⑤　適切．磁界中の導体に働く電磁力の方向は，フレミングの左手の法則に従う．

III 3 【解答】 ④

【解説】

△ABGおよび△CDGは正三角形なので，長方形の各頂点A，B，CおよびDから，重心位置Gまでの距離rはいずれも等しく，$r=a$ [m]である．

電位はスカラ量なので，重心位置Gの電位は，4個の点電荷による電位のスカラ和になる．

$$V=\frac{+Q}{4\pi\varepsilon_0 r}+\frac{-Q}{4\pi\varepsilon_0 r}+\frac{+3Q}{4\pi\varepsilon_0 r}+\frac{+Q_{\mathrm{D}}}{4\pi\varepsilon_0 r}$$

$$=\frac{3Q+Q_{\mathrm{D}}}{4\pi\varepsilon_0 a}=0 \quad (\because \quad r=a)$$

$$\therefore \quad Q_{\mathrm{D}}=-3Q\,[\mathrm{C}]$$

次に，電界の強さはベクトル量なので，点Gにおける電界の強さ$\dot{E}_{\mathrm{G}}$は，四つの点電荷による電界の強さのベクトル和になる．**第1図**のように，各電界の強さを$\dot{E}_{\mathrm{A}}$，$\dot{E}_{\mathrm{B}}$，$\dot{E}_{\mathrm{C}}$，$\dot{E}_{\mathrm{D}}$とすると，

$$\left|\dot{E}_{\mathrm{C}}\right|=\left|\dot{E}_{\mathrm{D}}\right|=\left|\dot{E}_{\mathrm{C}}+\dot{E}_{\mathrm{D}}\right|=\frac{3Q}{4\pi\varepsilon_0 r^2}$$

$$\left|\dot{E}_{\mathrm{A}}\right|=\left|\dot{E}_{\mathrm{B}}\right|=\left|\dot{E}_{\mathrm{A}}+\dot{E}_{\mathrm{B}}\right|=\frac{Q}{4\pi\varepsilon_0 r^2}$$

$$E_{\mathrm{G}}=\left|\dot{E}_{\mathrm{G}}\right|=\left|(\dot{E}_{\mathrm{A}}+\dot{E}_{\mathrm{B}})+(\dot{E}_{\mathrm{C}}+\dot{E}_{\mathrm{D}})\right|=\left|\dot{E}_{\mathrm{C}}+\dot{E}_{\mathrm{D}}\right|-\left|\dot{E}_{\mathrm{A}}+\dot{E}_{\mathrm{B}}\right|$$

$$=\frac{3Q}{4\pi\varepsilon_0 r^2}-\frac{Q}{4\pi\varepsilon_0 r^2}=\frac{Q}{2\pi\varepsilon_0 a^2}\,[\mathrm{V/m}]\quad(\because\ r=a)$$

であり，E_G の向きは，$\overrightarrow{\mathrm{BA}}$と同じ向きになる．

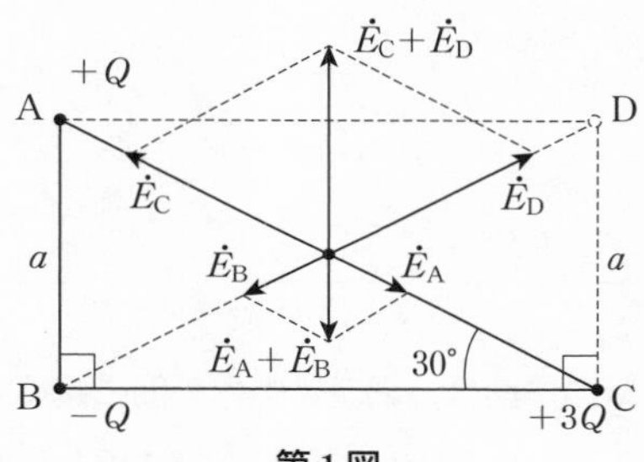

第1図

【解答】 ②

【解説】

正三角形の頂点を A，B，C，重心を G とすると，

$$\left|\dot{F}_{AB}+\dot{F}_{AC}\right|=\sqrt{3}\left|\dot{F}_{AB}\right|=\frac{\sqrt{3}\,q^2}{4\pi\varepsilon a^2}$$

$$\left|\dot{F}_{AG}\right|=\frac{Qq}{4\pi\varepsilon\left(\frac{a}{\sqrt{3}}\right)^2}=\frac{3Qq}{4\pi\varepsilon a^2}$$

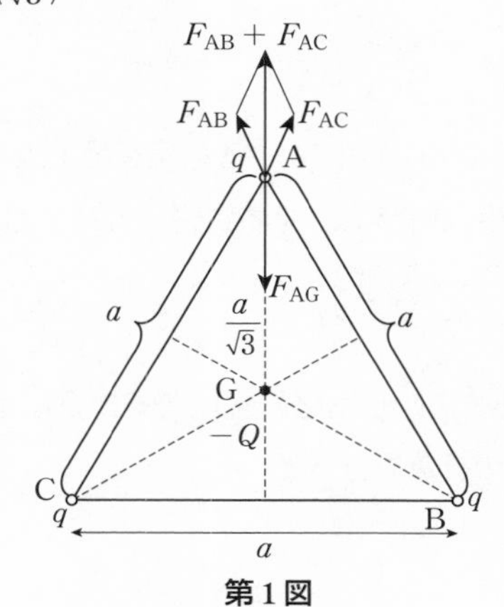

第1図

頂点 A，B，C に置かれた点電荷に力が働かないようにするためには，

$$\left|\dot{F}_{AB}+\dot{F}_{AC}\right|-\left|\dot{F}_{AG}\right|=\frac{\sqrt{3}\,q^2}{4\pi\varepsilon a^2}-\frac{3Qq}{4\pi\varepsilon a^2}=\frac{\sqrt{3}\,q(q-\sqrt{3}\,Q)}{4\pi\varepsilon a^2}=0$$

$$\therefore\quad Q=\frac{q}{\sqrt{3}}=\frac{\sqrt{3}}{3}q$$

【解答】 ①

【解説】

フレミングの左手の法則は，電流と磁界の間に働く力に関する法則である．左手の親指，人差し指および中指を互いに直角になるように伸ばしたとき，親指が力の向きを，人差し指が磁界の向きを，中指が電流の向きを示す．

また，磁界（磁束密度 B）中で，長さ l の導体に電流 I を流すとき，導体に働く電磁力 F は，$F=BIl$ で表される．このとき，中指を電流 I の向きに合わせたとすると，磁界 B は電流 I と直角な方向の成分を意味する．磁界 B と電流 I が平行ならば，電流 I と直角方向成分の磁界はゼロなので，働く力 F の大きさはゼロになる．

【解答】 ③

【解説】

各部の電流，端子 a−b 間に印加する電圧を**第 1 図**のように定義すると，二つの抵抗の並列回路の電流は，抵抗に逆比例して配分されるので，

$$I_1=\frac{2R+(R+R)}{2R}\times I=2I$$

図のように，各分岐点から回路末端側を見た合成抵抗がいずれも R であることから，同様の計算を行うと，

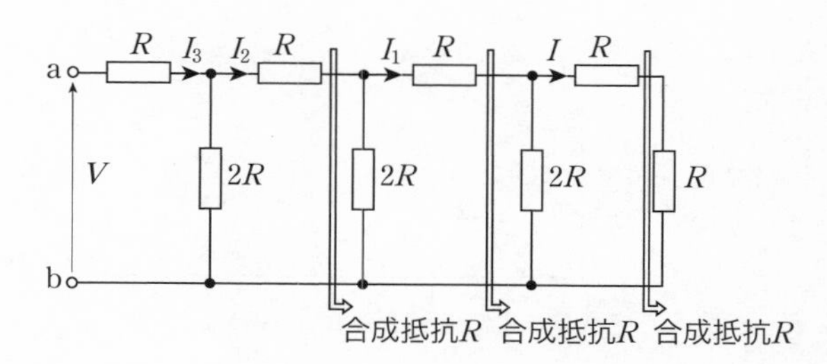

第 1 図

$$I_2=\frac{2R+\left\{R+\dfrac{2R\times(R+R)}{2R+(R+R)}\right\}}{2R}\times I_1=\frac{2R+(R+R)}{2R}\times I_1=2I_1$$

$$I_3=\frac{2R+\left\{R+\dfrac{2R\times(R+R)}{2R+(R+R)}\right\}}{2R}\times I_2=\frac{2R+(R+R)}{2R}\times I_2=2I_2$$

$$\therefore\quad I_2=\frac{1}{2}I_3,\ \ I_1=\frac{1}{2}I_2=\frac{1}{4}I_3,\ \ I=\frac{1}{2}I_1=\frac{1}{8}I_3$$

また，印加電圧 V は，キルヒホッフの電圧則を用いて，

$$V=RI_3+RI_2+RI_1+2RI$$

$$=RI_3+R\times\frac{1}{2}I_3+R\times\frac{1}{4}I_3+2R\times\frac{1}{8}I_3$$

$$=2RI_3$$

端子 a−b から見た合成抵抗 R_{ab} は，

$$R_{\mathrm{ab}}=\frac{V}{I_3}=\frac{2RI_3}{I_3}=2R$$

III 7 【解答】 ②

【解説】

問題図は，定電流源 1 個と定電圧源 1 個があるので，重ねの理により考える．**第 1 図**は 8 A の定電流源による電流分布である．抵抗のブリッジ回路は，対辺の抵抗を掛け合わせると，

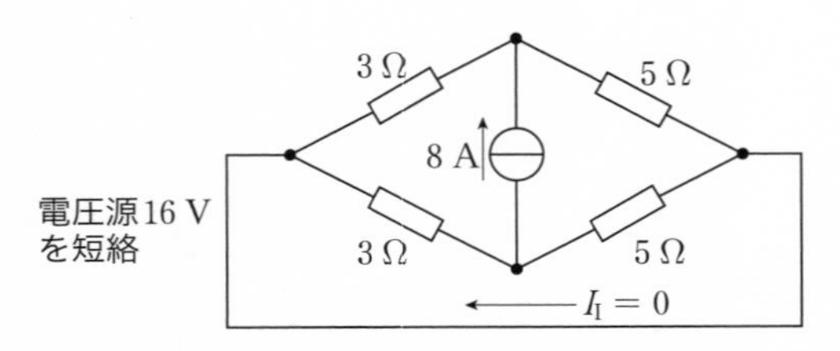

第1図　定電流源 8 A による電流

$$3\,\Omega \times 5\,\Omega = 3\,\Omega \times 5\,\Omega$$

なので，ブリッジの平衡条件を満足しており，ブリッジ部分に流れる電流 I_I は零である．

また，**第2図**のような 16 V の定電圧源による電流 I_E は，上側の経路と下側の経路に 1/2 ずつ分流して流れるので，

$$(3+5)\times\frac{I_\mathrm{E}}{2}=16$$

$$I_\mathrm{E}=\frac{16\times 2}{3+5}=4\ \mathrm{A}$$

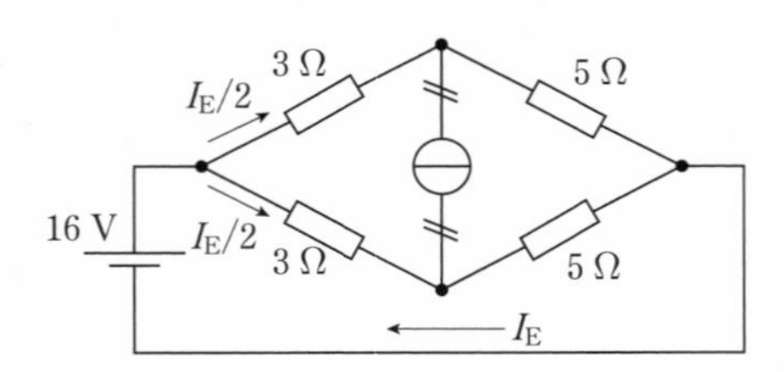

第2図　定電圧源 16 V による電流

したがって，二つの回路を重ね合わせて，

$$I=I_\mathrm{I}+I_\mathrm{E}=0+4=4\ \mathrm{A}$$

【別解】　**第3図**のように，3 Ω 抵抗の電流を I_0 と仮定すると，キルヒホッフの電流則により，各岐路の電流が決まる．これをもとに，定電圧源 16 V から上側の 3 Ω，5 Ω の抵抗を経て定電圧源に戻る閉回路Ⅰ，および定電圧源 16 V から下側の 3 Ω，5 Ω の抵抗を経て定電圧源に戻る閉回路Ⅱにキルヒホッフの電圧則を適用すると，

閉回路Ⅰ

$$3I_0 + 5(I_0 + 8) = 8I_0 + 40 = 16 \qquad (1)$$

閉回路Ⅱ

$$3(I - I_0) + 5(I - I_0 - 8) = 8I - 8I_0 - 40 = 16 \qquad (2)$$

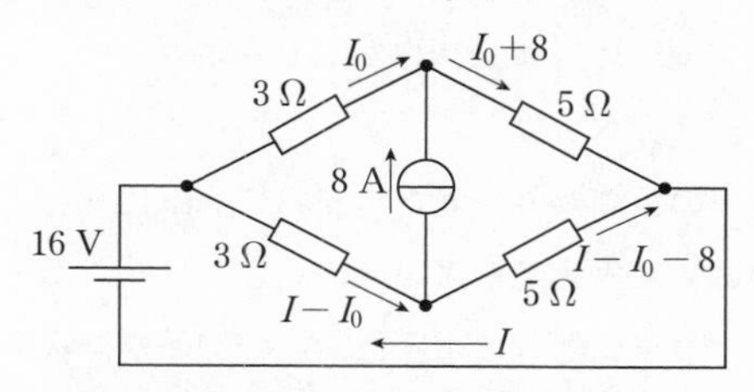

第3図　キルヒホッフの法則による解法

(1)式より,

$$I_0 = \frac{16-40}{8} = -3\ \mathrm{A} \qquad (3)$$

(3)式を(2)式に代入すると,

$$8I = \frac{16+40+8I_0}{8} = 7 + I_0 = 7 + (-3) = 4\ \mathrm{A}$$

【解答】　③

【解説】

第1図に示すように，電源から流れ込む電流 I は,

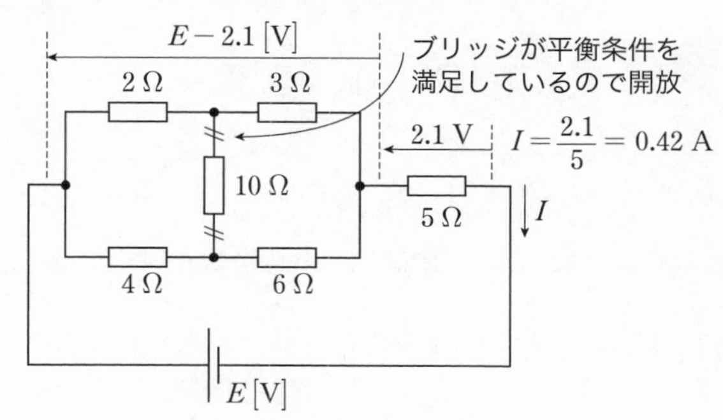

第1図

$$I=\frac{2.1}{5}=0.42\ \mathrm{A}$$

また，電源電圧 E [V] なので，ブリッジ回路の部分にかかる電圧は $E-2.1$ [V] である．

ブリッジ回路の対辺の抵抗を掛け合わせた値は，

$$2\ \Omega\times 6\ \Omega=4\ \Omega\times 3\ \Omega$$

なので，ブリッジの平衡条件を満たしており，10 Ω の抵抗には電流は流れないので，取り除いて考えてもよい．

したがって，ブリッジ部分の電圧と電流の関係式は次のとおりである．

$$\frac{(2+3)\times(4+6)}{(2+3)+(4+6)}\times I=\frac{(2+3)\times(4+6)}{(2+3)+(4+6)}\times 0.42=\frac{10}{3}\times 0.42=1.4$$

$$=E-2.1$$

$$\therefore\quad E=1.4+2.1=3.5\ \mathrm{V}$$

【解答】 ④

【解説】

この回路に流れる電流 I は，

$$I=\frac{E}{R_{\mathrm{S}}+R_{\mathrm{L}}}$$

なので，抵抗 R_{L} で消費される電力 P は，

$$P=I^2R_{\mathrm{L}}=\left(\frac{E}{R_{\mathrm{S}}+R_{\mathrm{L}}}\right)^2R_{\mathrm{L}}=\frac{R_{\mathrm{L}}E^2}{(R_{\mathrm{S}}+R_{\mathrm{L}})^2} \tag{1}$$

$$=\frac{E^2}{R_{\mathrm{L}}+\dfrac{{R_{\mathrm{S}}}^2}{R_{\mathrm{L}}}+2R_{\mathrm{S}}} \tag{1$'$}$$

電力 P が最大値になる R_{L} の値は，(1)′ 式の分母が最小になるときである．

$$\frac{\mathrm{d}}{\mathrm{d}R_{\mathrm{L}}}\left(R_{\mathrm{L}}+\frac{{R_{\mathrm{S}}}^2}{R_{\mathrm{L}}}+2R_{\mathrm{S}}\right)=1-\frac{{R_{\mathrm{S}}}^2}{{R_{\mathrm{L}}}^2}=0$$

$$\therefore\quad R_{\mathrm{L}}=R_{\mathrm{S}} \tag{2}$$

(2)式を(1)式に代入して,

$$P_{\max} = P|_{R_S = R_L} = \frac{R_L E^2}{(R_L + R_L)^2} = \frac{E_2}{4R_L}$$

【解答】 ⑤

【解説】

交流電圧源から見たインピーダンス $\dot{Z}$ は,

$$\dot{Z} = (R_{\text{out}} + R_{\text{load}}) + \mathrm{j}\left(\omega L - \frac{1}{\omega C}\right) \quad (1)$$

交流電圧源から見た力率が 1 になるためには,(1)式の虚部が零にならなければならないので,

$$\omega L - \frac{1}{\omega C} = 0$$

$$\therefore \quad L = \frac{1}{\omega^2 C}$$

【解答】 ③

【解説】

抵抗 R の電圧 v_R は,この回路に流れる電流 i と同相である.設問図 B より,抵抗 R の電圧 v_R は電源電圧 v_o より位相が進んでいるので,インピーダンス Z が一つの受動素子からなるとすると,Z はコンデンサである.コンデンサの静電容量を C [F],電源の角周波数を ω [rad/s],電源電圧 v_o を位相の基準にとったときの抵抗 R の電圧 v_R の進み位相角を ϕ とすると,

$$v_o = 70.7 \sin \omega t \quad (1)$$

$$v_R = 60.0 \sin(\omega t + \phi) \quad (2)$$

ここで,周期 $T = 10$ ms で,設問図 B より,点 b と点 a の時刻の差が 0.83 ms なので,

2019
年度

$$\phi = 2\pi \times \frac{0.83\ \mathrm{ms}}{10\ \mathrm{ms}} = 0.166\pi\ \mathrm{rad}$$

$$\omega = \frac{2\pi}{T} = \frac{2\pi}{0.01} = 200\pi\ \mathrm{rad/s}$$

位相角 ϕ は，抵抗 R と静電容量 C のインピーダンス角に等しいので，

$$\tan\phi = \frac{\frac{1}{\omega C}}{R} = \frac{1}{\omega CR}$$

$$C = \frac{1}{\omega R \tan\phi} = \frac{1}{200\pi \times 25 \times 10^3 \times \tan 0.166\pi}$$

$$\fallingdotseq 0.1108 \times 10^{-6}\ \mathrm{F} \fallingdotseq 0.11\ \mu\mathrm{F}$$

III 12

【解答】　⑤

【解説】

時刻 $t = 0$ より以前の定常状態においては，スイッチ S は開放状態なので，インダクタンス L の誘導起電力は零であり，電流 I_{L} の初期値 I_{L0} は，

$$I_{\mathrm{L0}} = \frac{E}{R_0 + R}$$

となる．

時刻 $t \geqq 0$ においては，スイッチ S は閉じているので，次式の微分方程式が成り立つ．

$$L\frac{\mathrm{d}I_{\mathrm{L}}}{\mathrm{d}t} + RI_{\mathrm{L}} = 0$$

$$\therefore\quad I_{\mathrm{L}} = K\mathrm{e}^{-\frac{R}{L}}$$

ただし，K：積分定数

$t = 0$ において $I_{\mathrm{L0}} = \dfrac{E}{R_0 + R}$ なので，

$$I_L = \frac{E}{R_0 + R} e^{-\frac{R}{L}t}$$

【解答】 ④

【解説】

設問図のように，$t = 0$ で，抵抗 R，インダクタンス L，静電容量 C の直列回路に直流電圧 E を印加したときの電流を i，静電容量の電荷を q とすると，$i = \frac{dq}{dt}$ なので，次の微分方程式が成り立つ．

$$\frac{1}{C}q + L\frac{di}{dt} + Ri = L\frac{d^2q}{dt^2} + R\frac{dq}{dt} + \frac{1}{C}q = E \qquad (1)$$

ここで，電流 q の解を，$q = Qe^{\dot{\gamma}t}$ と仮定すると，

$$\left(L\dot{\gamma}^2 + R\dot{\gamma} + \frac{1}{C}\right)q = E \qquad (2)$$

(1)式が振動しないためには，(2)式の $L\dot{\gamma}^2 + R\dot{\gamma} + \frac{1}{C} = 0$ の根が実数でなければならないので，

$$R^2 - 4 \times L \times \frac{1}{C} \geqq 0$$

$$\therefore \quad 4L \leqq CR^2$$

【解答】 ②

【解説】

① 適切．交流送電の電圧の実効値は最大値の $1/\sqrt{2}$ 倍であるのに対して，直流送電では電圧の実効値と最大値は等しい．よって，直流送電の絶縁は交流送電の $1/\sqrt{2}$ に低減できる．

② 不適切．直流送電により，交流系統を分割して連系する場合，いったん直流を介するので，周波数の異なる交流系統間も連系できる．

③　適切．直流遮断器は，強制的に電流零点をつくり出す必要があり，大容量高電圧の直流遮断器の開発は困難である．このため，変換装置の制御で通過電流を制御する．

④　適切．交流による系統連系は，系統規模が大きくなるほど，連系される発電機台数が増加し，短絡電流は増加する傾向があるが，直流による系統連系は，交流系統を分割するので，短絡容量を増加させない．

⑤　適切．長距離大容量交流送電では，送電線等の直列リアクタンスによる安定度面から送電容量が制限されるが，直流送電では電線の熱的許容電流の限度まで送電できる．

III 15

【解答】　④

【解説】

①　適切．核分裂あるいは核融合では，核反応前後の結合エネルギーの差が外部に放出されるエネルギーである．核反応に伴う質量欠損を Δm [kg] とすると，外部に放出されるエネルギー ΔE は，

$$\Delta E = \Delta mc^2 \,[\mathrm{J}]$$

②　適切．加圧水型軽水炉は，原子炉内を加圧することにより，一次冷却材を沸騰させないようにしている．よって，沸騰水型軽水炉のように，冷却水内にボイド（気泡）が生じないので，再循環ポンプの回転速度を調整して流量を制御し，ボイドの発生量制御で反応速度を調整することができない．このため，ホウ酸を冷却材に溶かして反応速度を調整する必要がある．

③　適切．加圧水型軽水炉では，熱ループを蒸気発生器（熱交換器）により，一次冷却系と二次冷却系に分けるので，一次冷却系は放射能を帯びるが，二次冷却系は放射能を帯びず，タービンに放射能を帯びた蒸気は流れない．

④　不適切．⑤　適切．沸騰水型軽水炉では蒸気発生器を設けず，冷却系の一次，二次の区別はなく，原子炉内部で発生した放射能を帯びた蒸

気が，そのままタービンに送られるので，タービンの放射線防護が必要である．

III 16 【解答】 ②

【解説】

同期発電機の出力を $P_s + jQ_s$，インバータの出力を $P_i + jQ_i$ とすると，

$$P_s + jQ_s = 500 \times (0.6 + \sqrt{1 - 0.6^2}) = 300\ \text{kW} + \text{j}400\ \text{kvar}$$

$$P_i + jQ_i = 300 \times (1.0 + \sqrt{1 - 1.0^2}) = 300\ \text{kW} + \text{j}0\ \text{kvar}$$

合計出力は，

$$(P_s + jQ_s) + (P_i + jQ_i) = (300 + \text{j}400) + (300 + \text{j}0)$$
$$= 600\ \text{kW} + \text{j}400\ \text{kvar}$$

合計出力の力率は，

$$\frac{600}{\sqrt{600^2 + 400^2}} \fallingdotseq 0.832 \fallingdotseq 0.83 \quad （遅れ）$$

III 17 【解答】 ③

【解説】

設問図は，半波整流回路なので，抵抗 R の電圧波形 v_R は**第1図**のようになる．

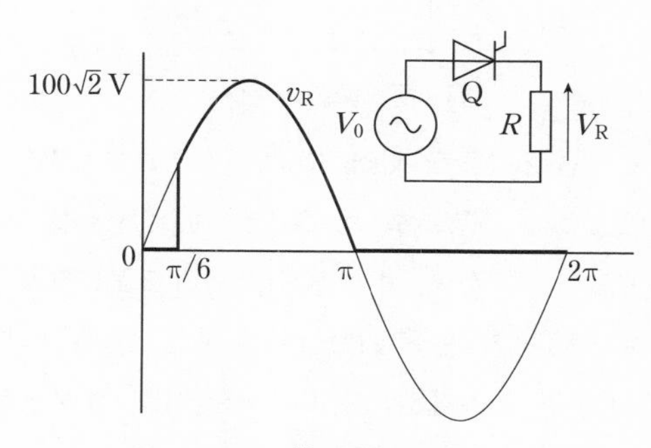

第1図

平均電圧は，

$$V_R = \frac{1}{2\pi}\int_{\frac{\pi}{6}}^{\pi} 100\sqrt{2}\sin\theta\, d\theta = \frac{100\sqrt{2}}{2\pi}\times[-\cos\theta]_{\frac{\pi}{6}}^{\pi}$$

$$= \frac{50\sqrt{2}}{\pi}\times\left(1+\frac{\sqrt{3}}{2}\right) \fallingdotseq 42\,\mathrm{V}$$

III 18

【解答】 ④

【解説】

SW1のみを周期的にOn−Offさせ SW2をOff状態にすると，**第1図**のように，SW1がOnのとき，リアクトルL経由で負荷に電流を流しながら，リアクトルLに電磁エネルギーを蓄積し，SW1をOffにすると，ダイオードD2がOnになって，リアクトルLの電磁エネルギーを放出しながら負荷に電流を流す．この動作は降圧チョッパとしての動作であり，電源Eから負荷Mに電力が供給される．

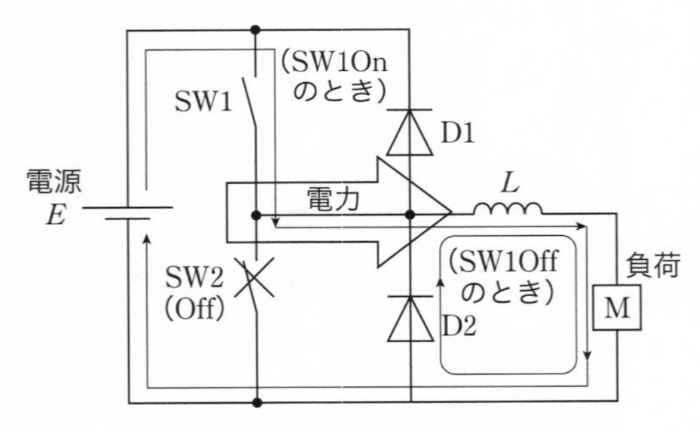

第1図　降圧チョッパ

これに対して，SW2のみを周期的にOn−Offさせ SW1をOff状態にすると，**第2図**のように，SW2がOnのとき，直流電動機Mの電機子誘導起電力を電源として，リアクトルL経由で電流を流しながらリアクトルLに電磁エネルギーを蓄積し，SW1をOffにすると，ダイオードD1がOnになって，リアクトルLの電磁エネルギーを放出しながら電源を充電する．この動作は降圧チョッパとしての動作であり，負荷Mから電源Eに電力が供給される．

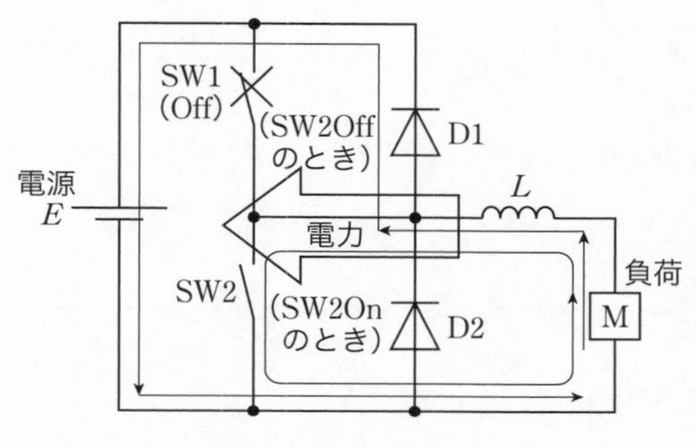

第2図　昇圧チョッパ

III 19 【解答】 ④

【解説】

第1図のように，1周期 T [s] の間に，IGBT 素子で発生する損失電力量 W [J] は，スイッチング損失電力量（on 動作）が1回，スイッチング損失電力量（off 動作）が1回と，on 動作中の期間 $\mathrm{d}T$ [s] における通電損失電力量の和である．

$$W = E_{\mathrm{on}}\,[\mathrm{J/Pulse}] \times 1\,\mathrm{Pulse} + E_{\mathrm{off}}\,[\mathrm{J/Pulse}] \times 1\,\mathrm{Pulse} + V_{\mathrm{CE(sat)}}\,[\mathrm{V}] \times i_{\mathrm{IGBT}}\,[\mathrm{A}] \times \mathrm{d}T\,[\mathrm{s}]$$

$$= E_{\mathrm{on}} + E_{\mathrm{off}} + V_{\mathrm{CE(sat)}} i_{\mathrm{IGBT}}\,\mathrm{d}T\,[\mathrm{J}]$$

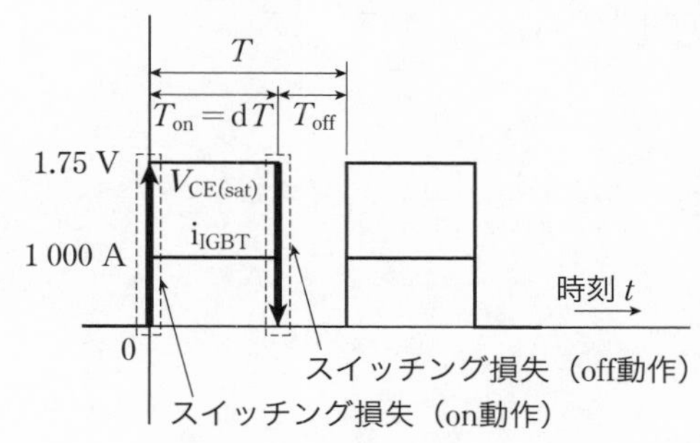

第1図

よって，損失電力は，

$$\frac{W}{T}=\frac{E_{\text{on}}+E_{\text{off}}}{T}+V_{\text{CE(sat)}}i_{\text{IGBT}}d=\frac{0.07+0.1}{\dfrac{1}{2\times10^3}}+1.75\times1000\times0.7$$

$$=1\,565\text{ W}$$

III 20

【解答】 ①

【解説】

前向き伝達関数 G は,

$$G=G_1(G_2+G_3)$$

合成伝達関数 $G_0(s)$ は,

$$G_0(s)=\frac{C(s)}{R(s)}=\frac{G}{1+GH}=\frac{G_1(G_2+G_3)}{1+G_1(G_2+G_3)H}=\frac{G_1(G_2+G_3)}{1+HG_1(G_2+G_3)}$$

【解答】 ④

【解説】

検出器 D に電流が流れない条件は，ブリッジの平衡条件を満足することである.

交流電源の角周波数を ω とすると,

$$R_1\cdot\frac{1}{\text{j}\omega C_3}=\left(R_{\text{x}}+\frac{1}{\text{j}\omega C_{\text{x}}}\right)\cdot\frac{1}{\dfrac{1}{R_2}+\text{j}\omega C_2}$$

$$R_{\text{x}}-\text{j}\frac{1}{\omega C_{\text{x}}}=R_1\cdot\frac{1}{\text{j}\omega C_3}\cdot\left(\frac{1}{R_2}+\text{j}\omega C_2\right)=\frac{C_2}{C_3}R_1-\text{j}\frac{R_1}{\omega C_3R_2}$$

$$\therefore\quad R_{\text{x}}=\frac{C_2}{C_3}R_1$$

$$\frac{1}{\omega C_{\text{x}}}=\frac{R_1}{\omega C_3R_2}\rightarrow C_{\text{x}}=\frac{R_2}{R_1}C_3$$

III 22 【解答】 ③

【解説】

理想オペアンプの差動入力端子は仮想短絡の状態なので，入力電流 $\dot{I}_{in}$，出力電圧 $\dot{V}_{out}$ は，

$$\dot{I}_{in}=\frac{\dot{V}_{in}-\dot{V}_{-}}{R_1}=\frac{\dot{V}_{in}-0}{R_1}=\frac{\dot{V}_{in}}{R_1}$$

$$\dot{V}_{out}=-\frac{\dot{I}_{in}}{\dfrac{1}{R_2}+j\omega C}=-\frac{1}{\left(\dfrac{1}{R_2}+j\omega C\right)R_1}\cdot\dot{V}_{in}$$

$$\therefore\quad \frac{\dot{V}_{out}}{\dot{V}_{in}}=-\frac{1}{\left(\dfrac{1}{R_2}+j\omega C\right)R_1}=\frac{-R_2}{R_1}\cdot\frac{1}{1+j2\pi fCR_2}$$

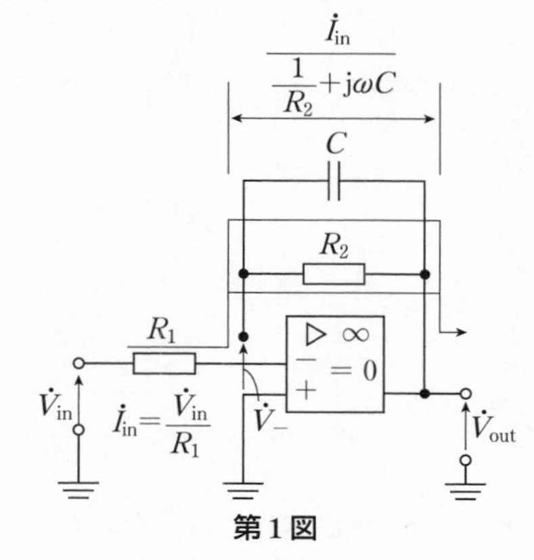

第1図

カットオフ周波数 f_c は，

$$1=2\pi f_c CR_2$$

$$\therefore\quad f_c=\frac{1}{2\pi CR_2}$$

入力信号の周波数 f が f_c より十分小さい場合，$1\gg 2\pi fCR_2$ なので，

$$\frac{\dot{V}_{out}}{\dot{V}_{in}}=\frac{-R_2}{R_1}\cdot\frac{1}{1+j2\pi fCR_2}\fallingdotseq\frac{-R_2}{R_1}$$

したがって，最も適切な組み合わせは③である．

III 23

【解答】 ④

【解説】

題意より，トランジスタのエミッタ接地電流増幅率（コレクタ電流 I_C とベース電流 I_B の比）は十分大きいので，

$$I_E = I_C + I_B \fallingdotseq I_C$$

と考えることができる．

$$V_{BE} + 4 \times 10^3 I_E \fallingdotseq V_{BE} + 4 \times 10^3 I_C = 0.7 + 4 \times 10^3 I_C = 3.5$$

$$\therefore \quad I_C = \frac{3.5-0.7}{4\times10^3} = 0.7\times10^{-3}\ \mathrm{A} = 0.7\ \mathrm{mA}$$

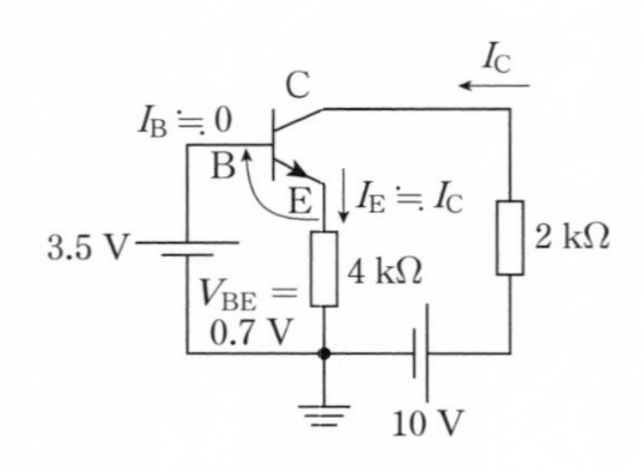

第 1 図

III 24

【解答】 ④

【解説】

設問の論理回路より，出力 f の論理式は，次のようになる．

$$f = \overline{A\cdot(A+B)} = \overline{A} + \overline{A+B} = \overline{A} + \overline{A}\cdot\overline{B}$$

ブール代数の吸収の法則より，$X + X\cdot Y = X$ の関係があるので，

$$f = \overline{A}$$

【解答】 ②

【解説】

CMOS 論理回路で消費される電力には，回路の充放電電流による消費電力，信号遷移期間に P チャネルトランジスタと N チャネルトランジス

タが同時にオンとなることにより流れる貫通電流による消費電力，および逆バイアスされたpn接合のリーク電流やMOSFETのサブスレッショルド電流などのリーク電流による消費電力がある.

① 適切. ② 不適切. ③ 適切. 回路の充放電電流による消費電力は，電源電圧Vの2乗，負荷容量Cおよびクロック周波数fの相乗積に比例する.

④ 適切. 貫通電流は，回路が動作しているときにパルスの立上り/立下がりのときの遷移期間のみ流れる電流である. パルスのスルー・レートを大きくしてパルスの遷移時間を短くし，信号遷移1回当たりの貫通電流を小さくすれば，貫通電流による消費電力は低減される.

⑤ 適切. リーク電流による電力消費は，回路が停止中でも発生するもので，基板の微細化とともに大きくなってきた. リーク電流を低減するには，不使用の回路を遮断したり，バックゲート電圧を印加する対策がある.

III 26

【解答】 ③

【解説】

パリティ検査行列

$$\boldsymbol{H}=\begin{bmatrix} 1 & 1 & 0 & 1 & 1 & 0 & 0 \\ 1 & 1 & 1 & 0 & 0 & 1 & 0 \\ 1 & 0 & 1 & 1 & 0 & 0 & 1 \end{bmatrix}$$

をもつ（7, 4）ハミング符号（符号長7, 4元）により符号化され，送信された符号語を$\boldsymbol{x}=[x_1,\ x_2,\ x_3,\ x_4,\ x_5,\ x_6,\ x_7]$とすると，次の関係式が成り立つ.

$$\boldsymbol{Hx}^T=\begin{bmatrix} 0 \\ 0 \\ 0 \end{bmatrix} \qquad (1)$$

ただし，$\boldsymbol{x}^T$はxの転置行列で，行列$\boldsymbol{H}$と転置行列$\boldsymbol{x}^T$の積は，おのおのの成分の「mod2（2で割って余りを計算）を伴う加算と乗算」であり，

加算：$0+0=1$，$1+0=0+1=1$，$1+1=0$

乗算：$0\times0=0$，$1\times0=0\times1=0$，$1\times1=1$

となる．加算は排他的論理和（EX−OR），乗算は論理積（AND）を答とする．

題意より，1ビット誤りの状況の受信語が $\boldsymbol{y}=[1,\ 1,\ 1,\ 0,\ 0,\ 0,\ 1]$ なので，(1)式の $\boldsymbol{x}^T$ を $\boldsymbol{y}^T$ に置き換えたシンドロームベクトル $\boldsymbol{S}$ を計算すると

$$S=\boldsymbol{H}\boldsymbol{y}^T=\begin{bmatrix}1&1&0&1&1&0&0\\1&1&1&0&0&1&0\\1&0&1&1&0&0&1\end{bmatrix}\begin{bmatrix}1\\1\\1\\0\\0\\0\\1\end{bmatrix}$$

$$=\begin{bmatrix}1\times1+1\times1+0\times1+1\times0+1\times0+0\times0+0\times1\\1\times1+1\times1+1\times1+0\times0+0\times0+1\times0+0\times1\\1\times1+0\times1+1\times1+1\times0+0\times0+0\times0+1\times1\end{bmatrix}$$

$$=\begin{bmatrix}0\\1\\1\end{bmatrix}$$

シンドロームベクトル $\boldsymbol{S}$ がパリティ検査行列 $\boldsymbol{H}$ と一致するのは，パリティ検査行列 $\boldsymbol{H}$ の第3列なので，受信語は3ビット目が反転していることになる．

したがって，送信された符号語 $\boldsymbol{x}$ として正しいのは，

$\boldsymbol{x}=[1,1,0,0,0,0,1]$

である．

III 27

【解答】 ①

【解説】

題意より，六面体のサイコロの数字 $\{1,\ 2,\ \cdots,\ 6\}$ の発生確率が $\{P_1, P_2, \cdots, P_6\}$ なので，サイコロを1回振るときのエントロピー H は，次

式で定義される.

$$H = -\sum_{i=1}^{6} P_i \log_2 P_i > 0 \tag{1}$$

ラグランジェの未定係数法により,エントロピー H が最大となる条件を求める.

$$L = H - \lambda\left(1 - \sum_{i=1}^{6} P_i\right) = -\sum_{i=1}^{6} P_i \log_2 P_i - \lambda\left(1 - \sum_{i=1}^{6} P_i\right)$$

とおくと,

$$\frac{\partial L}{\partial P_i} = -\left\{\log_2 P_i + P_i \times \frac{\dfrac{\mathrm{d}}{\mathrm{d}P_i}(\log_e P_i)}{\log_e 2}\right\} + \lambda$$

$$= -\left\{\log_2 P_i + \frac{1}{\log_e 2}\right\} + \lambda = 0$$

$(i = 1,\ 2,\ 3,\ \cdots,\ 6)$

$$\lambda = \log_2 P_1 + \frac{1}{\log_e 2} = \log_2 P_2 + \frac{1}{\log_e 2} = \cdots = \log_2 P_6 + \frac{1}{\log_e 2}$$

$\therefore\quad P_1 = P_2 = \cdots = P_6$

また,$\sum_{i=1}^{6} P_i = 1$ なので,

$$P_1 = P_2 = \cdots = P_6 = \frac{1}{6}$$

よって,最大エントロピー $H_{\max}$ は,

$$H_{\max} = -6 \times \frac{1}{6} \times \log_2 \frac{1}{6} = \log_2 6$$

【解答】 ④

【解説】

離散時間信号 $x(n)$ に対する両側 z 変換 $X(z)$ は,次式で定義される.

$$X(z)=\sum_{n=-\infty}^{\infty}x(n)z^{-n}$$

したがって，信号 $ax(n-k)$ の z 変換は，

$$\sum_{n=-\infty}^{\infty}ax(n-k)z^{-n}=a\sum_{n=-\infty}^{\infty}x(n-k)z^{-n}$$

ここで，$n'=n-k$ とおくと，$n=n'+k$ なので，

$$\sum_{n=-\infty}^{\infty}ax(n-k)z^{-n}=a\sum_{n'=-\infty}^{\infty}x(n')z^{-(n'+k)}$$

$$=az^{-k}\sum_{n'=-\infty}^{\infty}x(n')z^{-n'}$$

$$=az^{-k}X(z)$$

III 29

【解答】 ④

【解説】

信号 $f(t)$ のフーリエ変換 $F(\omega)$ の定義式に，設問の信号 $f(t)$ の式を代入すると，

$$F(\omega)=\int_{t=-\infty}^{t=\infty}f(t)\mathrm{e}^{-\mathrm{j}\omega t}\,\mathrm{d}t=\int_{t=-T}^{t=+T}\frac{1}{T}\mathrm{e}^{-\mathrm{j}\omega t}\,\mathrm{d}t$$

$$=\frac{1}{T}\int_{t=-T}^{t=+T}\mathrm{e}^{-\mathrm{j}\omega t}\,\mathrm{d}t$$

ここで，$x=-\mathrm{j}\omega t$ とおくと，

$$\mathrm{d}t=\mathrm{j}\frac{1}{\omega}\mathrm{d}x$$

なので，

$$F(\omega)=-\mathrm{j}\frac{1}{\omega T}\int_{x=-\mathrm{j}\omega T}^{x=+\mathrm{j}\omega T}\mathrm{e}^{x}\,\mathrm{d}x=-\mathrm{j}\frac{1}{\omega T}\left[\mathrm{e}^{x}\right]_{-\mathrm{j}\omega T}^{+\mathrm{j}\omega T}$$

$$=-\mathrm{j}\frac{1}{\omega T}\left[\mathrm{e}^{+\mathrm{j}\omega T}-\mathrm{e}^{-\mathrm{j}\omega T}\right]=\frac{2\sin\omega T}{\omega T}$$

III 30 【解答】 ④

【解説】

ブロードキャストアドレスは，ネットワーク内のすべてのノード（機器）にデータをいっせい配信するために使われる特殊なアドレスであり，プロトコル（通信規約）ごとに形式が決まっている．

IPv4（Internet Protocol version 4）アドレスは32ビットの2進数で，覚えにくいので8ビットごとに区切って，それぞれを10進数で表記する．10進数表記で「170.15.16.8」である場合，2進数表記では，次のようになる．

「170.15.16.8」＝「10101010.00001111.00010000.00001000」

また，IPv4アドレスは，32ビットをネットワーク部とホスト部に分け，「170.15.16.8」の後に「/16」を付け足した「170.15.16.8/16」と表記（プレフィックス表記）すると，ネットワーク部は先頭ビットから16ビットまでで，残りの16ビットはホスト部である．

IPv4アドレスでは，ホスト部の全ビットを1にしたアドレスをそのネットワークのブロードキャストアドレスとすることとなっている．2進法の「11111111」は，10進法で「255」なので，ブロードキャストアドレスは，

「10101010.00001111.11111111.11111111」＝「170.15.255.255」

である．

III 31 【解答】 ④

【解説】

① 適切．16QAM（Quadrature Amplitude Modulation）は，直交する二つの搬送波を用い，同相および直交のベースバンド信号を直交多値化した方式である．4相位相変調であるQPSKに，Iチャネル（I：In−phase，同相成分）とQチャネル（Q：Quadrature−phase，直交成分）の二つの軸上でのASK（Amplitude Shift Keying．振幅変調）を加え，位相と振幅の両方を変化させる変調方式であり，一つのシンボルで4ビット（2の4乗＝16とおり）の情報を伝送することができる．

2019年度

②　適切. ASK（Amplitude Shift Keying）は送信データに応じて搬送波の振幅を変化させる振幅変調方式，PSK（Binary phase shift keying）は送信データに応じて搬送波の位相を変化させる位相偏移変調方式である.

③　適切. PSK 方式には，BPSK（Binary PSK）方式と QPSK（Quadrature PSK）方式がある. BPSK 方式は位相変化を 2 値とし，1 回の変調（1 シンボル）で 1 bit のデータを伝送するのに対して，QPSK 方式は位相変化を 4 値とし，1 回の変調（1 シンボル）で 2 bit のデータを伝送することができる.

④　不適切. QPSK 方式と BPSK 方式のビット誤り率（BER）P_{b} は同じであるが，2 ビットが同時に送られるために 2 倍の電力を必要とする. BPSK のシンボル誤り率（SER）P_{SB} は BER と等しいので P_{b} であるが，QPSK のシンボル誤り率 P_{SQ} は，2 ビット同時に送られるので，

$$P_{\mathrm{SQ}} = 1 - (1 - P_{\mathrm{b}})^2 = 2P_{\mathrm{b}} - P_{\mathrm{b}}^2 \fallingdotseq 2P_{\mathrm{b}} = P_{\mathrm{SB}}$$

となり，BPSK 方式の 2 倍になる. 同一送信電力を条件とすれば，QPSK のほうがさらにシンボル誤り率は大きくなる.

また，16QAM は振幅 4 値と位相 4 値を組み合わせ 16 の信号点を区別して伝送する方式であるため，1 シンボル当たり多くのビットを伝送することができるが，同一の送信電力で送信した場合，信号点は接近するので雑音等の影響を受けやすく，BPSK 方式や QPSK 方式と比べるとシンボル誤り率は大きくなる.

したがって，シンボル誤り率が最も大きいのは 16QAM 方式であり，最も小さいのは BPSK 方式である.

⑤　適切. PSK 方式でも，位相変化を 6 値以上とすれば，3 ビット以上のデータを変調することは可能である.

【解答】 ⑤

【解説】

変調された信号を復調する方法は，同期検波と非同期検波に分類される．同期検波は，送信された変調波から受信側で検波に必要な基準搬送波を再生し，これを用いて検波を行う方式であり，変調方式がPSK方式，ASK方式，FSK方式であるときに適用できる．基準搬送波を再生するため，再生周波数，変調方式，変調速度，基準搬送波再生回路の引き込み周波数範囲，再生した基準搬送波のS/Nなどを考慮した設計とする必要があるので回路構成が複雑になるが，チャネルの時間変動がない場合は誤り率特性は改善される．

非同期検波はAM変調波およびFM変調波の検波に用いられており，主に音声帯域の信号を伝送する放送波または低速度のデジタル信号でASK，FSK変調された変調波を復調する場合に用いられている．

【解答】 ①

【解説】

周期律表の第Ⅳ族に属するシリコンやゲルマニウムは，ダイヤモンド結晶構造で，それぞれの原子が1個ずつ電子を出し合って共有結合している．常温では絶縁体であるが，接合エネルギーは弱いため，温度が上昇すると，電子の一部が（自由）電子，電子の抜けた穴が正孔になって，導電性が生じるので，絶縁体と導体の間の半導体と呼ばれる．

このように，電子と正孔それぞれの単位体積当たりの数が等しい半導体を真性半導体と呼ぶ．

この半導体に，各種不純物を混入させることで，電子と正孔の単位体積当たりの数を大幅に変化させることができる．

真性半導体にひ素のようなⅤ族の不純物を混入させると，シリコンと共有結合する電子が1個余り電子となる．この電子の供給源となる不純物をドナーと呼び，単位体積当たりの電子の数が増大し，n形半導体となる．

また，ガリウムやほう素のようなⅢ族の不純物を混入させると，シリコンと共有結合するのに電子が1個足りない状態となり，正孔ができる．この正孔の供給源（電子を受け入れ）となる不純物をアクセプタと呼び，単位体積当たりの正孔の数が増大し，p形半導体となる．

n形半導体やp形半導体に電界を加えると，電子や正孔は半導体内を移動して電荷を運ぶ役割を果たすので，キャリヤと呼ばれる．n形半導体では電子の数が正孔の数より多く，p形半導体では正孔の数が電子の数より多い．この数の多い電子または正孔を多数キャリヤと呼ぶ．n形半導体では電子，p形半導体では正孔が多数キャリヤである．

【解答】 ③

【解説】

MOSトランジスタは，ソース電極・ドレーン電極・ゲート電極とシリコン基板から構成され，電子または正孔をキャリヤとするユニポーラトランジスタである．

MOS容量は，ゲート電極とシリコン基板の間にシリコン酸化膜を挟んだ構造によってつくられる静電容量である．**第1図**のように，ゲート・ドレーン間容量 C_{GD}，ゲート・ソース間容量 C_{GS}，ドレーン・ソース間容量 C_{DS} がある．

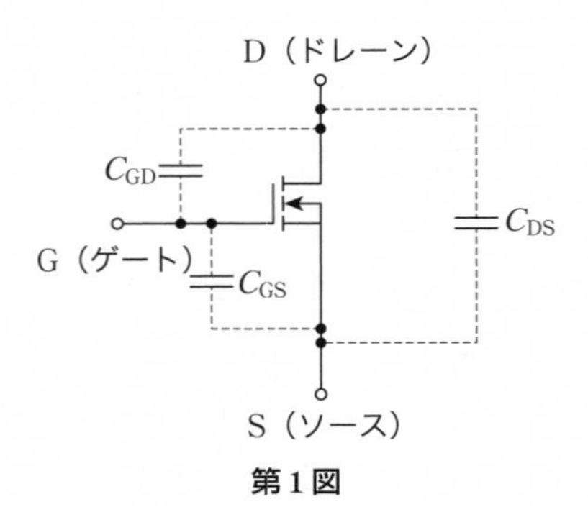

第1図

入力容量は C_{GD} と C_{GS} の和である．これが小さいほど，ゲート信号がオンになったときのゲート電圧の立上りが早くなり，スイッチング遅延時間は短くなる．帰還容量は C_{GD} である．C_{GD} が小さい場合，スイッチング時間（下降時間）が短くなり，ドレーン電流立上り特性が良くなって損失も低減される．出力容量は C_{GD} と C_{DS} の和である．出力容量が大きいと，ターンオフ $\mathrm{d}v/\mathrm{d}t$ は小さくなりノイズ的には有利である．

ゲート・ドレーン間容量 C_{GD} やゲート・ソース間容量 C_{GS} はゲート面積に比例する．ゲート長には反比例するので，スイッチング遅延時間はゲート長に比例することになる．

【解答】 ②

【解説】

交流遮断器は，電力系統や機器などの負荷電流を連続通電し，また開閉することができ，この連続して通じうる電流の限度を定格電流という．

また，短絡などの事故発生時には，事故電流を一定時間流すことができ，また遮断することもでき，この遮断できる電流の限度を定格遮断電流という．

2018年度　解答

【解答】　②

【解説】

鉄損は，ヒステリシス損 W_h と渦電流損 W_e とからなり，次式で表される．

$$W_h = K_h f B_m{}^2$$

$$W_e = K_e t^2 f^2 B_m{}^2$$

ここで，f：電源周波数，B_m：鉄心の最大磁束密度，t：積層鉄心の鉄板の厚さ，K_h，K_e：比例係数

ヒステリシス損は，交番磁界により，鉄心の磁束密度がヒステリシスループを描くことにより生じる損失であり，スタインメッツの実験式が用いられる．$B_\mathrm{m}{}^2$ は方向性けい素鋼帯についてよく合うが，熱間圧延けい素鋼板では $B_\mathrm{m}{}^{1.6}$ のほうがよく合うといわれている．

渦電流損は，鉄心中の磁束密度の変化によって，主として鉄板の表面近くに渦電流が流れ，ジュール損を生じるものである．渦電流は，鉄心中の電磁誘導によって発生する誘導起電力に比例するので，周波数 f と最大磁束密度 B_m の積に比例する．ジュール損は渦電流の 2 乗に比例するので，周波数 f の 2 乗と磁束密度 B_m の 2 乗の相乗積に比例する．②の渦電流の記述は不適切である．

【解答】　②

【解説】

導体に電流が流れるとそのまわりに電流を取り囲むように磁界ができる．磁界の向きを決めるのが右ねじの法則，微小区間の電流による磁界の大きさを求めるのがビオ・サバールの法則である．微小長さの電流 $I\mathrm{d}l$ が距離 r だけ離れた点につくる磁界の強さ $\mathrm{d}H$ は，電流の方向とその点の方向の

なす角をθとすると，次式で与えられる．

$$\mathrm{d}H=\frac{1}{4\pi}\frac{I\mathrm{d}l}{r^2}\sin\theta$$

巻数N，半径aの円形コイルに直流電流Iを流す場合を考えると，$2\pi aN/\mathrm{d}l$個の微小区間の電流$I\mathrm{d}l$ができる．この微小区間の方向と円の中心の方向のなす角は$\pi/2$なので，

$$H=\mathrm{d}H\times\frac{2\pi aN}{\mathrm{d}l}=\frac{1}{4\pi}\frac{I\mathrm{d}l}{a^2}\sin\frac{\pi}{2}\times\frac{2\pi aN}{\mathrm{d}l}=\frac{NI}{2a}\,[\mathrm{A/m}]$$

【解答】　①

【解説】

電界の強さは，その点に単位電荷（1 C）を置いたときに働くクーロン力[N]で定義される．

点Aの電界の強さ$\dot{E}_{\mathrm{A}}$は，点Bの電荷Q_{B}による電界の強さ$\dot{E}_{\mathrm{AB}}$と点Cの電荷$+Q$による電界の強さ$\dot{E}_{\mathrm{AC}}$の合成である．題意より，電界の強さ$\dot{E}_{\mathrm{A}}$は，設問図の矢印の向き（BCに垂直の向き）なので，$\dot{E}_{\mathrm{AB}}$と$\dot{E}_{\mathrm{AC}}$のBC方向の成分は互いに打ち消して零になる必要がある．**第1図**のベクトル図においては，

$$\theta=\cos^{-1}\frac{a}{2a}=\frac{\pi}{3}$$

$$\overline{\mathrm{AB}}=a\tan\theta=a\tan\frac{\pi}{3}=\sqrt{3}\,a$$

$$E_{\mathrm{AB}}\sin\theta=\frac{Q_{\mathrm{B}}\times1}{4\pi\varepsilon_0(\sqrt{3}\,a)^2}\sin\frac{\pi}{3}=\frac{\sqrt{3}\,Q_{\mathrm{B}}}{24\pi\varepsilon_0a^2}$$

$$E_{\mathrm{AC}}\cos\theta=\frac{Q\times1}{4\pi\varepsilon_0a^2}\cos\frac{\pi}{3}=\frac{Q}{8\pi\varepsilon_0a^2}$$

なので，$E_{\mathrm{AB}}\sin\theta=E_{\mathrm{AC}}\cos\theta$である．

$$\frac{\sqrt{3}\,Q_{\mathrm{B}}}{24\pi\varepsilon_0 a^2}=\frac{Q}{8\pi\varepsilon_0 a^2}$$

$$\therefore\quad Q_{\mathrm{B}}=\sqrt{3}\,Q$$

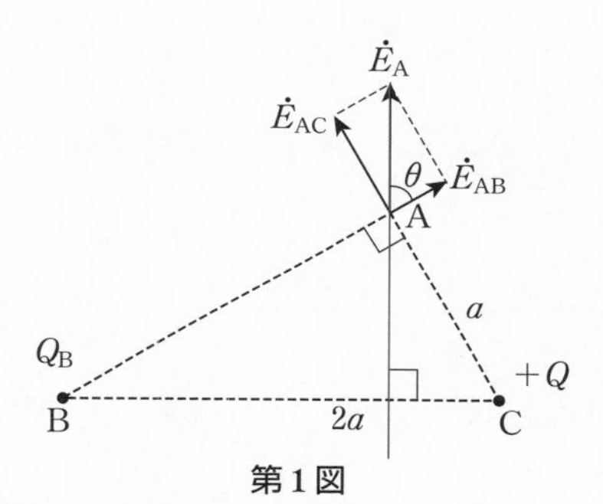

第1図

また，電界の強さ $\dot{E}_{\mathrm{A}}$ の大きさ E_{A} は，$\dot{E}_{\mathrm{AB}}$ と $\dot{E}_{\mathrm{AC}}$ の設問図の矢印の向きの成分の和になるので，

$$E_{\mathrm{A}}=E_{\mathrm{AB}}\cos\theta+E_{\mathrm{AC}}\sin\theta=\frac{\sqrt{3}\,Q}{4\pi\varepsilon_0(\sqrt{3}\,a)^2}\cos\frac{\pi}{3}+\frac{Q}{4\pi\varepsilon_0 a^2}\sin\frac{\pi}{3}$$

$$=\frac{\sqrt{3}\,Q}{6\pi\varepsilon_0 a^2}$$

電位 ϕ_{A} は次式となる.

$$\phi_{\mathrm{A}}=\phi_{\mathrm{B}}+\phi_{\mathrm{C}}=\frac{\sqrt{3}\,Q}{4\pi\varepsilon_0\times\sqrt{3}\,a}+\frac{Q}{4\pi\varepsilon_0 a}=\frac{Q}{2\pi\varepsilon_0 a}$$

【解答】 ④

【解説】

電磁波の速さ v は，媒質の誘電率を ε，比誘電率を ε_{s}，透磁率を μ，比透磁率を μ_{s}，光速を c とすると，次式で求めることができる.

$$v=\frac{1}{\sqrt{\varepsilon\mu}}=\frac{c}{\sqrt{\varepsilon_{\mathrm{s}}\mu_{\mathrm{s}}}}$$

したがって，真空中の速さは光速 c に等しく，誘電率が大きくなると速さは小さくなり，透磁率が大きくなっても速さは小さくなる. ②，⑤の記述は適切であるが，④の記述は不適切である．

また，周波数 f の電磁波の波長 λ は，

$$\lambda = \frac{v}{f} = \frac{1}{f\sqrt{\varepsilon\mu}}$$

なので，誘電率が小さくなると，長くなる．③の記述は正しい．

III 5

【解答】　②

【解説】

真空中に設置された間隔 x の平行平板コンデンサの単位面積当たりの静電容量 C は，

$$C = \frac{\varepsilon_0}{x}$$

なので，電圧 V を加えたときに蓄えられる静電エネルギー W は次式で与えられる．

$$W = \frac{1}{2}CV^2 = \frac{1}{2}\frac{\varepsilon_0}{x}V^2$$

板 A に加わる単位面積当たりの引力を f とすると，引力 f に逆らって間隔を x から $x + \mathrm{d}x$ に広げるのに必要なエネルギー $\mathrm{d}W$ は，

$$\mathrm{d}W = -f\mathrm{d}x$$

$$\therefore\ f = -\frac{\mathrm{d}W}{\mathrm{d}x} = -\frac{\mathrm{d}}{\mathrm{d}x}\left\{\frac{1}{2}\frac{\varepsilon_0}{x}V^2\right\} = \frac{\varepsilon_0 V^2}{2x^2}$$

$x = d$ とおいて，

$$f = \frac{\varepsilon_0 V^2}{2d^2}$$

【解答】　①

【解説】

キルヒホッフの法則には，電流則（第 1 法則）と電圧則（第 2 法則）がある．

・電流則：回路網の任意の分岐点において，流れ込む電流の和と流れ出る電流の和は等しくなる．

・電圧則：回路網内の任意の閉回路を一方向にたどるとき，閉回路中の電源の総和と抵抗による電圧降下の総和は等しい．

キルヒホッフの法則は，回路網が線形か非線形かにかかわらず成り立つが，線形であれば，『複数の電源と抵抗からなる回路網を流れる電流は，それぞれの電源が単独で存在するときに回路を流れる電流の和で表すことができる』．これを重ね合わせの理と呼ぶ．

【解答】 ⑤

【解説】

電流 I は，重ね合わせの理により，定電圧源 E_1 による電流 I_1 と定電圧源 E_2 による電流 I_2 の和になる．電流 I_1 を求める場合は，E_2 を短絡すればよいので，

$$I_1=\frac{E_1}{r_1+\dfrac{r_2R}{r_2+R}}\times\frac{r_2}{r_2+R}=\frac{E_1r_2}{R(r_1+r_2)+r_1r_2}$$

同様に，電流 I_2 を求める場合は，E_1 を短絡すればよいので，

$$I_2=\frac{E_2}{r_2+\dfrac{r_1R}{r_1+R}}\times\frac{r_1}{r_1+R}=\frac{E_2r_1}{R(r_1+r_2)+r_1r_2}$$

$$\therefore\ I=I_1+I_2$$
$$=\frac{E_1r_2}{R(r_1+r_2)+r_1r_2}+\frac{E_2r_1}{R(r_1+r_2)+r_1r_2}=\frac{E_1r_2+E_2r_1}{R(r_1+r_2)+r_1r_2}$$

【解答】 ②

【解説】

設問図の定電流源を定電圧源に置き換えると，**第1図**のようになる．

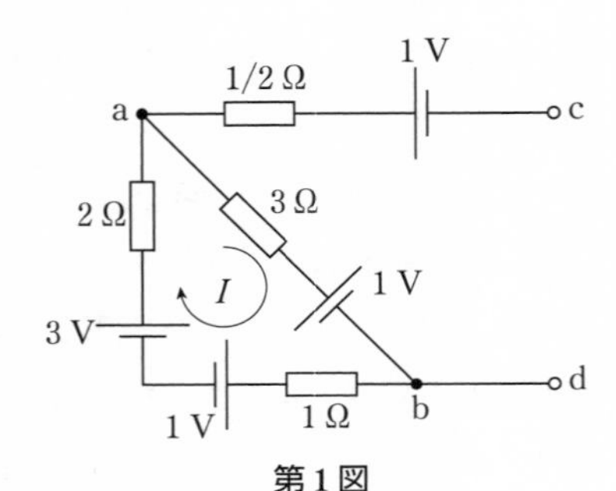

第 1 図

この回路において，循環電流 I は,

$$I=\frac{3-1-1}{2+3+1}=\frac{1}{6}\text{ A}$$

端子 a-b 間の電圧 V_{ab} は,

$$V_{\text{ab}}=1+3I=1+3\times\frac{1}{6}=\frac{3}{2}\text{ V}$$

電圧 v は，端子 c-d を開放したときの電圧 V_{cd} なので,

$$v=V_{\text{ab}}-1=\frac{3}{2}-1=\frac{1}{2}\text{ V}$$

また，抵抗 r は，第 1 図の定電圧源をすべて短絡したときに端子 c-d から見た合成抵抗なので,

$$r=\frac{(2+1)\times 3}{(2+1)+3}+\frac{1}{2}=2\ \Omega$$

【解答】 ①

【解説】

スイッチ SW が開いている場合に，抵抗 R の両端にかかる電圧 V は,

$$V=\left|\frac{R}{R+\text{j}\omega L}\times\dot{E}\right|=\frac{R}{\sqrt{R^2+(\omega L)^2}}\times E$$

スイッチ SW を閉じると，抵抗 R にコンデンサ C が並列に接続されるので，抵抗 R の両端にかかる電圧 V' は,

$$V' = \left| \frac{\dfrac{1}{\dfrac{1}{R} + j\omega C}}{\dfrac{1}{\dfrac{1}{R} + j\omega C} + j\omega L} \times \dot{E} \right| = \left| \frac{1}{1 + j\omega L\left(\dfrac{1}{R} + j\omega C\right)} \times \dot{E} \right|$$

$$= \left| \frac{R}{R(1-\omega^2 CL) + j\omega L} \times \dot{E} \right| = \frac{R}{\sqrt{R^2(1-\omega^2 CL)^2 + (\omega L)^2}} \times E$$

III 10

【解答】 ③

【解説】

図 A の回路の端子 a–b 間のインピーダンス $\dot{Z} = R + j\omega L$ なので，力率 $p.f.$ は，

$$p.f. = \frac{R}{Z} = \frac{R}{\sqrt{R^2 + (\omega L)^2}} = \frac{50}{\sqrt{50^2 + (2\pi \times 50 \times 92 \times 10^{-3})^2}}$$

$$\fallingdotseq \frac{50}{\sqrt{50^2 + 28.902^2}} \fallingdotseq 0.866 \fallingdotseq 0.87$$

また，インピーダンス $\dot{Z}$ をアドミタンス $\dot{Y} = G + jB$ で表すと，次式のようになる．

$$\dot{Y} = G + jB = \frac{1}{R + j\omega L} = \frac{R}{R^2 + (\omega L)^2} - j\frac{\omega L}{R^2 + (\omega L)^2}$$

図 B の回路を力率 1 にするには，コンデンサで jB を補償して合成サセプタンスを 0 にすればよいので，

$$\omega C = \frac{\omega L}{R^2 + (\omega L)^2}$$

$$\therefore\ C = \frac{L}{R^2 + (\omega L)^2} = \frac{92 \times 10^{-3}}{50^2 + (2\pi \times 50 \times 92 \times 10^{-3})^2}$$

$$\fallingdotseq 27.6 \times 10^{-6}\ \mathrm{F} = 27.6\ \mu\mathrm{F}$$

【解答】 ②

【解説】

スイッチより左側の定電流源回路は，抵抗 R_1 を直列接続する定電圧源 R_1I に等価変換することができるので，$t=0$ でスイッチを b に切り換えた回路では次の微分方程式が成り立つ.

$$L\frac{\mathrm{d}i_2}{\mathrm{d}t}+(R_1+R_2)i_2=R_1I$$

$$\frac{L}{R_1+R_2}\frac{\mathrm{d}i_2}{\mathrm{d}t}=\frac{R_1}{R_1+R_2}I-i_2$$

変数を分離して，

$$\frac{\mathrm{d}i_2}{\dfrac{R_1}{R_1+R_2}I-i_2}=\frac{R_1+R_2}{L}\mathrm{d}t$$

両辺を積分すると，

$$-\ln\left\{\frac{R_1}{R_1+R_2}I-i_2\right\}=\frac{R_1+R_2}{L}t+C$$

$$\frac{R_1}{R_1+R_2}I-i_2=C'\mathrm{e}^{-\frac{R_1+R_2}{L}t}$$

ただし，C，C' は積分定数

ここで，$t=0$ で $i_2=0$ なので，

$$C'=\frac{R_1}{R_1+R_2}I$$

$$\therefore\ \ i_2=\frac{R_1}{R_1+R_2}I\left(1-\mathrm{e}^{-\frac{R_1+R_2}{L}t}\right)$$

$$v_{\mathrm{L}}=L\frac{\mathrm{d}i_2}{\mathrm{d}t}=R_1I\mathrm{e}^{-\frac{R_1+R_2}{L}t}$$

$$v_{\mathrm{R1}}\big|_{t=\infty}=R_1\times i_1\big|_{t=\infty}=R_1\times(I-i_2)\big|_{t=\infty}=R_1\times\left(I-\frac{R_1}{R_1+R_2}I\right)$$

$$= \frac{R_1 R_2}{R_1 + R_2} I$$

【解答】 ①

【解説】

スイッチ SW が a 側に接続され，十分時間が経過すると，抵抗 R には電流が流れなくなり，

コンデンサ電圧 V_{C} = 定電圧源の電圧 V_0

この状態の $t = 0$ で，スイッチ SW を b 側に接続すると，電圧 V_0 に充電されたコンデンサが抵抗 R を介して短絡されることになる.

コンデンサの電荷を q，充電電流を i とすると，

$$\frac{1}{C} q + Ri = \frac{1}{C} q + R \frac{\mathrm{d}q}{\mathrm{d}t} = 0$$

$$\therefore \quad q = K \mathrm{e}^{-\frac{1}{RC} t} \quad (K：積分定数)$$

初期条件は，$t = 0$ で $q = CV_0$ なので，

$$K = CV_0$$

$$q = CV_0 \mathrm{e}^{-\frac{1}{RC} t}$$

$t = 0$ での抵抗 R の電流の大きさは，

$$|i|_{t=0} = \left| \frac{\mathrm{d}q}{\mathrm{d}t} \right|_{t=0} = \left| -\frac{V_0}{R} \mathrm{e}^{-\frac{1}{RC} t} \right|_{t=0} = \frac{V_0}{R}$$

$t = 0$ でのコンデンサ電圧の傾きは，

$$\left| \frac{\mathrm{d}V_{\mathrm{C}}}{\mathrm{d}t} \right|_{t=0} = \frac{V_0}{CR} \mathrm{e}^{-\frac{1}{RC} t} \bigg|_{t=0} = \frac{V_0}{RC}$$

時定数 τ は次式となる.

$$\tau = RC$$

$t = \tau$ におけるコンデンサ電圧 V_{C} は，

$$V_C = V_0 e^{-\frac{1}{RC} \times RC} = V_0 e^{-1} = \frac{V_0}{e}$$

III 13

【解答】 ②

【解説】

電力系統の 1 相分のインピーダンス Z [Ω] に対するパーセントインピーダンス %Z [%] は，基準相電圧を E_B [V]，基準電流を I_B [A]，基準容量を P_{B1} [V·A] とすると，次式で定義される．

$$\%Z = \frac{ZI_B}{E_B} \times 100 = \frac{ZE_B I_B}{{E_B}^2} \times 100 = \frac{ZP_{B1}}{{E_B}^2} \times 100 \ [\%]$$

また，基準線間電圧を V_B [V]，基準三相容量を P_{B3} [V·A] としても，

$$\frac{\sqrt{3}\,ZI_B}{V_B} \times 100 = \frac{\sqrt{3}\,ZV_B I_B}{{V_B}^2} \times 100 = \frac{ZP_{B3}}{{V_B}^2} \times 100 = \%Z$$

と同じ形の式で定義される．したがって，パーセントインピーダンスは，基準容量に比例し，基準電圧の 2 乗に反比例する．

III 14

【解答】 ①

【解説】

ガスタービンの入力を 1 とすると，ガスタービンの出力は 0.30，ガスタービン出口の排熱は 0.70 になる．

この 0.70 を排熱回収ボイラで回収して，蒸気タービンを駆動するので，蒸気タービン出力は，$0.70 \times 0.40 = 0.28$ である．

よって，総合熱効率 η は，

$$\eta = 0.30 + 0.28 = 0.58 = 58\,\%$$

【解答】 ⑤

【解説】

50 % 負荷（力率 0.8）時の出力 P，鉄損 W_i，銅損 W_c は，次のとおりである．

$$P = 0.5 \times 1\,000 \times 0.8 = 400\ \mathrm{W}$$

$$W_{\mathrm{i}} = 20\ \mathrm{W}$$

$$W_{\mathrm{c}} = 0.5^2 \times 60 = 15\ \mathrm{W}$$

よって，効率 η は，

$$\eta = \frac{P}{P + W_{\mathrm{i}} + W_{\mathrm{c}}} = \frac{400}{400 + 20 + 15} = 91.954 \fallingdotseq 92\ \%$$

III 16

【解答】 ⑤

【解説】

界磁電流 I_{f} は，

$$I_{\mathrm{f}} = \frac{V}{R_{\mathrm{f}}} = \frac{200}{25} = 8\ \mathrm{A} = \text{一定}$$

無負荷時の入力電流 $I = 10\ \mathrm{A}$ なので，電機子電流 I_{a} および電機子誘導起電力 E_{a} は，

$$I_{\mathrm{a}} = I - I_{\mathrm{f}} = 10 - 8 = 2\ \mathrm{A}$$

$$E_{\mathrm{a}} = V - R_{\mathrm{a}} I_{\mathrm{a}} = 200 - 0.1 \times 2 = 199.8\ \mathrm{V}$$

電動機入力電流が $I' = 110\ \mathrm{A}$ になっても，界磁電流は一定なので，電機子電流 I_{a}' および電機子誘導起電力 E_{a}' は，

$$I_{\mathrm{a}}' = I' - I_{\mathrm{f}} = 110 - 8 = 102\ \mathrm{A}$$

$$E_{\mathrm{a}}' = V - R_{\mathrm{a}} I_{\mathrm{a}}' = 200 - 0.1 \times 102 = 189.8\ \mathrm{V}$$

電機子誘導起電力は，回転速度 N と電機子巻線と鎖交する磁束 Φ の積に比例するので，$\Phi =$ 一定のとき，回転速度に比例する．

$$N' = N \frac{E_{\mathrm{a}}'}{E_{\mathrm{a}}} = 1\,200 \times \frac{189.8}{199.8} \fallingdotseq 1\,140\ \mathrm{min}^{-1}$$

【解答】 ⑤

【解説】

本回路は，昇圧チョッパ回路である．

題意より，負荷抵抗 R の電圧 V_L のリプルは十分抑制されて無視できる．また，コイル L_S の電流 I は一定である．

サイリスタ Q がオン状態のときにコイル L_S に蓄えられる磁気エネルギー W と，サイリスタ Q がオフ状態のときにコイル L_S から放出される磁気エネルギー W' はそれぞれ次式で表される．

$$W = V_S I \times T_{ON}$$

$$W' = (V_L - V_S) I \times T_{OFF}$$

オン，オフを周期的に繰り返す安定状態では $W = W'$ なので，

$$V_S I \times T_{ON} = (V_L - V_S) I \times T_{OFF}$$

$$\therefore \frac{V_L}{V_S} = \frac{T_{ON} + T_{OFF}}{T_{OFF}}$$

【解答】 ④

【解説】

① 適切．スナバ回路（Snubber circuit）は，電気回路中で半導体デバイスのスイッチング等に起因して生じる過渡的な高電圧を吸収する保護回路要素である．デバイスへのストレスを低減する．

② 適切．トランジスタや IGBT を信頼性を保ちながら動作させるには，SOA（安全動作領域）内で動作させる必要がある．SOA にはターンオン時の順バイアス時 SOA と，ターンオフ時の逆バイアス時 SOA および短絡耐量がある．特にターンオフ時に生じるサージ電圧の抑制が重要で，回路の配線インダクタンス l と遮断電流 i の変化率 $\mathrm{d}i/\mathrm{d}t$ の積により決まるので，機器配置や配線を工夫して l を極力小さくするが，i が大きい場合はデバイスと並列に CR やダイオードからなるスナバ回路が設置される．

③ 適切．サイリスタに電流を流した状態で逆電圧を印加すると，電流が減衰して零を通過し逆方向に大きな電流が流れた後，急激に減衰して，逆方向阻止能力を回復する．このときに，回路インダクタンスによって転流サージ電圧が発生するので，サイリスタ両端にコンデンサと抵抗から

なるスナバ回路を接続する．また，サイリスタなどがオフしている期間に，外来サージや変換回路内の相互干渉によって，順方向に過大な dv/dt が印加されると，誤点弧してサイリスタが破壊するおそれがあるので，アノードリアクトルを直列に挿入して，dv/dt によって流れる電流の変化率を小さくし，サイリスタ両端電圧の dv/dt を抑制する．GTO に直列に接続するアノードリアクトルはターンオフ時の di/dt の抑制を目的とし，アノードリアクトルと並列にダイオードを設けて，ターンオフ時に流れていた電流を還流させてスナバ回路の責務を軽減する．

④　不適切．スナバ回路には，スイッチング期間中の電圧・電流の重なりを抑制する効果はない．

⑤　適切．高電圧化のために複数デバイスを直列接続する場合，スナバ回路はデバイスの特性差を吸収し，デバイスの分担電圧の均等化を図る補助回路の主体である．

III 19

【解答】　⑤

【解説】

①，③，④　適切．球ギャップによる測定は，空気中で同じ直径の 2 個の金属球の間隔を変えながら，印加する電圧を上げていったとき，火花放電が開始するときの間隔から電圧を測る．球ギャップは，交流電圧，インパルス電圧に対して，球電極の直径，ギャップ長，相対空気密度が一定ならば，火花電圧の変動が $\pm 3\ \%$ 以内に収まり，平等電界であれば，電界の強さで約 30 kV/cm になることを利用している．電極表面に，空気中のちりや繊維が付着すると，そこに電界が集中する不平等電界になるので，火花電圧は低下する．

②　適切．静電電圧計は，相対する二つの電極板の間に作用する静電力を利用した電圧計で，直流，交流の両方に利用できる．電極間のマクスウェルの応力を利用しており，電圧の 2 乗に比例した駆動力を得ることができる．

⑤　不適切．静電電圧計のほうが高電圧低電流回路電圧測定に向いている．

【解答】　②

【解説】

PID 制御は，P 制御（比例制御），I 制御（積分制御）および D 制御（微分制御）を組み合わせた制御である．

①　適切．微分制御は，偏差の微分値に比例して制御するので，変動が急しゅんであればあるほど早く修正動作を行うため，速応性を高め，減衰性を改善できる．

②　不適切．積分制御は，偏差の積分値に比例した動作を行うため，定常偏差は小さくなり，定常位置偏差は零にできる．

③，④　適切．比例ゲインを大きくすると，それに反比例して定常位置偏差は小さくなるが，早い変動に対しては振動的になり，大きすぎると発散する．

⑤　適切．P 制御，I 制御，D 制御の割合を変えることにより，振動を抑えながら，速応性を改善できる．

III 21

【解答】　②

【解説】

差動入力端子 + の電圧 V_+ は，

$$V_+ = \frac{\frac{1}{\mathrm{j}\omega C}}{R + \frac{1}{\mathrm{j}\omega C}} v_1 = \frac{1}{1 + \mathrm{j}\omega CR} v_1 = \text{差動入力端子} - \text{の電圧 } V_-$$

（∵　仮想短絡．イマジナリショート）

電流 I は，

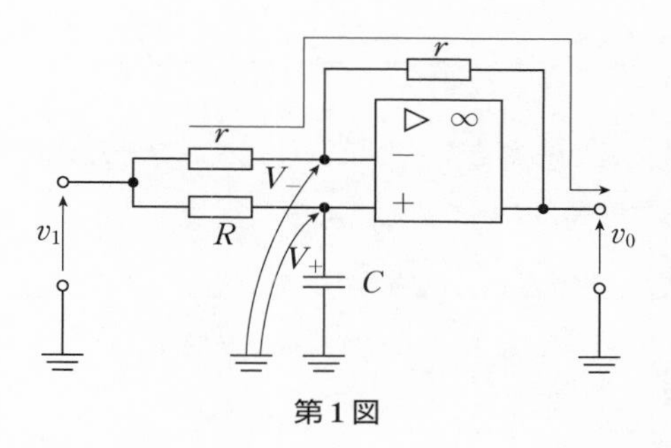

第1図

$$I=\frac{v_1-V_-}{r}=\frac{v_1-\dfrac{1}{1+\mathrm{j}\omega CR}v_1}{r}=\frac{1}{r}\frac{\mathrm{j}\omega CR}{1+\mathrm{j}\omega CR}v_1$$

出力端子電圧 v_0 は,

$$v_0=V_--rI=\frac{1}{1+\mathrm{j}\omega CR}v_1-r\times\frac{1}{r}\times\frac{\mathrm{j}\omega CR}{1+\mathrm{j}\omega CR}v_1=\frac{1-\mathrm{j}\omega CR}{1+\mathrm{j}\omega CR}v_1$$

よって，伝達関数は,

$$\frac{v_0}{v_1}=\frac{1-\mathrm{j}\omega CR}{1+\mathrm{j}\omega CR}=1\angle-2\tan^{-1}\omega CR$$

したがって，この回路は大きさを変えず，位相を $\phi=-2\tan^{-1}\omega CR$ だけ遅らせるオールパス回路（移相器）である.

III 22 【解答】 ①

【解説】

設問図より,

$$v_{\mathrm{gs}}=-v_{\mathrm{in}}$$

$$v_{\mathrm{out}}=-R_{\mathrm{L}}\times(g_{\mathrm{m}}v_{\mathrm{gs}})=g_{\mathrm{m}}R_{\mathrm{L}}v_{\mathrm{in}}$$

よって，電圧比は,

$$\frac{v_{\mathrm{out}}}{v_{\mathrm{in}}}=g_{\mathrm{m}}R_{\mathrm{L}}$$

【解答】 ④

【解説】

設問の論理回路から書き下ろした論理式を，ブール代数のド・モルガンの定理を使って展開していくことにより，

$$f=\overline{\overline{\overline{\overline{A\cdot B}\cdot C}\cdot D}\cdot E}=\overline{\overline{A\cdot B}\cdot C}+D+\overline{E}$$

$$=(A\cdot B+\overline{C})\cdot D+\overline{E}=A\cdot B\cdot D+\overline{C}\cdot D+\overline{E}$$

【解答】 ②

【解説】

論理式 $F(A,\ B,\ C)=A\cdot B+\overline{A}\cdot C+B\cdot C$ のカルノー図を描くと，第1図のようになる．

右辺第 3 項は他に含まれるので，第 1 項と第 2 項だけに簡単化できる．

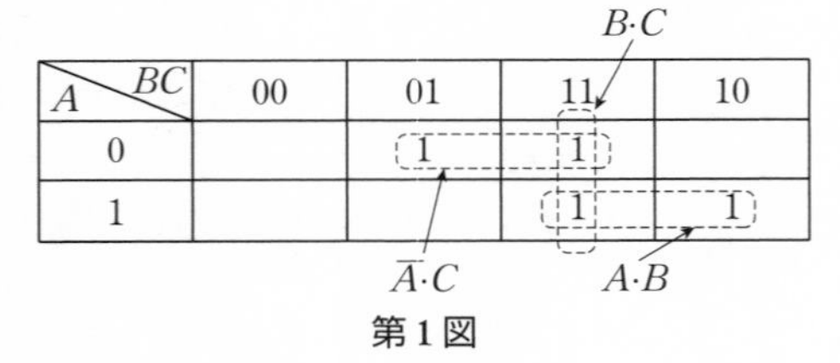

A \ BC	00	01	11	10
0		1	1	
1			1	1

第 1 図

$$F(A,\ B,\ C)=A\cdot B+\overline{A}\cdot C$$

【解答】 ④

【解説】

ハフマン符号化法は，一定ビットごとに文字列を区切り，区切られたのちの文字列を統計的に処理して，発生確率が高いパターンに対して短い符号を与えることにより，平均符号長を小さくしようとするものである．

したがって，四つの情報源シンボル s_1，s_2，s_3 および s_4 は，**第 1 表**のように上ほど発生確率が高いので，上から下に順番に「0」，「10」，「110」，「111」を割り当てる．

したがって，平均符号長は，次のようになる．

$$1\,\text{bit}\times0.4+2\,\text{bit}\times0.3+3\,\text{bit}\times0.2+3\,\text{bit}\times0.1=1.9\,\text{bit}$$

第1表

情報源シンボル	発生確率	符号
s_1	0.4	「0」
s_2	0.3	「10」
s_3	0.2	「110」
s_4	0.1	「111」

【解答】 ⑤

【解説】

題意より，アルファベット $\{a_1,\ a_2,\ \cdots,\ a_M\}$ の発生確率が $\{p_1,\ p_2,\ \cdots,\ p_M\}$ なので，エントロピー H は，次式で定義される.

$$H=-\sum_{i=1}^{M}p_i\log_2 p_i>0 \tag{1}$$

ラグランジェの未定係数法により，エントロピー H が最大となる条件を求める.

$$L=H-\lambda\left(1-\sum_{i=1}^{M}p_i\right)=-\sum_{i=1}^{M}p_i\log_2 p_i-\lambda\left(1-\sum_{i=1}^{M}p_i\right)$$

とおくと，

$$\frac{\partial L}{\partial p_i}=-\left\{\log_2 p_i+p_i\times\frac{\frac{\mathrm{d}}{\mathrm{d}p_i}(\ln p_i)}{\ln 2}\right\}+\lambda=-\left(\log_2 p_i+\frac{1}{\ln 2}\right)+\lambda=0$$

$(i=1,\ 2,\ 3,\ \cdots,\ M)$

ここで，変数は λ のみなので，

$$p_1=p_2=\cdots=p_M$$

また，$\displaystyle\sum_{i=1}^{M}p_i=1$ なので，

$$p_1=p_2=\cdots=p_M=\frac{1}{M}$$

2018年度

よって，最大エントロピーは，

$$H = -M \times \frac{1}{M} \times \log_2 \frac{1}{M} = \log_2 M$$

となる．

【解答】 ②

【解説】

信号 $f(t)$ のフーリエ変換 $F(\omega)$ の定義式は，次のとおりである．

$$F(\omega) = \int_{-\infty}^{+\infty} f(t)\,\mathrm{e}^{-\mathrm{j}\omega t}\,\mathrm{d}t$$

ここで，時間軸を a 倍した $f(at)$ のフーリエ変換を考えるため，$\tau = at$ とおくと，

$$\mathrm{d}t = \frac{1}{a}\mathrm{d}\tau\,,\quad \omega t = \frac{\omega}{a}\tau$$

なので，

$$\int_{-\infty}^{+\infty} f(at)\mathrm{e}^{-\mathrm{j}\omega t}\,\mathrm{d}t = \frac{1}{a}\int_{-\infty}^{+\infty} f(\tau)\mathrm{e}^{-\mathrm{j}\frac{\omega}{a}\tau}\,\mathrm{d}\tau = \frac{1}{a}F\left(\frac{\omega}{a}\right)$$

また，$t - T = \tau$ とおくと，$\mathrm{d}t = \mathrm{d}\tau$，$\omega t = \omega(t + T) = \omega\tau + \omega T$ なので，

$$\int_{-\infty}^{+\infty} f(t-T)\mathrm{e}^{-\mathrm{j}\omega t}\,\mathrm{d}t = \int_{-\infty}^{+\infty} f(\tau)\mathrm{e}^{-\mathrm{j}\omega\tau}\,\mathrm{d}\tau \times \mathrm{e}^{-\mathrm{j}\omega T} = F(\omega)\mathrm{e}^{-\mathrm{j}\omega T}$$

【解答】 ④

【解説】

フーリエスペクトル $F(\omega)$ は，時間信号 $f(t)$ をフーリエ変換した結果を周波数の関数として表したものである．

$$F(\omega) = \int_{-\infty}^{+\infty} f(t)\,\mathrm{e}^{-\mathrm{j}\omega t}\,\mathrm{d}t$$

$f(t)\exp(\mathrm{j}\omega_0 t)$ のフーリエスペクトルは，

$$\int_{-\infty}^{+\infty}\{f(t)e^{j\omega_0 t}\}e^{-j\omega t}\,dt=\int_{-\infty}^{+\infty}f(t)e^{-j(\omega-\omega_0)t}\,dt=F(\omega-\omega_0)$$

III 29

【解答】 ⑤

【解説】

① 適切. $\int_{-\infty}^{+\infty}\delta(t)dt=\int_{-\infty}^{+\infty}1\times\delta(t)dt$ より，$f(t)=1$ なので，

$$\int_{-\infty}^{+\infty}\delta(t)dt=f(0)=1$$

② 適切.

$$\int_{-\infty}^{+\infty}\delta(t-t_0)dt=\int_{-\infty}^{+\infty}\delta(t)dt=1$$

③ 適切.

$$F[\delta(t)]=\int_{-\infty}^{+\infty}\delta(t)e^{-j\omega t}\,dt=\int_{-\infty}^{+\infty}e^{-j\omega t}\delta(t)dt=e^{-j\omega\times 0}=1$$

④ 適切.

$$\int_{-\infty}^{+\infty}f(t)\delta(t-t_0)dt=\int_{-\infty}^{+\infty}f(\tau+t_0)\delta(\tau)d\tau=f(t_0)$$

⑤ 不適切.

$$\int_{-\infty}^{+\infty}f(t)\delta(at)dt=\int_{-\infty}^{+\infty}f\left(\frac{\tau}{a}\right)\delta(\tau)d\tau=f(0)$$

【解答】 ⑤

【解説】

ディジタル変調方式には，周波数偏移変調（FSK；frequency shift keying）方式と位相偏移変調（PSK；phase shift keying）方式とがある．FSK 方式は，データが 0 のとき搬送波を低周波数，1 のとき高周波数を対応させる方式で，アナログの周波数変調（FM）に相当する．PSK 方式は，

2018
年度

一定周波数の搬送波の位相を変化させることで変調するものである．変化させる位相の種類を増やすことにより，変調 1 回当たりの送信ビット数を増やすことができる方式である．

① 適切．BPSK（Binary Phase Shift Keying）方式は，位相変化を 2 値とし，1 回の変調（1 シンボル）で 1 bit 伝送する方式である．

②，③ 適切．QPSK（Quadrature Phase Shift Keying）方式は位相変化を 4 値とし，1 回の変調（1 シンボル）で 2 bit 伝送し，BPSK と比べて伝送ビット数は 2 倍になり，周波数の利用効率も 2 倍になるが，雑音の影響を受けやすくなる．

④ 適切．QPSK は，1 回の変調で 2 bit 伝送し，位相変化を 4 値とするが，π/4 シフト QPSK は 1 回の変調で互いに 45 度（π/4 ラジアン）位相の異なる QPSK を交互に用いる．周波数利用効率は同一であるが，π/4 シフト QPSK は位相偏移時に零点を通らないため，受信にリミッタを使うことができ，振幅変動に強くできる．

⑤ 不適切．QAM（Quadrature Amplitude Modulation）は，直交する二つの搬送波を用い，同相および直交のベースバンド信号を直交多値化した方式であり，4 相位相変調である QPSK に，I チャネル（I：In-phase，同相成分）と Q チャネル（Q：Quadrature-phase，直交成分）の二つの軸上での ASK（Amplitude Shift Keying．振幅変調）を加え，位相と振幅の両方を変化させる．これが基本となる 16 値 QAM であり，一つのシンボルで 4 bit（2 の 4 乗 = 16 とおり）の情報が伝送できる．

III 31

【解答】 ④

【解説】

拡散率は，スペクトラム拡散方式の無線通信において，拡散符号速度（チップレート：chip rate）の，送信データ速度（ビットレート：bit rate）に対する比をいう．

QPSK 方式は，位相変化を 4 値とし，1 回の変調（1 シンボル）で 2 bit

伝送するので，4 kbps の信号を送るには，送信データ速度（ビットレート）は，その 1/2 の 2 kbps でよい．

拡散率が 64，送信データ速度が 2 kbps なので，

拡散符号速度（チップレート）

＝送信データ速度（ビットレート）× 拡散率

＝2 kbps × 64 ＝ 128 kcps

【解答】 ③

【解説】

① 適切．TDMA（時分割多重アクセス）方式は，共有する伝送路の無線チャネルを一定の時間間隔で区切り，それぞれの通信局が割り当てられた順番で使用することで同時接続して通信する方式である．

② 適切．TDMA 方式は，各ユーザの信号を時間的に圧縮して多重化するため，伝送速度が上昇する．多くのユーザが同時接続する自動車電話，携帯電話のようなシステムでは，伝送速度が上昇し広帯域となり，1 システム 1 チャネルの TDMA を実現することは技術的に困難である．このため，ある程度の数のユーザを TDMA 方式で多重化し，その TDMA チャネルを FDMA で多重化する TDMA/FDMA 方式が利用される．

③ 不適切．CDMA 方式は，スペクトラム拡散技術に基づく多重アクセス方式であり，ユーザごとに異なる拡散符号を設定しておき，一次変調した信号に拡散符号を乗算して二次変調し，変調後の信号の帯域幅を拡散させ，複数のユーザが同一の広帯域無線チャネルを共有できる．また，復調のときは各ユーザが既知の拡散符号レプリカを乗じ，1 シンボル長区間加算することで元の信号を得ることができるので，第三者に対する秘匿性に優れている．ユーザ間で同一の拡散符号を用いることはない．

④ 適切．OFDMA は，複数ユーザを OFDM（直交波周波数分割多重）によってアクセスできるようにした直交周波数分割多元接続方式である．OFDM 方式は個別の利用者ごとに時分割方式でサブキャリヤを割

2018
年度

り当てるが，OFDMA では複数のユーザがサブキャリヤを共有し，それぞれのユーザにとって最も伝送効率のよいサブキャリヤが割り当てられる．これにより，ユーザはそのつど最も効率のよいサブキャリヤを利用でき，通信事業者にとっては周波数利用効率を向上させることができる．

⑤　適切．CSMA は，通信開始前に伝送媒体上に，現在通信をしているホストがいないかどうかを確認するという搬送波感知多重アクセス方式である．

III 33

【解答】 ②

【解説】

①　適切．真性半導体，p 形半導体，n 形半導体はいずれも電気的には中性である．

②　不適切．pn 接合の p 形半導体側に n 形半導体より正の高い電圧（順方向の電圧）をかけると，p 形半導体内の正孔は接合面に，n 形半導体内の電子も接合面に移動するので電流が流れる．

③　適切．Si（シリコン）のような真性半導体（原子価 4）に B（ボロン ＝ ほう素），Ga（ガリウム），In（インジウム）などの 3 価の原子を微量加えると，結晶中の正電荷が余分な状態ができ正孔となる．このような半導体を p 形半導体といい，微量加えることで電子を引き受けて正孔を生成する不純物をアクセプタ，多数キャリヤは正孔である．

これに対して，ひ素（As），りん（P）などの 5 価の原子を微量加えると，結晶中に自由電子ができ，n 形半導体になる．5 価の不純物をドナー，多数キャリヤは自由電子となる．

④　適切．p 形半導体と n 形半導体が接している面を接合面といい，キャリヤは濃度の高いほうから低いほうへ移動し均一な濃度になる．p 形半導体の多数キャリヤは正孔なので n 形半導体内へ，n 形半導体の多数キャリヤは電子なので p 形半導体内へ移動する．これを拡散という．

拡散により pn 接合の反対側の領域に入ったキャリヤは，逆の電荷を有するその領域の多数キャリヤと出会い，結合して消滅する．これを再結合という．再結合が起こると，消滅したキャリヤとは逆の電荷が残る．これにより，n 形半導体の接合面近傍は正，p 形半導体の接合面付近は負に帯電し，n 形半導体から p 形半導体に向かう電界ができ，空乏層となってそれ以上の拡散が抑制される．

⑤　適切．不純物を加えていない真性半導体では，正孔と電子の密度は等しい．

III 34

【解答】③

【解説】

MOSFET（電界効果トランジスタ）は，電子または正孔をキャリヤとするユニポーラトランジスタである．ポリシリコンの電極（ソース，ドレーン，ゲート）およびシリコン基板から構成され，p チャネル型（pMOS）と n チャネル型（nMOS）とがある．

pMOS トランジスタのソースとドレーンは p 形半導体，ゲートは金属またはポリシリコンでつくられ，基板は n 形半導体でつくられている．

pMOS トランジスタでは，ゲート・ソース間電圧 V_{GS} が pMOS のしきい値電圧 V_T を超え，$V_{GS} > V_T$ の場合，ドレーン・ソース間に電圧を印加しても電流は流れない．ゲート・ソース間電圧 V_{GS} が $V_{GS} \leqq V_T$ になると，ドレーン・ソース間にゲート直下の基板の n 形半導体領域が反転して正孔が誘起され，p チャネルが形成されるので，負のドレーン・ソース間電圧（ソースを正，ドレーンを負）によって，正孔がソースからドレーンに向かって移動し電流が流れる．

III 35

【解答】②

【解説】

CV ケーブル（架橋ポリエチレン絶縁ケーブル）は，OF ケーブルと異なり，絶縁油を使用せずに，架橋ポリエチレンで絶縁を保つケーブルである．絶縁油を使用しないので，OF ケーブルよりも燃え難く，軽量で誘電損が少なく，保守や点検の省力化を図ることができる．CV ケーブルは，架橋ポリエチレンの内部に水分が浸入すると，異物やボイド，突起など高電界との相乗効果によってトリーが発生して劣化が生じる．

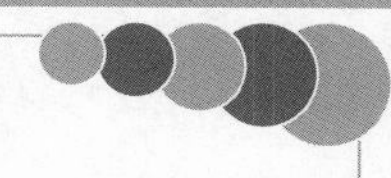
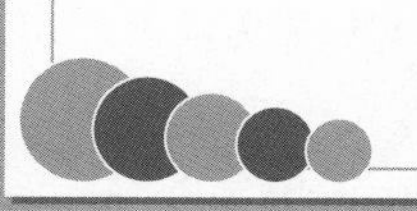

2017年度　解答

III 1

【解答】 ⑤

【解説】

① 正しい. 第1図のように, ビオ・サバールの法則により, 微小区間 Δl を流れる電流 I によって, 透磁率 μ, 距離 r, 微小区間となす角度が θ の点Pにつくる磁束密度 ΔB の大きさは次式で表される. また, 向きは右ねじの法則に従い, 点Pと微小区間の軸 O−O′ を含む面に垂直で, O−O′ を軸として回転対称になるので, 点Pを通る磁束は, 軸 O−O′ を中心とする円になる.

$$\Delta B = \frac{\mu I \mathrm{d}l}{4\pi r^2} \sin\theta$$

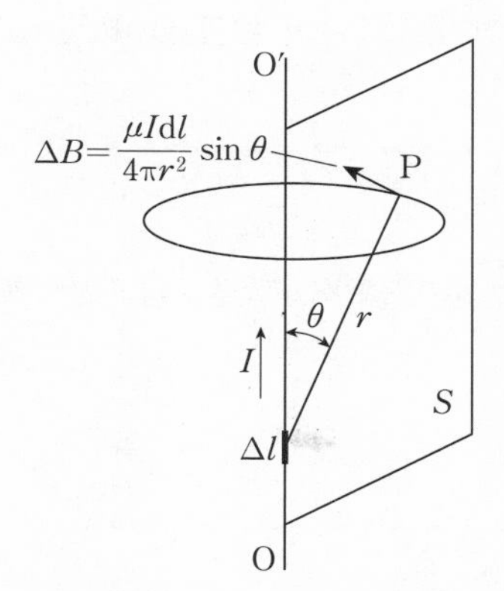

第1図　ビオ・サバールの法則

② 正しい. 磁束密度 B の磁界中の微小区間 Δl を流れる電流 I に働く電磁力 F の方向は, フレミングの左手の法則により, 大きさは次式で表される.

$$F = BI \cdot \Delta l \sin\theta$$

2017年度

③　正しい．磁束変化に伴う電磁誘導による誘導起電力の向きは，レンツの法則により，その誘導電流がつくる磁束が，もとの磁束の増減を妨げる向きに生じる．

④　正しい．最も基本的な電磁波は，等位相面が平面であるような平面電磁波である．電流や電荷が存在しない均質な線形等方性媒質中で，電界が x 軸方向，磁界が y 軸方向に，単一角周波数で正弦波的に時間振動するとき，同位相の点は z 軸方向に進行する．これが平面電磁波である．電磁波は右手系をつくり，電界方向を親指，磁界方向を人さし指とすると，電磁波の進行方向は中指の方向である．

⑤　誤り．媒質の誘電率 ε，透磁率 μ，比誘電率を ε_s，比透磁率を μ_s とすると，電磁波の速度 v は，次式で表される．

$$v=\frac{1}{\sqrt{\varepsilon\mu}}=\frac{1}{\sqrt{\varepsilon_0\varepsilon_s\mu_0\mu_s}}=\frac{\frac{1}{\sqrt{\varepsilon_0\mu_0}}}{\sqrt{\varepsilon_s\mu_s}}=\frac{c}{\sqrt{\varepsilon_s\mu_s}}$$

ここで，ε_0 は真空の誘電率，μ_0 は真空の透磁率で，光速 c は，

$$c=\frac{1}{\sqrt{\varepsilon_0\mu_0}}=\frac{1}{\sqrt{\frac{1}{36\pi\times10^9}\times4\pi\times10^{-7}}}=3\times10^8\ \mathrm{m/s}$$

である．つまり，媒質の誘電率が大きくなると，電磁波の速度は小さくなる．

【解答】　⑤

【解説】

導体に電流が流れるとそのまわりに電流を取り囲むように磁界ができる．磁界の向きを決めるのが右ねじの法則，磁界の大きさを求めるのがビオ・サバールの法則とアンペアの周回積分の法則である．ビオ・サバールの法則は微小区間の電流による磁界の強さを求める法則であるのに対して，後者はその積分形で，次のように表現される．

『ある閉曲線 C に鎖交する電流の総和は，その閉曲線上の磁界の強さ H の線積分に等しい．』

これを式で表すと，次のようになる．

$$\oint_C H \cdot \mathrm{d}s = \sum_n I_n$$

電流 I_n は，閉曲線 C の線積分の向きを決めたとき，右ねじの法則により，その向きの磁界を発生させる向きを正，逆方向の磁界を発生させる場合は負として総和を求める．

閉回路に鎖交する電流が**第 1 図**のような場合，

$$\sum_n I_n = +I_1 + (-I_2) + I_3 + (-I_3) = I_1 - I_2$$

となる．

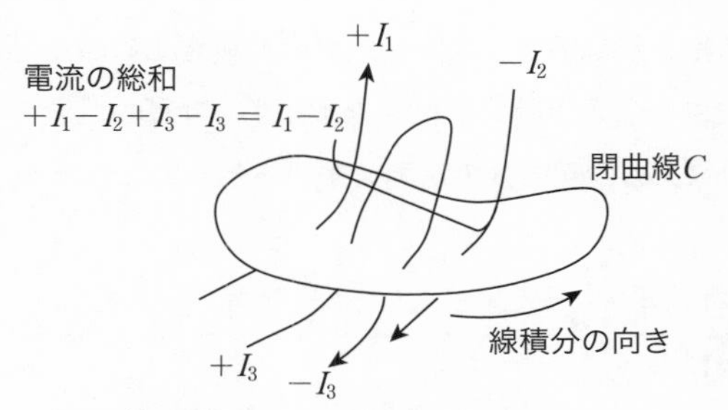

第 1 図　アンペアの周回積分の法則

電流 I_3 は，閉曲線 C をいったん下から上に貫通しているが，その後，上から下に貫通しているので起磁力は打ち消しあって零になる．

【解答】 ①

【解説】

無限長直線導線に流れる電流のつくる磁界の強さ H は，**第 1 図**のように，導線を中心軸とする半径 a の円経路 C を考え，アンペアの周回積分の法則を適用すれば求めることができる．

$$\oint_C H \cdot \mathrm{d}s = 2\pi a H = I$$

$$\therefore \quad H = \frac{I}{2\pi a}$$

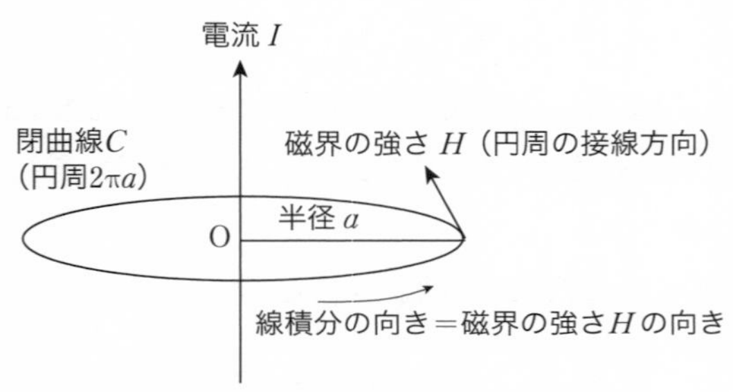

第 1 図　直線状導線の電流による磁界

前問の解説で述べたように，アンペアの周回積分の法則はビオ・サバールの法則の積分形なので，設問図の無限長導線上の微小区間の電流 I による磁界の強さを全区間積分すれば求まるが，計算が厄介である．上記にように，アンペアの周回積分の法則を用いると簡単に求まる．

【解答】　④

【解説】

電界の強さ E [V/m] は，単位面積（1 m^2）当たりに貫通する電気力線の本数で定義される．

第 1 図のような半径 a，単位長の円柱内部に，閉曲面 S として，円柱と中心軸を同じにする半径 r，単位高さの円筒を考える．題意より，円柱内には電荷 Q が一様に分布しているので，閉曲面 S 内の総電荷 Q_{r} は，次式で表される．

$$Q_{\mathrm{r}} = \frac{\pi r^2}{\pi a^2} Q = \frac{r^2 Q}{a^2}$$

総電荷 Q_{r} から出た電気力線は，閉曲面 S（円筒）の側面のみを均等に貫通し，底面およびふた面には貫通しないので，ガウスの定理により，側

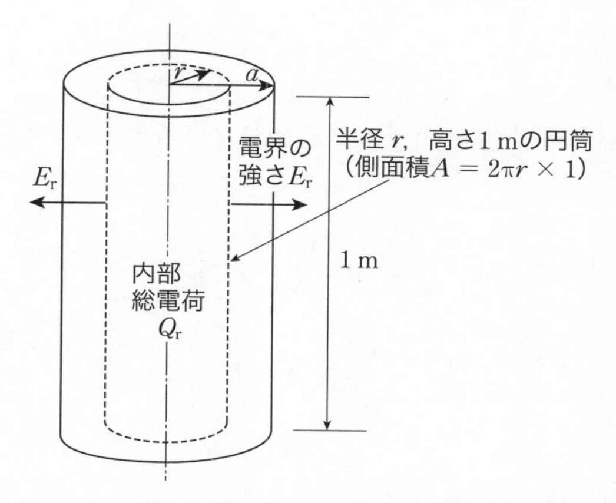

第1図　一様に電荷が分布する円柱内外の電界の強さ

面の電界の強さ E_r を求めることができる.

円柱内の誘電率は ε_0 なので,

$$E_r = \frac{\dfrac{Q_r}{\varepsilon_0}}{A} = \frac{\dfrac{\dfrac{r^2 Q}{a^2}}{\varepsilon_0}}{2\pi r \times 1} = \frac{rQ}{2\pi\varepsilon_0 a^2}$$

また, 円柱外部 ($r > a$) においては, 円筒内の電荷は常に Q なので,

$$E_r = \frac{\dfrac{Q}{\varepsilon_0}}{A} = \frac{\dfrac{Q}{\varepsilon_0}}{2\pi r \times 1} = \frac{Q}{2\pi r \varepsilon_0}$$

2017
年度

III
5

【解答】 ②

【解説】

磁気抵抗 R_m の環状鉄心に, 巻数 N_A のコイル A と巻数 N_B のコイル B を取り付けたとき, コイル A, コイル B の自己インダクタンス L_A, L_B は次式で表される.

$$L_A = \frac{{N_A}^2}{R_m}$$

$$L_B = \frac{{N_B}^2}{R_m}$$

題意より，コイル A とコイル B 間の結合係数 $k = 1.0$ なので，相互インダクタンス M は，

$$M = k\sqrt{L_A L_B} = 1.0 \times \sqrt{\frac{{N_A}^2}{R_m} \times \frac{{N_B}^2}{R_m}} = \frac{N_A N_B}{R_m}$$

$$\therefore \quad M = L_A \times \frac{N_B}{N_A} = 500 \times \frac{400}{5\,000} = 40 \text{ mH}$$

III 6 【解答】 ④

【解説】

静電容量 $C_1 = 2$ F のコンデンサに電圧 $V = 1$ V を印加して充電したときの電荷 Q は，

$$Q = C_1 V = 2 \times 1 = 2 \text{ C}$$

第 1 図のように，スイッチ S を閉じ，$C_2 = 1/2$ F のコンデンサ 2 個を並列接続したときの合成静電容量 C_0 は，

$$C_0 = C_1 + 2C_2 = 2 + \frac{1}{2} \times 2 = 3 \text{ F}$$

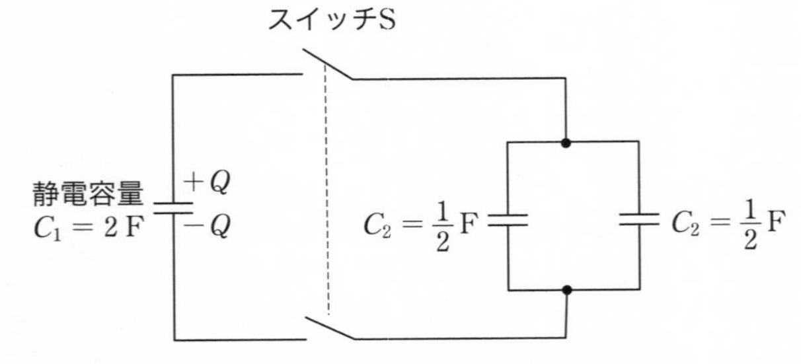

第 1 図　コンデンサに蓄えられる全静電エネルギー

この状態で十分時間が経ったときの全静電エネルギー W_0 は，

$$W_0 = \frac{Q^2}{2C_0} = \frac{2^2}{2 \times 3} = \frac{2}{3} \text{ J}$$

III **7**

【解答】 ④

【解説】

設問図を端子 a, b から見て見やすく書き換えると, **第1図**のようなブリッジ回路である.

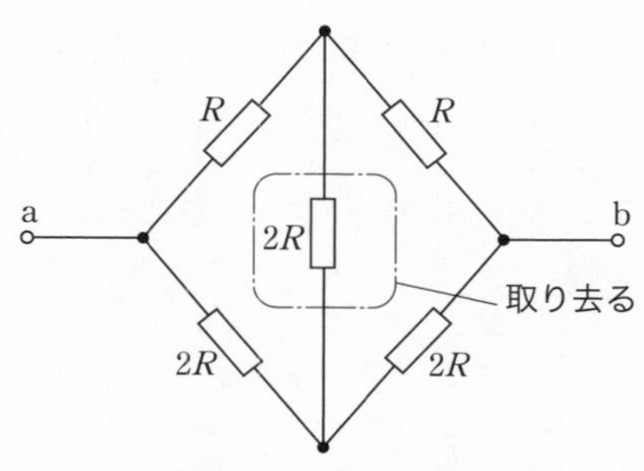

第1図　平衡条件を満足するブリッジ回路

このブリッジ回路は，対辺の抵抗を掛け合わせた値は $R\times 2R=R\times 2R$ となり，平衡条件を満足しており，抵抗 $2R$ には電流が流れないので取り去っても，端子 ab から見た合成抵抗 R_0 は変わらない.

$$R_0=\frac{(R+R)\times(2R+2R)}{(R+R)+(2R+2R)}=\frac{8R^2}{6R}=\frac{4R}{3}$$

III **8**

【解答】 ①

【解説】

定電圧源 E と定電流源 I を有する直流回路の電流分布は，重ねの理により，それぞれの電源による電流分布を求め，それを重ね合わせれば求めることができる.

⑴　定電圧源 E による電流 i_{xE}

定電流源 I の内部抵抗は無限大なので開放すると，**第1図**(a)より，

$$i_{\mathrm{xE}}=\frac{E}{\dfrac{R(R+R)}{R+(R+R)}+R_{\mathrm{x}}}=\frac{E}{\dfrac{2R}{3}+R_{\mathrm{x}}}=\frac{3E}{2R+3R_{\mathrm{x}}}$$

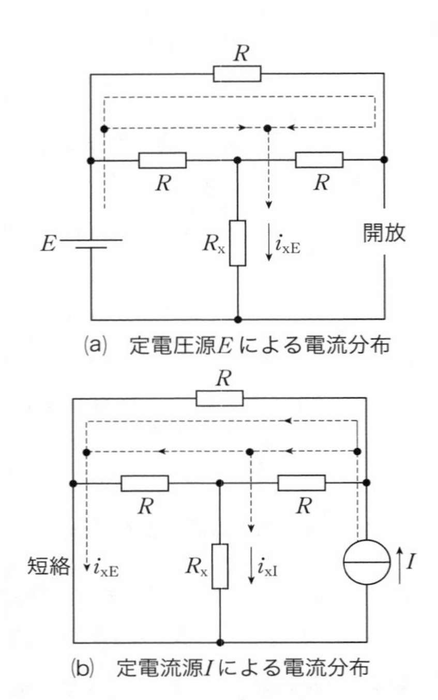

(a)　定電圧源Eによる電流分布

(b)　定電流源Iによる電流分布

第 1 図　重ねの理による直流回路の電流計算

(2)　定電流源 I による電流 i_{xI}

定電圧源 E の内部抵抗は零なので短絡すると，第 1 図(b)より，

$$i_{xI}=\frac{RI}{\left(R+\frac{RR_x}{R+R_x}\right)+R}\times\frac{R}{R+R_x}=\frac{RI}{2R+3R_x}$$

(3)　重ねの理を用いて，

$$i_x=i_{xE}+i_{xI}=\frac{3E}{2R+3R_x}+\frac{RI}{2R+3R_x}=\frac{3E+RI}{2R+3R_x}$$

【解答】　①

【解説】

RLC 直列回路の直列共振現象に関する問題である．

$$\dot{I}=\frac{\dot{V}}{R+\mathrm{j}\omega L+\frac{1}{\mathrm{j}\omega C}}=\frac{\dot{V}}{R+\mathrm{j}\left(\omega L-\frac{1}{\omega C}\right)}$$

$$=\frac{\dot{V}}{\sqrt{R^2+\left(\omega L-\frac{1}{\omega C}\right)^2}}\angle-\tan^{-1}\frac{\omega L-\frac{1}{\omega C}}{R}$$

電流 I の式において，角周波数 ω に関係するのは分母の ωL と $1/\omega C$ だけなので，

$$\omega L-\frac{1}{\omega C}=0$$

$\therefore\ \ \omega^2 LC=1$ （直列共振条件）

を満足するとき，電流は極大になり，実効値は，

$$I=\frac{V}{\sqrt{R^2+0^2}}=\frac{V}{R}$$

となる．このとき，電流 $\dot{I}$ は，電圧 $\dot{V}$ と同相になる．

III 10 【解答】 ②

【解説】

電流 $\dot{I}$ は，

$$\dot{I}=\frac{\dot{V}}{R+\mathrm{j}\omega L}=\frac{\dot{V}}{\sqrt{R^2+(\omega L)^2}}\angle-\tan^{-1}\frac{\omega L}{R}$$

よって，電流の実効値 I は，

$$I=\frac{V}{\sqrt{R^2+(\omega L)^2}}$$

無効電力 Q は，

$$Q=(\omega L)I^2=\frac{\omega L V^2}{R^2+(\omega L)^2}$$

【解答】 ④

【解説】

設問の回路において，$t = 0$ でスイッチ S を閉じると，回路方程式は次式のようになる.

$$RI_{\mathrm{L}} + L\frac{\mathrm{d}I_{\mathrm{L}}}{\mathrm{d}t} = E$$

変数分離形に直すと，

$$\frac{\mathrm{d}I_{\mathrm{L}}}{E - RI_{\mathrm{L}}} = \frac{\mathrm{d}t}{L}$$

両辺を積分すると，

$$-\frac{1}{R}\ln[E - RI_{\mathrm{L}}] = \frac{1}{L}t + C \qquad C\text{：積分定数}$$

$$E - RI_{\mathrm{L}} = \mathrm{e}^{-R\left(\frac{1}{L}t + C\right)} = C'\mathrm{e}^{-\frac{R}{L}t}$$

ただし，C'：e^{-RC} 定数

$$\therefore \quad I_{\mathrm{L}} = \frac{1}{R}\left(E - C'\mathrm{e}^{-\frac{R}{L}t}\right)$$

ここで，初期条件は $t = 0$ で $I_{\mathrm{L}} = 0$ なので，

$$C' = E$$

$$\therefore \quad I_{\mathrm{L}} = \frac{E}{R}\left(1 - \mathrm{e}^{-\frac{R}{L}t}\right)$$

【解答】 ⑤

【解説】

$t = 0$ でスイッチ SW を開くと，コンダクタンス G には $I - I_L$ の電流が流れるので，回路方程式は次式のようになる.

$$L\frac{\mathrm{d}I_{\mathrm{L}}}{\mathrm{d}t} = \frac{I - I_{\mathrm{L}}}{G}$$

変数分離形に直すと，

$$\frac{\mathrm{d}I_{\mathrm{L}}(t)}{I-I_{\mathrm{L}}(t)}=\frac{\mathrm{d}t}{GL}$$

両辺を積分して，

$$-\ln[I-I_{\mathrm{L}}]=\frac{t}{GL}+C \qquad C：積分定数$$

$$\therefore \quad I_{\mathrm{L}}=I-\mathrm{e}^{-\frac{t}{GL}-C}=I-C'\mathrm{e}^{-\frac{t}{GL}}$$

ただし，$C'=\mathrm{e}^{-C}$：定数

ここで，初期条件は $t=0$ で $I_L=0$ なので，

$$C'=I$$

$$\therefore \quad I_{\mathrm{L}}=I-I\mathrm{e}^{-\frac{t}{GL}}=I\left(1-\mathrm{e}^{-\frac{t}{GL}}\right)$$

III 13 【解答】 ③

【解説】

軽水型原子炉は，現在，商業用原子炉として最も広く用いられている．軽水型原子炉は，核燃料に低濃縮ウラン，減速材および冷却材に軽水を用いた原子炉である．

低濃縮ウランは，天然ウランに約 0.7 % 含まれる ^{235}U を濃縮し 2.3 ～ 3.4 % 程度に高めたものである．^{235}U が 1 個核分裂すると，2 ～ 3 個の高速中性子が発生するが，そのままでは次の ^{235}U に吸収されにくいので，核分裂の連鎖反応を効率的に継続させるため，高速中性子を減速材で減速して熱中性子とする．軽水は吸収断面積が大きく，天然ウランでは核分裂の連鎖反応を続けることができないので，低濃縮ウランが用いられる．軽水型原子炉の軽水は，減速材と冷却材の兼用である．核分裂で発生した熱を取り込み外部に取り出すために用いられる．

軽水型原子炉には，沸騰水型（BWR）と加圧水型（PWR）がある．沸

騰水型は，原子炉内で冷却材を沸騰させ，発生した蒸気を直接タービンに送り込む直接サイクルである．蒸気発生器がないので構成は簡単であるが，放射能を帯びた蒸気がタービンに入り込むので，タービン側でも放射能対策が必要である．加圧水型は，原子炉内で冷却水が沸騰しないように 1.54×10^7 Pa 程度に加圧し，蒸気発生器で熱交換により蒸気をつくり出す間接サイクルである．炉内圧力が高いので出力密度が高い．

【解答】 ⑤

【解説】

直流送電は，交流系統の一部に交直変換設備で直流送電部を構成し，送・受電側の交流部分で変圧器を用いて昇圧，降圧を行うシステムである．基本構成を**第 1 図**に示す．

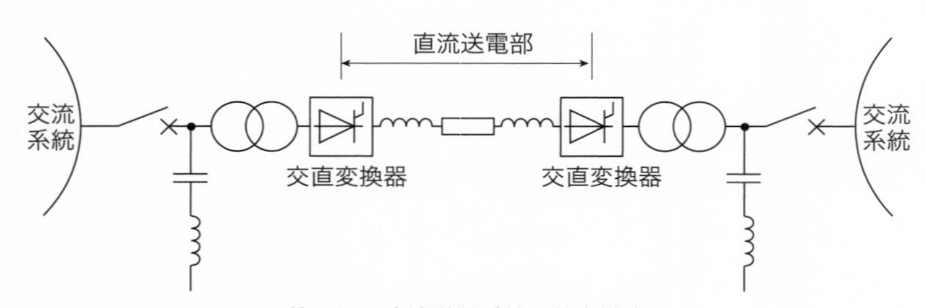

第 1 図　直流送電系統の基本構成

① 正しい．交流送電は，長距離送電になると同期安定度による制約があり，電線の熱的許容電流の限度以下であっても安定送電できない場合があるが，直流送電は，交流送電のようにリアクタンスに相当する定数がないので，電線の熱的許容電流の限度まで送電できる．

② 正しい．直流による系統連系は，交流系統を直流により分割しているので，系統の短・地絡電流は大きくならない．交流連系の場合は必ず増加するので，それが系統の最大短・地絡電流の限度を超過する場合は抑制対策を講じる必要がある．

③ 正しい．実効値が同じ場合，直流電圧の最大値は交流電圧の最大

値の $1/\sqrt{2}$ に小さくなるので絶縁を軽減でき，鉄塔が小形化して送電線路の建設費が安くなる.

④　正しい．遮断器は，電流零点で遮断する．直流の場合，零点がないので，大容量高電圧の直流遮断器の開発が困難である.

⑤　誤り．交流系統の直流連系は，いったん交流を直流に変換し，さらに逆変換してもう一方の交流系統と連系するので，交流系統の周波数は任意であり，異なる周波数の交流系統を連系することも可能である.

これ以外の直流送電の特徴は，次のとおりである.

・ケーブルの充電電流もないので，海底ケーブル等で長距離送電することも可能である.

・順変換側，逆変換側ともに遅相無効電力を消費するので，電力用コンデンサや同期調相機などの調相設備を設ける必要がある.

・電力潮流の制御が容易に迅速にできる（交流系統ではインピーダンスで分流比が決まってしまうが，変換器の点弧角制御により潮流を制御できる．潮流分布の是正や交流系統間の融通制御などに用いられる.).

・交直変換設備の設備費が高い.

・高調波障害対策としてフィルタ対策が必要である.

・自励インバータは，無効電力の制御が可能で，交流系統の電圧が喪失しても自立運転できるので，系統容量の小さな交流系統との直流送電，直流連系に適している.

【解答】　①

【解説】

同期速度 N_s は

$$N_s = \frac{120f}{p} = \frac{120 \times 50}{6} = 1\,000 \text{ min}^{-1}$$

回転速度 $N = 970 \text{ min}^{-1}$ のときの滑り s は,

$$s=\frac{N_\mathrm{s}-N}{N_\mathrm{s}}=\frac{1\,000-970}{1\,000}=0.03$$

さて，三相誘導電動機の印加電圧（相電圧）を E_1 [V]，同期角速度を ω_s [rad^{-1}]，一次巻線の 1 相当たりの抵抗，漏れリアクタンスをそれぞれ r_1 [Ω]，x_1 [Ω]，二次巻線の 1 相当たりの抵抗，漏れリアクタンス（一次換算値）をそれぞれ $r_2{}'$ [Ω]，$x_{20}{}'$ [Ω] とすると，トルク T は次式で表される．

$$T=\frac{1}{\omega_\mathrm{s}}\cdot\frac{3\left(\dfrac{r_2{}'}{s}\right)E_1{}^2}{\left(r_1+\dfrac{r_2{}'}{s}\right)^2+(x_1+x_{20}{}')^2}\ [\mathrm{N\cdot m}]$$

トルク T の式には滑り s は必ず（$r_2{}'/s$）の形で入っているので，この比が同じ運転点のトルクは同じである．この関係をトルクの比例推移という．（$r_2{}'/s$）が等しいということは，一次換算前の（r_2/s）が等しいことと同じである．

本問の場合，全負荷時（滑り $s_\mathrm{n}=0.02$）における軸トルクと同じトルクを回転速度 $N=970\ \mathrm{min}^{-1}$（滑り $s=0.03$）のときに発生させるために 1 相当たり抵抗 R [Ω] を挿入したとすると，次の関係式が成り立つ．

$$\frac{r_2}{s_\mathrm{n}}=\frac{r_2+R}{s}$$

$$\therefore\quad R=\frac{s}{s_\mathrm{n}}r_2-r_2=\left(\frac{s}{s_\mathrm{n}}-1\right)r_2=\left(\frac{0.03}{0.02}-1\right)\times0.2=0.1\ \Omega$$

III 16

【解答】　③

【解説】

基準線間電圧が V_B [V]，基準電流が I_B [A]，基準三相容量が P_B [V·A] とすると，基準インピーダンス Z_B [Ω] は，次式で表される．

$$Z_\mathrm{B}=\frac{V_\mathrm{B}}{\sqrt{3}I_\mathrm{B}}=\frac{V_\mathrm{B}{}^2}{\sqrt{3}V_\mathrm{B}I_\mathrm{B}}=\frac{V_\mathrm{B}{}^2}{P_\mathrm{B}}\ [\Omega]$$

本問の場合，$V_B = 6\,600$ V，$P_B = 400 \times 10^3$ V·A なので，

$$Z_B = \frac{6\,600^2}{400 \times 10^3} = 108.9\ \Omega$$

題意より，三相変圧器の短絡インピーダンスの抵抗分はないので，一次側から見た短絡インピーダンス Z [Ω] は一次側に換算した一次，二次漏れリアクタンス X_{12} [Ω] に等しい．また，短絡インピーダンスは単位法表示で 0.05 p.u. なので，

$$X_{12} = 108.9 \times 0.05 = 5.445\ \Omega$$

一次側に換算した一次，二次漏れインダクタンス L_{12} は，

$$L_{12} = \frac{X_{12}}{\omega} = \frac{5.445}{2\pi \times 50} = 17.3 \times 10^{-3}\ \text{H} = 17\ \text{mH}$$

【解答】 ④

【解説】

直流機は，磁界を発生させる界磁と，トルクを受け持つ電機子で構成されている．直流機の場合，**第 1 図**に示すように，固定子側を界磁，回転子側を電機子とするのが一般的である．同図には表していないが，界磁には巻線が施され，直流電流を流して電磁石にする．界磁のつくる磁界中で電

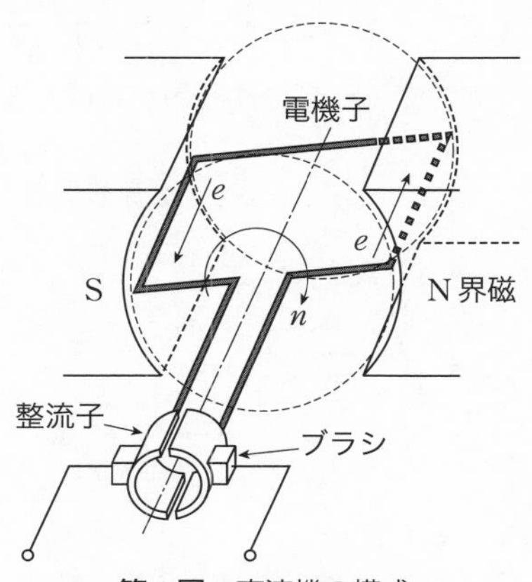

第 1 図　直流機の構成

機子を何らかの原動機で回転させると，フレミングの右手の法則に従う向きに運動起電力（誘導起電力）が発生する．この運動起電力は電機子導体に位置により方向が反転する交流になるため，これを電機子巻線に固定した整流子に固定子側に固定したブラシを接触させ直流変換して外部に取り出すと直流電圧源となる．これに抵抗負荷を接続すれば直流発電機として働く．

一方，直流電動機は，抵抗負荷の代わりに直流電源を接続し，電機子巻線に強制的に電流を流すことにより，電機子電流と界磁磁束の間に作用するフレミングの左手の法則に従う電磁力を利用してトルクを得るものである．発電機の場合と同じ回転方向のトルクを得るためには，電機子巻線の運動起電力と電機子電流の向きは逆になる必要があり，外部から印加する直流電源電圧は電機子の運動起電力より大きくしなければならない．

【解答】 ③

【解説】

n チャネル MOSFET の構造を**第 1 図**に示す．MOSFET は，高抵抗の p 形シリコンの表面の中間に金属酸化物（MOS）の膜をつくり，不純物の選択拡散により n 形のソース S とドレーン D，金属酸化膜にゲート電極 G を蒸着した構造である．V_{GS} に正の電圧を印加することで，ゲート電極 G の下の p 形シリコンの表面に n 形の逆転層を形成することができ，これが

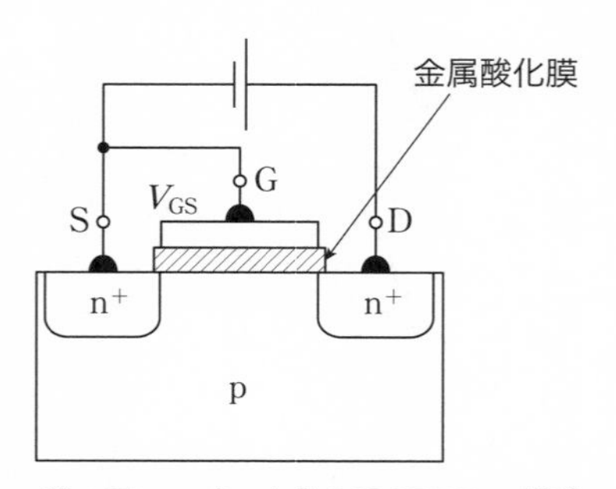

第 1 図　n チャネル MOSFET の構造

DS 間のチャネルになってドレーン電流を制御することができる．逆転層とは，ゲートに正電圧を印加したときに，p 形半導体の中にある自由ホールが反発して空乏層ができ，p 形半導体内のわずかな自由電子が絶縁体に引き寄せられて，n 形半導体のようになった層をいう．この逆転層が広がってソース S ／ドレーン D の n 形半導体とつながると多数キャリヤの自由電子の通り道（n チャネル）ができる．①，②，④および⑤は，MOSFET の一般的な特徴に関する正しい記述である．

パワー MOSFET は，一つのチップに複数の MOSFET を集積し，ドレーン電流が縦形（チップの裏面から表面）に流れる構造にすることでドレーンとソースの表面積を大きくして，また，シリコンの広い範囲で電子または正孔（キャリヤ）を流すことで電流密度を大きくしたものである．パワー MOSFET の構造には，D－MOS（Double Diffusion MOS）構造，トレンチゲート構造，スーパージャンクション構造がある．**第 2 図**に D－MOS 構造の例を示す．二重拡散によりチャネルを形成し高耐圧を得て高集積化している．オン抵抗および損失が低い高性能パワー MOSFET が実現できる．トレンチゲート構造は，ゲートを U 溝とし，チャネルを縦方向に形成して高集積化したもので，よりオン抵抗を低くすることができ，比較的低い耐圧のパワー MOSFET に適する．スーパージャンクション構造は，ド

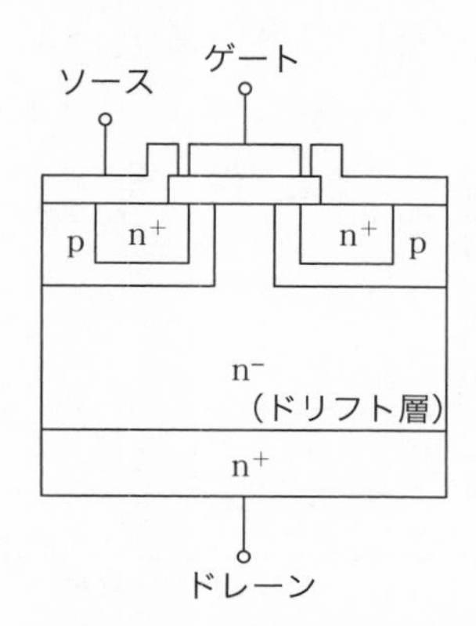

第 2 図　パワー MOSFET の構造

リフト層にスーパージャンクション（SJ）構造と呼ばれる周期的なp/n構造を形成して，さらに低いオン抵抗を実現したものである．

パワートランジスタを破壊や劣化させることなく，高い信頼度で使用できる領域は安全動作領域（Area of Safe Operation：ASO）と呼ばれている．パワートランジスタでは，コレクタ電流はエミッタから注入されるキャリヤ量によって決まり，ジャンクション温度が上がると正帰還がかかって熱暴走を起こすので，正の温度依存性を示す．このため，コレクタ—エミッタ間電圧を上げていき，ベース開放したときの最大許容電圧 V_{CEO} を超えると一次降伏が起こり，さらにコレクタ電流を増加させていくと，ある電流のところでエミッタとコレクタ間の短絡破壊に至る．この現象を二次降伏と呼ぶ．パワーMOSFETの場合，多数キャリヤの移動度の負温度特性が電流集中を抑制するので，二次降伏は起こらない．③は誤りである．

【解答】　③

【解説】

球ギャップは，空気中で同じ直径の2個の金属球を，火花放電が開始するときの間隔から印加した電圧を測る高電圧測定器である．

気体中の電界で火花放電が起こる電圧 V は，温度一定のとき，気圧 p とギャップ長 d の積（pd 積）の関数であり，発見者の名前を取ってパッ

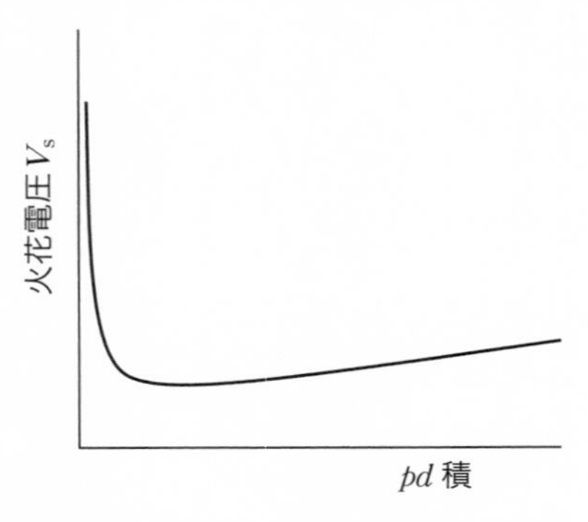

第1図　パッシェンの法則

シェンの法則と呼ばれる．パッシェン曲線は，pd 積を変数として火花電圧を描いた曲線であり，**第 1 図**のように最小値をもち，pd 積を増加させても減少させても火花電圧は増加する．この値を最小火花電圧と呼ぶ．最小火花電圧は気体の種類によって異なり，球ギャップが空気中にあるときは 340 V になる．電子親和力は，酸素単独のほうが窒素単独よりも高い．おおよそ窒素 4 に対して酸素 1 の比率で混合された空気の電子親和力は，窒素と酸素の間になるので，酸素の火花電圧は空気の火花電圧よりも高くなる．

III 20 **【解答】** ④

【解説】

設問の交流ブリッジ回路において，交流電源の角周波数を ω とするとき，検出器 D に電流が流れないためには，このブリッジ回路が平衡条件を満足していればよい．

$$R_3 \times \frac{1}{\dfrac{1}{R_1} + j\omega C_1} = R_2 \times \frac{1}{\dfrac{1}{R_x} + j\omega C_x}$$

$$\therefore \quad \frac{R_3}{R_x} + j\omega C_x R_3 = \frac{R_2}{R_1} + j\omega C_1 R_2$$

両辺の実部同士，虚部同士を等しいとおいて，

$$\frac{R_3}{R_x} = \frac{R_2}{R_1}$$

$$\therefore \quad R_x = \frac{R_3}{R_2} R_1$$

$$\omega C_x R_3 = \omega C_1 R_2$$

$$\therefore \quad C_x = \frac{R_2}{R_3} C_1$$

【解答】 ③

【解説】

題意より，制御器 G_C の伝達関数は $G_C = 2 + 3/s$ なので，設問のブロック線図で表される負フィードバック制御系の合成伝達関数 $G(s)$ は，次式のようになる．

$$G(s)=\frac{G_C\cdot\dfrac{1}{s+1}}{1+G_C\cdot\dfrac{1}{s+1}}=\frac{G_C}{s+1+G_C}=\frac{2+\dfrac{3}{s}}{s+1+2+\dfrac{3}{s}}=\frac{2s+3}{s^2+3s+3}$$

正弦波の周波数が十分に低いときの利得 G は，合成周波数伝達関数 $G(\mathrm{j}\omega)$ において $\omega = 0$ とおいたゲインから求まるので，

$$G=20\log_{10}\left|G(\mathrm{j}\omega)\big|_{\omega=0}\right|=20\log_{10}\left|\frac{2(\mathrm{j}\omega)+3}{(\mathrm{j}\omega)^2+3(\mathrm{j}\omega)+3}\bigg|_{\omega=0}\right|$$

$$=20\log_{10}1=0\ \mathrm{dB}$$

III
22

【解答】 ①

【解説】

第１図のように，理想オペアンプの差動入力端子の電圧を V_- とすると，仮想短絡（イマジナリーショート）の状態なので，$V_- = 0$ である．

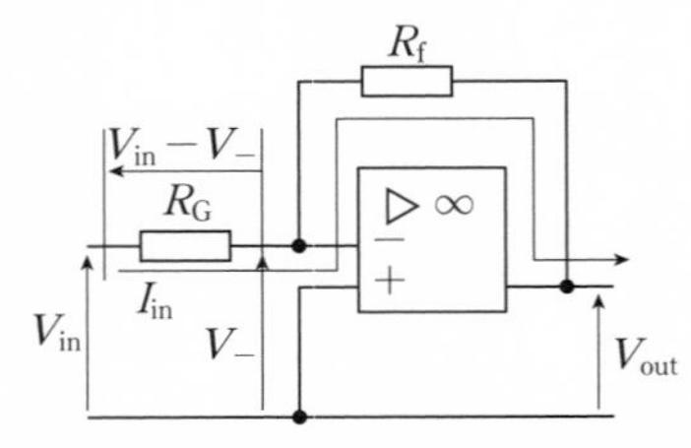

第１図　オペアンプを用いた電圧増幅回路

また，理想オペアンプの入力インピーダンスは無限大なので，ー端子の入力電流は零であり，この電圧増幅回路の入力電流 I_{in} は，抵抗 R_G，R_f を経由して出力端子から流出するので，次の関係式が成り立つ．

$$I_{\mathrm{in}}=\frac{V_{\mathrm{in}}-V_{-}}{R_{\mathrm{G}}}=\frac{V_{\mathrm{in}}}{R_{\mathrm{G}}}$$

よって，電圧増幅回路の入力インピーダンス Z_{in} は，

$$Z_{\mathrm{in}}=\frac{V_{\mathrm{in}}}{I_{\mathrm{in}}}=R_{\mathrm{G}}$$

電圧増幅回路の出力電圧 V_{out} は，

$$V_{\mathrm{out}}=V_{\mathrm{in}}-R_{\mathrm{f}}I_{\mathrm{in}}=0-R_{\mathrm{f}}\cdot\frac{V_{\mathrm{in}}}{R_{\mathrm{G}}}=-\frac{R_{\mathrm{f}}}{R_{\mathrm{G}}}V_{\mathrm{in}}$$

III 23 【解答】 ⑤

【解説】

第1図(a)のように，正弦波電圧源 e が負（下向き）のとき，ダイオード D_1 は短絡状態，ダイオード D_2 は開放状態になるので，コンデンサ C_1 は

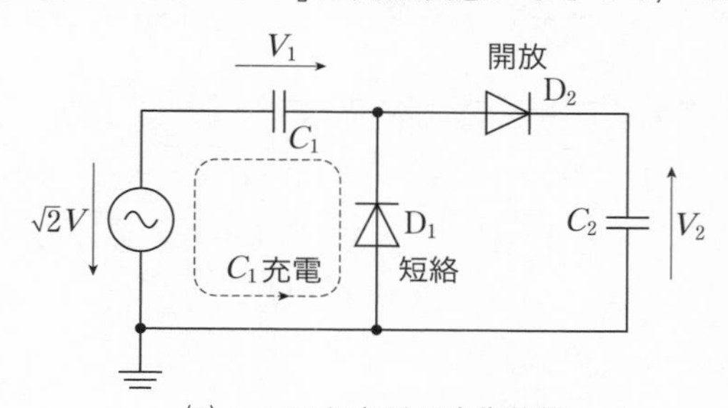

(a) $e<0$ における定常状態

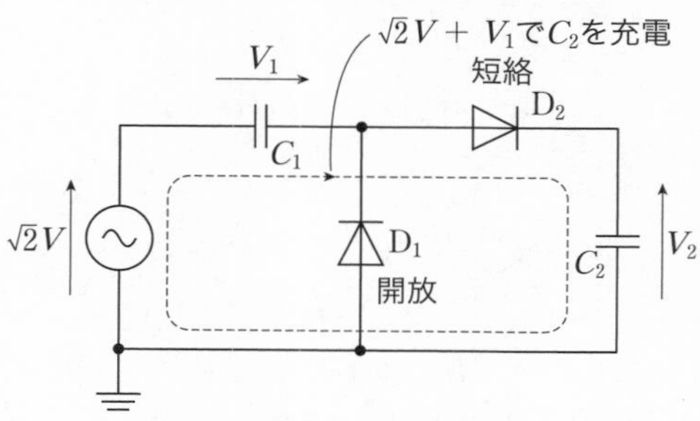

(b) $e>0$ における定常状態

第1図　ダイオードとコンデンサを有する回路の振る舞い

正弦波電圧源で充電される．コンデンサ C_1 の電圧 V_1 が定常状態になるのは，電圧 V_1 が正弦波電圧源の最大値 $\sqrt{2}\,V$ に等しくなり，それ以上充電できなくなるときである．

$\therefore\quad V_1=\sqrt{2}\,V$

次に，正弦波電圧源 e が正（上向き）の期間については，第1図(b)に示すように，ダイオード D_1 は開放状態，ダイオード D_2 は短絡状態になり，正弦波電圧源とコンデンサ C_1 の電圧 V_1 の直列接続電圧でコンデンサ C_2 が充電される．コンデンサ C_2 の電圧 V_2 が定常状態になるのは，正弦波電圧源の最大値 $\sqrt{2}\,V$＋定常状態におけるコンデンサ C_1 の電圧 V_1 に等しくなり，それ以上充電できなくなるときである．

$\therefore\quad V_2=\sqrt{2}\,V+V_1=\sqrt{2}\,V+\sqrt{2}\,V=2\sqrt{2}\,V$

III 24

【解答】 ⑤

【解説】

ブール代数の公式を用いて変形すると，

$$F(X,\ Y,\ Z)=\overline{X\cdot Y\cdot Z+X\cdot Y\cdot\overline{Z}+\overline{X}\cdot Y\cdot Z+\overline{X}\cdot Y\cdot\overline{Z}+\overline{X}\cdot\overline{Y}\cdot Z}$$

$$=\overline{X\cdot Y\cdot(Z+\overline{Z})+\overline{X}\cdot Y\cdot(Z+\overline{Z})+\overline{X}\cdot\overline{Y}\cdot Z}$$

$(\because\ A\cdot B+A\cdot C=A\cdot(B+C))$

$$=\overline{X\cdot Y+\overline{X}\cdot Y+\overline{X}\cdot\overline{Y}\cdot Z}$$

$(\because\ A+\overline{A}=1,\ A\cdot 1=A)$

$$=\overline{(X+\overline{X})\cdot Y+\overline{X}\cdot\overline{Y}\cdot Z}$$

$(\because\ A\cdot B+A\cdot C=A\cdot(B+C))$

$$=\overline{Y+\overline{X}\cdot\overline{Y}\cdot Z}$$

$(\because\ A+\overline{A}=1,\ A\cdot 1=A)$

$$=\overline{Y}\cdot\overline{\overline{X}\cdot\overline{Y}\cdot Z}=\overline{Y}\cdot(X+Y+\overline{Z})$$

$(\because\ \overline{A+B}=\overline{A}\cdot\overline{B})$

$$=\overline{Y}\cdot(X+\overline{Z})+\overline{Y}\cdot Y=\overline{Y}\cdot(X+\overline{Z})$$

$(\because\ A\cdot(B+C)=A\cdot B+A\cdot C,\ A\cdot\overline{A}=0)$

III 25 【解答】 ①

【解説】

設問の表に与えられた3変数A, BおよびCの真理値表から，カルノー図を書き下ろすと第1表のようになる．

$$F=B\cdot C+B\cdot\overline{C}+A\cdot C+\overline{A}\cdot\overline{C}$$
$$=B\cdot(C+\overline{C})+A\cdot C+\overline{A}\cdot\overline{C}$$
$$(\because\ X\cdot Y+X\cdot Z=X\cdot(Y+Z))$$
$$=B+A\cdot C+\overline{A}\cdot\overline{C}$$
$$(\because\ X+\overline{X}=1)$$
$$=B+(B\cdot C)+A\cdot C+\overline{A}\cdot\overline{C}$$
$$(\because\ X=X+(X\cdot Y))$$
$$=B+(B\cdot A)+(B\cdot C)+A\cdot C+\overline{A}\cdot\overline{C}$$
$$(\because\ X=X+(X\cdot Y))$$
$$=B\cdot B+(B\cdot A)+(B\cdot C)+A\cdot C+\overline{A}\cdot\overline{C}$$
$$=(A+B)\cdot(B+C)+\overline{A}\cdot\overline{C}$$

第1表

AB \ C	0	1
00	1 ループ4 $\overline{A}\cdot\overline{C}$	0
01	1	1 ループ1 $B\cdot C$
11	ループ2 $B\cdot\overline{C}$ 1	1 ループ3
10	0	1 A·C

設問の論理回路から，

$$F(A,\ B,\ C)=(A+B)\cdot X+Y$$

となるので，

$$X=B+C,\ Y=\overline{A}\cdot\overline{C}$$

2017年度

【解答】 ④

【解説】

単純マルコフ過程とは，ある時点 t における事象の生起確率が直前の事象のみに依存する過程をいう．また，エルゴード性（ergodic property）とは，どの状態から出発しても，どの状態にも遷移する可能性があり，周期性をもたないことをいう．

したがって，エルゴード性をもつ 2 元単純マルコフ情報源は，二つの状態 A，B をもち，状態 A と状態 B とは設問図のような一定の遷移確率で遷移することができる情報源である．設問図をシャノン線図または状態遷移図と呼んでいる．

設問図のシャノン図より，次式が成り立つ．

$$P_{\mathrm{A}} = P(A|A) \times P_{\mathrm{A}} + P(A|B) \times P_{\mathrm{B}}$$

$$= 0.2P_{\mathrm{A}} + 0.6P_{\mathrm{B}}$$

$$\therefore \quad 4P_{\mathrm{A}} - 3P_{\mathrm{B}} = 0 \tag{1}$$

また，この二つの定常確率の間には，次の関係がある．

$$P_{\mathrm{A}} + P_{\mathrm{B}} = 1 \tag{2}$$

(1)式，(2)式を連立して解くと，

$$P_{\mathrm{A}} = \frac{3}{7},\ P_{\mathrm{B}} = \frac{4}{7}$$

【解答】 ②

【解説】

題意で与えられた受信語

$$\mathbf{y} = [1,\ 0,\ 0,\ 1,\ 0,\ 0,\ 1]$$

より，情報ビットは $x_1 = 1$, $x_2 = 0$, $x_3 = 0$ および $x_4 = 1$ なので，検査ビット c_1，c_2 および c_3 を求めると，

$$c_1 = (x_1 + x_2 + x_3) \bmod 2 = (1 + 0 + 0) \bmod 2 = 1$$

$$c_2 = (x_2 + x_3 + x_4) \bmod 2 = (0 + 0 + 1) \bmod 2 = 1$$

$$c_3 = (x_1 + x_2 + x_4) \bmod 2 = (1 + 0 + 1) \bmod 2 = 0$$

となるべきである.

これに対して，受信語の検査ビットは，$c_1 = 0$，$c_2 = 0$ および $c_3 = 1$ で与えられているので，c_1，c_2 および c_3 のすべての符号が反転している．使用している通信路の品質は「高々 1 ビットが反転する可能性のある通信路」である.

検査ビット c_1，c_2 および c_3 のすべての作成に使用されている情報ビットは x_2 なので，それが誤っていることになる.

したがって，入力された符号語 $\mathbf{w}$ は，情報ビット x_2 を訂正した

$$\mathbf{w} = [1,\ 1,\ 0,\ 1,\ 0,\ 0,\ 1]$$

である.

【解答】 ⑤

【解説】

題意の入力信号 $x(n)$ と出力信号 $y(n)$ の関係式を z 変換すると,

$$4Y(z) + 2z^{-1}Y(z) = X(z)$$

伝達関数 $G(z)$ は,

$$G(z) = \frac{Y(z)}{X(z)} = \frac{1}{4 + 2z^{-1}}$$

よって，極 $z = -\frac{1}{2}$，$\left|-\frac{1}{2}\right| < 1$ なので，このシステムは安定となる.

【解答】 ③

【解説】

離散フーリエ変換

$$[X(0),\ X(1),\ X(2),\ X(3),\ X(4),\ X(5)]$$

を計算すると，それぞれ次のように求まる.

2017年度

$$X(0)=\sum_{n=0}^{5}x(n)e^{-j\frac{2\pi n}{6}\times 0}=\sum_{n=0}^{5}x(n)=1+0+(-1)+0+1+0=1$$

$$X(1)=\sum_{n=0}^{5}x(n)e^{-j\frac{2\pi n}{6}\times 1}$$

$$=1\times e^{-j\frac{2\pi\times 0}{6}\times 1}+0+(-1)\times e^{-j\frac{2\pi\times 2}{6}\times 1}+0+1\times e^{-j\frac{2\pi\times 4}{6}\times 1}+0$$

$$=1+(-1)\times\left(\cos\frac{-2\pi}{3}+j\sin\frac{-2\pi}{3}\right)+1\times\left(\cos\frac{-4\pi}{3}+j\sin\frac{-4\pi}{3}\right)$$

$$=1+j\sqrt{3}$$

$$X(2)=\sum_{n=0}^{5}x(n)e^{-j\frac{2\pi n}{6}\times 2}$$

$$=1\times e^{-j\frac{2\pi\times 0}{6}\times 2}+0+(-1)\times e^{-j\frac{2\pi\times 2}{6}\times 2}+0+1\times e^{-j\frac{2\pi\times 4}{6}\times 2}+0$$

$$=1+(-1)\times\left(\cos\frac{-4\pi}{3}+j\sin\frac{-4\pi}{3}\right)+1\times\left(\cos\frac{-8\pi}{3}+j\sin\frac{-8\pi}{3}\right)$$

$$=1-j\sqrt{3}$$

$$X(3)=\sum_{n=0}^{5}x(n)e^{-j\frac{2\pi n}{6}\times 3}$$

$$=1\times e^{-j\frac{2\pi\times 0}{6}\times 3}+0+(-1)\times e^{-j\frac{2\pi\times 2}{6}\times 3}+0+1\times e^{-j\frac{2\pi\times 4}{6}\times 3}+0$$

$$=1+(-1)\times\{\cos(-2\pi)+j\sin(-2\pi)\}$$

$$+1\times\{\cos(-4\pi)+j\sin(-4\pi)\}$$

$$=1$$

$$X(4)=\sum_{n=0}^{5}x(n)e^{-j\frac{2\pi n}{6}\times 4}$$

$$=1\times e^{-j\frac{2\pi\times 0}{6}\times 4}+0+(-1)\times e^{-j\frac{2\pi\times 2}{6}\times 4}+0+1\times e^{-j\frac{2\pi\times 4}{6}\times 4}+0$$

$$=1+(-1)\times\left(\cos\frac{-8\pi}{3}+j\sin\frac{-8\pi}{3}\right)+1\times\left(\cos\frac{-16\pi}{3}+j\sin\frac{-16\pi}{3}\right)$$

$$=1+j\sqrt{3}$$

$$X(5)=\sum_{n=0}^{5}x(n)e^{-j\frac{2\pi n}{6}\times 5}$$

$$=1\times e^{-j\frac{2\pi\times 0}{6}\times 5}+0+(-1)\times e^{-j\frac{2\pi\times 2}{6}\times 5}+0+1\times e^{-j\frac{2\pi\times 4}{6}\times 5}+0$$

$$=1+(-1)\times\left(\cos\frac{-10\pi}{3}+j\sin\frac{-10\pi}{3}\right)+1\times\left(\cos\frac{-20\pi}{3}+j\sin\frac{-20\pi}{3}\right)$$

$$=1-j\sqrt{3}$$

【解答】 ⑤

【解説】

①，② 正しい．IPv6は，アドレス資源の枯渇が心配される初期のインターネットプロトコルIPv4をベースに，管理できるアドレス空間の増大，セキュリティ機能の追加，優先度に応じたデータの送信などの改良を施したもので，IPv4のIPアドレスの長さは32ビット，IPv6のそれは4倍の128ビットである．

③ 正しい．⑤ 誤り．ルーティングプロトコルは，経路情報を交換するためのプロトコルで，パケット中継機能をもつ機器同士が隣接するネットワークのアドレス情報を交換するために使われる．RIPはUDP/IP上で動作するルーティングプロトコルの一つで，距離（Distance）と方向（Vector）を使って最適経路を決定するディスタンスベクタ型アルゴリズムを用いたプロトコルである．RIPv1はクラスフルルーティング，RIPv2はクラスレスルーティングである．

④ 正しい．小規模から大規模までダイナミックルーティングを実現するリンクステート型ルーティングプロトコルである．

【解答】 ②

【解説】

PSK（phase shift keying：位相偏移変調）方式は，送信データに応じて一定周波数の搬送波の位相を変化させるディジタル変調方式である．変化させる位相の種類を増やすことにより，変調1回当たりの送信ビット数を増やすことができ，信号点配置上で，位相変化を90度ずつ4点の信号点を用い，1シンボル当たり2ビットのデータを伝送するのがQPSK (quadrature phase shift keying)である．位相変化を180度ずつ2値(1ビット）とするのがBPSK（binary phase shift keying）である．QPSKは1回の変調（1シンボル）で2ビット伝送するので，1回の変調で1ビット伝送するBPSKと比べ，伝送ビット数は2倍になるが，最大周波数利用効率も2倍になる．

III 32

【解答】 ①

【解説】

時間的にも値も連続信号であるアナログ信号をディジタル変換することをAD変換と呼ぶ．AD変換では，まず，標本化（サンプリング）によりアナログの離散時間信号に変換する．このときの標本化信号は連続値なので，量子化して離散値のディジタル信号に変換される．

標本化した信号を原信号に復元できるかどうかは標本化定理で判断でき，標本化周波数の1/2以上の周波数成分が原信号に含まれていると，復元しようとしても折返し誤差が生じ，元の信号に戻すことはできない．このため，標本化周波数は，アナログ信号の最高周波数の2倍以上の周波数を選定する必要がある．

III 33

【解答】 ②

【解説】

Si（シリコン）やGe（ゲルマニウム）のような真性半導体（原子価4）にB（ボロン＝ほう素），Ga（ガリウム），In（インジウム）などの3価の原子を微量加えると，結晶中の正電荷が余分な状態ができ，正孔となる．この結晶に電界を加えると，正孔が移動し，電流が流れる．このような半導体をp形半導体といい，微量加えることで電子を引き受けて正孔を生成する不純物をアクセプタ，多数キャリヤは正孔となる．

これに対して，ひ素（As），りん（P）などの5価の原子を微量加えると，結晶中に自由電子ができ，n 形半導体になる．5 価の不純物をドナー，多数キャリヤは自由電子となる．

p 形半導体と n 形半導体が接している面を接合面といい，キャリヤは濃度の高いほうから低いほうへ移動し，均一な濃度になる．p 形半導体の多数キャリヤは正孔なので n 形半導体内へ，n 形半導体の多数キャリヤは電子なので p 形半導体内へ移動する．これを拡散という．

拡散により pn 接合の反対側の領域に入ったキャリヤは，逆の電荷を有するその領域の多数キャリヤと出会い，結合して消滅する．これを再結合という．再結合が起こると，消滅したキャリヤとは逆の電荷が残る．これにより，n 形半導体の接合面近傍は正，p 形半導体の接合面付近は負に帯電し，n 形半導体から p 形半導体に向かう電界ができ，それ以上の拡散が抑制される．このとき，接合部に生じる電位差が拡散電位である．

III 34

【解答】 ④

【解説】

MOSFET（電界効果トランジスタ）は，電子または正孔をキャリヤとするユニポーラトランジスタである．ポリシリコンの電極（ソース，ドレーン，ゲート）およびシリコン基板から構成され，p チャネル形（pMOS）と n チャネル形（nMOS）がある．pMOS トランジスタは，n 形半導体の基板の表面に，金属酸化物（MOS）の膜をつくり，不純物の選択拡散により p 形半導体のソースとドレーン，金属酸化物の表面に金属またはポリシリコンのゲート電極を蒸着した構造である．nMOS トランジスタは，反対に，p 形半導体の基板の上に n 形半導体のソースおよびドレーンを設け，その間にゲートを構成したものである．pMOS トランジスタでは，ゲート・ソース間電圧 V_{gs} が pMOS のしきい値電圧 V_T を超える場合，ドレーン・ソース間に電圧を印加しても電流は流れない．V_T 以下の V_{gs} を加えると，ゲート直下の基板の n 形半導体領域が反転して正孔が誘起され，p チャネルが形成される．負のドレーン・ソース間電圧（ソースを正，ドレーンを負）

によって，ソースからドレーンに向かって正孔が移動し電流が流れる．

MOSFET は，ゲートがシリコン酸化膜で完全に絶縁されている構造であるため，ゲート電極とシリコン基板間に静電容量が存在する．ゲート・ドレーン間の静電容量 C_{gd} とゲート・ソース間の静電容量 C_{gs} はゲート電極の構造で決まり，シリコン酸化膜の厚さに逆比例し，ゲート面積に比例して増加する．④の記述は誤りである．

III 35

【解答】 ⑤

【解説】

電気設備の技術基準では，電路は大地から絶縁することを原則とし，次のように規定されている．

第 5 条（電路の絶縁） 電路は，大地から絶縁しなければならない．ただし，構造上やむを得ない場合であって通常予見される使用形態を考慮し危険のおそれがない場合，又は混触による高電圧の侵入等の異常が発生した際の危険を回避するための接地その他の保安上必要な措置を講ずる場合は，この限りでない．

ただし書きが本問の記述であり，保護装置の確実な動作の確保，対地電圧の低下，異常電圧の抑制のため，中性点接地を施す．

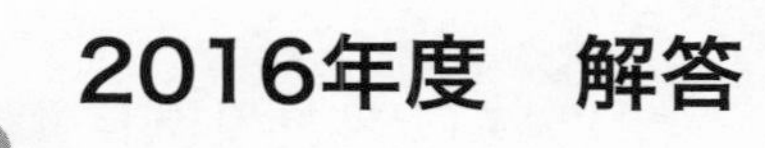

2016年度　解答

III 1

【解答】　①

【解説】

第1図のように，平行導線1と2に同方向の電流 I_1，I_2 が流れている場合，右ねじの法則により，導線1の電流 I_1 のつくる導線2の位置の磁束密度 B_1 は下向きになる.

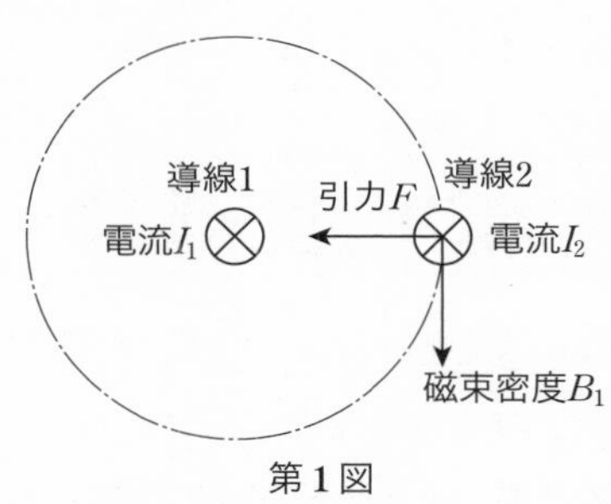

第1図

フレミングの左手の法則は磁界中の導体に電流が流れるときの電磁力の向きに関する法則である．人さし指を磁界の向き，中指を電流の向きにとるとき，左手の親指の向きが電磁力になる．この法則を適用すると，磁束密度 B_1 と導線2の電流 I_2 との間の電磁力 F は引力になる．導線1にも導線2に向かう引力が働く.

III 2

【解答】　③

【解説】

ビオ・サバールの法則により，微小長さの電流 $I\mathrm{d}l$ が距離 r だけ離れた点につくる磁界 $\mathrm{d}H$ は，電流の方向とその点の方向とのなす角を θ とすると，次式で表される.

2016年度

$$\mathrm{d}H=\frac{1}{4\pi}\frac{I\mathrm{d}l}{r^2}\sin\theta$$

円形コイルの中心点と電流の方向との角 θ は常に $\pi/2$ なので，微小長さの電流 $I\mathrm{d}l$ が中心点につくる磁界 $\mathrm{d}H$ は，

$$\mathrm{d}H=\frac{1}{4\pi}\frac{I\mathrm{d}l}{a^2}\sin\frac{\pi}{2}=\frac{1}{4\pi}\frac{I\mathrm{d}l}{a^2} \quad (1)$$

また，巻数 N，半径 a の円形コイルの電線の長さは $2\pi aN$ なので，中心点の磁界 H は $\mathrm{d}H$ の $2\pi aN/\mathrm{d}l$ 倍になる．

$$H=\mathrm{d}H\times\frac{2\pi aN}{\mathrm{d}l}=\frac{1}{4\pi}\frac{I\mathrm{d}l}{a^2}\times\frac{2\pi aN}{\mathrm{d}l}=\frac{NI}{2a}$$

【解答】 ③

【解説】

電界の強さ E [V/m] は，単位面積（1 m^2）を貫通する電気力線の本数で定義される．

電荷 Q が半径 a の球面のみに一様密度で分布するとき，電気力線も球表面から半径方向に外向きに均等にでていき，球内部に向かう電気力線は存在しない．

(1)　$r<a$（球内部）：$E=0$

(2)　$r>a$（球外部）：題意より，球外の誘電率は ε_0 なので，電荷 Q から出る電気力線の本数 N は，次式で求まる．

$$N=\frac{Q}{\varepsilon_0}\ [本]$$

球と同心の半径 r（$r>a$）の仮想球を考えると，球表面積 S は，

$$S=4\pi r^2\ [\mathrm{m}^2]$$

電気力線は，仮想球の表面を均等に貫通するので，

電界の強さ $E=\dfrac{N}{S}=\dfrac{\frac{Q}{\varepsilon_0}}{4\pi r^2}=\dfrac{Q}{4\pi\varepsilon_0 r^2}$

【解答】 ④

【解説】

右ねじの法則により，導線 l_1，l_2 の電流が点 P につくる磁界の強さ H_{l1}，H_{l2} は互いに打ち消す向きになる．アンペア周回路の法則により，次の関係がある．

$2\pi(d+a)H_{l1}=3I,\ 2\pi aH_{l2}=2I$

点 P の磁界の強さ H は，H_{l1} と H_{l2} の合成なので，

$$H=H_{l1}-H_{l2}=\frac{3I}{2\pi(d+a)}-\frac{2I}{2\pi a}=\frac{\{3a-2(d+a)\}I}{2\pi(d+a)a}$$

$$=\frac{(a-2d)I}{2\pi(d+a)a}=0$$

$\therefore\quad a=2d$

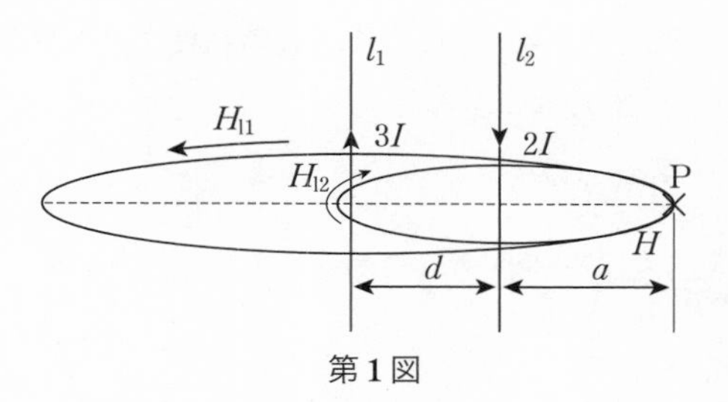

第 1 図

【解答】 ④

【解説】

内部抵抗 R，直流定電圧源 E の回路を等価な定電流源回路に変換すると，第 1 図のように，抵抗 R，直流定電流源 E/R の並列回路になる．

したがって，この回路を等価直流電流源 I_0，等価抵抗 R_0 の並列回路に

2016 年度

合成すると,

$$I_0 = I + \frac{E}{R} = \frac{E+RI}{R}, \quad R_0 = \frac{1}{\frac{1}{R}+G} = \frac{R}{1+RG}$$

$$\therefore \quad E_t = R_0 I_0 = \frac{R}{1+RG} \times \frac{E+RI}{R} = \frac{E+RI}{1+RG}$$

$$R_t = R_0 = \frac{R}{1+RG}$$

a
b

第 1 図

III 6 【解答】 ③

【解説】

問題に与えられたダイオードの電圧―電流特性より, 電圧 V_d が $V_d = 2$ V のときの電流 I_d は $I_d = 40\ \mu\text{A}$ である.

抵抗 20 kΩ の電流 I_r は,

$$I_r = \frac{2}{20 \times 10^3} = 10^{-4}\ \text{A}$$

抵抗 R_1 の電流 I_{R1} は,

$$I_{R1} = I_d + I_r = 40 \times 10^{-6} + 10^{-4} = 0.14 \times 10^{-3}\ \text{A}$$

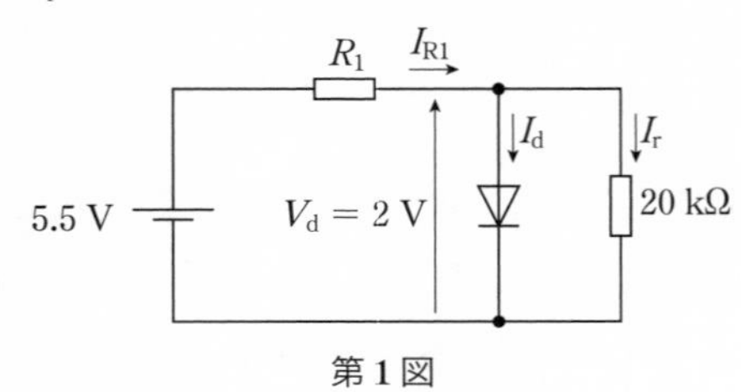

第 1 図

抵抗 R_1 は,

$$R_1 = \frac{5.5-2}{I_{R1}} = \frac{5.5-2}{0.14\times10^{-3}} = 25\times10^3\ \Omega = 25\ \mathrm{k\Omega}$$

【解答】 ④

【解説】

第1図のように，回路末端から電源に向かい，抵抗の直並列回路の合成抵抗を求める公式を使って簡単化する．

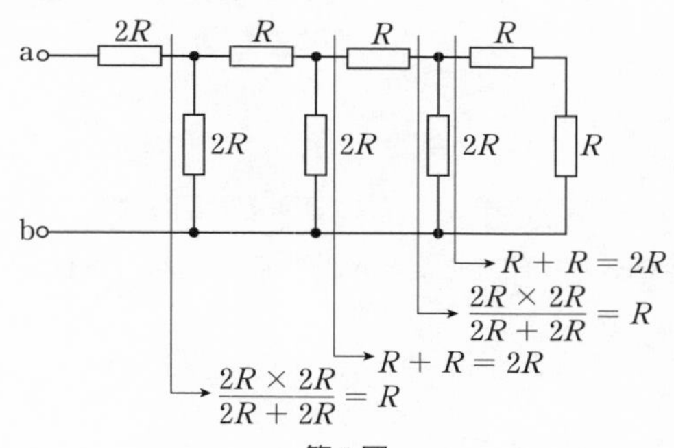

第1図

末端の抵抗 R と抵抗 R の直列回路の合成抵抗は $2R$ である．この抵抗 $2R$ と並列接続されている抵抗 $2R$ の合成抵抗は R である．この計算を繰り返すと，電源端の抵抗 $2R$ の右側の回路の合成抵抗は R になる．

よって，端子 a，b から見た合成抵抗 R_0 は,

$$R_0 = 2R + R = 3R$$

【解答】 ①

【解説】

第1図のように，キルヒホッフの電流則により，抵抗 R_1 の電流は $i - I$ になる．

第1図に示す閉回路にキルヒホッフの電圧則を適用すると,

$$R_1(i - I) + R_2 i = E$$

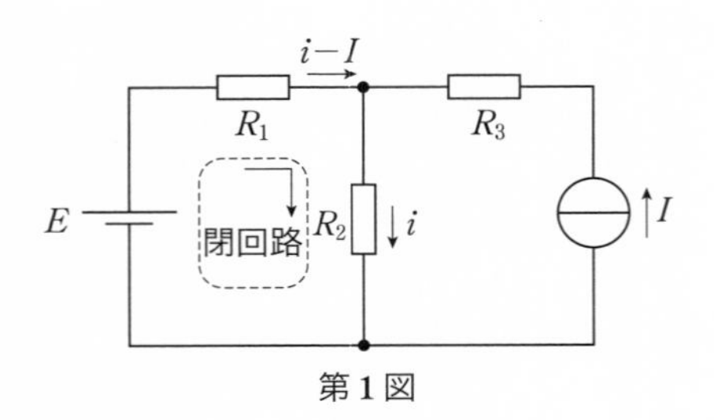

第 1 図

$$\therefore \quad i=\frac{E+R_1 I}{R_1+R_2}$$

【解答】 ②

【解説】

抵抗 R と自己インダクタンス L の直列接続回路に，$t=0$ でスイッチ S を閉じ，直流電圧 E を印加したときの電流 $i(t)$ は，次式で表される．

$$i(t)=\frac{E}{R}\left(1-\mathrm{e}^{-\frac{t}{T}}\right)$$

ただし，時定数 $T=L/R$

抵抗 R の電圧 $V_{\mathrm{R}}(t)$ は，

$$V_{\mathrm{R}}(t)=Ri(t)=E\left(1-\mathrm{e}^{-\frac{t}{T}}\right)$$

自己インダクタンスの電圧 $V_{\mathrm{L}}(t)$ は，

$$V_{\mathrm{L}}(t)=L\frac{\mathrm{d}i(t)}{\mathrm{d}t}=L\times\frac{E}{R}\times\frac{1}{T}\mathrm{e}^{-\frac{t}{T}}=E\mathrm{e}^{-\frac{t}{T}}$$

あるいは

$$V_{\mathrm{L}}(t)=E-V_{\mathrm{R}}(t)=E-E\left(1-\mathrm{e}^{-\frac{t}{T}}\right)=E\mathrm{e}^{-\frac{t}{T}}$$

②は $V_{\mathrm{L}}(t)$ の変化に関する記述であるが，$V_{\mathrm{L}}(0)$ の値は E で，その後小さくなり，最終値は 0 なので，誤りである．

【解答】 ①

【解説】

問題図のスイッチの左側の定電流源等価回路を定電圧源等価回路に等価変換すると，第1図のようになる.

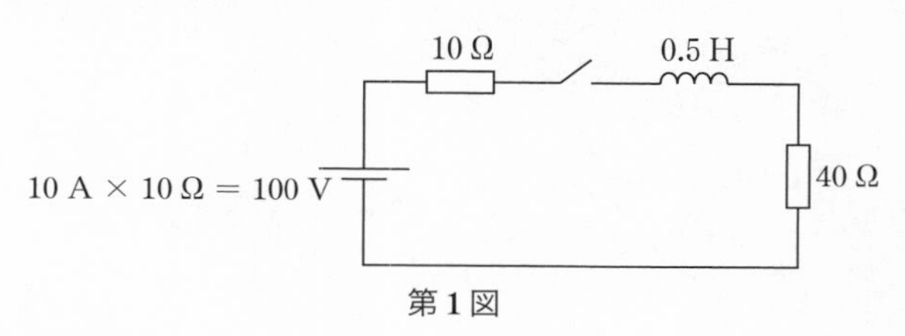

第1図

時定数 T は,

$$T=\frac{L}{R}=\frac{0.5}{10+40}=0.01\,\mathrm{s}$$

【解答】 ①

【解説】

図1の並列接続回路の角周波数 ω でのインピーダンス $\dot{Z}_1$ は，次式で表される.

$$\dot{Z}_1=\frac{1}{\dfrac{1}{R_\mathrm{P}}+\mathrm{j}\omega C_\mathrm{P}}=\frac{R_\mathrm{P}}{1+\mathrm{j}\omega C_\mathrm{P}R_\mathrm{P}}$$

$$=\frac{1}{1+(\omega C_\mathrm{P}R_\mathrm{P})^2}R_\mathrm{P}-\mathrm{j}\frac{\omega C_\mathrm{P}R_\mathrm{P}{}^2}{1+(\omega C_\mathrm{P}R_\mathrm{P})^2}$$

$$=\frac{1}{1+(\omega C_\mathrm{P}R_\mathrm{P})^2}R_\mathrm{P}-\mathrm{j}\frac{1}{\omega\cdot\dfrac{1+(\omega C_\mathrm{P}R_\mathrm{P})^2}{\omega^2C_\mathrm{P}R_\mathrm{P}{}^2}}$$

これが，図2の直列接続回路の角周波数 ω でのインピーダンス

$\dot{Z}_2=R_\mathrm{S}-\mathrm{j}\dfrac{1}{\omega C_\mathrm{S}}$ と等しくなるためには,

$$C_\mathrm{S}=\frac{1+(\omega C_\mathrm{P}R_\mathrm{P})^2}{\omega^2C_\mathrm{P}R_\mathrm{P}{}^2},\quad R_\mathrm{S}=\frac{1}{1+(\omega C_\mathrm{P}R_\mathrm{P})^2}R_\mathrm{P}$$

【解答】 ⑤

【解説】

電流 I は,

$$I=\frac{E_0}{\left|\dot{Z}_0+\dot{Z}\right|}=\frac{E_0}{|(r+\mathrm{j}x)+(R+\mathrm{j}X)|}=\frac{E_0}{\sqrt{(r+R)^2+(x+X)^2}}$$

負荷の消費電力 P は,

$$P=I^2R=\frac{{E_0}^2R}{(r+R)^2+(x+X)^2}=\frac{{E_0}^2}{R+\dfrac{r^2+(x+X)^2}{R}+2r}$$

ここで，R と X が変数であるが，リアクタンスは正負両方の値を取り得るので,

$$x+X=0$$

$$\therefore\quad X=-x$$

のとき，X に関し分母は最小となる．この条件を用いると，消費電力は次式のようになる．

$$P=\frac{{E_0}^2}{R+\dfrac{r^2}{R}+2r}$$

さらに，上式の分母は第 1 項と第 2 項が R の関数である．

$$R\times\frac{r^2}{R}=r^2=\text{const.}$$

なので，最小定理により,

$$R=\frac{r^2}{R}$$

$$\therefore\quad R=r$$

のとき，分母は最小となり，消費電力は最大となる．

消費電力が最大となる条件は,

$$\dot{Z}=r-\mathrm{j}x$$

そのときの消費電力 P は,

$$P=\frac{{E_0}^2}{r+\dfrac{r^2}{r}+2r}=\frac{{E_0}^2}{4r}$$

【解答】 ②

【解説】

風力発電は，風車で風のエネルギーを回転力に変換するものである．風車の受けるエネルギー P は，次式で表される．

$$P=\frac{1}{2}A\rho V^3$$

ここで，A：風車の受風断面積，ρ：空気の密度，V：風速

したがって，風車の受けるエネルギー P は，受風断面積 A に比例し，風速の 3 乗に比例する．

III 14

【解答】 ②

【解説】

発電機の出力は,

$$P_G+jQ_G=1\,000\times(0.8+j\sqrt{1-0.8^2})=800+j600$$

負荷電力は,

$$P_L+jQ_L=370\times(0.7+j\sqrt{1-0.7^2})=259+j264.2$$

送電電力は,

$$(P_G-P_L)+j(Q_G-Q_L)=(800-259)+j(600-264.2)$$

力率は,

$$\cos\left(\tan^{-1}\frac{335.8}{541}\right)\fallingdotseq 0.849\,6\fallingdotseq 0.85$$

III 15

【解答】 ④

【解説】

題意より，一次換算等価回路は第 1 図のようになる.

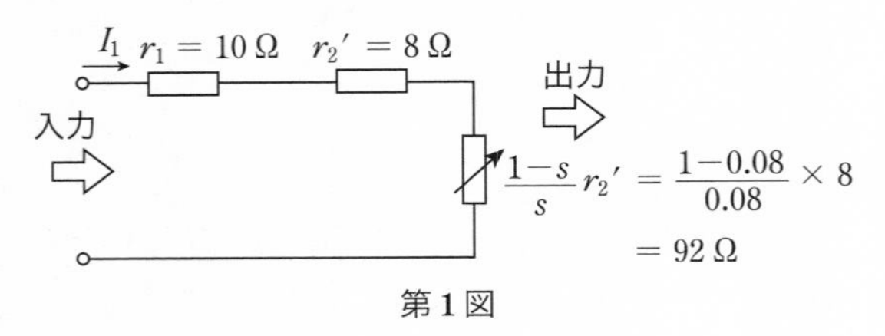

第 1 図

入力 P_{in} は,

$$P_{\mathrm{in}} = 3 I_1{}^2 \left(r_1 + r_2{}' + \frac{1-s}{s} r_2{}' \right)$$

出力 P_{out} は,

$$P_{\mathrm{out}} = 3 I_1{}^2 \cdot \frac{1-s}{s} r_2{}'$$

効率 η は,

$$\eta = \frac{P_{\mathrm{out}}}{P_{\mathrm{in}}} = \frac{\dfrac{1-s}{s} r_2{}'}{r_1 + r_2{}' + \dfrac{1-s}{s} r_2{}'} = \frac{\dfrac{1-s}{s} r_2{}'}{r_1 + \dfrac{r_2{}'}{s}} = \frac{\dfrac{1-0.08}{0.08} \times 8}{10 + \dfrac{8}{0.08}} \fallingdotseq 0.836 \fallingdotseq 84\,\%$$

III 16

【解答】 ②

【解説】

界磁電流 I_{f} は,

$$I_{\mathrm{f}} = \frac{V}{R_{\mathrm{f}}} = \frac{250}{25} = 10\ \mathrm{A}$$

電機子誘導起電力 E（入力電流 11 A）は,

$$E = V - R_{\mathrm{a}}(I - I_{\mathrm{f}}) = 250 - 0.1 \times (11 - 10) = 249.9\ \mathrm{V}$$

電機子誘導起電力 E'（入力電流 110 A）は,

$$E' = V - R_{\mathrm{a}}(I' - I_{\mathrm{f}}) = 250 - 0.1 \times (110 - 10)$$

$= 240\ \mathrm{V}$

界磁電流は一定なので，磁束も一定であり，回転速度は電機子誘導起電力に比例する．

$$N' = N \times \frac{E'}{E} = 1\,200 \times \frac{240}{249.9} \fallingdotseq 1\,152\ \mathrm{min}^{-1}$$

III 17

【解答】 ④

【解説】

重なり期間中は，上アームの $\mathrm{Th_1}$ と $\mathrm{Th_3}$，下アームの $\mathrm{Th_4}$ と $\mathrm{Th_2}$ は，すべてオン状態なので，次の微分方程式が成り立つ．

$$L_{\mathrm{ac}} \frac{\mathrm{d}i}{\mathrm{d}t} = e_{\mathrm{u}} = \sqrt{2} E \sin \omega t \qquad (1)$$

$$i_{\mathrm{u}} = i + i_{\mathrm{v}} = i + (I_{\mathrm{d}} - i_{\mathrm{u}}) \qquad (2)$$

(2)式より，

$$i = 2i_{\mathrm{u}} - I_{\mathrm{d}}$$

$$\therefore \quad \frac{\mathrm{d}i}{\mathrm{d}t} = 2\frac{\mathrm{d}i_{\mathrm{u}}}{\mathrm{d}t} - \frac{\mathrm{d}I_{\mathrm{d}}}{\mathrm{d}t} = 2\frac{\mathrm{d}i_{\mathrm{u}}}{\mathrm{d}t} \qquad (3)$$

(3)式を(1)式に代入して，変数分離の形に直すと，

$$\mathrm{d}i_{\mathrm{u}} = \frac{\sqrt{2}E}{2L_{\mathrm{ac}}} \sin \omega t \, \mathrm{d}t$$

サイリスタは $\mathrm{Th_1}$ から $\mathrm{Th_3}$ に制御遅れ角 α（時刻 α/ω）で転流を開始するので，時刻 α/ω においては $i_{\mathrm{u}} = 0$ であり，その後，電流は増加し，時刻 t で i_{u} となる．

$$\int_0^{i_{\mathrm{u}}} \mathrm{d}i_{\mathrm{u}} = \frac{\sqrt{2}E}{2L_{\mathrm{ac}}} \int_{\frac{\alpha}{\omega}}^{t} \sin \omega t \, \mathrm{d}t$$

$$\therefore \quad i_{\mathrm{u}} = \frac{\sqrt{2}E}{2\omega L_{\mathrm{ac}}} (\cos \alpha - \cos \omega t)$$

$$i_{\mathrm{v}}=I_{\mathrm{d}}-i_{\mathrm{u}}=I_{\mathrm{d}}-\frac{\sqrt{2}E}{2\omega L_{\mathrm{ac}}}(\cos\alpha-\cos\omega t)$$

III 18

【解答】 ④

【解説】

この直流チョッパは，入力電圧 E_{S} にリアクトル L の逆起電力が直列に接続された昇圧チョッパである．

ダイオード D に流れる電流は，デバイス Q のオン期間は零，オフ期間は I_{S} に等しい．

$$I_{\mathrm{D}}=I_{\mathrm{S}}\times\frac{T_{\mathrm{off}}}{T}$$

チョッパ内で損失がなければ，

入力 $E_{\mathrm{S}}\times I_{\mathrm{S}}=$ 出力 $V_{\mathrm{L}}\times I_{\mathrm{D}}$

$$\therefore\quad V_{\mathrm{L}}=E_{\mathrm{S}}\times\frac{I_{\mathrm{S}}}{I_{\mathrm{D}}}=E_{\mathrm{S}}\times\frac{I_{\mathrm{S}}}{I_{\mathrm{S}}\times\frac{T_{\mathrm{off}}}{T}}=E_{\mathrm{S}}\times\frac{T}{T_{\mathrm{off}}}$$

【解答】 ①

【解説】

分圧比は，次式により求めることができる．

$$\frac{\dot{V}_2}{\dot{V}_1}=\frac{\frac{1}{R_1}+\mathrm{j}\omega C_1}{\left(\frac{1}{R_1}+\mathrm{j}\omega C_1\right)+\left(\frac{1}{R_2}+\mathrm{j}\omega C_2\right)}=\frac{R_2+\mathrm{j}\omega C_1R_1R_2}{(R_1+R_2)+\mathrm{j}\omega(C_1+C_2)R_1R_2}$$

実部の比は，

$$\frac{R_2}{R_1+R_2}=\frac{1}{1+\frac{R_1}{R_2}}$$

虚部の比は，

$$\frac{\omega C_1 R_1 R_2}{\omega(C_1+C_2)R_1 R_2}=\frac{C_1}{C_1+C_2}=\frac{1}{1+\dfrac{C_2}{C_1}}$$

この式が角周波数 ω に無関係になるためには，分母と分子の実部の比，虚部の比が等しくなければならないので，

$$\frac{R_1}{R_2}=\frac{C_2}{C_1}$$

$$\therefore \quad C_1 R_1 = C_2 R_2$$

この条件を満足しているとき，

$$\frac{\dot{V}_2}{\dot{V}_1}=\frac{R_2}{R_1+R_2}$$

【解答】 ②

【解説】

ブリッジの平衡条件より，

$$R_1\times\frac{1}{\mathrm{j}\omega C_3}=\left(R_x+\frac{1}{\mathrm{j}\omega C_x}\right)\times\frac{1}{\dfrac{1}{R_2}+\mathrm{j}\omega C_2}$$

$$R_1\times\left(\frac{1}{R_2}+\mathrm{j}\omega C_2\right)=\left(R_x+\frac{1}{\mathrm{j}\omega C_x}\right)\times\mathrm{j}\omega C_3$$

$$\frac{R_1}{R_2}+\mathrm{j}\omega C_2 R_1=\frac{C_3}{C_x}+\mathrm{j}\omega C_3 R_x$$

$$\therefore \quad R_x=\frac{C_2}{C_3}R_1, \quad C_x=\frac{R_2}{R_1}C_3$$

【解答】 ⑤

【解説】

PID 制御は，P 動作，I 動作および D 動作を組み合わせた制御方式であ

り，偏差を z とすると，操作量 y は次式で表される．

$$y = K_{\mathrm{P}} z + \frac{K_{\mathrm{P}}}{T_{\mathrm{I}}} \int z \, \mathrm{d}t + K_{\mathrm{P}} T_{\mathrm{D}} \frac{\mathrm{d}z}{\mathrm{d}t}$$

I 動作は，偏差の積分量に比例した操作量が得られるので，定常偏差は零になる．不適切である．

III 22

【解答】 ②

【解説】

コレクタ電流 I_{C} が流れたとき，ベース・エミッタ間の電圧 $V_{\mathrm{BE}} = 0.7$ V なので，エミッタ・アース間電圧 V_{EE} は，

$$V_{\mathrm{EE}} = 3.5 - 0.7 = 2.8 \text{ V}$$

コレクタ電流に比べて，ベース電流は十分小さいので，エミッタ電流とコレクタ電流は等しいと考えてよい．

$$\therefore \quad I_{\mathrm{C}} = \frac{2.8}{2 \times 10^3} = 1.4 \times 10^{-3} \text{ A} = 1.4 \text{ mA}$$

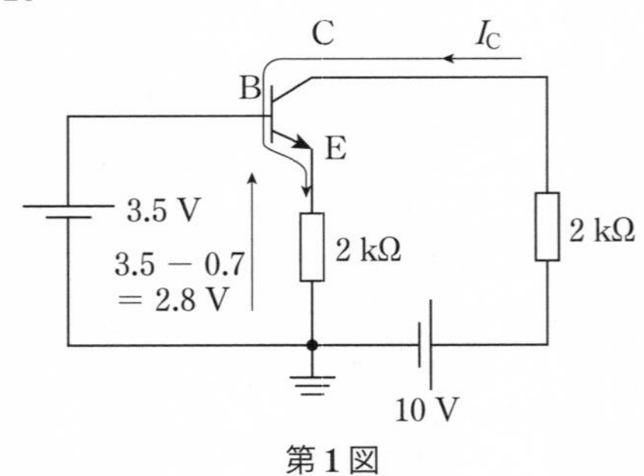

第 1 図

III 23

【解答】 ③

【解説】

題意より，理想オペアンプなので，差動入力端子の入力インピーダンスは無限大である．

したがって，入力端子（＋）に接続される抵抗 R_3 の電流は零であり，

入力電圧 V_1 はそのまま入力端子(+)の電圧に等しい．また，入力端子(−)の電圧も V_1 である．

電圧 V_1 は抵抗 R_1 の電圧降下なので，**第1図**のように電流 I を定義すると，出力端から抵抗 R_2 を介して抵抗 R_1，接地点に流れる．

$$I=\frac{V_1}{R_1}$$

$$V_0=(R_1+R_2)I=(R_1+R_2)\cdot\frac{V_1}{R_1}=\left(1+\frac{R_2}{R_1}\right)V_1$$

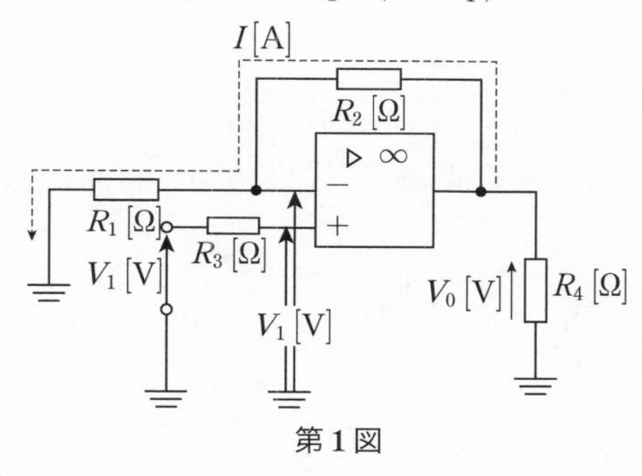

第1図

III 24 【解答】 ②

【解説】

題意より，図1は，次式の論理関数を実現している．

$$F(X,Y)=\overline{X\cdot Y}=\overline{X}+\overline{Y}$$

図2は，変数 X を入力するnMOSを，変数 X を入力するnMOSと変数 Z を入力するnMOSの並列接続回路に置き換えたものである．

$$F(X,Y,Z)=\overline{X+Z}+\overline{Y}=\overline{X}\cdot\overline{Z}+\overline{Y}$$

III 25 【解答】 ①

【解説】

出力 f の論理回路の論理式は，次式のとおりである．

$$f=\overline{A\cdot(A+B)}=\overline{A}+\overline{A+B}=\overline{A}+\overline{A}\cdot\overline{B}$$

吸収法則により，

$$f=\overline{A}+\overline{A}\cdot\overline{B}=\overline{A}$$

ちなみに，$\overline{A}=1$ ならば $\overline{A}\cdot\overline{B}$ が0であろうが1であろうが $f=1$ である．また $\overline{A}=0$ ならば $\overline{A}\cdot\overline{B}=0$ なので，$f=0$ である．

III 26

【解答】 ③

【解説】

情報理論におけるエントロピーは，平均情報量であり，次式で定義される．

$$H=-\sum_{i=1}^{M}p_i\log_2 p_i \geqq 0 \tag{1}$$

ラグランジェの未定係数法により，エントロピー H が最大となる条件を求める．

$$L=H+\lambda\left(1-\sum_{i=1}^{M}p_i\right)=-\sum_{i=1}^{M}p_i\log_2 p_i+\lambda\left(1-\sum_{i=1}^{M}p_i\right) \tag{2}$$

$$\frac{\partial L}{\partial p_i}=-\sum_{i=1}^{M}p_i\log_2 p_i+\lambda\left(1-\sum_{i=1}^{M}p_i\right)=-\left(\log_2 p_i+\frac{1}{\log 2}\right)+\lambda=0$$

$(i=1,\ 2,\ 3,\ \cdots,\ M)$

変数は λ のみなので，

$$p_1=p_2=p_3=\cdots=p_M$$

また，$\sum_{i=1}^{M}p_i=1$ なので，

$$p_1=p_2=p_3=\cdots=\frac{1}{M} \tag{4}$$

よって，最大エントロピーは，

$$H=-M\times\frac{1}{M}\log_2\frac{1}{M}=\log_2 M \tag{5}$$

題意より，情報源アルファベットの数 M は4個なので，

$$H_{\max}=\log_2 4=2$$

これはどれが起きるか全く予想できない状態である.

III 27

【解答】 ⑤

【解説】

瞬時に復号可能な符号系列とは，符号語系列を受信したとき，符号語の切れ目が次の符号語の先頭部分を受信しなくてもわかり，次の符号語を受信する前にその符号語を正しく復号できるものをいう．このためには，どの符号語も他の符号語の接頭語になっていないことが条件である．これを接頭条件という．接頭条件を満足する符号の集合 X は,

X = {B, C, E}

である．符号 A は s_1 が s_2 ～ s_5 の接頭語，符号 D は s_3 が s_4，s_5 の接頭語であるので，瞬時に復号可能な符号系列ではない.

また，集合 X のそれぞれの平均符号長は，次のとおりである.

符号 B：$\dfrac{2+1+3+4+4}{5}=2.8$

符号 C：$\dfrac{1+2+3+4+4}{5}=2.8$

符号 E：$\dfrac{3+3+3+3+3}{5}=3.0$

したがって，平均符号長が最小の符号の集合 Y は,

Y = {B, C}

【解答】 ②

【解説】

題意より，孤立矩形パルス $g(t)$ と $g'(t)$ との間には，次の関係がある.

$$g'(t) = 2g(2t)$$

フーリエ変換の縮尺性を利用すると,

$$G'(f) = F\{g'(t)\} = F\{2g(2t)\} = G\left(\frac{f}{2}\right) = \frac{\sin\left(\pi \dfrac{f}{2}\tau\right)}{\pi \dfrac{f}{2}\tau} = \frac{2\sin\left(\dfrac{\pi f\tau}{2}\right)}{\pi f\tau}$$

III 29

【解答】　④

【解説】

離散時間信号 $f(n)$ の両側 z 変換 $F(z)$ は，次式で定義される．

$$F(z) = \sum_{n=-\infty}^{\infty} f(n)z^{-n}$$

$$\therefore \quad \sum_{n=-\infty}^{\infty} f(n-k)z^{-n} = z^{-k}\sum_{n=-\infty}^{\infty} f(n-k)z^{-(n-k)}$$

$$= z^{-k}\sum_{n'=-\infty}^{\infty} f(n')z^{-n'} = z^{-k}F(z)$$

III 30

【解答】　③

【解説】

ディジタル変調方式には，周波数偏移変調（FSK：Frequency Shift Keying）方式と位相偏移変調（PSK：Phase Shift Keying）方式とがある．

FSK 方式は，データが 0 のとき搬送波を低周波数，1 のとき高周波数を対応させる方式で，アナログの周波数変調（FM）に相当する．PSK 方式は，一定周波数の搬送波の位相を変化させることで変調するものである．変化させる位相の種類を増やすことにより，変調 1 回当たりの送信ビット数を増やすことができる方式である．

BPSK（Binary Phase Shift Keying）方式は，位相変化を 2 値とし，1 回の変調（1 シンボル）で 1 ビット伝送する．これに対し，QPSK（Quadrature Phase Shift Keying）方式は位相変化を 4 値とし，1 回の変調（1 シンボル）で 2 ビット伝送するので，BPSK と比べ，伝送ビット数は 2 倍になる．

QAM（Quadrature Amplitude Modulation）は，直交する二つの搬送波を用い，同相および直交のベースバンド信号を直交多値化した方式であり，4相位相変調であるQPSKに，Iチャネル（I：In−phase，同相成分）とQチャネル（Q：Quadrature−phase，直交成分）の二つの軸上でのASK（Amplitude Shift Keying．振幅変調）を加え，位相と振幅の両方を変化させる．これが基本となる16値QAMであり，一つのシンボルで4ビット（2の4乗＝16とおり）の情報が伝送できる．

本問では，BPSKで4シンボル，QPSKで2シンボル，16値QAMで3シンボル，合計9シンボルで伝送しているので，

BPSK：1ビット/シンボル×4シンボル＝4ビット

QPSK：2ビット/シンボル×2シンボル＝4ビット

16値QAM：4ビット/シンボル×3シンボル＝12ビット

III 31

【解答】④

【解説】

パルス符号変調（Pulse Code Modulation，PCM）方式は，アナログ信号の波形を一定の時間間隔で取得する（標本化＝サンプリング），標本化したアナログ値をディジタル値に変換（量子化），2進符号に変換（符号化）する技術である．

①，②　適切．アナログ信号にはさまざまな周波数の成分が含まれているが，その最大周波数の2倍以上の周波数でサンプリングすれば，全周波数の情報は一切失われず，元の波形に復元することができる．これをサンプリング定理といい，原信号を復元可能な最小のサンプリング周波数である最大周波数の2倍をナイキスト周波数と呼んでいる．

③　適切．量子化ステップ幅が一様でないものを非線形量子化といい，信号電力のレベルが小さいときに量子化雑音を低減するために用いられる方式である．圧縮器特性としては，北米や日本で使用されているμ−law，欧州その他で使用されているA−lawがある．μ−lawは14ビット符号付き

線形 PCM の 1 標本を対数的に 8 ビットに符号化，A–law は 13 ビット符号付き線形 PCM の 1 標本を対数的に 8 ビットに符号化するものである．

④　不適切．量子化は，連続的な振幅値の標本量を必要な精度に丸め，飛び飛びの離散値（量子化代表値）に置き換えるものである．飛び飛びの間隔を量子化ステップ幅といい，量子化ステップ幅が一様なものを線形量子化と呼ぶ．線形量子化においては，信号電力対量子化雑音電力比（S/N 比）は量子化ビット数に依存し，信号電力の大小によらない．

⑤　適切．2 進符号方式には，自然 2 進符号，交番 2 進符号，折返し 2 進符号がある．交番 2 進符号はグレイコードとも呼ばれ，前後に隣接する符号間では 1 ビットしか変化しないので，伝送路での符号誤りの影響を軽減できる．折り返し 2 進符号は，入力信号レベル中央で自然 2 進符号を折り返したもので，中央値付近に 1 が集まるため通信中に伝送路上で 0 が連続することを抑制できる．

III 32

【解答】 ④

【解説】

ARP（Address Resolution Protocol）は，TCP/IP ネットワークにおいて，IP アドレスからインターネット上の MAC アドレスを求める通信プロトコルである．ある IP アドレス宛てのパケットをイーサネット LAN で送信するため，その LAN 内のすべての機器に特殊な形式のイーサネットフレームを送信し，当該 IP アドレスの機器に名乗り出てもらうことで MAC アドレスを特定する．その手順が ARP である．MAC アドレスから IP アドレスを知るためのプロトコルではない．④は不適切である．

III 33

【解答】 ⑤

【解説】

周期律表の第Ⅳ族に属するシリコンやゲルマニウムは，ダイヤモンド結晶構造で，それぞれの原子が 1 個ずつ電子を出し合って共有結合している．

常温では絶縁体であるが，接合エネルギーは弱いため，温度が上昇すると，電子の一部が自由電子，電子の抜けた穴が正孔になる．これが真性半導体で，正孔と電子の密度は等しい．③は正しい．金属に比べて，電気抵抗率の温度変化率が大きく，温度が上昇すると電気抵抗が小さくなる負の温度係数を有している．①は正しい．

この真性半導体に微量の不純物を混入させたのが不純物半導体であり，p 形と n 形とがある．シリコンにガリウムやほう素のようなⅢ族の不純物を混入させると，シリコンと共有結合するのに電子が 1 個足りない状態となり，正孔ができる．これが p 形半導体である．シリコンにひ素のようなⅤ族の不純物を混入させると，シリコンと共有結合するが電子が 1 個余り自由電子となる．これが n 形半導体である．キャリヤは，電界を加えたときに電荷を運ぶ役割を果たし，p 形半導体では正孔，n 形半導体では自由電子である．p 形半導体も n 形半導体も真性半導体と同様，外部から電気を加えたわけではないので，電気的に中性である．②は正しい．

p 形半導体と n 形半導体を接合させると，キャリヤは接合面で濃度の高いほうから低いほうへ移動し均一な濃度になる．p 形半導体の多数キャリヤは正孔なので n 形半導体内へ，n 形半導体の多数キャリヤは電子なので p 形半導体内へ移動する．これを拡散という．

拡散により pn 接合の反対側の領域に入ったキャリヤは，逆の電荷を有するその領域の多数キャリヤと出会い，結合して消滅する．これを再結合という．再結合が起こると，消滅したキャリヤとは逆の電荷が残る．これにより，n 形半導体の接合面近傍は正，p 形半導体の接合面付近は負に帯電するが，キャリヤが存在しない空乏層と呼ばれる電位障壁が生じ，n 形半導体から p 形半導体に向かう電界ができる．④は正しい．

この pn 接合において，p 形のほうに正の電圧を印加すると，電位障壁が小さくなり，ある電圧以上になると電流が流れる．これとは反対に，n 形のほうに正の電圧を印加すると，電位障壁はさらに大きくなり，電流は流れない．⑤の記述は逆である．

【解答】 ②

【解説】

MOSFET（電界効果トランジスタ）であり，電子または正孔をキャリヤとするユニポーラトランジスタである．ソース，ドレーン，ゲートおよび基板から構成され，p チャネル形（pMOS）と n チャネル形（nMOS）がある．pMOS トランジスタは，n 形半導体の基板の表面に，金属酸化物（MOS）の膜をつくり，不純物の選択拡散により p 形半導体のソースとドレーン，金属酸化物の表面に金属またはポリシリコンのゲート電極を蒸着した構造である．nMOS トランジスタは，反対に，p 形半導体の基板の上に n 形半導体のソースおよびドレーンを設け，その間にゲートを構成したものである．pMOS トランジスタでは，ゲート・ソース間電圧 V_{gs} が pMOS の閾値電圧 V_T を超える場合，ドレーン・ソース間に電圧を印加しても電流は流れない．V_T 以下の V_{gs} を加えると，ゲート直下の基板の n 形半導体領域が反転して正孔が誘起され，p チャネルが形成される．負のドレーン・ソース間電圧（ソースを正，ドレーンを負）によって，ソースからドレーンに向かって正孔が移動し電流が流れる．

MOSFET は，ゲートがシリコン酸化膜で完全に絶縁されている構造であるため，ゲート電極とシリコン基板間に静電容量が存在する．ゲート・ドレーン間の静電容量 C_{gd} とゲート・ソース間の静電容量 C_{gs} は，ゲート電極の構造で決まり，ゲート面積が広いほど，それに比例して増加する．

スイッチング遅延時間には，ターンオン遅延時間とターンオフ遅延時間があるが，ゲート抵抗が大きく影響するのは前者である．ゲート抵抗が小さければ小さいほどターンオン時間は短くなるので，ゲート長を短くすると，それに比例してゲート抵抗は小さくなる．

【解答】 ④

【解説】

遮断器は，正常および異常な回路状態の通電，投入，遮断をすることができ，異常時には短絡や地絡などの事故電流を速やかに遮断する機器である．定格電流は，正常な回路状態での負荷電流の連続通電，投入，遮断をできる限度である．短絡事故や地絡事故が発生した異常な回路状態での電流の通電と遮断ができる電流の限度が定格遮断電流である．

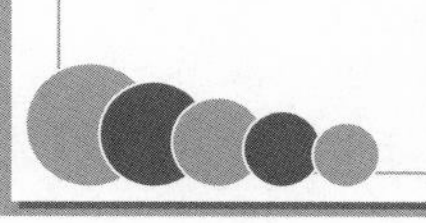

2015年度　解答

【解答】 ⑤

【解説】

フレミングの左手の法則は電流と磁界との間に働く力に関する法則である．人さし指を磁界の向き，中指を電流の向きにとるとき，左手の親指が力の向きになる．

力の大きさについては，磁束密度 B [T] の磁界中に，それと角度 θ の方向の長さ l [m] の導体があり，電流 I [A] が流れているとき，導体に働く力 f は，次式で表される．

$$f = BIl\sin\theta$$

磁界と電流が平行ならば，$\theta = 0$ で $\sin\theta = 0$ となるので，力 $f = 0$ である．

【解答】 ③

【解説】

三つの点電荷に働く力が平衡状態になるためには，その内の二つの電荷に働く静電力が零になればよい．残りの一つは作用反作用の法則により自ずと成り立つ．点Aと点Bの間の距離を x とし，各電荷の間に働く力を添え字 ij（A，B，C）を付けて f_{ij}（右向きに働く力を正）とすると，

A点の電荷 q_A に働く力 f_A は，

$$f_A = f_{AB} + f_{AC} = \frac{q_A q_B}{4\pi\varepsilon x^2} + \frac{q_A q_C}{4\pi\varepsilon(2x)^2}$$

$$= \frac{q_A}{4\pi\varepsilon x^2}\left(q_B + \frac{q_C}{4}\right) = 0$$

B点の電荷 q_B に働く力 f_B は，

2015
年度

$$f_B = f_{AB} + f_{BC} = -\frac{q_A q_B}{4\pi\varepsilon x^2} + \frac{q_B q_C}{4\pi\varepsilon x^2}$$

$$= \frac{q_B}{4\pi\varepsilon x^2}(-q_A + q_C) = 0$$

$$\therefore\ q_B = -\frac{q_C}{4} = -\frac{q_A}{4}\ \ (q_C = q_A)$$

【解答】 ①

【解説】

二つのコイルの自己インダクタンスを L_1, L_2, 相互インダクタンスを Mとすると，二つのコイルの合成インダクタンスは,

$$L_1 + L_2 + 2M = 16$$

$$L_1 + L_2 - 2M = 4$$

$$\therefore\ M = \frac{16-4}{4} = 3\,\mathrm{H}$$

【解答】 ①

【解説】

真空中で単位電荷 1 C から出る電気力線の本数は，$1/\varepsilon_0$ [本]，また，ある点の電界の強さ E [V/m] は，単位面積（1 m^2）を貫通する電気力線の本数で定義される.

つまり，任意の閉曲面 S 全体についてみると，『その内部に存在する電荷の総和の $1/\varepsilon_0$ 倍は閉曲面を内側から外側に貫通する電気力線の本数の総和』であり，それを別の見方をすると，『その閉曲面上の電界の強さ E を面積分すると，閉曲面 S 上を内側から外側に貫通する電気力線の本数の総和』になる．ガウスの定理である.

III 5

【解答】 ④

【解説】

抵抗 R_L に流れる電流 I は，次式のとおりである.

$$I=\frac{6}{3+R_L}\,[\mathrm{A}]$$

消費電力 P は,

$$P=I^2R_L=\left(\frac{6}{3+R_L}\right)^2 R_L=\frac{36R_L}{9+6R_L+{R_L}^2}$$

$$=\frac{36}{\left(\dfrac{9}{R_L}+R_L\right)+6}$$

したがって，$y=\dfrac{9}{R_L}+R_L$ とおくと,

$$\frac{\mathrm{d}y}{\mathrm{d}R_L}=-\frac{9}{{R_L}^2}+1=0$$

より,

$R_L=\pm3$ （負は不適）

$$\frac{\mathrm{d}^2y}{\mathrm{d}{R_L}^2}=\frac{18}{{R_L}^3}+1>0$$

これより，$R_L=3$ のとき，y は最小であり，消費電力 P は最大となる.

【解答】 ①

【解説】

第 1 図のように，抵抗 R を回路から切り離したときの開放電圧を E_0，電源側を見た抵抗を R_0 とおくと,

$$E_0=E_1-r_1\times\frac{E_1-E_2}{r_1+r_2}=\frac{E_1r_2+E_2r_1}{r_1+r_2}$$

$$R_0 = \frac{r_1 \cdot r_2}{r_1 + r_2}$$

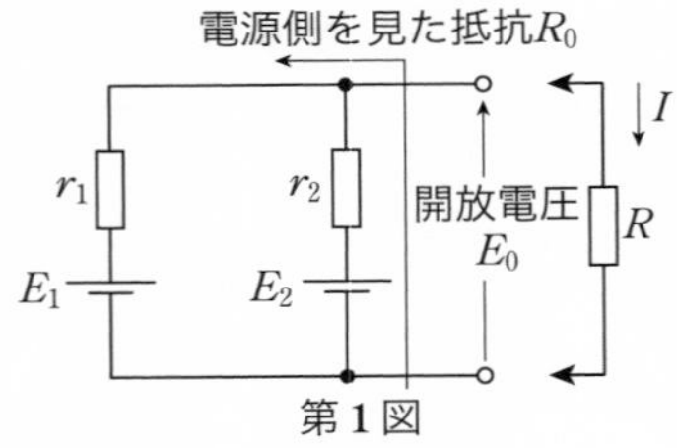

第 1 図

テブナンの定理より,

$$I = \frac{E_0}{R_0 + R} = \frac{\dfrac{E_1 r_2 + E_2 r_1}{r_1 + r_2}}{\dfrac{r_1 r_2}{r_1 + r_2} + R} = \frac{E_1 r_2 + E_2 r_1}{R(r_1 + r_2) + r_1 r_2}$$

【解答】 ④

【解説】

$C = 2$ F のコンデンサを $V = 1$ V で充電したときに蓄えられる電荷 Q は,

$$Q = CV = 2 \times 1 = 2 \text{ C}$$

このコンデンサに 1/2 F のコンデンサ 2 個を並列接続したときの合成静電容量 C_0 は,

$$C_0 = 2 + \frac{1}{2} \times 2 = 3 \text{ F}$$

第 1 図

全静電エネルギー W_0 は,

$$W_0 = \frac{Q^2}{2C_0} = \frac{2^2}{2 \times 3} = \frac{2}{3} \text{ J}$$

【解答】 ②

【解説】

電流 $i(t)$ を,

$$i(t) = a\exp(-\alpha t) + b\{1 - \exp(-\alpha t)\}$$

で表すとき,

$$a = i(0) = \frac{6}{\frac{2\times 2}{2+2}+2} \times \frac{2}{2+2} = 1\,\mathrm{A}$$

a は，スイッチ S 投入中，回路のインダクタンス 4 H の電流

$$b = i(\infty) = \frac{6}{2+2} = 1.5\,\mathrm{A}$$

b は，スイッチ S 開放後，回路の電流の最終値

$$\alpha = \frac{R}{L} = \frac{4}{2+2} = 1$$

α は，スイッチ S 開放後，回路の時定数の逆数

【解答】 ②

【解説】

題意より，コンデンサ電圧 $v(t)$ に関する微分方程式 $\dfrac{\mathrm{d}v(t)}{\mathrm{d}t} = av(t) + bE$ $(t \geqq +0)$ において,

初期条件：$v(0) = v_0$ (1)

である.

また，スイッチ S を投入後，十分長い時間が経過すると，静電容量 C は充電完了して開放状態になるので,

最終値条件：$v(\infty) = \dfrac{R_2}{R_1 + R_2}E$ (2)

$$\text{時定数}：T = C \times \frac{R_1 R_2}{R_1 + R_2} = \frac{C R_1 R_2}{R_1 + R_2} \qquad (3)$$

(1)式～(3)式を用いると，(1)式と(2)式の差が過渡項として時定数 T で減衰するので，

$$v(t) = \left(v_0 - \frac{R_2}{R_1 + R_2} E\right) \mathrm{e}^{-\frac{t}{T}} + \frac{R_2}{R_1 + R_2} E$$

$$= \left(v_0 - \frac{R_2}{R_1 + R_2} E\right) \mathrm{e}^{-\frac{R_1 + R_2}{C R_1 R_2} t} + \frac{R_2}{R_1 + R_2} E$$

III 10

【解答】　②

【解説】

スイッチ SW が開いている場合の抵抗 R の電圧 V_{off} は，

$$V_{\mathrm{off}} = \left| \frac{R}{R + \mathrm{j}\omega L} \times E \right| = \frac{R}{\sqrt{R^2 + (\omega L)^2}} E$$

スイッチ SW が閉じている場合の抵抗 R の電圧 V_{on} は，

$$V_{\mathrm{on}} = \left| \frac{\dfrac{1}{\dfrac{1}{R} + \mathrm{j}\omega C}}{\dfrac{1}{\dfrac{1}{R} + \mathrm{j}\omega C} + \mathrm{j}\omega L} \times E \right| = \left| \frac{1}{1 + \mathrm{j}\omega L\left(\dfrac{1}{R} + \mathrm{j}\omega C\right)} \times E \right|$$

$$= \left| \frac{R}{R + \mathrm{j}\omega L(1 + \mathrm{j}\omega CR)} \times E \right| = \left| \frac{R}{R(1 - \omega^2 CL) + \mathrm{j}\omega L} \times E \right|$$

$$= \frac{R}{\sqrt{R^2 (1 - \omega^2 CL)^2 + (\omega L)^2}} \times E$$

【解答】　①

【解説】

図 A と図 B の電流 I の大きさと位相が等しくなるためには，電源から負荷側をみた複素アドミタンス $\dot{Y}$ が等しくなればよい．

$$\dot{Y}=\frac{1}{5+\mathrm{j}\left(2\pi\times50\times31.8\times10^{-3}-\dfrac{1}{2\pi\times50\times1.59\times10^{-3}}\right)}$$

$$=\frac{5-\mathrm{j}\left(2\pi\times50\times31.8\times10^{-3}-\dfrac{1}{2\pi\times50\times1.59\times10^{-3}}\right)}{5^2+\left(2\pi\times50\times31.8\times10^{-3}-\dfrac{1}{2\pi\times50\times1.59\times10^{-3}}\right)^2}$$

$$=\frac{1}{R'}+\frac{1}{\mathrm{j}\omega L'}$$

$$\therefore\quad R'=\frac{1}{\dfrac{5}{5^2+\left(2\pi\times50\times31.8\times10^{-3}-\dfrac{1}{2\pi\times50\times1.59\times10^{-3}}\right)^2}}$$

$$=5+\frac{\left(2\pi\times50\times31.8\times10^{-3}-\dfrac{1}{2\pi\times50\times1.59\times10^{-3}}\right)^2}{5}$$

$$\fallingdotseq 17.8\ \Omega$$

III 12

【解答】 ①

【解説】

電流実効値 I は,

$$I=\frac{V_{\mathrm{m}}}{\sqrt{R^2+(\omega L)^2}}$$

無効電力 Q は,

$$Q=(\omega L)I^2=\frac{\omega L{V_{\mathrm{m}}}^2}{R^2+(\omega L)^2}$$

【解答】 ④

【解説】

1, 2 号機の端子電圧, 有効電力出力が同一なので, 事前の発電機誘導起電力は 1 号機と 2 号機で同じである．この状態で 1 号機の界磁電流を増加すると，1 号機誘導起電力が大きくなる．

この誘導起電力の差により，1 号機誘導起電力より 90 度位相が遅れた電流が 1 号機，2 号機を循環する．1 号機は遅れ無効電力が増加して，力率は遅相側に変化する．また，この電流は 2 号機の発電機電流としてみると 90 度進んだ電流の，2 号機は進相側に変化する．

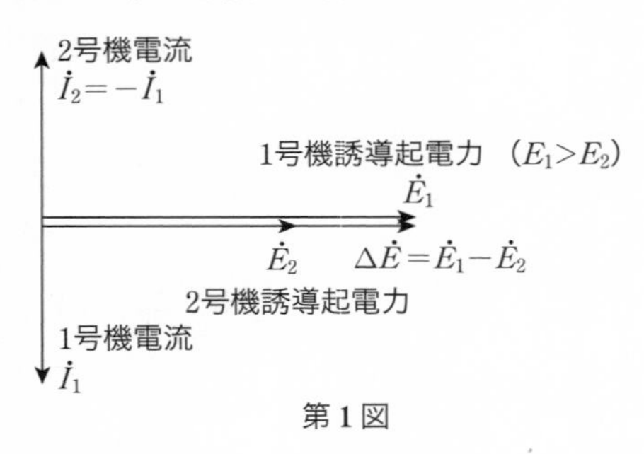

第 1 図

III 14

【解答】　④

【解説】

燃料電池は，正極に酸素（空気），負極に水素（燃料）を供給すると，負極では水素が酸化されて水素イオンと電子になり，電子は外部負荷を通り，水素イオンは電解質を通って水素イオンと電子が再結合して水素となり，次いで酸素と反応して水となる．直接水素と酸素が燃焼して結合する反応とは異なる．

【解答】　④

【解説】

同期発電機は，タービン発電機のように高速機の場合，遠心力を極力減らすため，軸方向に長く，半径方向に短い非突極機（円筒機）になる．水車発電機のように，比較的低速機の場合は，突極機になる．④の記述は不適切である．

III 16

【解答】 ②

【解説】

題意より，変圧器の巻線抵抗は無視するので，短絡インピーダンス $\%Z = 3\,\%$ は，パーセントリアクタンス降下 q に等しい．パーセント抵抗降下 $p = 0$ である．

負荷の定格容量に対する比を n，負荷力率を $\cos\theta$（遅れ力率）とすると，高圧側電圧は負荷遮断前後で変わらないので，電圧変動率 ε は，次式で表される．

$$\varepsilon = n(p\cos\theta + q\sin\theta) = nq\sin\theta$$

$$= \frac{5}{15} \times 3 \times \sqrt{1 - 0.8^2} = 0.6\,\%$$

【解答】 ②

【解説】

左側の上向きダイオードを D_1，右側の右向きダイオードを D_2 とする．コンデンサ C_1 は，ダイオード D_1 に順電圧がかかってオンのときだけ充電される．正弦波電圧源の最大値は $\sqrt{2}V_m$ なので，電圧 V_1 が正弦波電圧源の下向き電圧の最大値 $\sqrt{2}V_m$ に等しくなるまで充電される．

また，コンデンサ C_2 には，正弦波電圧源の上向き電圧と，コンデンサ C_1 の電圧 V_1 の和が印加される．正弦波電圧源の上向き電圧の最大値は $\sqrt{2}V_m$ なので，コンデンサ C_2 の電圧 V_2 は $2\sqrt{2}V_m$ のときまで充電される．

III 18

【解答】 ①

【解説】

三相ダイオードブリッジの場合，上側の三つのダイオードが互いに逆並列接続されているので，電源電圧の最も電位の高いダイオードだけが導通，それ以外の二つのダイオードは非導通になるので，**第1図**において，点Pの電位 V は三つの三相正弦波電源電圧の最も電位の高いところを辿った波形になる．サイリスタブリッジの場合は，制御信号を加えることにより，初めて転流する．制御遅れ角 $\alpha = 60°$，ちょうど電圧ピーク時に転流することになり，第 1 図の実線のとおりとなる．

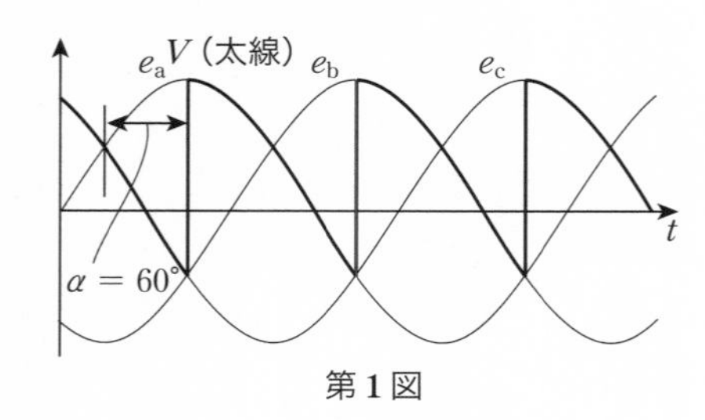

第 1 図

【解答】 ③

【解説】

平等電界の火花電圧 V_s は，温度一定のとき，pd 積（気圧 p とギャップの長さ d の積）の関数となる．これをパッシェンの法則といい，高真空・高ガス圧を除いて成立する．温度としては，気体の液化に近い低温から，800 ℃ 程度の温度まで成立する．

pd 積を横軸にとり，縦軸に V_s をとった曲線をパッシェン曲線という．

パッシェン曲線において，火花電圧 V_s はある pd 積のときに最小値となり，それ以上 pd 積を増加させても，また pd 積を減少させても増加する．球ギャップ間の最小火花電圧は，空気中で 340 V，ヘリウムガス中では 156 V，アルゴンガス中では 233 V である．

III 20

【解答】 ③

【解説】

静電電圧器は原理的に直流に対して非常に高い抵抗であるが，抵抗電圧計は発熱を抑え，測定電流による電圧降下の影響を軽減するため，高抵抗となるように設計しなければならない，

100 kV を超える直流電圧の測定には，静電電圧計のほうが適している．

III 21

【解答】 ④

【解説】

伝達関数は,

$$G(s)=\frac{\frac{1}{s+1}}{1+\frac{1}{s+1}\times 1}=\frac{1}{s+2}$$

ステップ応答は,

$$Y(s)=G(s)\cdot\frac{1}{s}=\frac{1}{s+2}\times\frac{1}{s}=\frac{A}{s}+\frac{B}{s+2}$$

とおくと,

$$\frac{1}{s+2}\times\frac{1}{s}=\frac{(A+B)s+2A}{s(s+2)}$$

$$\therefore\quad A=\frac{1}{2},\quad B=-\frac{1}{2}$$

これを元の式に代入して,

$$Y(s)=\frac{1}{2}\left(\frac{1}{s}-\frac{1}{s+2}\right)$$

$$\therefore\quad y(t)=\mathcal{L}^{-1}\left\{\frac{1}{2}\times\left(\frac{1}{s}-\frac{1}{s+2}\right)\right\}=\frac{1}{2}\times(1-\mathrm{e}^{-2t})$$

III 22

【解答】 ②

【解説】

第1図のように，オペアンプの差動入力端子の電圧を v_4, v_5 とおくと，理想オペアンプの入力インピーダンスは ∞ なので,

$$v_4=\frac{R}{R+R}\cdot(v_1+v_3)=\frac{1}{2}(v_1+v_3)$$

2015
年度

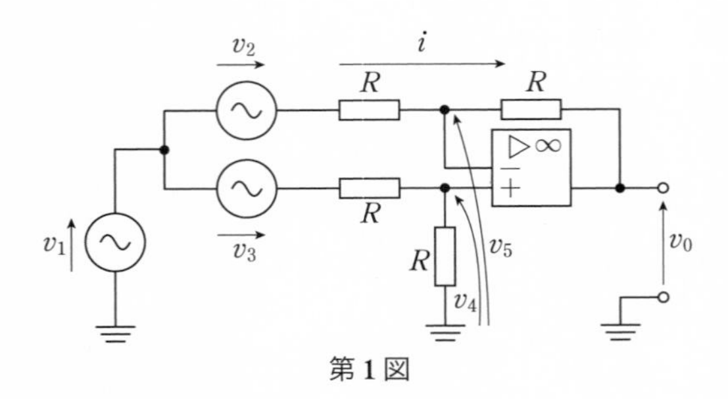

第 1 図

また，理想オペアンプの + 入力端子と − 入力端子間はバーチャル・ショート（仮想短絡）の状態なので，電圧は常に零である．

$$v_5 = v_4 = \frac{1}{2} \cdot (v_1 + v_3)$$

$$\therefore \quad 電流\, i = \frac{1}{R} \cdot \left\{ (v_1 + v_2) - \frac{1}{2}(v_1 + v_3) \right\}$$

$$= \frac{1}{R}\left(\frac{1}{2} v_1 + v_2 - \frac{1}{2} v_3 \right)$$

出力電圧 v_0 は，

$$v_0 = v_5 - Ri$$

$$= \frac{1}{2}(v_1 + v_3) - R\left\{ \frac{1}{R}\left(\frac{1}{2} v_1 + v_2 - \frac{1}{2} v_3 \right) \right\}$$

$$= v_3 - v_2$$

III 23 【解答】 ③

【解説】

同一特性の MOSFET を用いたカレントミラー回路である．アーリー降下やチャネル長変調効果は無視できるので，

$$I_2 = I_1$$

の関係がある．

III 24 【解答】 ④

【解説】

基本論理ゲートは，AND ゲート，OR ゲートおよび NOT ゲートである．

① $\overline{\overline{A}+\overline{B}}=A\cdot B$

∴ NOT ゲートと OR ゲートで AND ゲートを構成可能．

② $\overline{\overline{A}\cdot\overline{B}}=A+B$

∴ NOT ゲートと AND ゲートで OR ゲートを構成可能．

③ $\overline{\overline{A\cdot B}}=A\cdot B$

∴ NOT ゲートと NAND ゲートで AND ゲートを構成可能．②より OR ゲートも構成可能．

④ OR ゲートと AND ゲートでは NOT ゲートを構成不可能．

⑤ $\overline{A\cdot A}=\overline{A}$， $\overline{\overline{A\cdot B}}=A\cdot B$

∴ NAND ゲートで NOT ゲート，AND ゲートを構成可能．

このように，すべての論理ゲートを表すことができる少数の基本論理ゲートの集合を完備集合と呼ぶ．

AND ゲートと NOT ゲート，OR ゲートと NOT ゲートの集合は完備集合である．NAND ゲートや NOR ゲートは単独で完備集合であるが，OR ゲートと AND ゲートでは足りない．

III 25 【解答】 ④

【解説】

$$\overline{F(A,B,C,D)}=\overline{(\overline{A}+\overline{B})\cdot\overline{C}+\overline{D}}=\overline{(\overline{A}+\overline{B})\cdot\overline{C}}\cdot D$$
$$=(\overline{\overline{A}+\overline{B}}+C)\cdot D=(A\cdot B+C)\cdot D$$

この論理を実現する論理回路は，④である．

【解答】 ⑤

【解説】

瞬時に復号可能な符号系列とは，符号語系列を受信したとき，符号語の切れ目が次の符号語の先頭部分を受信しなくてもわかり，次の符号語を受信する前にその符号語を正しく復号できるものをいう．このためには，どの符号語も他の符号語の接頭語になっていないことが条件である．これを接頭条件という．

符号Aは“00”が“000”の接頭語，符号Bは“1”が他の符号語の接頭語，符号Eは“0”が他の符号語の接頭語である．符号Cと符号Dはどの符号語も他の符号語の接頭語になっていない．

【解答】　②

【解説】

情報理論におけるエントロピーは，平均情報量であり，次式で定義される．

$$H=-\sum_{i=1}^{M} p_i \log_2 p_i \geqq 0 \tag{1}$$

ラグランジェの未定係数法により，エントロピーHが最大となる条件を求める．

$$L=H+\lambda\left(1-\sum_{i=1}^{M} p_i\right)$$

$$=-\sum_{i=1}^{M} p_i \log_2 p_i+\lambda\left(1-\sum_{i=1}^{M} p_i\right) \tag{2}$$

$$\frac{\partial L}{\partial p_i}=\frac{\partial}{\partial p_i}\left\{-\sum_{i=1}^{M} p_i \log_2 p_i+\lambda\left(1-\sum_{i=1}^{M} p_i\right)\right\}$$

$$=-\left(\log_2 p_i+\frac{1}{\log 2}\right)+\lambda=0 \qquad (i=1,\ 2,\ 3,\ \cdots,\ M)$$

変数はλのみなので，

$$p_1=p_2=p_3=\cdots=p_M$$

また，$\sum_{i=1}^{M} p_i=1$なので，

$$p_1 = p_2 = p_3 = \cdots = \frac{1}{M} \tag{4}$$

よって，最大エントロピーは，

$$H = -M \times \frac{1}{M} \log_2 \frac{1}{M} = \log_2 M \tag{5}$$

III 28 【解答】 ①

【解説】

フーリエ変換の定義式は，次のとおりである．

$$X(k) = \sum_{n=0}^{N-1} x(n) \mathrm{e}^{-\mathrm{j}\frac{2\pi nk}{N}} \quad (k = 0,\ 1,\ 2,\ \cdots,\ N-1)$$

ここで，

$$x(n) = \begin{cases} 1, & (n = 0,\ 1,\ N-1) \\ 0, & (2 \leqq n \leqq N-2) \end{cases}$$

を代入すると，

$$X(k) = 1 \times \mathrm{e}^{-\mathrm{j}\frac{2\pi \times 0 \times k}{N}} + 1 \times \mathrm{e}^{-\mathrm{j}\frac{2\pi \times 1 \times k}{N}} + 1 \times \mathrm{e}^{-\mathrm{j}\frac{2\pi \times (N-1) \times k}{N}}$$

$$= 1 + \mathrm{e}^{-\mathrm{j}\frac{2\pi k}{N}} + \mathrm{e}^{-\mathrm{j}\frac{2\pi (N-1)k}{N}}$$

$$= 1 + 2\left\{\cos\frac{2\pi k}{N} + \cos\frac{2\pi (N-1)k}{N}\right\}$$

$$= 1 + 2\cos\frac{2\pi}{N}k$$

【解答】 ④

【解説】

問題で与えられた論理式をカルノー図で表すと，**第1図**のとおりである．

$$A \cdot \overline{C} + \overline{A} \cdot \overline{C} \cdot D + A \cdot B \cdot C \cdot \overline{D} + \overline{A} \cdot \overline{B} \cdot \overline{C} \cdot \overline{D} = \overline{B} \cdot \overline{C} + \overline{C} \cdot D + A \cdot B \cdot \overline{D}$$

に簡略化できる．

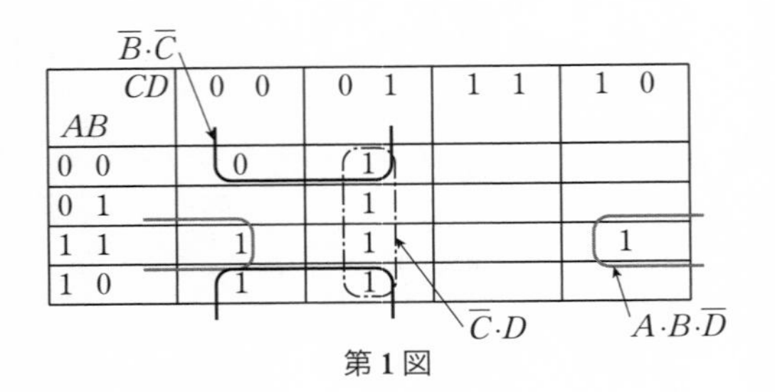

第 1 図

【解答】 ②

【解説】

アナログ・ディジタル変換（A/D 変換）は，次の三つの手順で行われる．

① 標本化（サンプリング）

アナログ信号を一定時間 T ごとに区切り，その値を読み込むこと．$f = 1/T$ をサンプリング周波数と呼ぶ．

② 量子化

標本化し読み込んだアナログ量をディジタル信号に変換すること．ディジタル値は，離散値であるため，ある範囲の値を上下のどちらかの値で代表させる必要があり，その際生じる誤差を量子化誤差と呼ぶ．

③ 符号化

量子化された値を指定された 2 進数の桁数で表現すること．

標本化（サンプリング）定理は「入力信号に含まれる周波数成分の最大が f_{MAX} である信号を標本化したときに原信号を忠実に復元するためには，少なくとも $2f_{\mathrm{MAX}}$ 以上のサンプリング周波数 f_{S} でサンプリングする必要がある」というものである．

サンプリング周波数がナイキスト周波数よりも小さいと，サンプリング周波数の 1/2 以上の周波数成分が 1/2 以下の周波数領域に折り返すようになる．これがエイリアシング，または折り返しひずみである．標本化する前にアナログフィルタにより高い周波数成分を取り除くことにより対策する．

【解答】 ③

【解説】

TCP/IP は，インターネット等で使用されている基本的な通信プロトコルである．

ISO の OSI（開放形システム間相互接続）参照モデルは，物理層，データリンク層，ネットワーク層，トランスポート層，セッション層，プレゼンテーション層およびアプリケーション層までの 7 階層モデルである．TCP/IP は, 第 3 レイヤ（ネットワーク層）に相当する IP と, 第 4 レイヤ（トランスポート層）に相当する TCP，UDP 等の TCP/IP ファミリープロトコルの総称である．TCP は，IP の上位層として，相手からの受信確認応答をもらい，送信したパケットが相手に届いたかどうかを確認し，受領確認応答がこない場合は再送する．ARQ におけるウィンドウ機能を用いて，フロー制御と輻輳制御を実現する．TCP はコネクション形通信であり，コネクションレス形サービスではないので，③は不適切である．

IP は通信先であるノードまでの経路を選択して伝送路を確立するもので，ルータと呼ばれる交換機を経由し，IP アドレスによりネットワーク上のホストを識別して，データの目的の IP アドレスをもつ端末に送信する．データは“パケット”単位でバケツリレー方式で転送される．インターネットプロトコルではバージョン 4（IPv4）の IP アドレスは 32 ビットであったが，バージョン 6（IPv6）では 128 ビットで構成されている．

III 32

【解答】 ④

【解説】

ディジタル変調方式には，周波数偏移変調（FSK：frequency shift keying）方式と位相偏移変調（PSK：phase shift keying）方式とがある．FSK 方式は，データが 0 のとき搬送波を低周波数，1 のとき高周波数を対応させる方式で，アナログの周波数変調（FM）に相当する．PSK 方式は，一定周波数の搬送波の位相を変化させることで変調するものである．変化させる位相の種類を増やすことにより，変調1回当たりの送信ビット数を増やすことができる．QPSK（quadrature phase shift keying）方式は位相変化を4値とし，1回の変調（1シンボル）で2 bit伝送するので，1回の変調で1ビット伝送するBPSKと比べ，伝送ビット数は2倍，最大周波数利用効率も2倍になる．

QAM（Quadrature Amplitude Modulation）は，直交する二つの搬送波を用い，同相および直交のベースバンド信号を直交多値化した方式であり，4相位相変調であるQPSKに，Iチャネル（I：In－phase，同相成分）とQチャネル（Q：Quadrature－phase，直交成分）の二つの軸上でのASK（Amplitude Shift Keying．振幅変調）を加えた方式である．つまり，位相と振幅を変化させる．これが基本となる16QAMである．位相図上の信号点の数は16個になるので，一つのシンボルで4ビット（2の4乗＝16とおり）の情報を伝送する．

QAMは，情報密度の高いほど，伝送エラーが発生しやすい．256QAMがビット誤り率が高く，64QAMより，16QAMの方がビット誤り率が低くなる．16QAMより，8PSK，QPSK，BPSKの順にビット誤り率が低くなるが，逆に，1回の変調で伝送できるデータ量は 逆の順番になる．

III 33

【解答】 ①

【解説】

pMOSトランジスタは，**第1図**のように，ソース，ドレーン，ゲート，基板の四つの端子をもち，ソースとドレーンはp形半導体，ゲートは金属またはポリシリコン，基板はn形半導体でつくられている．n形半導体の基板上に形成された大きなn形拡散層の中に二つの小さなp形拡散層があり，電極を引き出してソースとドレーンを形成している．この二つの対向するp形拡散層の間のシリコン酸化膜上に置かれた多結晶シリコンから電極を引き出してゲートとする．

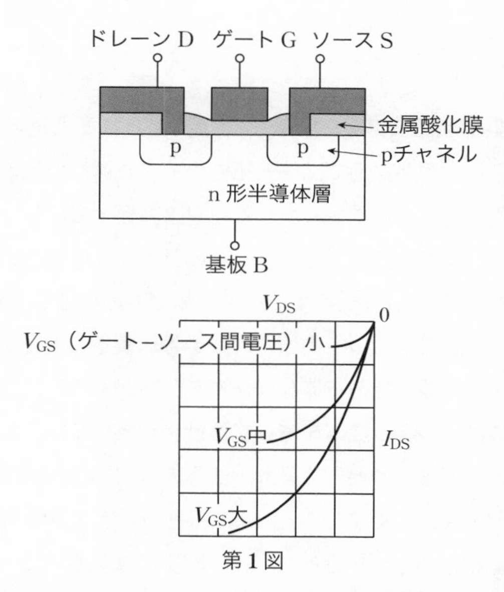

第1図

基板電位を規準にして，ゲートに負の電圧を印加すると，ゲート直下のn形拡散層の表面に正孔が誘起されてp形に反転し，これがソースとドレーン間で電流が流れる道となり，pチャネルと呼ぶ．ゲートに印加する電圧が大きくなると，ドレーン－ソース間に電流が流れやすくなる．負のドレーン－ソース電圧 V_{DS} によって，正孔がソースからドレーンに向かって動き，電流が流れる．電流の方向もソースからドレーンである．

pMOSトランジスタには，ゲート電圧がある一定値以上になるとドレーン－ソース間に電流が流れ始めるエンハンスメント形と，ゲート電圧が零でもドレーン－ソース間に電流が流れるディプレッション形がある．エンハンスメント形の電流が流れ始める電圧をしきい電圧（スレッショルド電圧）という．エンハンスメント形は消費電力が低く，ディプレッション形は応答速度が速い．低消費電力を目指して誕生したCMOSトランジスタはエンハンスメント形を基本に，応答速度が改善されている．

【解答】 ②

【解説】

アナログ集積回路（アナログIC）上でつくられる抵抗素子は抵抗値にばらつきがある．個別部品で回路を組むのであれば，部品の特性を測定し，選別して使用することができるが，集積回路基板上の素子については制御できない．同じ設計であっても，ウェーハが異なれば特性が変わるし，同じウェーハから切り出したICでも，不純物の拡散にばらつきがあるため，特性が異なる．このばらつきの原因は，半導体製造工程上のちょっとしたタイミングの変化など制御不能な無作為の分散があるためである．

このようなばらつきの影響を減らす設計手法としては，抵抗の絶対値ではなく抵抗の比率を中心とした設計，部品の幾何学的配置による分散の影響の軽減，部品を大きくすることによる確率的な影響を低減，などがある．抵抗素子の面積を小さくすると，分散の影響が増える．②の記述は不適切である．

【解答】 ②

【解説】

第1図に示すように，ヒートポンプは，次の工程を繰り返すことにより，低温部の熱を高温部へ移動させる装置である．

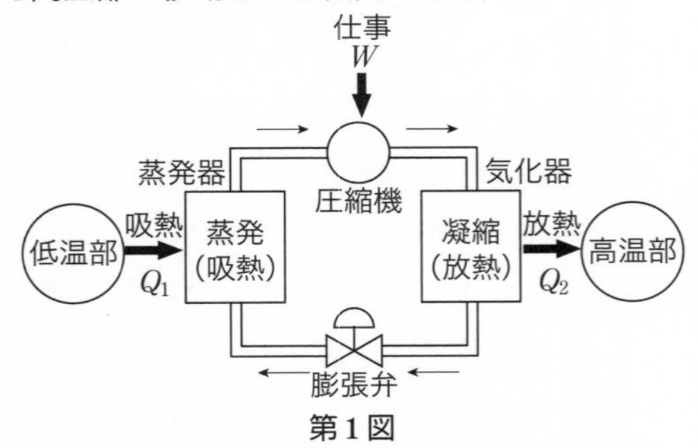

第1図

1. 蒸発工程：作動媒体が水や空気から熱を奪って蒸発し，低温・低圧のガスとなる．

2. 圧縮工程：低圧の作動媒体ガスを圧縮し，圧力を高めて高温化する．

3. 凝縮工程：高温・高圧となった作動媒体のガスを水や空気と熱交換することによって熱を外部へ放出する．このとき作動媒体は高圧下で凝縮されて液化する．

4. 膨張工程：高圧の作動媒体は減圧されて元の低温・低圧の液体に戻る．

このヒートポンプ動作サイクルにおいて，蒸発工程で作動媒体に吸収される熱量を Q_1，凝縮工程で作動媒体から放出される熱量を Q_2，圧縮機からの入力エネルギーを W とすると，成績係数（COP：Coefficient Of Performance）は，次式で定義される．

$$\mathrm{COP}=\frac{Q_2}{W}=\frac{Q_2}{Q_2-Q_1}=\frac{T_2}{T_2-T_1}$$

$$=1+\frac{Q_1}{W}>1$$

ただし，T_1：低温部の温度，T_2：高温部の温度

ヒートポンプは，COP が通常 1 を大きく上回っている．COP は，高温部と低温部との温度差がないほど成績係数がよいことがわかる．逆に温度差が大きいと効率がよくないので，ヒートポンプは温度差の大きい用途には適しない．

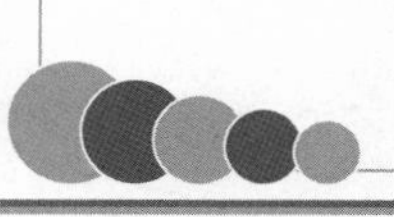

2014年度　解答

III 1

【解答】 ④

【解説】

第1図のように，平行導線 l_1 の電流 $3I$ による距離 $a+d$ の点Pの磁界の強さを H_1 とすると，アンペア周回積分の法則により，

$$2\pi(a+d)\times H_1=3I$$

$$\therefore \quad H_1=\frac{3I}{2\pi(a+d)} \qquad (1)$$

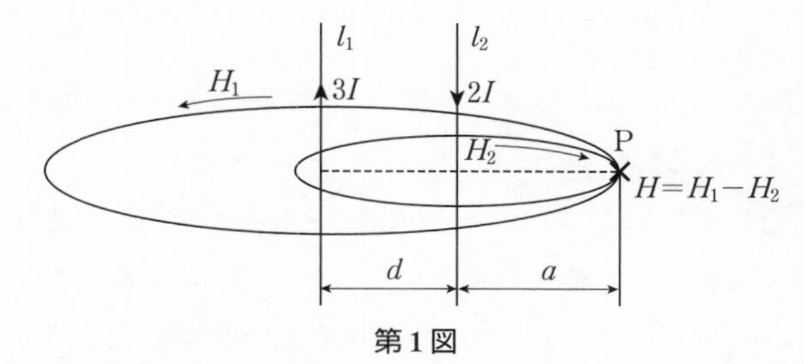

第1図

同様に，平行導線 l_2 の電流 $2I$ による距離 a の点Pの磁界の強さを H_2 とすると，

$$H_2=\frac{2I}{2\pi a} \qquad (2)$$

右ねじの法則により，H_1 と H_2 は逆向きになるので，合成磁界の強さ $H=0$ となるためには，次式を満足する必要がある．

$$H=H_1-H_2=\frac{3I}{2\pi(a+d)}-\frac{2I}{2\pi a}=0$$

$$\therefore \quad a=2d$$

【解答】 ④

【解説】

第1図のように，表面が閉曲面S，体積Vの誘電体内に，体積$\mathrm{d}V$の微小な部分を考える．

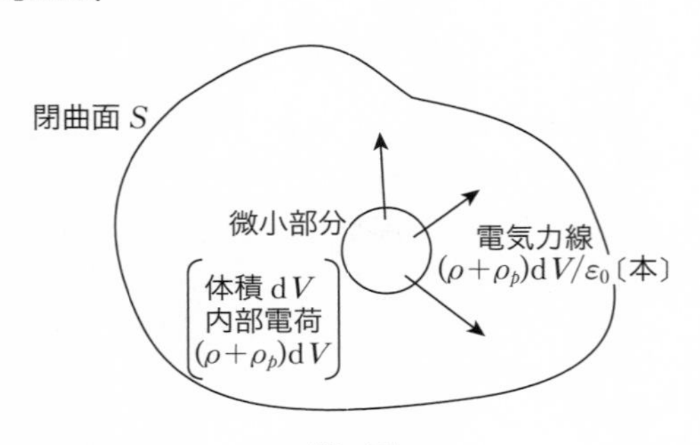

第1図

電気力線は，定義により，真電荷，分極電荷いずれも単位正電荷から$1/\varepsilon_0$〔本〕ずつ出る※．

※　真電荷から出る電気力線と分極電荷から出る電気力線を重ね合わせた電荷全体による電気力線は，1〔C〕当たり$1/\varepsilon$〔本〕になる．誘電体の比誘電率ε_sは，$\varepsilon_s>1$なので，誘電体が存在し，分極電荷が生じると，真電荷による電気力線は打ち消されて少なくなる．

題意により，微小部分内部には真電荷が$\rho\mathrm{d}V$，分極電荷が$\rho_p\mathrm{d}V$含まれるので，微小部分から外部に出る電気力線の本数$\mathrm{d}N$は，

$$\mathrm{d}N=\frac{(\rho+\rho_p)\mathrm{d}V}{\varepsilon_0} \tag{1}$$

したがって，誘電体全体から閉曲面Sを貫通して外部に出る電気力線の総本数Nは，

$$\int_S \mathrm{d}N=\int_V \frac{(\rho+\rho_p)\mathrm{d}V}{\varepsilon_0}=\frac{1}{\varepsilon_0}\int_V(\rho+\rho_p)\mathrm{d}V \tag{2}$$

一方，電束は真電荷からのみ出て分極電荷からは出ない．また，単位の真電荷から1〔C〕出るので，閉曲面S内に含まれる真電荷の総量と，閉曲

面 S を貫通する電束の微小部分から出る電束の総数は等しい.

$$\therefore \quad \int_S D\mathrm{d}S = \int_V \rho \mathrm{d}V \tag{3}$$

(3)式は，(2)式を変形して，

$$\int_S \varepsilon_0 \, \mathrm{d}N = \int_V (\rho + \rho_p) \, \mathrm{d}V = \int_V \rho \mathrm{d}V + \int_V \rho_p \, \mathrm{d}V$$

ここで，左辺の $\varepsilon_0 \mathrm{d}N$ は微小部分から出る電束の本数であり，それを閉曲面 S 全体で考えると，閉曲面 S を貫通する電束数の総和なので，$\int_S D\mathrm{d}S$ に等しい．また，右辺の第 2 項は，閉曲面 S 内の分極電荷の総和であり，必ず 0 なので，(3)式が成立する.

【解答】 ②

【解説】

媒質中の電磁波の速度（位相速度）v は，光速を c，媒質の透磁率を μ（比透磁率 μ_s），誘電率を ε（比誘電率 ε_s）とすると，次式で表される.

$$v = \frac{1}{\sqrt{\varepsilon\mu}} = \frac{\frac{1}{\sqrt{\varepsilon_0\mu_0}}}{\sqrt{\varepsilon_s\mu_s}} = \frac{c}{\sqrt{\varepsilon_s\mu_s}} \tag{1}$$

ここで，

$$v = \frac{1}{\sqrt{\varepsilon_0\mu_0}} = \frac{1}{\frac{1}{\sqrt{\frac{1}{36\pi\times10^9}\times4\pi\times10^{-7}}}} = 3\times10^8 \,〔\mathrm{m/s}〕$$

真空中は $\mu_s=1$，$\varepsilon_s=1$ なので，$v=c$ となり，①は正しい．③，④も μ_s，ε_s のいずれかが大きくなると(1)式の分母が大きくなるので，v は小さくなる．正しい.

電磁波の速度 v と，波長 λ，周波数 f との間には，次式の関係が成り立つので⑤は正しい.

$$v=f\lambda \qquad (2)$$

②は，媒質の誘電率が小さくなると，(1)式により速度 v は速くなり，(2)式よりそれに比例して波長 λ も長くなるので誤りである．

【解答】 ④

【解説】

①，③　適切．電気回路のオームの法則は導電率が一定の条件，磁気回路のオームの法則は透磁率が一定で成り立つものである．導電率はほぼ一定であるが，強磁性体の場合は磁化力によって磁気飽和が生じて透磁率は大きく変化し，ヒステリシス特性も有し非線形性である．磁気回路のオームの法則は，線形性を満足する領域でのみ成り立つ．

②　適切．絶縁物に対する導体の導電率は 10^{16} 倍以上，強磁性体に対する空気の透磁率は $10^2 \sim 10^4$ 倍以上である．空げきのある磁路では相当な磁束の漏れが生じる．

④　不適切．電気回路では電気抵抗に電流が流れるとジュール損を発生するが，磁気回路では磁化だけで損失が生じることはなく，ヒステリシス特性があり，磁束が増加するときに必要なエネルギーと，磁束が減少するときに受け取るエネルギーの差が損失となる．ヒステリシス特性をもつ磁性体に一定の磁束が流れても損失は生じない．

⑤　適切．磁気回路の素子は磁気抵抗のみである．

【解答】 ③

【解説】

第1図のように，1〔Ω〕の抵抗の電流 I〔A〕を仮定すると，キルヒホッフの電流則により，2〔Ω〕の抵抗の電流は $i-I$〔A〕である．

閉回路1および2にキルヒホッフの電圧則を適用すると，それぞれ次の式が得られる．

$$1\times I+2\times\{-(i-I)\}=7 \rightarrow 3I-2i=7 \qquad (1)$$

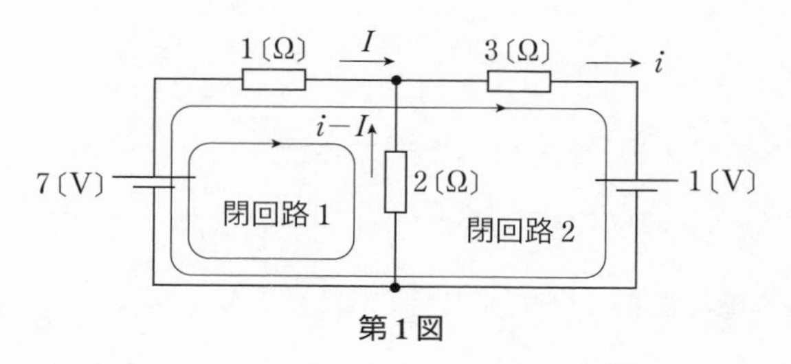

第 1 図

$1\times I+3i=7+(-1)=6$ (2)

(2)式より，

$I=6-3i$ (3)

(3)式を(1)式に代入して，

$3\times(6-3i)-2i=7$

$\therefore \quad i=\dfrac{18-7}{11}=1.0$〔A〕

【解答】 ⑤

【解説】

第 1 図のように，電圧 V〔V〕に充電された静電容量 C〔F〕のコンデンサには，

電荷 $\pm Q=CV$〔C〕

が蓄えられている．

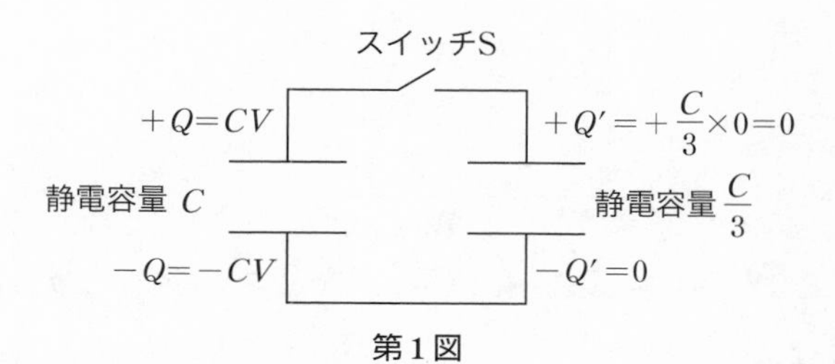

第 1 図

また，全く充電されていない静電容量 $C/3$〔F〕のコンデンサの電荷は，

$$\pm Q' = \pm\frac{1}{3}C \times 0 = \pm 0\,〔\mathrm{C}〕$$

である．このコンデンサを並列に接続すると，

電荷 $\pm Q_0 = \pm Q \pm Q' = \pm CV\,〔\mathrm{C}〕$

合成静電容量 $C_0 = C + \frac{1}{3}C = \frac{4}{3}C\,〔\mathrm{F}〕$

このときの端子電圧を V_0 とすると，次式のようになる．

$$V_0 = \frac{Q}{C_0} = \frac{CV}{\frac{4}{3}C} = \frac{3}{4}V$$

全静電エネルギー W〔J〕は，

$$W = \frac{1}{2}C_0{V_0}^2 = \frac{1}{2}\times\frac{4}{3}C\times\left(\frac{3}{4}V\right)^2 = \frac{1}{2}\times\frac{4}{3}C\times\frac{9}{16}V^2 = \frac{3}{8}CV^2\,〔\mathrm{J}〕$$

III 7

【解答】 ③

【解説】

第１図のように，理想電圧源の電圧を E とすると，抵抗 r 接続前の電流が 4.5〔A〕なので，

$$E = (R+R)\times 4.5 = 9R$$

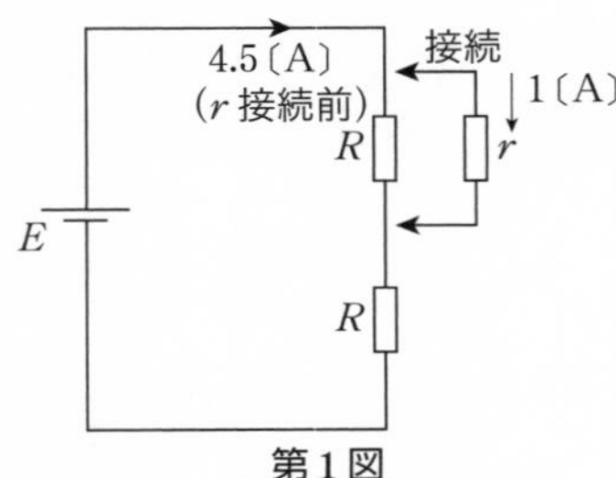

第１図

この状態で，新たな抵抗 r を一方の抵抗 R に並列に接続すると，

電源電流 $\dfrac{E}{\dfrac{Rr}{R+r}+R}$

抵抗 r への分流電流は，

$$\frac{E}{\frac{Rr}{R+r}+R}\times\frac{R}{R+r}=\frac{RE}{Rr+R(R+r)}=\frac{E}{2r+R}=1$$

$$\therefore\quad r=\frac{E-R}{2}=\frac{9R-R}{2}=4R$$

【解答】 ①

【解説】

第1図(a)のように，端子1−2間を開放の場合，抵抗 R_1 と抵抗 R_2 の回路には，次式の電流 I が右回りに環流する．

$$I=\frac{E_1-E_2}{R_1+R_2}$$

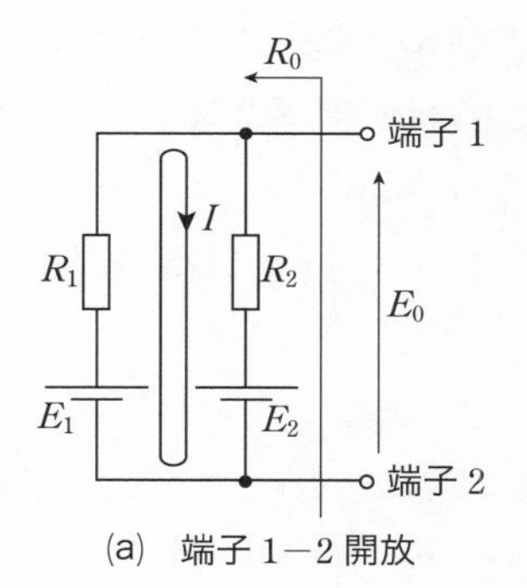

(a) 端子1−2開放

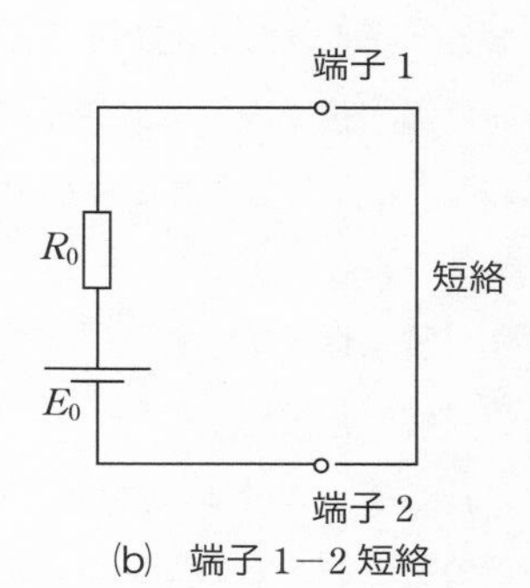

(b) 端子1−2短絡

第1図

よって，開放電圧 E_0 は，

$$E_0=E_1-R_1I=E_1-R_1\cdot\frac{E_1-E_2}{R_1+R_2}=\frac{R_2E_1+R_1E_2}{R_1+R_2}\qquad(1)$$

また，設問図の端子1−2間を短絡すれば，電圧源 E_1 を抵抗 R_1 で短絡したときの電流 E_1/R_1 と，電圧源 E_2 を抵抗 R_2 で短絡したときの電流 E_2/R_2 の和が流れる．

$$J_0 = \frac{E_1}{R_1} + \frac{E_2}{R_2} = \frac{R_2E_1 + R_1E_2}{R_1R_2} \tag{2}$$

あるいは，端子 1−2 から電源側をみた抵抗 R_0 は，電圧源 E_1，E_2 を零とおいたときの抵抗なので，

$$R_0 = \frac{R_1 \cdot R_2}{R_1 + R_2}$$

となる．端子 1−2 から電源側をみた回路は，定電圧源 E_0 と抵抗 R_0 の直列接続回路で表されるので，端子 1−2 間を短絡したときの等価回路は第 1 図(b)のようになる．同図より，

$$J_0 = \frac{E_0}{R_0} = \frac{\dfrac{R_2E_1 + R_1E_2}{R_1 + R_2}}{\dfrac{R_1R_2}{R_1 + R_2}} = \frac{R_2E_1 + R_1E_2}{R_1R_2}$$

となる．第 1 図(b)の回路をテブナンの等価回路といい，2 端子間をこのような等価回路で表せば，端子間を短絡したときに流れる電流を簡単な式で求めることができる．これがテブナンの定理である．

【解答】　⑤

【解説】

スイッチ SW を時刻 $t=0$ で閉じたときの電流を $i(t)$ とすると，コンデンサの電圧 $v(t)$ との間には，次の関係がある．

$$v(t) = \frac{1}{C}\int i(t)\mathrm{d}t \tag{1}$$

あるいは

$$i(t) = C \cdot \frac{\mathrm{d}v(t)}{\mathrm{d}t} \tag{2}$$

また，設問図の RC 直列回路は，次の方程式が成り立つ．

$$R \cdot i(t) + v(t) = E \cdot u(t) \tag{3}$$

(2)式を(3)式に代入すると，

$$CR \cdot \frac{\mathrm{d}v(t)}{\mathrm{d}t} + v(t) = E \cdot u(t) \tag{4}$$

(4)式をラプラス変換すると，初期条件は $v(0)=v_0$ なので，

$$CR \cdot \{sV(s) - v_0\} + V(s) = \frac{E}{s}$$

部分分数に分解するため，

$$V(s) = \frac{\frac{E}{s} + RC \cdot v_0}{RCs + 1} = \frac{v_0 s + \frac{E}{RC}}{s\left(s + \frac{1}{RC}\right)} = \frac{A}{s} + \frac{B}{s + \frac{1}{RC}}$$

とおくと，

$$A = sV(s)\big|_{s=0} = \frac{v_0 \times 0 + \frac{E}{RC}}{0 + \frac{1}{RC}} = E$$

$$B = \left(s + \frac{1}{RC}\right)V(s)\Big|_{s=-\frac{1}{RC}} = \frac{v_0 \times \left(-\frac{1}{RC}\right) + \frac{E}{RC}}{-\frac{1}{RC}} = v_0 - E$$

なので，

$$V(s) = \frac{E}{s} + \frac{v_0 - E}{s + \frac{1}{RC}}$$

$$\therefore \quad v(t) = (v_0 - E) \cdot e^{-\frac{t}{RC}} + E$$

III 10

【解答】 ②

【解説】

時刻 $t=0$ でスイッチ SW を閉じた後の回路方程式は，次式のとおりである．

$$Ri + L\frac{\mathrm{d}i}{\mathrm{d}t} + \frac{1}{C}\int i\,\mathrm{d}t = E \cdot u(t) \tag{1}$$

電流 i の初期値は零なので，(1)式をラプラス変換すると，

$$RI(s)+sLI(s)+\frac{1}{C}\frac{I(s)}{s}=\frac{E}{s}$$

$$\therefore \quad I(s)=\frac{\frac{E}{s}}{R+sL+\frac{1}{Cs}}=\frac{E}{Ls^2+Rs+\frac{1}{C}} \qquad (2)$$

電流 i が振動しない条件は，(2)式の特性方程式の根が実根であればよい．

$$Ls^2+Rs+\frac{1}{C}=0$$

$$\therefore \quad s=\frac{-R}{2L}\pm\frac{\sqrt{R^2-\frac{4L}{C}}}{2L}$$

より，

$$R^2-\frac{4L}{C}\geqq 0$$

$$\therefore \quad 4L\leqq CR^2$$

III 11 【解答】 ③

【解説】

検流計に電流が流れないためには，交流ブリッジが平衡条件を満足すればよい．

$$(R_x+j\omega L_x)\times\frac{1}{\frac{1}{R_3}+j\omega C_3}=R_1R_2$$

$$R_x+j\omega L_x=R_1R_2\left(\frac{1}{R_3}+j\omega C_3\right)=\frac{R_1R_2}{R_3}+j\omega R_1R_2C_3$$

この等式が成立するためには，両辺の実部同士，虚部同士がそれぞれ等しくなければならないので，

$$L_x=R_1R_2C_3$$

$$R_x = \frac{R_1 R_2}{R_3}$$

III 12 【解答】 ④

【解説】

$\omega^2 LC = 1$ を条件に，(ア)～(エ)各回路のインピーダンスを求めると，次のとおりである．

(ア) $j\omega L$

(イ) $\dfrac{1}{j\omega C}$

(ウ) $j\omega L + \dfrac{1}{j\omega C} = \dfrac{1-\omega^2 LC}{j\omega C} = 0$

(エ) $\dfrac{1}{\dfrac{1}{j\omega L} + j\omega C} = \dfrac{j\omega L}{1-\omega^2 LC} = \infty$

III 13 【解答】 ③

【解説】

受電点から電源側をみたパーセントインピーダンス $\%\dot{Z}$ は，

$\%\dot{Z} = \%\dot{Z}_s + \%\dot{Z}_t = j2.0 + 3.0 + j4.0 = 3.0 + j6.0$〔%〕

（基準容量：$P_n = 10$〔MV・A〕）

短絡容量 P_s は

$$P_s = \frac{100 P_n}{\%Z} = \frac{100 \times 10}{\sqrt{3.0^2 + 6.0^2}} \fallingdotseq 149\text{〔MV・A〕} \rightarrow 150\text{〔MV・A〕}$$

【解答】 ②

【解説】

発電機の周波数特性定数 K_G は，

$$K_G = 5\,900 \times \frac{1.0}{100} = 59\,〔\mathrm{MW/0.1Hz}〕= 590\,〔\mathrm{MW/Hz}〕$$

（系統周波数が 1〔Hz〕低下すると，発電力は 590〔MW〕増加する）

負荷の周波数特性定数 K_L は，

$$K_L = 6\,000 \times \frac{0.2}{100} = 12\,〔\mathrm{MW/0.1Hz}〕= 120\,〔\mathrm{MW/Hz}〕$$

（系統周波数が 1〔Hz〕低下すると，負荷電力は 120〔MW〕減少する）

いま，ある周波数 f で平衡運転している状態で，発電機を ΔG〔MW〕解列させせたときの周波数低下を Δf〔Hz〕とすると，発電力は発電機解列で ΔG 減少するが，周波数低下に伴い $K_G\Delta f$ 発電力は増加する．負荷電力は，負荷の周波数特性により $K_G\Delta f$ 減少する．

$$\Delta G - K_G\Delta f = K_L\Delta f$$

$$\therefore \quad \Delta f = \frac{\Delta G}{K_G + K_L} = \frac{100}{590 + 120} \fallingdotseq 0.14\,〔\mathrm{Hz}〕$$

よって，周波数は 0.14〔Hz〕低下する．

III 15 【解答】 ④

【解説】

同期速度 N_s は

$$N_s = \frac{120f}{p} = \frac{120 \times 50}{4} = 1\,500\,〔\mathrm{min^{-1}}〕$$

定格運転時の滑り s_n は

$$s_n = \frac{N_s - N}{N_s} = \frac{1\,500 - 1\,425}{1\,500} = 0.05$$

定格出力 $P_n = 37 \times 10^3$〔W〕なので，定格トルク T_n は，

$$T_n = \frac{P_n}{2\pi\dfrac{N}{60}} = \frac{37 \times 10^3}{2\pi \times \dfrac{1\,425}{60}} \fallingdotseq 247.95\,〔\mathrm{N \cdot m}〕$$

題意より，三相誘導電動機のトルクと滑りは比例関係にあるので，トルク $T=132$〔N・m〕のときの滑り s は，

$$s=s_n\times\frac{T}{T_n}=0.05\times\frac{132}{247.95}\fallingdotseq 0.0266$$

回転速度 N は，

$$N=N_s(1-s)=1\,500\times(1-0.0266)\fallingdotseq 1\,460\,〔\mathrm{min}^{-1}〕$$

【解答】 ⑤

【解説】

設問図(A)の Y－△ 結線変圧器（中性点接地）の一次側端子を三相一括して，中性点間に零相電圧 $\dot{V}_0$ を印加した場合を考える.

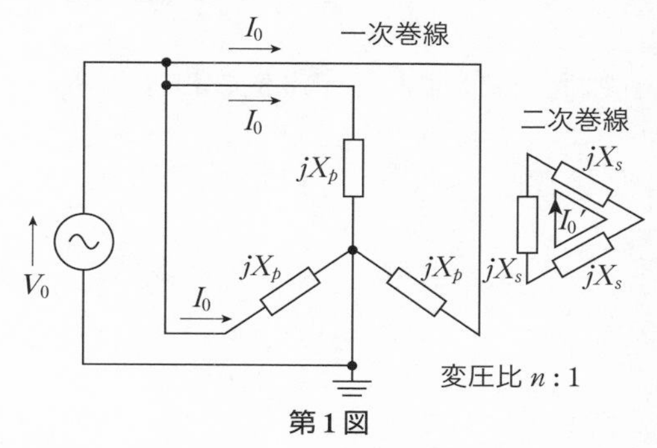

第1図

一次巻線には，印加電圧 $\dot{V}_0$ から一次巻線のリアクタンス jX_p の電圧降下を差し引いた電圧が誘導起電力として発生し，変圧比を $n:1$ とすると，二次巻線にはその $1/n$ 倍の同相の起電力が各相に誘起される．二次巻線は △ 結線なので，この電圧によって，同相の電流 $\dot{I}_0'$ が環流する.

一次巻線の誘導起電力 $\dot{V}_0-jX_p\dot{I}_0=\dot{E}$ (1)

二次巻線のリアクタンスを jX_s とすると，

二次巻線の誘導起電力 $\dfrac{\dot{E}}{n}=jX_s\dot{I}_0'=jnX_s\dot{I}_0$ (2)

(1)式，(2)式より，

$$\dot{V}_0 = \dot{E} + jX_p\dot{I}_0 = jn^2X_s\dot{I}_0 + jX_p\dot{I}_0 = j(X_p + n^2X_s)\dot{I}_0$$

一次側からみた零相リアクタンスは,

$$jX_0 = \frac{\dot{V}_0}{\dot{I}_0} = j(X_p + n^2X_s) = jX_T$$

ただし，$X_T = X_p + n^2X_s$：一次と二次間の一次側からみた短絡リアクタンス

設問図(B)の Y－Y 結線変圧器の場合，一次側は中性点が接地されているが，二次側が Y 結線のため，誘導起電力が発生しても電流が流れることができないので，零相リアクタンスは ∞ となる.

【解答】 ②

【解説】

題意の値を設問図に記入すると，第 1 図のようになる.

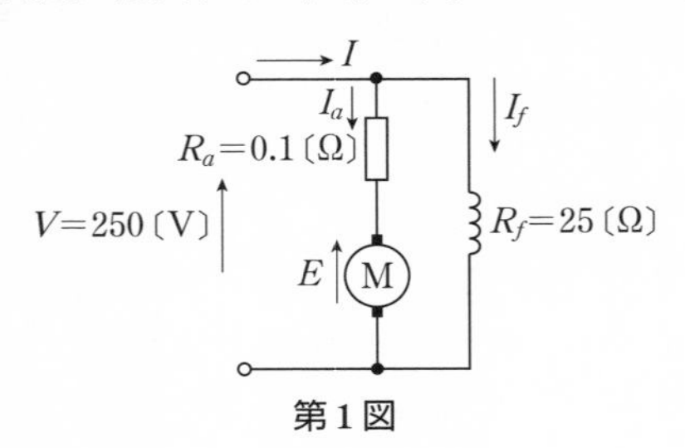

第 1 図

界磁電流 I_f は,

$$I_f = \frac{V}{R_f} = \frac{250}{25} = 10 \text{〔A〕}$$

無負荷時の電機子電流 I_a は,

$$I_a = I - I_f = 11 - 10 = 1 \text{〔A〕}$$

無負荷時の電機子誘導起電力 E は,

$$E = V - R_aI_a = 250 - 0.1 \times 1 \fallingdotseq 249.9 \text{〔V〕}$$

つぎに，入力電流 $I' = 110$〔A〕のとき，電機子電流 I_a' は,

$$I_a' = I' - I_f = 110 - 10 = 100 \text{〔A〕}$$

電機子誘導起電力 E' は,

$$E' = V - R_a I_a' = 250 - 0.1 \times 100 = 240.0 \text{〔V〕}$$

端子電圧 V は一定なので界磁電流も一定であり，磁束 Φ も一定である．無負荷時，負荷時の回転速度を N, N' とすると，磁束 Φ 一定ならば，$E \propto N$ なので，

$$N' = N \times \frac{E'}{E} = 1\,200 \times \frac{240.0}{249.9} \fallingdotseq 1\,152 \text{〔min}^{-1}\text{〕}$$

【解答】 ②

【解説】

設問図の回路において，SW2 を Off 状態に保ち，SW1 を On すると，直流電動機 M には直流電源電圧 E が SW1，インダクタンス L を経由して正の向きに印加され，電流 I_L も正の向きに流れる．つぎに SW1 を Off にすると，上のダイオード D は逆電圧が印加されて Off 状態となり，一方ではインダクタンス L の電流 I_L は急変できずに維持され，インダクタンス L，直流電動機 M，下のダイオード D の閉回路を環流し，閉回路の損失によって徐々に減少する．SW1 を On にすると，$E > V_M$ なので，再び I_L は増加しはじめる．スイッチング周波数が十分高ければ，電流 I_L の減衰は小さく，I_L の平均値は正の値，V_M の平均値も正の値となる．

つぎに，この状態から，SW1 を Off 状態に保つと，直流電圧源からのエネルギー供給はなくなるので，電流 I_L は減衰するのみである．SW2 を Off した直後においては，I_L は正の値であるが，やがて逆向きになる．直流電動機電圧 V_M が電源となって，直流電動機 M，インダクタンス L，SW2 の閉回路に電流を供給し，$V_M=0$ になると，電流 I_L は流れなくなる．この間，V_M は最後まで正の値をとり平均値も正の値であるが，電流 I_L の平均値はエネルギーを直流電動機が放出する状態なので，負の値になる．

【解答】　②

【解説】

設問図は，電源直流電圧 V_S 以上の出力電圧を得る昇圧チョッパ回路である．サイリスタ Q をオンにすると，電源電圧 V_S はインダクタンス L_S で短絡された状態となり，電流 I_L は増加する．このとき，出力電圧 V_L が正であっても，ダイオード D_F にとっては逆電圧でオフ状態なので，V_L はコンデンサ C_S を充電するのみで，一定に保たれる．

サイリスタ Q をオフにすると，短絡状態が解かれたことになるので，電流 I_L は減少しようとするが急変はできないので，ダイオード D_F を通って流れ負荷電流となる．このとき，インダクタンスの逆起電力は電源電圧 V_S と同方向になり，負荷の電圧は電源電圧 V_S より高くなる（昇圧）．

昇圧チョッパの出力電圧は，サイリスタのオン時間を T_{ON}，オフ時間を T_{OFF} とすると，次式で表される．

$$V_L = \frac{T_{ON} + T_{OFF}}{T_{OFF}} \times V_S$$

$$\therefore \quad \frac{V_L}{V_S} = \frac{T_{ON} + T_{OFF}}{T_{OFF}}$$

【解答】　②

【解説】

伝達関数は，

$$G(s) = \frac{Y}{X} = \frac{1}{1 + 1 \times \dfrac{1}{s+1}} = \frac{s+1}{s+2}$$

単位ステップ応答は，

$$y(t) = \mathcal{L}^{-1}[G(s)U(s)] = \mathcal{L}^{-1}\left[\frac{s+1}{s+2} \cdot \frac{1}{s}\right]$$

$$= \mathcal{L}^{-1}\frac{1}{2} \cdot \left[\frac{1}{s} + \frac{1}{s+2}\right] = \frac{1}{2}(1 + e^{-2t})$$

III 21 【解答】 ①

【解説】

フィードバック制御系のステップ応答は，インディシャル応答と呼ぶ.

ナイキスト線図は，フィードバック制御系の一巡周波数伝達関数（開ループ周波数伝達関数）の角周波数を 0 から ∞ に変化させたときのベクトル軌跡である. ナイキスト線図を用いて，フィードバック制御系の安定性を評価する方法をナイキストの安定判別法という. 複素平面上で，ナイキスト線図が点 $(-1, 0)$，つまり $-1+j0$ の点の右側を通過するときが安定，左側を通過するときが不安定，ちょうど，点 $(-1, 0)$ を通過するときが安定限界である. ナイキストの安定判別法では，ナイキスト線図が点 $(-1, 0)$ よりどの程度離れて通過するかで安定の度合いを定量的に評価することができる.

ゲイン余裕：位相角が $-180°$ となる角周波数において，ゲイン（dB 値）の絶対値

位相余裕：ゲインが 1 となる角周波数での位相角と $-180°$ との差

ボード線図は，一巡周波数伝達関数のゲイン（dB 値）と位相角とに分け，それを縦軸，角周波数を横軸（常用対数目盛）にとってグラフ化したものである. 位相特性の $-180°$ に対するゲイン，ゲイン特性の 0〔dB〕に対する位相角を読み取れば，同様に，ゲイン余裕，位相余裕を求めることができる.

III 22 【解答】 ③

【解説】

第 1 図のように，電圧，電流の角周波数領域の複素数表示で $V_{in}(j\omega)$，$V_{out}(j\omega)$，$I_{in}(j\omega)$ と表すとすると，理想オペアンプの ＋ 入力端子，－ 入力端子の電圧は常に零なので，次式が成り立つ.

$$I_{in}(j\omega)=\frac{1}{R_1}\cdot V_{in}(j\omega) \tag{1}$$

$$V_{out}(j\omega)=-\frac{1}{\dfrac{1}{R_2}+j\omega C}\cdot I_{in}(j\omega) \tag{2}$$

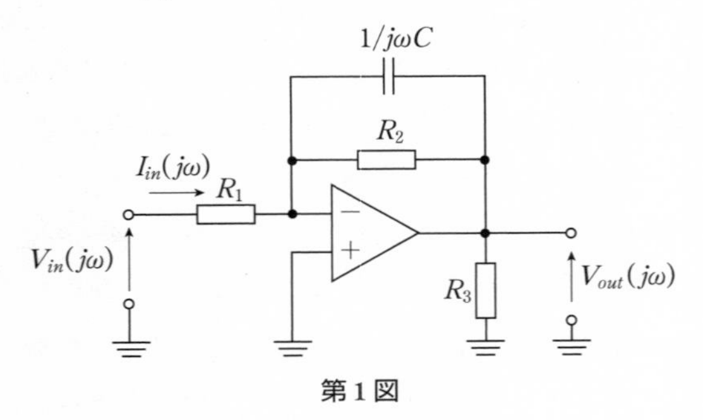

第 1 図

(2)式に(1)式を代入すると，

$$G(j\omega)=\frac{V_{out}(j\omega)}{V_{in}(j\omega)}=-\frac{1}{\dfrac{1}{R_2}+j\omega C}\cdot\frac{1}{R_1}=-\frac{\dfrac{R_2}{R_1}}{1+j\omega CR_2} \tag{3}$$

(3)式は角周波数 ω に対する周波数伝達関数であり，一次ローパスフィルタ（一次遅れ周波数伝達関数）の特性となっている．

カットオフ周波数は，(3)式分母の実部と虚部が等しくなる周波数であり，

$$1=\omega CR_2=2\pi f_C CR_2$$

$$\therefore\quad f_C=\frac{1}{2\pi CR_2} \tag{4}$$

また，入力信号の周波数がカットオフ周波数 f_C より，十分低い場合は，

$$1\gg\omega CR_2$$

なので，

$$G(j\omega)=\frac{V_{out}(j\omega)}{V_{in}(j\omega)}=-\frac{\dfrac{R_2}{R_1}}{1}=-\frac{R_2}{R_1} \tag{5}$$

【解答】 ⑤

【解説】

設問図より，

$$v_1 = v_{gs} \tag{1}$$

$$v_2 = -\left(\frac{1}{\dfrac{1}{r_d}+\dfrac{1}{R_L}}\right)\cdot g_m v_{gs} \tag{2}$$

$$\therefore \quad \frac{v_2}{v_1} = -\left(\frac{1}{\dfrac{1}{r_d}+\dfrac{1}{R_L}}\right)\cdot g_m = -g_m \cdot \frac{r_d R_L}{r_d + R_L} \tag{3}$$

【解答】 ①

【解説】

設問図の論理回路において，x を第1図のようにおくと，

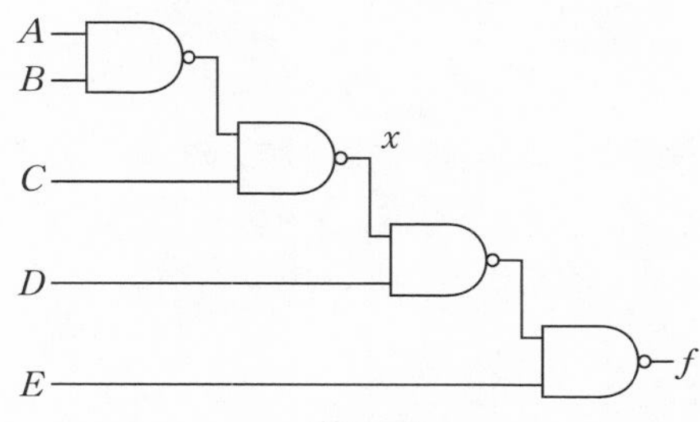

第1図

$$x(A,\ B,\ C) = \overline{\overline{A\cdot B}\cdot C} = A\cdot B + \overline{C} \tag{1}$$

$$f(x,\ D,\ E) = \overline{\overline{x\cdot D}\cdot E} = x\cdot D + \overline{E} \tag{2}$$

(2)式に(1)式を代入すると，

$$f(A,\ B,\ C,\ D,\ E) = (A\cdot B + \overline{C})\cdot D + \overline{E}$$
$$= A\cdot B\cdot D + \overline{C}\cdot D + \overline{E}$$

【解答】 ②

【解説】

nMOSトランジスタは「ゲートに“H”を加えるとオンになる」ので，デジタル回路において，“1”を正確に伝える素子として用いる．また，pMOSトランジスタは「ゲートに“L”を加えるとオンになる」ので，デジタル回路において，“0”を正確に伝える素子として用いる．

設問図1のスタティックCMOS論理回路は，上半分の論理回路にpMOSトランジスタを用いて，X，Yの否定$\overline{X}$，$\overline{Y}$を正確に出力端子に伝える．また，下半分の論理回路にnMOSトランジスタを用いて，X，Yを正確に出力端子に伝える．この相補的な特性を利用し，2入力NANDを実現したのが設問図1である．

$$F(X,\ Y)=\overline{X\cdot Y}=\overline{X}+\overline{Y}$$

設問図1と設問図2を比べると，

$$\overline{X}\Leftrightarrow\overline{Z}\cdot\overline{X}=\overline{Z+X}\quad \text{あるいは}\quad X=Z+X$$

の関係がある．

したがって，設問図2の論理関数は，次式のようになる．

$$F(X,\ Y,\ Z)=\overline{Z+X}+\overline{Y}=\overline{X}\cdot\overline{Z}+\overline{Y}$$

【解答】 ⑤

【解説】

題意で与えられた受信語

$$\boldsymbol{y}=[1,\ 1,\ 0,\ 0,\ 0,\ 0,\ 1]$$

より，情報ビットは$x_1=1$，$x_2=1$，$x_3=0$および$x_4=0$なので，検査ビットc_1，c_2およびc_3を求めると，

$$c_1=(x_1+x_2+x_3)\bmod 2=(1+1+0)\bmod 2=0$$

$$c_2=(x_2+x_3+x_4)\bmod 2=(1+0+0)\bmod 2=1$$

$$c_3=(x_1+x_2+x_4)\bmod 2=(1+1+0)\bmod 2=0$$

となるべきである．

これに対して，受信語の検査ビットは，$c_1=0$，$c_2=0$ および $c_3=1$ で与えられているので，c_1 の符号はそのままで，c_2 と c_3 の符号が反転している．使用している通信路の品質は「高々1ビットが反転する可能性がある通信路」である．

検査ビット c_1 の作成に使用されている x_1，x_2，x_3 以外の情報ビットは x_4 であり，情報ビット x_4 は符号が反転している検査ビット c_2，c_3 の両方の作成に使用されているので，情報ビット x_4 が誤っていることになる．

したがって，入力された符号語 $\boldsymbol{w}$ は，情報ビット x_4 を訂正した

$$\boldsymbol{w}=[1,\ 1,\ 0,\ 1,\ 0,\ 0,\ 1]$$

である．

【解答】 ③

【解説】

ハフマン符号化法は，一定ビットごとに文字列を区切り，区切られたのちの文字列を統計的に処理して，発生確率が高いパターンに対して短い符号を与えることにより，平均符号長を小さくしようとするものである．

したがって，四つの情報源シンボル s_1，s_2，s_3 および s_4 は，次表のように上ほど発生確率が高いので，上から下に順番に「0」，「10」，「110」，「111」を割り当てる．

情報源シンボル	発生確率	符号
s_1	0.4	「0」
s_2	0.3	「10」
s_3	0.2	「110」
s_4	0.1	「111」

したがって，平均符号長は，次のようになる．

$$1\,[\text{bit}]\times 0.4+2\,[\text{bit}]\times 0.3+3\,[\text{bit}]\times 0.2+3\,[\text{bit}]\times 0.1=1.9\,[\text{bit}]$$

III 28

【解答】 ②

【解説】

フーリエ変換の定義式より,

$$F(\omega)=\int_{-\infty}^{\infty}f(t)e^{-j\omega t}\,\mathrm{d}t=\int_{-T}^{T}\frac{1}{T}e^{-j\omega t}\,\mathrm{d}t=\frac{1}{T}\cdot\left[\frac{1}{-j\omega}\cdot e^{-j\omega t}\right]_{-T}^{T}$$

$$=\frac{1}{-j\omega T}\cdot[e^{-j\omega T}-e^{j\omega T}]=\frac{2\sin\omega T}{\omega T}$$

III 29

【解答】 ②

【解説】

z 変換の定義式 $F(z)=\sum_{n=-\infty}^{\infty}f(n)z^{-n}$ より, $n'=n-k$ とおくと,

$$\sum_{n=-\infty}^{\infty}f(n-k)z^{-n}=\sum_{n'+k=-\infty}^{\infty}f(n')z^{-(n'+k)}$$

$$=z^{-k}\cdot\sum_{n'=-\infty}^{\infty}f(n')z^{-n'}=z^{-k}\cdot F(z)$$

【解答】 ④

【解説】

TCP は, TCP/IP の中核をなすトランスポート層のプロトコルであり, コネクション型の転送サービスを提供する. コネクションレス型ではない. TCP はエンドツーエンドのフロー制御プロトコルを使い, 送信ペースが受信側にとって速すぎる状態になるのを防いでいる. ④は不適切である.

【解答】 ④

【解説】

PSK（phase shift keying；位相偏移変調）方式は, 送信データに応じて一定周波数の搬送波の位相を変化させる変調方式である. 変化させる位

相の種類を増やすことにより，変調1回当たりの送信ビット数を増やすことができる．

①②　適切．位相変化を2値（1ビット）とするのがBPSK，位相変化を4値（2ビット）とするのがQPSKである．QPSKは1回の変調（1シンボル）で2ビット伝送するので，1回の変調で1ビット伝送するBPSKと比べ，伝送ビット数は2倍になるが，最大周波数利用効率も2倍になる．ビット誤り率（BER）は，QPSKとBPSKとで同じであるが，電力は2ビットを同時伝送するQPSKがBPSKの2倍である．

③　適切，④　不適切．QAMは，直交する二つの搬送波を用い，同相および直交のベースバンド信号を直交多値化した方式である．16QAMは位相図上の信号点を16個とし，一つのシンボルで4ビット（2の4乗＝16とおり）の情報を伝送する方式である．16QAMは，4相位相変調であるQPSKに，Iチャネル（同相成分）とQチャネル（直交成分）の二つの軸上でのASK（Amplitude Shift Keying；振幅変調）を加えた方式でもある．

これに対して，64QAMは位相図上の信号点を64個とし，一つのシンボルで6ビット（2の6乗＝64とおり）の情報を伝送する方式であり，8ビットではない．

⑤　適切．同様に，1シンボル当たりkビットを送信する多値変調方式は，信号点は2^k個必要になる．

III 32

【解答】　③

【解説】

パルス符号変調（Pulse Code Modulation：PCM）方式は，アナログ信号の波形を一定の時間間隔で取得する（標本化＝サンプリング），標本化したアナログ値をディジタル値に変換（量子化），2進符号に変換（符号化）する技術である．

①②　適切．アナログ信号にはさまざまな周波数の成分が含まれている

が，その最大周波数の 2 倍以上の周波数でサンプリングすれば，全周波数の情報は一切失われず，元の波形に復元することができる．これをサンプリング定理といい，原信号を復元可能な最小のサンプリング周波数である最大周波数の 2 倍をナイキスト周波数と呼んでいる．

③　不適切．量子化は，連続的な振幅値の標本量を必要な精度に丸め，飛びとびの離散値（量子化代表値）に置き換えるものである．飛びとびの間隔を量子化ステップ幅といい，量子化ステップ幅が一様なものを線形量子化と呼ぶ．線形量子化においては，信号電力対量子化雑音電力比（S/N 比）は量子化ビット数に依存し，信号電力の大小によらない．

④　適切．量子化ステップ幅が一様でないものを非線形量子化といい，信号電力のレベルが小さいときに量子化雑音を低減するために用いられる方式である．圧縮器特性としては，北米や日本で使用されている μ－law，欧州その他で使用されている A－law がある．μ－law は 14 ビット符号付き線形 PCM の 1 標本を対数的に 8 ビットに符号化，A－law は 13 ビット符号付き線形 PCM の 1 標本を対数的に 8 ビットに符号化するものである．

⑤　適切．2 進符号方式には，自然 2 進符号，交番 2 進符号，折返し 2 進符号がある．交番 2 進符号はグレイコードとも呼ばれ，前後に隣接する符号間では 1 ビットしか変化しないので，伝送路での符号誤りの影響を軽減できる．折り返し 2 進符号は，入力信号レベル中央で自然 2 進符号を折り返したもので，中央値付近に 1 が集まるため通信中に伝送路上で 0 が連続することを抑制できる．

III 33 【解答】 ①

【解説】

半導体の抵抗率は導体と絶縁体の中間の $10^{-5} \sim 10^{8}$〔Ω･m〕程度の範囲にある．半導体には，真性半導体と不純物半導体がある．真性半導体の代表はシリコン（Si）やゲルマニウム（Ge）で，周期表のⅣ族に属する．真性半導体では正孔と電子の数が等しいが，これに微量のⅤ族またはⅢ族の不純物を加えると，それぞれ n 形半導体，p 形半導体になる．

p 形半導体の多数キャリヤは正孔である．ガリウム，ほう素など原子価がⅢ族の不純物を加えると，Ⅳ族のシリコンと共有結合するのに電子が1個不足した状態となり，正孔ができる．この不純物をアクセプタと呼ぶ．n 形半導体の多数キャリヤは伝導電子である．ひ素などの原子価がⅤ族の不純物を加えると，Ⅳ族のシリコンと共有結合するのに1個電子が余る状態となり，伝導電子（自由電子）となる．この不純物をドナー（電子の提供者）と呼ぶ．

Ⅲ 34

【解答】 ④

【解説】

pn 接合ダイオードは，p 形半導体と n 形半導体を接合して形成され，p 形半導体の端子をアノード（A），n 形半導体の端子をカソード（K）とするとき，**第1図**のような特性をもつ．アノード − カソード間に印加するアノードを正とする電圧を順方向電圧，その逆を逆方向電圧という．順方向電圧を印加すると，ダイオードはオン状態になり，順方向電流が流れる．逆方向電圧を印加すると，ダイオードはオフ状態であり，逆方向電流はほとんど流れず，数 μA ～数 mA 程度である．

この逆方向電圧を印加すると，p 形半導体内の正孔はアノード側，n 形半導体内の電子はカソード側に移動し，pn 接合の境界面にはキャリヤの存在しない空乏層ができる．空乏層はほぼ平行平板コンデンサであり，静電容量は空乏層の広がり（電極間隔）に反比例する．以上より，□に入る語句は次のとおりである．

p 形半導体と n 形半導体を接合して形成される pn 接合ダイオードは，n 形半導体側に正電圧を印加すると電流は流れず，この状態を pn 接合の逆方向バイアスと呼ぶ．

このとき，接合面付近に生じる空乏層をはさんで pn 接合容量が形成される．逆方向バイアス電圧を大きくすると，空乏層の広がりは増加し，その容量値は空乏層の広がりに反比例する.

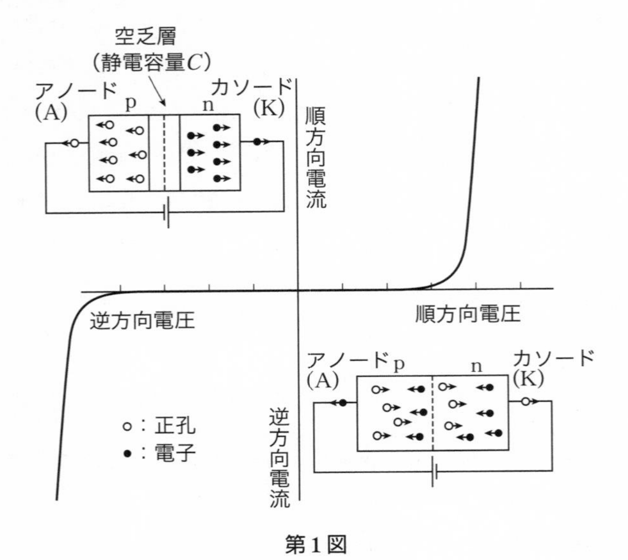

第1図

III 35

【解答】 ④

【解説】

無停電電源装置（UPS）は，常時電源として使用する商用系統に停電，瞬時電圧低下が発生した場合に，負荷への給電を継続し，停電を回避する装置である．一般に，蓄電池を内蔵し，短時間の停電ならば給電は可能であるが，長時間対応する容量は備えていない．長時間の商用停電に対応する必要がある場合は，自家発電装置を設ける．④は不適切である．

技術士第一次試験

電気電子部門

【解答一覧】

解答一覧

●2023 年度　解答●

Ⅲ−1	⑤	Ⅲ−11	④	Ⅲ−21	②	Ⅲ−31	⑤
Ⅲ−2	③	Ⅲ−12	④	Ⅲ−22	②	Ⅲ−32	④
Ⅲ−3	②	Ⅲ−13	③	Ⅲ−23	①	Ⅲ−33	②
Ⅲ−4	⑤	Ⅲ−14	④	Ⅲ−24	③	Ⅲ−34	④
Ⅲ−5	③	Ⅲ−15	③	Ⅲ−25	④	Ⅲ−35	①
Ⅲ−6	④	Ⅲ−16	①	Ⅲ−26	②		
Ⅲ−7	④	Ⅲ−17	②	Ⅲ−27	①		
Ⅲ−8	④	Ⅲ−18	①	Ⅲ−28	⑤		
Ⅲ−9	①	Ⅲ−19	③	Ⅲ−29	⑤		
Ⅲ−10	②	Ⅲ−20	④	Ⅲ−30	④		

●2022 年度　解答●

Ⅲ−1	⑤	Ⅲ−11	②	Ⅲ−21	③	Ⅲ−31	④
Ⅲ−2	④	Ⅲ−12	④	Ⅲ−22	③	Ⅲ−32	④
Ⅲ−3	②	Ⅲ−13	⑤	Ⅲ−23	①	Ⅲ−33	④
Ⅲ−4	⑤	Ⅲ−14	②	Ⅲ−24	④	Ⅲ−34	②
Ⅲ−5	③	Ⅲ−15	②	Ⅲ−25	③	Ⅲ−35	③
Ⅲ−6	⑤	Ⅲ−16	①	Ⅲ−26	①		
Ⅲ−7	①	Ⅲ−17	③	Ⅲ−27	②		
Ⅲ−8	①	Ⅲ−18	③	Ⅲ−28	④		
Ⅲ−9	③	Ⅲ−19	①	Ⅲ−29	⑤		
Ⅲ−10	④	Ⅲ−20	②	Ⅲ−30	④		

●2021年度　解答●

Ⅲ−1	④	Ⅲ−11	④	Ⅲ−21	①	Ⅲ−31	④
Ⅲ−2	④	Ⅲ−12	②	Ⅲ−22	③	Ⅲ−32	③
Ⅲ−3	①	Ⅲ−13	③	Ⅲ−23	⑤	Ⅲ−33	④
Ⅲ−4	③	Ⅲ−14	①	Ⅲ−24	④	Ⅲ−34	④
Ⅲ−5	⑤	Ⅲ−15	①	Ⅲ−25	①	Ⅲ−35	⑤
Ⅲ−6	①	Ⅲ−16	⑤	Ⅲ−26	③		
Ⅲ−7	④	Ⅲ−17	④	Ⅲ−27	②		
Ⅲ−8	③	Ⅲ−18	②	Ⅲ−28	④		
Ⅲ−9	②	Ⅲ−19	④	Ⅲ−29	②		
Ⅲ−10	②	Ⅲ−20	④	Ⅲ−30	②		

●2020年度　解答●

Ⅲ−1	④	Ⅲ−11	③	Ⅲ−21	④	Ⅲ−31	①
Ⅲ−2	⑤	Ⅲ−12	①	Ⅲ−22	③	Ⅲ−32	⑤
Ⅲ−3	③	Ⅲ−13	⑤	Ⅲ−23	④	Ⅲ−33	④
Ⅲ−4	④	Ⅲ−14	②	Ⅲ−24	③	Ⅲ−34	②
Ⅲ−5	④	Ⅲ−15	③	Ⅲ−25	④	Ⅲ−35	①
Ⅲ−6	③	Ⅲ−16	②	Ⅲ−26	③		
Ⅲ−7	⑤	Ⅲ−17	②	Ⅲ−27	⑤		
Ⅲ−8	③	Ⅲ−18	①	Ⅲ−28	③		
Ⅲ−9	③	Ⅲ−19	④	Ⅲ−29	③		
Ⅲ−10	④	Ⅲ−20	⑤	Ⅲ−30	②		

●2019年度（再試験）　解答●

Ⅲ-1	①	Ⅲ-11	②	Ⅲ-21	⑤	Ⅲ-31	③
Ⅲ-2	②	Ⅲ-12	①	Ⅲ-22	⑤	Ⅲ-32	①
Ⅲ-3	③	Ⅲ-13	④	Ⅲ-23	③	Ⅲ-33	②
Ⅲ-4	③	Ⅲ-14	④	Ⅲ-24	⑤	Ⅲ-34	①
Ⅲ-5	③	Ⅲ-15	①	Ⅲ-25	③	Ⅲ-35	④
Ⅲ-6	②	Ⅲ-16	②	Ⅲ-26	⑤		
Ⅲ-7	⑤	Ⅲ-17	④	Ⅲ-27	④		
Ⅲ-8	②	Ⅲ-18	①	Ⅲ-28	④		
Ⅲ-9	①	Ⅲ-19	④	Ⅲ-29	④		
Ⅲ-10	②	Ⅲ-20	③	Ⅲ-30	③		

●2019年度　解答●

Ⅲ-1	⑤	Ⅲ-11	③	Ⅲ-21	④	Ⅲ-31	④
Ⅲ-2	③	Ⅲ-12	⑤	Ⅲ-22	③	Ⅲ-32	⑤
Ⅲ-3	④	Ⅲ-13	④	Ⅲ-23	④	Ⅲ-33	①
Ⅲ-4	②	Ⅲ-14	②	Ⅲ-24	④	Ⅲ-34	③
Ⅲ-5	①	Ⅲ-15	④	Ⅲ-25	②	Ⅲ-35	②
Ⅲ-6	③	Ⅲ-16	②	Ⅲ-26	③		
Ⅲ-7	②	Ⅲ-17	③	Ⅲ-27	①		
Ⅲ-8	③	Ⅲ-18	④	Ⅲ-28	④		
Ⅲ-9	④	Ⅲ-19	④	Ⅲ-29	④		
Ⅲ-10	⑤	Ⅲ-20	①	Ⅲ-30	④		

解答一覧

● 2018 年度　解答 ●

問題	解答	問題	解答	問題	解答	問題	解答
Ⅲ-1	②	Ⅲ-11	②	Ⅲ-21	②	Ⅲ-31	④
Ⅲ-2	②	Ⅲ-12	①	Ⅲ-22	①	Ⅲ-32	③
Ⅲ-3	①	Ⅲ-13	②	Ⅲ-23	④	Ⅲ-33	②
Ⅲ-4	④	Ⅲ-14	①	Ⅲ-24	②	Ⅲ-34	③
Ⅲ-5	②	Ⅲ-15	⑤	Ⅲ-25	④	Ⅲ-35	②
Ⅲ-6	①	Ⅲ-16	⑤	Ⅲ-26	⑤		
Ⅲ-7	⑤	Ⅲ-17	⑤	Ⅲ-27	②		
Ⅲ-8	②	Ⅲ-18	④	Ⅲ-28	④		
Ⅲ-9	①	Ⅲ-19	⑤	Ⅲ-29	⑤		
Ⅲ-10	③	Ⅲ-20	②	Ⅲ-30	⑤		

● 2017 年度　解答 ●

問題	解答	問題	解答	問題	解答	問題	解答
Ⅲ-1	⑤	Ⅲ-11	④	Ⅲ-21	③	Ⅲ-31	②
Ⅲ-2	⑤	Ⅲ-12	⑤	Ⅲ-22	①	Ⅲ-32	①
Ⅲ-3	①	Ⅲ-13	③	Ⅲ-23	⑤	Ⅲ-33	②
Ⅲ-4	④	Ⅲ-14	⑤	Ⅲ-24	⑤	Ⅲ-34	④
Ⅲ-5	②	Ⅲ-15	①	Ⅲ-25	①	Ⅲ-35	⑤
Ⅲ-6	④	Ⅲ-16	③	Ⅲ-26	④		
Ⅲ-7	④	Ⅲ-17	④	Ⅲ-27	②		
Ⅲ-8	①	Ⅲ-18	③	Ⅲ-28	⑤		
Ⅲ-9	①	Ⅲ-19	③	Ⅲ-29	③		
Ⅲ-10	②	Ⅲ-20	④	Ⅲ-30	⑤		

●2016年度　解答●

Ⅲ-1	①	Ⅲ-11	①	Ⅲ-21	⑤	Ⅲ-31	④
Ⅲ-2	③	Ⅲ-12	⑤	Ⅲ-22	②	Ⅲ-32	④
Ⅲ-3	③	Ⅲ-13	②	Ⅲ-23	③	Ⅲ-33	⑤
Ⅲ-4	④	Ⅲ-14	②	Ⅲ-24	②	Ⅲ-34	②
Ⅲ-5	④	Ⅲ-15	④	Ⅲ-25	①	Ⅲ-35	④
Ⅲ-6	③	Ⅲ-16	②	Ⅲ-26	③		
Ⅲ-7	④	Ⅲ-17	④	Ⅲ-27	⑤		
Ⅲ-8	①	Ⅲ-18	④	Ⅲ-28	②		
Ⅲ-9	②	Ⅲ-19	①	Ⅲ-29	④		
Ⅲ-10	①	Ⅲ-20	②	Ⅲ-30	③		

●2015年度　解答●

Ⅲ-1	⑤	Ⅲ-11	①	Ⅲ-21	④	Ⅲ-31	③
Ⅲ-2	③	Ⅲ-12	①	Ⅲ-22	②	Ⅲ-32	④
Ⅲ-3	①	Ⅲ-13	④	Ⅲ-23	③	Ⅲ-33	①
Ⅲ-4	①	Ⅲ-14	④	Ⅲ-24	④	Ⅲ-34	②
Ⅲ-5	④	Ⅲ-15	④	Ⅲ-25	④	Ⅲ-35	②
Ⅲ-6	①	Ⅲ-16	②	Ⅲ-26	⑤		
Ⅲ-7	④	Ⅲ-17	②	Ⅲ-27	②		
Ⅲ-8	②	Ⅲ-18	①	Ⅲ-28	①		
Ⅲ-9	②	Ⅲ-19	③	Ⅲ-29	④		
Ⅲ-10	②	Ⅲ-20	③	Ⅲ-30	②		

● 2014年度　解答●

Ⅲ-1	④	Ⅲ-11	③	Ⅲ-21	①	Ⅲ-31	④
Ⅲ-2	④	Ⅲ-12	④	Ⅲ-22	③	Ⅲ-32	③
Ⅲ-3	②	Ⅲ-13	③	Ⅲ-23	⑤	Ⅲ-33	①
Ⅲ-4	④	Ⅲ-14	②	Ⅲ-24	①	Ⅲ-34	④
Ⅲ-5	③	Ⅲ-15	④	Ⅲ-25	②	Ⅲ-35	④
Ⅲ-6	⑤	Ⅲ-16	⑤	Ⅲ-26	⑤		
Ⅲ-7	③	Ⅲ-17	②	Ⅲ-27	③		
Ⅲ-8	①	Ⅲ-18	②	Ⅲ-28	②		
Ⅲ-9	⑤	Ⅲ-19	②	Ⅲ-29	②		
Ⅲ-10	②	Ⅲ-20	②	Ⅲ-30	④		

―― 著 者 略 歴 ――

前田　隆文（まえだ　たかふみ）

1974年　東京電力株式会社　入社（～2012年）
1975年　第1種電気主任技術者試験　合格
1980年　東京都立大学工学部電気工学科　卒業
2008年　技術士（電気電子部門　総合技術監理部門）　第55525号
　　　　電気学会保護リレーシステム技術委員会　委員長（～2015年）
2012年　株式会社東芝　入社（～2021年）
2015年　電気規格調査会保護リレー装置標準化委員会　委員長（～2022年）
2020年　電気規格調査会理事　計測制御通信安全部会　部会長
2021年　電気学会フェロー
2023年　電気学会プロフェッショナル

2024年版　技術士第一次試験　電気電子部門
過去問題集

2024年 4月19日　　第1版第1刷発行

著　者　前田隆文（まえだ たかふみ）
発行者　田中　聡

発行所
株式会社　電気書院
ホームページ　https://www.denkishoin.co.jp
（振替口座　00190-5-18837）
〒101-0051　東京都千代田区神田神保町1-3ミヤタビル2F
電話（03）5259-9160／FAX（03）5259-9162

印刷　中央精版印刷株式会社
Printed in Japan／ISBN 978-4-485-22056-6

[本書の正誤に関するお問い合せ方法は，最終ページをご覧ください]

書籍の正誤について

万一，内容に誤りと思われる箇所がございましたら，以下の方法でご確認いただきますようお願いいたします．

なお，正誤のお問合せ以外の書籍の内容に関する解説や受験指導などは**行っておりません**．このようなお問合せにつきましては，お答えいたしかねますので，予めご了承ください．

正誤表の確認方法

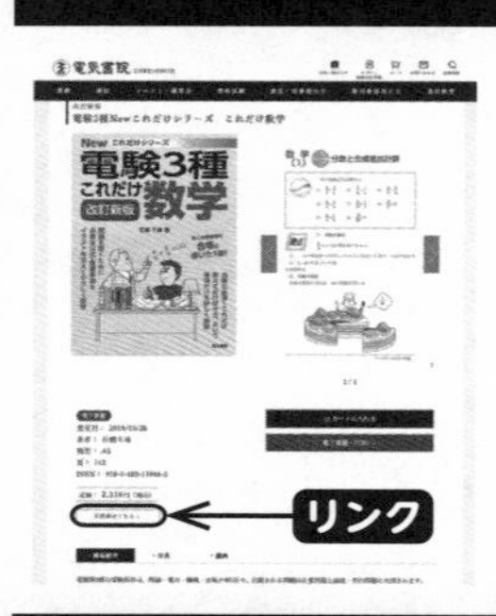

最新の正誤表は，弊社Webページに掲載しております．書籍検索で「正誤表あり」や「キーワード検索」などを用いて，書籍詳細ページをご覧ください．
正誤表があるものに関しましては，書影の下の方に正誤表をダウンロードできるリンクが表示されます．表示されないものに関しましては，正誤表がございません．

弊社Webページアドレス
https://www.denkishoin.co.jp/

正誤のお問合せ方法

正誤表がない場合，あるいは当該箇所が掲載されていない場合は，書名，版刷，発行年月日，お客様のお名前，ご連絡先を明記の上，具体的な記載場所とお問合せの内容を添えて，下記のいずれかの方法でお問合せください．
回答まで，時間がかかる場合もございますので，予めご了承ください．

郵送先

〒101-0051
東京都千代田区神田神保町1-3
ミヤタビル2F
㈱電気書院　編集部　正誤問合せ係

ファクス番号　**03-5259-9162**

ネットで
問い合わせる

弊社Webページ右上の「**お問い合わせ**」から
https://www.denkishoin.co.jp/

お電話でのお問合せは，承れません

（2022年5月現在）